人邮教育

"创新设计思维"
数字媒体与艺术设计类新形态丛书

移动学习版

Photoshop CC

平面设计 核心技能一本通

杨艳 孙敏 主编 **刘涛 王海峰** 副主编

人民邮电出版社
北京

图书在版编目（CIP）数据

Photoshop CC平面设计核心技能一本通：移动学习版 / 杨艳，孙敏主编. -- 北京：人民邮电出版社，2022.12（2023.8重印）
（"创新设计思维"数字媒体与艺术设计类新形态丛书）
ISBN 978-7-115-59202-6

Ⅰ. ①P… Ⅱ. ①杨… ②孙… Ⅲ. ①平面设计－图像处理软件 Ⅳ. ①TP391.413

中国版本图书馆CIP数据核字(2022)第069130号

内 容 提 要

本书以Photoshop CC 2020为蓝本，结合Photoshop在不同行业的应用方向，系统地讲解Photoshop各个工具和功能的使用方法及实战案例。全书共17章，首先对Photoshop和图像的基础知识，以及常用工具、选区、图层、绘图操作等进行介绍；然后对矢量图形的绘制、通道基本操作和高级操作、混合模式与蒙版、调整图像色彩、文字与版式设计、滤镜的使用等进行介绍；再逐步深入讲解应用抠图技术、编辑与修饰数码照片、应用Camera Raw、处理Web图形与切片、自动化处理与输出图像等知识，帮助读者熟练掌握平面设计与图像处理的各种方法，快速提升设计能力与设计素养；最后一章以综合实战案例的方式，对Photoshop在平面设计领域中的常见设计案例进行讲解和实践。

本书不仅通过大量实战和范例对知识点进行了讲解，而且还设计了"小测""巩固练习""技巧"等版块，帮助读者做到学以致用，不断提升读者对软件操作的熟练度。除此之外，本书还为所有实例配备了教学视频，读者通过手机或平板电脑扫描书中二维码即可观看。

本书可作为普通高等院校设计相关专业的教材，也可供Photoshop初学者自学或作为平面设计人员的参考用书。

◆ 主　　编　杨　艳　孙　敏
　　副主编　刘　涛　王海峰
　　责任编辑　许金霞
　　责任印制　王　郁　陈　犇
◆ 人民邮电出版社出版发行　　北京市丰台区成寿寺路 11 号
　　邮编　100164　　电子邮件　315@ptpress.com.cn
　　网址　https://www.ptpress.com.cn
　　雅迪云印（天津）科技有限公司印刷
◆ 开本：880×1092　1/16
　　印张：22.5　　　　　　　　　2022 年 12 月第 1 版
　　字数：816 千字　　　　　　 2023 年 8 月天津第 2 次印刷
　　　　　　定价：99.80 元
读者服务热线：(010)81055256　印装质量热线：(010)81055316
反盗版热线：(010)81055315
广告经营许可证：京东市监广登字 20170147 号

PREFACE 前言

Photoshop是一款用户需求量大、受到个人和企业青睐的图像处理软件，其在不同的行业和领域中均得到广泛使用，尤其是在平面设计领域中。计算机与平面设计的结合使得平面设计进入一个新的历程，而伴随着互联网的兴起与发展，我国对平面设计人员的需求也迎来高速增长。此外，近几年新媒体技术的发展推动了平面设计朝移动化、互动化与数字化方向发展，这也对平面设计人员提出了更高的要求。而对于平面设计人员来说，如何在有限的场景中利用所学技能使平面设计更具创新性和设计感，已成为其需要考虑的问题。

在设计教学中，随着近年来教育课程改革的不断发展、计算机软硬件日新月异的升级及教学方式的不断更新，传统的平面设计教材讲解方式已不再适应当前的教学环境。鉴于此，我们深入学习了党的二十大报告的精髓要义，立足"实施科教兴国战略，强化现代化建设人才支撑"，基于"互联网+"对设计行业的影响，认真总结教材编写经验、深入调研各类院校的教材需求后，组织了一批优秀且具有丰富教学经验和实践经验的作者团队编写本书，以期帮助各类院校快速培养优秀的平面设计人才。本书内容全面，知识讲解透彻，使不同需求的读者都可以通过本书的学习得到收获。读者可根据下表的指导进行学习。

学习阶段	章	学习方式	技能目标
入门	第1章~第5章	基础知识学习、实战操作、范例演示、课堂小测、综合实训、巩固练习、技能提升	① 了解Photoshop、设计应用领域、图像处理的相关概念等基础知识 ② 掌握Photoshop的基本操作及辅助工具的使用方法 ③ 掌握应用选区、使用图层的方法，如创建与编辑选区、图层等 ④ 掌握绘制图像的操作，以及绘画工具与填充图案等知识
进阶	第6章~第11章	基础知识学习、实战操作、范例演示、课堂小测、综合实训、巩固练习、技能提升	① 掌握路径、锚点与形状的绘制和编辑方法 ② 掌握通道、蒙版与混合模式的基本操作 ③ 掌握调整图像色彩、设计文字与版式的方法 ④ 能够使用滤镜处理图像，如制作特效等
提高	第12章~第16章	提高知识学习、实战操作、范例演示、综合实训、巩固练习、技能提升	① 掌握抠图技术，能灵活使用Photoshop抠取各类复杂图像 ② 掌握编辑与修饰数码照片的方法，如画面修正、图像修饰、模拟高品质镜头效果、美化人像、降噪等 ③ 能够应用Camera Raw调整、修饰、校正图像 ④ 掌握Web设计、切片、自动化处理与输出图像的方法
精通	第17章	行业知识学习、案例分析、设计实战、巩固练习、技能提升	① 能够融会贯通前面所学知识，综合运用各种工具及功能 ② 能够通过案例了解并掌握包装、宣传册、招贴、广告等作品的平面设计方法 ③ 能够通过综合设计实战案例，提升平面设计能力

内容与特色

本书以知识点与范例结合的方式讲解Photoshop在平面设计中的应用，其内容与特色主要包括以下几个方面。

▶ **体系完整，内容全面。** 本书条理清晰、内容丰富，从Photoshop的基础知识入手，由浅入深、循序渐进地介绍了Photoshop的各项操作，并在讲解过程中尽量做到详细、深入，辅以理论、案例、测试、实训、练习、技巧等，加强读者对知识的理解与实际操作能力。

▶ **范例丰富，类型多样。** 本书以"实战""范例"的形式，让读者在操作中理解知识，了解实际工作中的各类平面设计方法。这些案例不仅有基础的图像处理和完整的平面设计作品，还有大量的UI、新媒体、平面广告等行业的设计应用，更符合目前的平面设计发展趋势。

▶ **步骤讲解翔实，图例丰富。** 本书讲解深入浅出，不管是理论知识讲解还是案例操作，都进行了对应的图示讲解，且图示中还添加了标注与说明，便于读者理解，从而更好地学习和掌握Photoshop的各项操作。

▶ **融入设计理念、设计素养。** 本书在范例的开头，或在"综合实训"中结合本章重要知识点进行行业案例的设计，这些设计不仅有详细的行业背景介绍，还结合了实际的工作场景，充分融入设计理念、设计素养，紧密结合课堂讲解的内容给出实训要求、实训思路，培养读者的设计能力和独立完成任务的能力。

▶ **"学"与"练"相结合，实用性强。** 本书将理论讲解与案例讲解相结合，通过大量的实战、范例帮助读者理解、巩固所学知识，具有较强的可操作性和实用性。同时，本书还提供"小测"和"巩固练习"，提高读者的动手能力。

讲解体例

本书精心设计了"本章导读→目标→知识讲解→实战→范例→综合实训→巩固练习→技能提升→综合案例"的教学方法，以激发读者的学习兴趣。本书通过细致而巧妙的理论知识讲解，再辅以实战、范例与综合实训练习，帮助读者强化并巩固所学的知识和技能，以达到提高读者实际应用能力的目的。

▶ **本章导读：** 每章开头以为什么学习、学习后能解决哪些问题作为切入点，引导读者对本章所学知识产生思考，并引起学习兴趣。

▶ **目标：** 从知识目标、能力目标和情感目标3个方面，帮助读者明确学习目标、厘清学习思路。

▶ **知识讲解：** 深入浅出地讲解理论知识，并采用图文结合的形式对知识进行解析、说明。

▶ **实战：** 紧密结合知识讲解，以实战的形式进行实操，帮助读者更好地理解并学习知识。

- ▶ 范例：本书精选范例，对范例要求进行说明，并给出操作的要求及过程，帮助读者分析范例并根据要求完成操作。
- ▶ 综合实训：结合设计背景、设计理念，给出明确的要求、思路，让读者独立完成操作，提升艺术素养和设计能力。

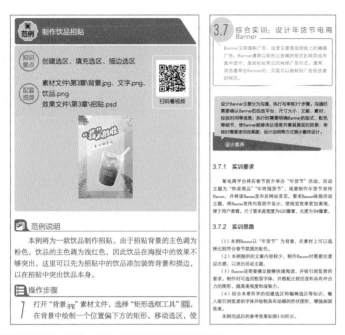

- ▶ 巩固练习：给出相关操作要求和效果，旨在提高读者的动手能力。
- ▶ 技能提升：为读者提供相关知识的补充讲解，便于读者课后进行拓展学习。
- ▶ 综合案例：本书最后一章是关于包装、宣传册、招贴、H5广告等制作的综合案例，这些案例结合了真实的行业知识与设计要求，模拟实际设计工作的完整流程，帮助读者更快地适应设计工作。

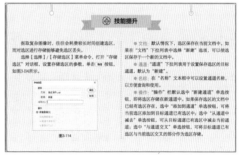

 配套资源

本书提供立体化的配套资源，读者可登录人邮教育社区（www.ryjiaoyu.com），在本书页面中下载。
本书的配套资源包括基本资源和拓展资源。

基本资源

演示视频 ＋ 素材和效果文件 ＋ PPT、大纲和教学教案

▶ 演示视频：本书所有的实例操作均提供了教学视频，读者可通过扫描实例对应的二维码进行在线学习，也可扫描下图二维码关注"人邮云课"公众号，输入校验码"rygjsmpscc"，将本书视频"加入"手机上的移动学习平台，利用碎片时间轻松学。

"人邮云课"公众号

▶ 素材和效果文件：本书提供所有实例需要的素材和效果文件，素材和效果文件均以案例名称命名，便于读者查找。
▶ PPT、大纲和教学教案：本书还提供PPT课件，Word文档格式的大纲和教学教案，以便教师顺利开展教学工作。

拓展资源

▶ 案例库：本书按知识点分类整理了大量Photoshop软件操作拓展案例，包含案例操作要求、素材文件、效果文件和操作视频。
▶ 实训库：本书提供大量Photoshop软件操作实训资料，包含实训操作要求、素材文件和效果文件。
▶ 课堂互动资料：本书提供大量可用于课堂互动的问题和答案。
▶ 题库：本书提供丰富的与Photoshop相关的试题，读者可自由组合出不同的试卷进行测试。
▶ 拓展素材资源：本书提供可用于日常设计的大量拓展素材。
▶ 高效技能精粹：本书提供实用的速查资料，包括快捷键汇总、设计常用网站汇总和设计理论基础知识，帮助读者提高设计的效率。

编者分工

本书由互联网+ 数字艺术研究院策划并开发全部资源，由杨艳、孙敏担任主编，刘涛、王海峰担任副主编。其中，杨艳编写了第1章~第6章，第13章~第14章，第17章；孙敏编写了第7章~第10章；刘涛编写了第11章、第12章；王海峰编写了第15章、第16章。

编者
2022年5月

CONTENTS 目录

第3章 应用选区 38

第4章 使用图层 59

第5章 绘制图像..........................78

第6章 绘制路径与矢量图形..............95

Photoshop CC平面设计核心技能一本通（移动学习版）

第14章　应用Camera Raw.................261

第15章　处理Web图形与切片..............280

第16章　自动化处理与输出图像 ……… 297

第17章　平面设计实战案例 ……………… 312

第**1**章

初识 Photoshop

本章导读

Photoshop作为设计领域中常用的一款图像处理软件，不仅功能非常强大，而且操作简单。但在使用Photoshop处理图像前，设计人员首先要掌握Photoshop的一些基础知识，如了解Photoshop的发展历程和应用领域、认识Photoshop的工作界面及掌握设置Photoshop选项等知识。

知识目标

< 了解Photoshop的发展历程
< 了解Photoshop在设计中的应用
< 熟悉Photoshop的基础知识
< 掌握如何设置Photoshop选项

能力目标

< 自定义适合自己使用的工作区
< 清理Photoshop内存

情感目标

< 提升对Photoshop的整体认识
< 培养学习Photoshop的兴趣

1.1　Photoshop的发展历程

Photoshop是Adobe公司旗下的一款图像处理软件。在学习Photoshop的使用方法之前，设计人员要先了解其发展历程。

1987年，托马斯·诺尔发现他购买的苹果计算机由于软件限制，无法显示带灰度的黑白图像。为了解决这个问题，托马斯·诺尔编写了名为Display的程序。该程序引起了托马斯在电影特效公司上班的哥哥——约翰·诺尔的注意。于是兄弟二人前后耗费一年多的时间，将Display修改为功能更强大的图像编辑程序，并改名为Photoshop。图1-1所示为托马斯·诺尔；图1-2所示为约翰·诺尔。

图1-1　　　　　　　　　图1-2

此时，Photoshop已经具有色阶、色彩平衡、饱和度等调整功能。之后，诺尔兄弟将Photoshop卖给了一家扫描仪公司。后来，Adobe公司买下了Photoshop的发行权，并于1990年推出Photoshop 1.0，此时的Photoshop已拥有了工具箱和一些滤镜功能。1992年，Adobe推出Photoshop 2.0，并为其添加了路径功能，且支持CMYK模式，该模式的推出引发了印刷业的变革。1995年推出的Photoshop 3.0添加了图层功能；1998年推出的Photoshop 5.0添加了历史记录面板、图层样式、测校等功能，加强了Photoshop的处理能力；2000年推出的Photoshop 6.0增强了之前版本中Web工具、矢量绘图工具和图层管理功能；2002年推出的Photoshop 7.0则让数码图像的处理更加轻松。

2003年之后，Adobe将旗下另外几个软件集中在一起，组成Adobe Creative Suite套装，该版本的Photoshop被命名为Photoshop CS，并添加了镜头模糊、镜头校正等功能。2005年推出的Photoshop CS2添加了消失点Bridge、智能对象等工具；2007年推出的Photoshop CS3升级了软件界面，并添加了智能滤镜、视频编辑、3D等功能；2008年推出的Photoshop CS4添加了旋转画笔、绘制3D型等功能；2010年推出的Photoshop CS5更多地优化了画笔功能；2012年推出的Photoshop CS6添加了内容识别修复的功能，让图像修复变得更加轻松，同时Photoshop CS6加强的界面使用户编辑图像的操作变得更加方便。

在推出Adobe Creative Suite套装之后，Adobe调整了设计理念，并推出了Adobe Creative Cloud服务套装，更加注重云处理和云服务，该版本的Photoshop被命名为Photoshop CC，并添加了相机防抖动、Camera Raw功能改进、图像提升采样、属性面板改进、Behance等功能。2019年10月，Adobe发布了Photoshop CC 2020，该版本支持Windows、macOS和Linux等操作系统。

1.2 Photoshop的应用领域

由于Photoshop的图像处理功能十分强大，因而被广泛应用于平面设计、插画设计、界面设计、数码照片后期处理和网店美工等领域。

1.2.1 在平面设计中的应用

平面设计是一种集创意、构图和色彩于一体的艺术表达方式，其不仅要注重视觉美观度，还要传达出设计人员所要表达的具体信息。Photoshop的出现为平面设计行业带来了变革，同时平面设计行业也是Photoshop应用最为广泛的领域。Photoshop可以满足平面设计的各种要求，制作出内容丰富的平面效果。图1-3所示为电影《姜子牙》的宣传海报效果；图1-4所示为咖啡包装设计效果。

1.2.2 在插画设计中的应用

插画是视觉传达中不可或缺的表达手段，它具有绚丽多

彩、视觉冲击力强等特点。插画设计的广泛性和大众性在很大程度上影响着大众的审美取向。使用Photoshop可以在计算机上利用色彩、画笔和滤镜等工具模拟画笔绘制的效果，绘制出各种美观、逼真的插画，还可以制作出现实中的画笔无法实现的特殊效果，如制作书籍插画、电影设定图、游戏设定图等。图1-5所示为插画作品；图1-6所示为游戏设定图。

图1-3 　　　　　　　图1-4

图1-5 　　　　　　　图1-6

1.2.3 在界面设计中的应用

随着网络和移动设备的普及，无论是PC端还是移动端，对界面设计的需求都越来越多。

网页是使用多媒体技术在计算机网络与人们之间建立的一组具有展示和交互功能的虚拟界面。利用Photoshop先设计出网页的页面效果，然后规划好每一部分的内容和作用，通过其自带的切片功能对页面进行处理，最后将页面导出为网页格式或将页面导入相应的网页制作软件中。图1-7所示为PC端Adobe官网首页界面设计效果。

图1-7

移动端由于载体及界面大小和操作方式上与PC端有所差异，因此，移动端界面设计与PC端界面设计也有所不同。图1-8所示为移动端"Keep"App界面设计效果。

图1-8

图1-10   图1-11

1.2.4   在数码照片后期处理中的应用

数码照片是日常工作和生活中较为常用的一种照片。通过Photoshop提供的图像调整、修饰和修复等功能对数码照片进行后期处理，数码照片的效果会更加美观、更具个性、更能满足用户需求。同时，Photoshop也为广大数码爱好者提供了更大的自由设计空间，能帮助用户创造更多别具创意的图像效果。图1-9所示为后期处理数码照片后的效果。

图1-12

图1-9

1.2.5   在网店美化中的应用

网店美工是网店中各种配图的设计者。网店美工可以从视觉角度快速提升店铺的形象、树立网店品牌，并且能通过网店美化吸引更多顾客进店浏览。使用Photoshop可以快速修复商品实拍图中的缺陷部分，并制作出店铺需要的店招、主图和海报等，增强店铺的页面视觉效果。图1-10所示为商品主图的效果；图1-11所示为商品海报的效果；图1-12所示为网店首页的效果。

1.3 Photoshop的基础知识

在使用Photoshop处理图像之前，需先将Photoshop软件安装到计算机中，然后认识工作界面的组成，并按照个人使用习惯设置工作界面，为更好地使用Photoshop做好各项准备工作。

1.3.1   安装Photoshop

在浏览器中打开Adobe公司中国官网，单击"创意和设计"选项卡，在打开的下拉列表中选择"Photoshop"选项，打开Photoshop页面，在新页面中单击"免费试用"超链接，打开安装提示页面，保存"Photoshop_Set-Up.exe"安装程序到计算机，如图1-13所示。下载完成后，双击运行安装程序，打开"Adobe Creative Cloud"对话框，如图1-14所示。单击"创建账户"超链接，打开"创建账户"页面，如图1-15所示。

图1-13

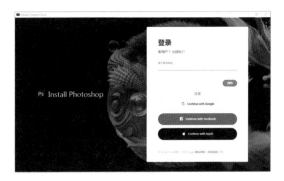

图1-14

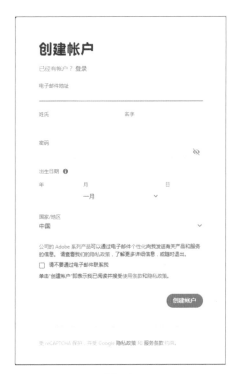

图1-15

填写账户信息后，单击 创建帐户 按钮，将开始自动下载并安装Creative Colud桌面服务，完成后在页面的"试用"栏中找到Photoshop，并单击图标下方的 试用 按钮，自动安装Photoshop，将对其拥有7天的试用期。试用期结束后，需单击 立即购买 按钮购买正式版。

1.3.2　启动与退出Photoshop

安装好Photoshop后，就可以启动并开始使用Photoshop。使用后可退出Photoshop，避免占用计算机内存资源。

1. 启动Photoshop

在Windows桌面左下角单击"开始"按钮 ，在打开的"开始"菜单中选择"Adobe Photoshop 2020"命令，启动Photoshop，如图1-16所示。

> **技巧**
>
> 启动 Photoshop 的方法还包括：① 双击桌面上的Photoshop 快捷方式图标 Ps；② 双击计算机中保存的任意一个后缀名为".psd"的文件，可直接在启动Photoshop 的同时打开该文件。

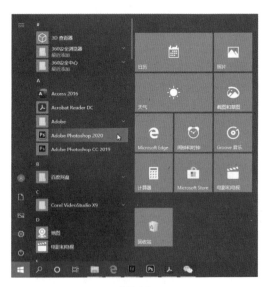

图1-16

2. 退出Photoshop

退出Photoshop的常用方法有以下3种。

● 单击按钮退出：启动Photoshop后，单击其工作界面右上角的"关闭"按钮 ✕ 。

● 通过命令退出：启动Photoshop后，选择【文件】/【退出】命令。

● 通过组合键退出：启动Photoshop后，按【Ctrl+Q】组合键。

1.3.3 认识Photoshop工作界面

启动Photoshop后将进入其工作界面，该工作界面主要由菜单栏、工具箱、工具属性栏、面板组、标题栏、图像窗口、状态栏等组成。图1-17所示为新建一个图像文件后的Photoshop工作界面。

1. 菜单栏

菜单栏由"文件""编辑""图像""图层""文字""选择""滤镜""3D""视图""窗口""帮助"11个菜单项组成，每个菜单项下内置了多个菜单命令。当菜单命令右侧有▶符号时，表示该菜单命令下还有其他子菜单。

2. 工具箱

工具箱中集合了图像处理过程中使用频率较高的工具，设计人员可以方便且快捷地使用它们绘制图像、修饰图像、创建选区和调整图像显示比例等。工具箱的默认位置为工作界面左侧；将鼠标指针移动到工具箱顶部，按住鼠标左键不放并拖曳，可将工具箱拖曳到界面中的其他位置。

单击工具箱顶部的 « 按钮，可以将工具箱中的工具组紧凑排列。单击工具箱中对应的工具，即可选择该工具。当工具按钮右下角有 ▪ 符号时，表示该工具位于一个工作组中，其下还有隐藏工具，在该工具按钮上按住鼠标左键不放或单击鼠标右键，可显示隐藏的工具。图1-18所示为工具箱中的各个工具。

● 移动工具 ⊕：用于移动图层、参考线、形状或选区中的像素。

● 画板工具 ⓑ：用于在单个文档中创建不限量的画布，这里的画布相当于一种特殊类型的图层组。

● 矩形选框工具 ▢：用于创建矩形选区或正方形选区。

● 椭圆选框工具 ○：用于创建椭圆选区或正圆选区。

● 单行选框工具 ⋯：用于创建高度为1像素的选区，一般用于制作网格效果。

● 单列选框工具 ⫿：用于创建宽度为1像素的选区，一般用于制作网格效果。

● 套索工具 ⊘：用于自由地绘制不规则形状的选区。

● 多边形套索工具 ⊿：用于创建选区边缘是直边线段的选区。

● 磁性套索工具 ⊗：能够通过颜色差异自动识别对象的边界。

● 对象选择工具 ⬚：用于自动为已选区域内的对象创建选区。

● 快速选择工具 ✓：用于快速绘制选区。

● 魔棒工具 ⚡：通过在图像中单击，快速选择颜色范围内的区域。

● 裁剪工具 ⬚：用于以任意尺寸裁剪图像。

● 透视裁剪工具 ⬚：用于在需要裁剪的图像上创建带有透视感的裁剪框。

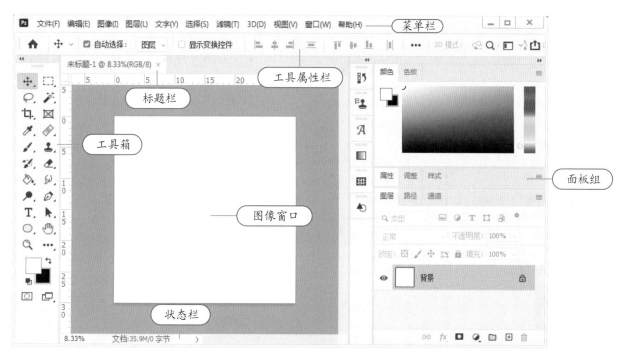

图1-17

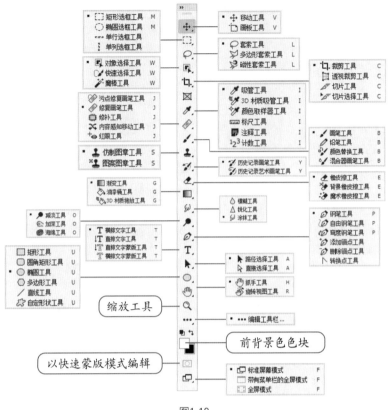

图1-18

● 切片工具 ：用于为图像绘制切片。

● 切片选择工具：用于编辑、调整切片。

● 吸管工具：用于吸取图像中任意颜色作为前景色；按住【Alt】键吸取，可将吸取颜色设置为背景色。

● 3D材质吸管工具：用于快速吸取3D模型中各部分的材质。

● 颜色取样器工具：用于在"信息"面板中显示取样的RGB值。

● 标尺工具：用于在"信息"面板中显示拖曳对角线的距离和角度。

● 注释工具：用于在图像中添加注释。

● 计数工具：用于计算图像中元素的个数，也可自动计数图像中的多个选区。

● 污点修复画笔工具：不需要设置取样点，自动取样修饰区域周围的像素，消除图像中的污点或某个对象。

● 修复画笔工具：以图像中的像素作为样本进行绘制。

● 修补工具：用于利用样本或图案来修复选区中不理想的部分。

● 内容感知移动工具：用于移动选区中的图像时，智能填充选区原来的区域内容。

● 红眼工具：用于去除闪光灯导致的瞳孔红色反光。

● 画笔工具：用于通过前景色绘制出各种线条，也可用于快速修改通道和蒙版。

● 铅笔工具：用于绘制图像。

● 颜色替换工具：用于将选定的颜色替换为其他颜色。

● 混合器画笔工具：用于像传统绘制过程中混合颜料一样混合像素。

● 仿制图章工具：用于将图像上的一部分绘制到统一图像的另一个位置上，或绘制到具有相同颜色模式的任何打开文档的另一部分，也可用于将一个图层的一个位置绘制到另一个图层上。

● 图案图章工具：用于使用预设图案或载入的图案进行绘画。

● 历史记录画笔工具：用于将标记的历史记录状态或快照用作源数据修改图像。

● 历史记录艺术画笔工具：用于将标记的历史记录状态或快照用作源数据，并以风格化的画笔进行绘制。

● 橡皮擦工具：使用类似画笔描绘的方式将像素更改为背景色或透明。

● 背景橡皮擦工具：用于抹除图层上的像素，使图层透明。

● 魔术橡皮擦工具 ：用于清除与取样区域类似的像素范围。

● 渐变工具 ：用于以渐变填充指定范围，在渐变编辑器内可设置渐变模式。

● 油漆桶工具 ：用于在图像中填充前景色或图案。

● 3D材质拖放工具 ：用于为模型填充材质。

● 模糊工具 ：用于柔化图像边缘或减少图像中的细节。

● 锐化工具 ：用于增强图像中相邻像素之间的对比，以提高图像的清晰度。

● 涂抹工具 ：用于模拟手指划过湿油漆时产生的效果。通过拾取鼠标单击处的颜色，并沿着拖曳方向展开这种颜色。

● 减淡工具 ：用于减淡处理图像。

● 加深工具 ：用于加深处理图像。

● 海绵工具 ：用于提高或降低图像中某个区域的饱和度。如果是灰色图像，该工具将通过灰阶远离或靠近中间灰色来提高或降低对比度。

● 钢笔工具 ：以锚点方式创建区域路径，常用于绘制矢量图像或选区对象。

● 自由钢笔工具 ：用于绘制比较随意的图像。

● 弯度钢笔工具 ：用于绘制平滑曲线和直线段。

● 添加锚点工具 ：将鼠标指针移动到路径上，单击即可添加一个锚点。

● 删除锚点工具 ：将鼠标指针移动到路径上的锚点，单击即可删除该锚点。

● 转换点工具 ：用于转换锚点的类型。

● 横排文字工具 ：用于创建水平文字图层。

● 直排文字工具 ：用于创建垂直文字图层。

● 直排文字蒙版工具 ：用于创建垂直文字形状的选区。

● 横排文字蒙版工具 ：用于创建水平文字形状的选区。

● 路径选择工具 ：用于在"路径"面板中选择路径，显示出锚点。

● 直接选择工具 ：用于移动两个锚点之间的路径。

● 矩形工具 ：用于创建长方形路径、形状图层或填充像素区域。

● 圆角矩形工具 ：用于创建圆角矩形路径、形状图层或者填充像素区域。

● 椭圆工具 ：用于创建椭圆形或圆形路径、形状图层或填充像素区域。

● 多边形工具 ：用于创建多边形路径、形状图层或填充像素区域。

● 直线工具 ：用于创建直线路径、形状图层或填充

像素区域。

● 自定形状工具 ：用于创建预设的形状路径、形状图层或填充像素区域。

● 抓手工具 ：用于移动图像显示区域。

● 旋转视图工具 ：用于移动或旋转视图。

● 缩放工具 ：用于放大、缩小显示的图像。

● 编辑工具栏 ：具有添加或删除工具栏中的工具、更改工具快捷键等功能。

● 前景色/背景色 ：用于设置前景色或背景色。

● 切换前景色和背景色 ：用于切换前景色或背景色。

● 默认前景色和背景色 ：用于恢复默认的前景色和背景色。

● 以快速蒙版模式编辑 ：用于切换快速蒙版模式和标准模式。

● 标准屏幕模式 ：用于显示菜单栏、标题栏、滚动条和其他屏幕元素。

● 带有菜单栏的全屏模式 ：用于显示菜单栏、50%的灰色背景、无标题栏和滚动条的全屏窗口。

● 全屏模式 ：用于显示黑色背景和图像窗口。按【F】键或【Esc】键，可退出全屏模式；按【Tab】键，可切换到带有面板的全屏模式。

3. 工具属性栏

在工具箱中选择工具后，其工具属性栏会显示该工具对应的属性和参数，设置其属性和参数后可调整工具的显示效果。

4. 面板组

面板组是Photoshop工作界面中非常重要的组成部分，用于选择颜色、编辑图层、新建通道、编辑路径和撤销编辑等操作。在Photoshop中，我们可在"窗口"菜单中打开所需的各种控制面板，还可通过移动鼠标指针的方法来调整面板组中各个面板的位置。单击面板组左上角的"展开面板"按钮 ，可打开隐藏的面板组；再次单击"折叠为图标"按钮 ，可还原为图标模式。Photoshop中各面板的主要作用介绍如下。

● "颜色"面板：用于调整混色色调。在"颜色"面板中，可以通过拖曳滑块或者设置颜色值来设置前景色和背景色。图1-19所示为"颜色"面板。

图1-19

● "色板"面板：用于选择预设好的颜色。图1-20所示为"色板"面板。

● "样式"面板：用于显示各种各样预设的图层样式。图1-21所示为"样式"面板。

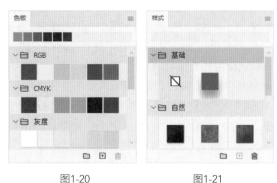

图1-20　　　　　　图1-21

● "字符"面板：用于设置文字的字体、大小和颜色等属性。图1-22所示为"字符"面板。

● "段落"面板：用于设置文字的段落、位置、缩进等属性。图1-23所示为"段落"面板。

图1-22　　　　　　图1-23

● "字符样式"面板：用于创建、设置字符样式，并将字符属性存储在"字符样式"面板中。图1-24所示为"字符样式"面板。

● "段落样式"面板：用于创建段落样式，并将段落属性存储在"段落样式"面板中。图1-25所示为"段落样式"面板。

图1-24　　　　　　图1-25

● "图层"面板：用于创建、编辑和管理图层。该面板中将列出所有的图层、图层组和图层效果。图1-26所示为"图层"面板。

● "路径"面板：用于保存和管理路径。该面板中显示了每条存储的路径、当前工作路径、当前矢量名称和缩览图。图1-27所示为"路径"面板。

图1-26　　　　　　图1-27

● "通道"面板：用于创建、保存和管理通道。图1-28所示为"通道"面板。

● "调整"面板：用于调整图像的颜色和色调。图1-29所示为"调整"面板。

图1-28　　　　　　图1-29

● "属性"面板：用于调整文档或对象的参数内容。图1-30所示为文档的"属性"面板。

● "信息"面板：用于显示与图像有关的信息，如鼠标指针位置、指针位置的颜色、选区大小等。图1-31所示为"信息"面板。

图1-30　　　　　　图1-31

● "画笔"面板：用于设置绘制工具以及修饰工具的笔尖种类、画笔大小和硬度，还可以在其中创建自己需要的特殊画笔。图1-32所示为"画笔"面板。

● "画笔设置"面板：用于显示提供的各种预设的画笔。图1-33所示为"画笔设置"面板。

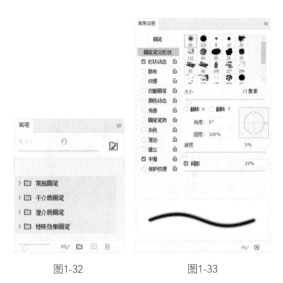

图1-32　　　　　　图1-33

● "导航器"面板：用于显示图像的缩览图和各种窗口缩放工具。图1-34所示为"导航器"面板。

● "直方图"面板：用于显示图像中每个亮度级别的像素数量，以展示像素在图像中的分布情况。图1-35所示为"直方图"面板。

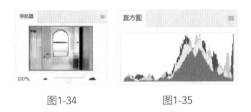

图1-34　　　　　　图1-35

● "仿制源"面板：在使用修复工具，如仿制图章工具 ▲ 和修复画笔工具 ◢ 时，可通过该面板设置不同的样本源。图1-36所示为"仿制源"面板。

● "3D"面板：选择3D图层后，3D面板中会显示与之关联的3D文件组件和相关的选项。图1-37所示为"3D"面板。

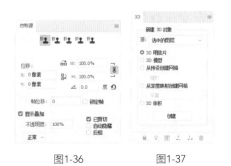

图1-36　　　　　　图1-37

● "注释"面板：用于在静态图像上新建、存储注释文字。图1-38所示为"注释"面板。

● "历史记录"面板：当编辑图像时，Photoshop会将每步操作都记录在"历史记录"面板中，可通过该面板将操作恢复到之前的某一步。图1-39所示为"历史记录"面板。

图1-38　　　　　　图1-39

● "时间轴"面板：用于制作和编辑图像的动态效果。制作动画后，设计人员可通过"帧"和"时间轴"两种方式对动画进行查看。图1-40所示为"时间轴"面板。

图1-40

● "测量记录"面板：用于显示使用套索工具 ◯ 和魔棒工具 ◢ 定义区域的面积、周长、圆度、高度和宽度等。图1-41所示为"测量记录"面板。

图1-41

● "工具预设"面板：用于存储工具的各项设置或创建工具预设库。图1-42所示为"工具预设"面板。

● "图层复合"面板：用于保存图层状态，在该面板中可对图层复合进行新建、编辑、显示等。图1-43所示为"图层复合"面板。

图1-42　　　　　　图1-43

技巧

将鼠标指针移至某个面板的标题栏上，按住鼠标左键不放将面板拖曳到另一个面板的下方，当下方出现蓝色边框时释放鼠标左键，可将两个面板纵向排列在一起，如图1-44所示。

图1-44

技巧

将鼠标指针停在某个面板的标题栏上，按住鼠标左键不放将面板拖曳到另一个面板的标题栏旁边，当另一个面板的边框及标题栏旁边变为蓝色时，释放鼠标左键可将两个面板合并，如图1-45所示。

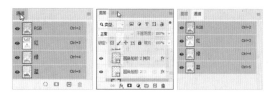

图1-45

将鼠标指针移至需要拆分的面板标题栏上，按住鼠标左键不放将面板拖曳到窗口的空白处，就可以拆分面板，如图1-46所示。

图1-46

5. 标题栏

图像窗口的上方是标题栏，标题栏可显示当前图像文件的名称、格式、显示比例、色彩模式、所属通道和图层状态。如果该图像文件未被存储过，则标题栏以"未命名"和连续的数字作为文件的名称。

6. 图像窗口

图像窗口相当于Photoshop的编辑区，用于添加或处理图像。Photoshop中所有的图像处理操作都在图像窗口中完成。

7. 状态栏

状态栏位于文档底部，用于显示当前图像的显示比例、文档大小等信息。将鼠标指针移动到状态栏的文档信息上，按住鼠标左键不放，打开的面板中显示了图像的宽度、高度、通道和分辨率等信息，如图1-47所示。单击状态栏中的▶按钮，打开的列表中显示了文档大小、文档配置文件、文档尺寸、测量比例、暂存盘大小等选项，如图1-48所示。用户可根据需要选择相应的选项。

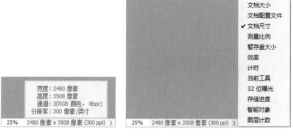

图1-47　　　　　　图1-48

● 文档大小：显示相关文档的数据信息。该选项为状态栏的默认显示状态。

● 文档配置文件：显示文档所使用的颜色配置文件名称。

● 文档尺寸：显示完整的文档尺寸。

● 测量比例：显示文档的比例。

● 暂存盘大小：显示当前文档虚拟内存的大小。

● 效率：显示Photoshop进行工作时的效率。如果这个百分数经常低于60%，则说明计算机硬件系统可能已经无法满足使用需要。

● 计时：显示一个时间数值，该数值代表执行上一次操作所需要的时间。

● 当前工具：显示当前所选工具的名称。

● 32位曝光：用于调整预览图像，以便于查看32位/通道高动态范围（HDR）图像。

● 存储进度：显示当前文档的存储进度。

● 智能对象：显示文件中包含的智能对象及其状态。

● 图层计数：显示文件中包含多少个图层。

1.3.4　自定义工作界面

不同用户有不同的Photoshop使用需求与习惯。用户在使用Photoshop前，可以按照自身需求自定义Photoshop的工作界面，以满足工作、学习的需要。

1. 设置工作区

为了让不同行业的用户使用Photoshop时更加方便，Adobe预设了几种不同的工作区。

单击Photoshop工作界面右上角的"切换工作区"按钮 □，在打开的下拉列表中选择需要的工作区进行切换。Photoshop默认为"基本功能"工作区，用户可以选择为摄影爱好者预设的"摄影"工作区（见图1-49），也可以选择为数码绘图工作者预设的"绘图"工作区，还可以根据需要选择"3D""图形和Web""动感"等工作区。

图1-49

技巧

选择【窗口】/【工作区】菜单命令，在打开的子菜单中也可以选择需要的预设工作区。

2. 创建与删除自定义工作区

若用户常用的工作区与Photoshop预设的工作区不一致，就可以创建适合自己使用习惯的自定义工作区。创建前，将需要的面板排列好，将不需要的面板关闭，然后选择【窗口】/【工作区】/【新建工作区】菜单命令，在打开的"新建工作区"对话框中为工作区设置名称，单击 存储 按钮，将当前工作区存储为预设工作区，如图1-50所示。

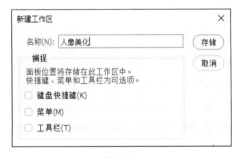

图1-50

若需要删除某工作区，可以选择【窗口】/【工作区】/【删除工作区】菜单命令，在打开的"删除工作区"对话框中选择需要删除的工作区，单击 删除(D) 按钮，如图1-51所示。

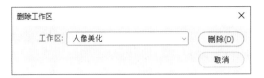

图1-51

3. 设置界面颜色

Photoshop CC 2020工作界面的外观颜色默认为黑色，使用黑色界面可以更直观地观察被处理图像的效果。但当处理一些灰度图像时，使用黑色界面就不能很好地观察图像，此时可以调整Photoshop CC 2020工作界面的颜色。其方法为：选择【编辑】/【首选项】/【界面】菜单命令，打开"首选项"对话框，在"外观"栏中可以设置"颜色方案"为最浅色，单击 确定 按钮，如图1-52所示。

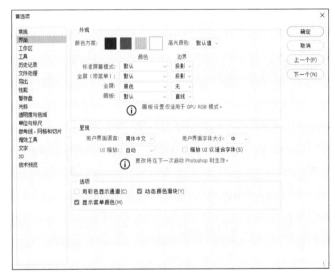

图1-52

实战 为"液化"命令添加颜色

知识要点 设置命令颜色

扫码看视频

操作步骤

1 启动Photoshop CC 2020，选择【编辑】/【菜单】菜单命令，打开"键盘快捷键和菜单"对话框，在"应用程序菜单命令"列表框中选择"滤镜"选项，在展开的列表中选择"液化"选项。

2 单击"颜色"栏下方的"无"选项，在打开的下拉列表中选择"红色"选项，为命令设置颜色，单击 确定 按钮，如图1-53所示。

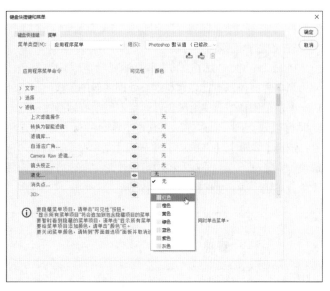

图1-53

3 单击"滤镜"菜单，将鼠标指针移至"液化"命令上，可以看到"液化"命令已经显示为红色，效果如图1-54所示。

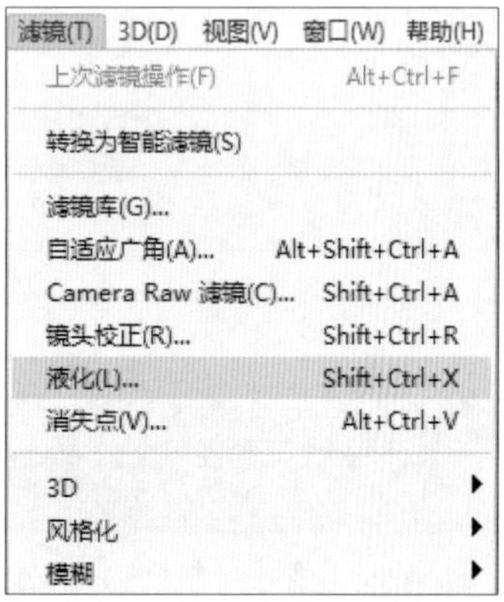

图1-54

1.4 设置Photoshop

在Photoshop中，用户不仅可以自定义工作区的面板及界面颜色，还可以自定义常规设置部分、首选项、图像辅助工具等，并减少预设与插件占用的资源。

1.4.1 Photoshop常规设置

Photoshop常规设置包括显示或隐藏工具提示、设置命令快捷键、设置颜色、设置配置文件。

1. 显示或隐藏工具提示

工具提示是指鼠标指针悬停在工具箱的工具上时，Photoshop会自动显示该工具的名称与操作提示，这对初学软件的用户比较有帮助。若界面中未显示工具提示，可选择【编辑】/【首选项】/【工具】菜单命令，打开"首选项"对话框，在"选项"栏中勾选"显示工具提示"复选框与"显示丰富的工具提示"复选框，单击 确定 按钮。当需要隐藏工具提示时，可取消勾选"显示工具提示"复选框与"显示丰富的工具提示"复选框。

2. 设置命令快捷键

Photoshop中有很多命令，如果一直通过菜单执行命令，效率会比较低，因此Photoshop也预设了命令的快捷方式。此外，用户可根据使用习惯，设置常用命令的快捷键。已经设置了命令快捷键的用户，也可以重新设置。选择【编辑】/【键盘快捷键】菜单命令，打开"键盘快捷键和菜单"对话框，在"应用程序菜单命令"列表框中找到需要的命令，然后单击"快捷键"栏下方的空白处，如图1-55所示。当空白处变为文本框后，按下想要定义的快捷键，快捷键将自动显示在文本框中，单击 接受 按钮和 确定 按钮完成设置。

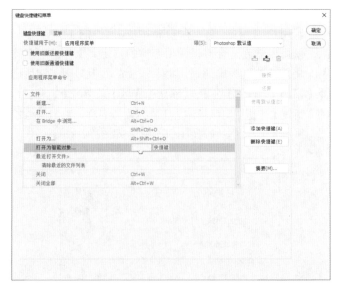

图1-55

3. 设置颜色

设置颜色是指设置Photoshop的"工作空间"颜色和"色彩管理方案"颜色。选择【编辑】/【颜色设置】菜单命令，打开"颜色设置"对话框，可以在其中进行颜色设置，如图1-56所示。

图1-56

● 设置："设置"下拉列表中提供了多种颜色方案，用户可选择需要的颜色方案，并在所选颜色方案的基础上再进行设置。

● 工作空间：在"工作空间"栏中可设置工作中"RGB""CMYK""灰色""专色"配色文件的颜色。

● 色彩管理方案：在"色彩管理方案"栏中可管理工作中"RGB""CMYK""灰色"模式文件的颜色配置方案。

● 打开时询问：勾选"配置文件不匹配"后的"打开时询问"复选框时，若新打开的文档中嵌入的颜色配置文件与当前的工作空间不匹配，就会发出通知，并且给出选项以覆盖不匹配的方案。勾选"缺少配置文件"后的"打开时询问"复选框时，打开不带嵌入配置文件的现有文档即会通知，并提供选项用于指定颜色配置文件。

● 粘贴时询问：勾选"粘贴时询问"复选框，每当将色彩经由粘贴、拖放等方式导入文件中，并出现色彩描述文件不符时，程序会立即发出通知，提醒用户选择忽略与预设不符的操作。

● "载入"按钮：单击 载入(L)... 按钮，可在打开的对话框中选择需要载入的颜色配置。

● "存储"按钮：在"颜色设置"对话框中设置好颜色后，单击 存储(S)... 按钮，在打开的对话框中可保存颜色方案。

● 预览：勾选"预览"复选框，可预览设置的颜色。

4. 设置配置文件

选择【编辑】/【指定配置文件】菜单命令，打开"指定配置文件"对话框，在"指定配置文件"栏中选中需要的单选按钮，如图1-57所示。选中"配置文件"单选按钮，还可在其右侧的下拉列表中选择相应的颜色方案，然后单击 确定 按钮，完成设置。

图1-57

1.4.2　设置首选项

在Photoshop中，可通过"首选项"对话框来优化与调整该软件的相关功能。

1. 设置常规

选择【编辑】/【首选项】/【常规】菜单命令，打开"首选项"对话框，此时会默认选择"常规"选项卡，在右侧可对参数进行设置，如图1-58所示。

● 拾色器："拾色器"下拉列表中包含"Adobe"与"Windows"两种拾色器选项。"Adobe"拾色器可根据4种颜色模式匹配颜色，而"Windows"拾色器仅涉及基本的颜色，只允许用户根据两种颜色模式来选择颜色。

● HUD拾色器：用于绘图时快速选择颜色。"HUD拾色器"下拉列表中提供了7种选项，用户可根据需要选择。

● 图像插值：用于在改变图像大小时，增加或删除像素。"图像插值"下拉列表中提供了6种选项，用户可根据需要选择。

● 选项："选项"栏中提供了9个复选框，用户可以进行相应的设置和控制文档。

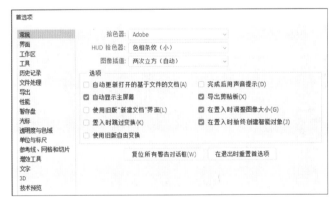

图1-58

● 复位所有警告对话框(W) 按钮：单击该按钮，在打开的提示对话框中单击 确定 按钮，以后执行某些命令时会显示警告对话框。

● 在退出时重置首选项 按钮：单击该按钮，在打开的提示对话框中单击 确定 按钮，将在退出Photoshop时重置首选项。

2. 设置界面

设置界面除了可以设置Photoshop的颜色方案，还可以设置面板与文档、语言和字体大小等，如图1-59所示。

● 外观：用于设置Photoshop工作界面的"颜色方案""高光颜色""标准屏幕模式"等参数。

● 呈现：用于设置"用户界面语言""用户界面字体大小""UI缩放"等参数。

● 选项：用于设置"用彩色显示通道""动态颜色滑块""显示菜单颜色"等参数。

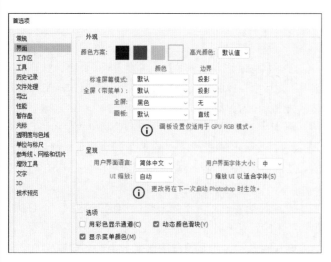

图1-59

3. 设置文件处理

文件处理主要用于设置文件存储选项和文件兼容性。其方法为：在"首选项"对话框左侧单击"文件处理"选项卡，在对话框右侧可进行相应的文件设置，如图1-60所示。

图1-60

4. 设置性能

在"首选项"对话框左侧单击"性能"选项卡，如图1-61所示。在对话框右侧的"内存使用情况"栏中可查看计算机内存的使用情况，也可调整分配给Photoshop的内存量；在"图形处理器设置"栏中可勾选"使用图形处理器"复选框，若单击 高级设置… 按钮则可启用OpenGL功能，启用后在处理

3D文件或复杂图像时便可加速处理过程；在"历史记录与高速缓存"栏中可设置"历史记录"面板中保留的历史记录数量和高速缓存的级别。

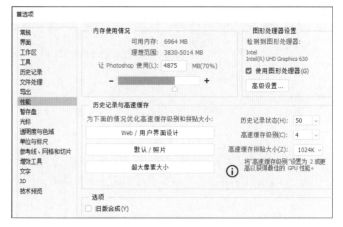

图1-61

5. 设置暂存盘

Photoshop拥有虚拟内存技术，该技术可以把驱动器（硬盘）当作内存使用，以保证Photoshop在内存不足的时候也可正常使用。设置暂存盘主要是将Photoshop默认的C盘作为暂存盘更改为其他驱动器，避免Photoshop影响系统的运行速度，并调整暂存盘的顺序。其方法为：在"首选项"对话框左侧单击"暂存盘"选项卡，在对话框右侧勾选空闲空间较多的硬盘前的复选框，并单击 ▲ 按钮，以空闲空间由多至少递减的顺序调整每个硬盘的顺序，然后勾选容量较多的三个驱动器前的复选框，取消勾选C盘前的复选框，如图1-62所示。用户可以根据自己的需要设置暂存盘。

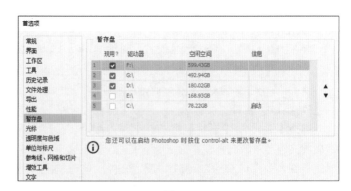

图1-62

6. 设置光标

设置光标主要是设置"绘画光标"和"画笔带颜色"两项。其方法为：在"首选项"对话框左侧单击"光标"选项卡，在对话框右侧进行相应设置，如图1-63所示。

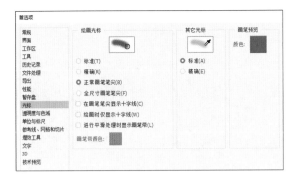

图1-63

● 绘画光标：用于设置使用绘图工具时，光标在绘画中的显示状态，以及光标中心是否显示十字线等，如图1-64所示。

图1-64

● 其他光标：用于设置使用其他工具时，光标在绘画中的显示状态。

● 画笔预览：单击"颜色"按钮■，在打开的"拾色器（画笔预览颜色）"对话框中设置画笔预览的颜色，如图1-65所示。

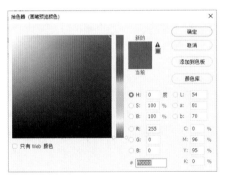

图1-65

7. 设置透明度与色域

在"首选项"对话框左侧选择"透明度与色域"选项卡，如图1-66所示。在对话框右侧的"透明区域设置"栏中可设置网格大小和网格颜色；在"色域警告"栏中可设置文档中溢色的颜色和不透明度。

图1-66

8. 设置单位与标尺

在"首选项"对话框左侧单击"单位与标尺"选项卡，如图1-67所示。在对话框右侧的"单位"栏中可设置标尺和文字的单位；在"列尺寸"栏中可设置指定图像的宽度和装订线的尺寸；在"新文档预设分辨率"栏中可设置新建文档时预设的打印分辨率和屏幕分辨率；在"点/派卡大小"栏中可设置每英寸图像中的像素点数。

图1-67

9. 设置参考线、网格和切片

设置参考线、网格和切片主要是设置参考线、智能参考线、网格、切片的颜色和样式。其方法为：在"首选项"对话框左侧单击"参考线、网格和切片"选项卡，在对话框右侧可设置参考线、网格、切片等内容，如图1-68所示。

图1-68

10. 设置文字

设置文字主要是设置文字选项和文本引擎选项。其方法为：在"首选项"对话框左侧单击"文字"选项卡，在对话框右侧可设置相应的文字参数，如图1-69所示。

图1-69

11. 设置3D参数

通过设置3D参数，可以更好地应用Photoshop中的3D功能。其方法为：在"首选项"对话框左侧单击"3D"选项卡，在对话框右侧可设置3D参数，如图1-70所示。

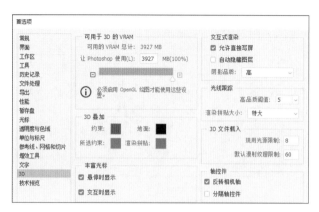

图1-70

● 可用于3D的VRAM：用于设置3D引擎可使用的显存（VRAM）量。

● 3D叠加：用于设置在进行3D操作时高亮显示可用的3D组件。

● 丰富光标：用于设置3D对象悬停或交互时鼠标指针的状态。

● 交互式渲染：用于设置3D对象交互和阴影品质等。

● 光线跟踪：用于设置光线跟踪渲染的高品质阈值和渲染拼贴大小。

● 3D文件载入：用于设置3D文件载入时的行为。

● 轴控件：用于设置轴的属性。

1.4.3 设置图像辅助工具

在编辑一些规则图形，或者需要布局图像时，用户可使用如标尺、网格、参考线、智能参考线等辅助工具来协助进行图像编辑。

1. 标尺

标尺可以帮助用户固定图像或元素的位置。其方法为：选择【视图】/【标尺】菜单命令（或按【Ctrl+R】组合键），此时在图像窗口顶部和左侧分别显示水平和垂直的标尺，如图1-71所示。再次按【Ctrl+R】组合键可隐藏标尺。

2. 网格

使用网格可以在编辑和排列图像时，起到精确定位的作用。默认情况下，Photoshop不会显示网格。用户使用时需要选择【视图】/【显示】/【网格】菜单命令显示网格，效果如图1-72所示。

图1-71　　　　　　　图1-72

技巧

若要取消网格，可以再次选择【视图】/【显示】/【网格】菜单命令。

3. 参考线

在编辑图像的过程中，用户可以使用参考线以使制作的图像更加精确。

● 拖曳创建参考线。显示标尺，将鼠标指针移至上方的标尺上，按住鼠标左键不放，向下拖曳可创建水平参考线，如图1-73所示。将鼠标指针移至左侧的标尺上，按住鼠标左键不放，向右拖曳可创建垂直参考线。

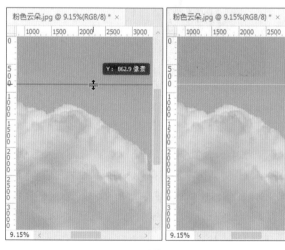

图1-73

● 选择命令创建参考线。选择【视图】/【新建参考线】菜单命令，打开"新建参考线"对话框，在"取向"栏中可选中"水平"单选按钮或"垂直"单选按钮，在"位置"文本框中可设置参考线的位置。图1-74所示为使用"新建参考线"对话框在200像素的位置创建一条垂直参考线。

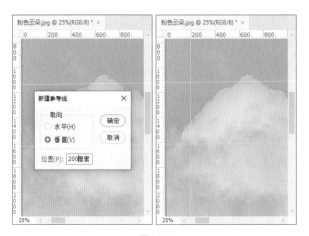

图1-74

● 解锁参考线。当需要编辑参考线时，可再次选择【视图】/【锁定参考线】菜单命令，取消命令前的 ✔ 标记，恢复参考线的可编辑状态。

1.4.4　减少预设与插件占用的资源

在Photoshop中可以安装画笔库、形状库、样式库、动作库、色板库、字体、滤镜插件、修图插件等预设与插件。这些预设与插件都会占用计算机的系统资源和内存，使Photoshop运行速度变慢。因此，在计算机内存有限的情况下，应尽量减少或者删除当前不需要的预设与插件，待使用时再安装。

技巧

选择【视图】/【清除参考线】菜单命令，可以清除当前图像中所有的参考线。

实战 清理 Photoshop 内存

知识要点 清理Photoshop内存

扫码看视频

4. 智能参考线

智能参考线可以帮助用户对齐形状、切片和选区。选择【视图】/【显示】/【智能参考线】菜单命令，启用智能参考线，启用后在绘制形状、切片及选区时，Photoshop将自动添加参考线，如图1-75所示。

在Photoshop中除了可创建参考线外，还可移动、锁定和解锁参考线。

在使用Photoshop的过程中，Photoshop会自动保存许多图层、通道、蒙版、图层样式等的中间数据，也会保存历史记录等内容，容易造成计算机速度变慢，因此用户可以通过定期清理内存来提升计算机速度。

操作步骤

1 启动Photoshop CC 2020，选择【编辑】/【清理】/【全部】菜单命令，如图1-76所示。此操作将对缓存进行清理。

2 打开"Adobe Photoshop"警告框，如图1-77所示。单击 确定 按钮，进行清理。

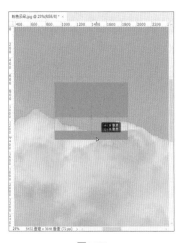

图1-75

图1-76　　　　　　图1-77

● 移动参考线。在图像中添加参考线后，选择工具箱中的"移动工具" ，将鼠标指针放置在参考线上，按住鼠标左键不放并拖曳，可移动参考线。

● 锁定参考线。当确定图像中参考线的位置后，选择【视图】/【锁定参考线】菜单命令，可锁定图像中的所有参考线，防止被错误地移动。

1.5 综合实训：创建适合自己的工作界面

创建适合自己的Photoshop工作界面，有助于我们更好地使用Photoshop并提高工作效率。

1.5.1 实训要求

根据自己的使用习惯，将需要使用的面板排布在Photoshop的工作界面中，并为界面设置合适的颜色方案，然后为常用命令添加高光颜色，接着设置光标。

1.5.2 实训思路

（1）打开需要的面板，按照自己的需要和使用习惯，合理布局并存储。将有关联的面板组合在一起，并将使用频率高的面板放在顺手的位置，将重要的面板放在醒目的位置。

（2）设置颜色方案是为了在使用软件时视觉上更舒服，用户可以根据自己的需要更改颜色方案。

（3）为常用命令添加高光颜色时，可以根据使用的频繁程度或者不同的功能对颜色加以区分，以便在菜单中快速找到所需命令。

本例完成后的参考效果如图1-78所示。

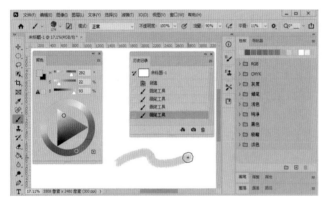

图1-78

1.5.3 制作要点

知识要点：设置工作区、创建自定义工作区、设置颜色方案、设置命令颜色、设置光标

扫码看视频

完成本例主要包括设置工作区、设置颜色、设置光标3个部分，主要操作步骤如下。

1 启动Photoshop CC 2020，设置"绘画"工作区。

2 打开"颜色"面板，将其放置于工作界面左侧，单击面板右上角的 ▤ 按钮，在打开的下拉菜单中选择【色轮】命令；打开"调整"面板，将其放置于"画笔"面板右侧；打开"属性"面板，将其放置于"调整"面板右侧。

3 新建"自定义绘画"工作区，并将其存储为预设工作区。通过"首选项"对话框更改工作界面"外观"的颜色方案，如图1-79所示。

4 通过"首选项"对话框设置"快速导出为PNG"命令和"将图层导出到文件"命令的颜色为"橙色"，设置"定义画笔预设"命令的颜色为"绿色"，效果如图1-80所示。

5 通过"首选项"对话框设置合适的绘画光标效果和其他光标效果，完成工作界面的设置。最后尝试新建文档并使用"画笔工具" ✔ 绘画。

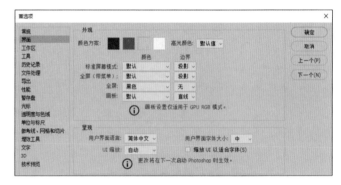

图1-79

图1-80

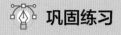

巩固练习

本练习主要设置工作界面，如显示标尺、关闭面板、打开面板、合并面板，以及新建工作区，参考效果如图1-81所示。

配套资源　素材文件\第1章\火烈鸟.jpg

图1-81

技能提升

Photoshop CC 2020添加了一些更加方便、实用的新技术或新功能。用户不了解Photoshop CC 2020的这些新技术或新功能时，可以按【F1】键，在网页中打开图1-82所示Photoshop帮助页面，并在其中搜索相应的说明。

图1-82

第 2 章

Photoshop 的
基本操作

📖 **本章导读**

使用Photoshop编辑图像前，需要先掌握Photoshop的一些基本操作，如管理图像文件、查看图像文件、图像的基础知识、图像的基本编辑。除此之外，还需要了解选取颜色与填充颜色的方法，以及图像处理中错误操作的撤销与恢复。

🖥 **知识目标**

< 掌握管理图像文件的方法
< 掌握查看图像文件的方法
< 了解图像的基础知识
< 掌握图像的基本编辑
< 了解选取颜色与填充颜色
< 掌握错误操作的撤销与恢复

🏆 **能力目标**

< 打开并存储图像
< 使用缩放工具与抓手工具查看图像
< 转换图像的色彩模式
< 调整图像尺寸与画布尺寸
< 使用"颜色"面板与"色板"面板

💗 **情感目标**

< 培养对图像处理的基本认知
< 为后续的图像处理打好基础

2.1 管理图像文件

计算机中的图像是以文件形式存在的。因此，在学习编辑图像前，读者需要了解常用的图像文件格式，并掌握常用的管理图像文件的方法。

2.1.1 常用的图像文件格式

不同的图像文件格式可应用于不同的场合，这就要求用户在存储图像文件时需要选择适合的文件格式。

1. PSD格式

PSD格式是Photoshop默认的文件存储格式，它支持所有Photoshop功能，并且兼容其他Adobe产品。

当文件存储为PSD格式时，可通过设置"首选项"提高文件的兼容性，将文件存储为一个带图层图像的复合文件，这样即使Photoshop的功能有改动，也可以保持文件外观不变。此外，通过这种复合图像，用户可以在Photoshop以外的应用程序中快速载入与使用图像文件。

2. JPEG格式

JPEG格式是一般数码相机默认的文件格式，它会压缩文件大小，也常用作HTML文件中的图像或连续色调图像的存储格式。JPEG格式支持CMYK、RGB和灰度颜色模式，并保留RGB图像中的所有颜色信息，但不支持透明度。通常，在Photoshop中将图像存储为JPEG格式时，设置"品质"为"最佳"，如图2-1所示。

3. GIF

GIF（图形交换格式）通常用于存储和展示HTML 文档中的索引颜色图形和图像，它能够压缩文件大小并缩短文件传输时间。GIF可以保留索引颜色图像中的透明度，但不支持Alpha通道。

图2-1

4. PNG格式

PNG格式可用于在互联网上无损压缩和显示图像。与GIF不同，PNG格式支持24位图像，产生的透明背景没有锯齿边缘，PNG格式还支持带一个Alpha通道的RGB和灰色颜色模式，用Alpha通道来定义文件中的透明区域。

5. PDF

PDF（便携式文档格式）是一种灵活的、跨平台、跨应用程序的文件格式，它能够精确地显示并保留字体、版式及图形，并具有电子文档搜索和导航功能。PDF主要用于电子图书、电子邮件、产品说明、公文公告等方面，该格式也比较适合以打印形式输出文件。

Photoshop软件能够识别以下两种类型的PDF文件。

● Photoshop PDF文件：Photoshop PDF文件支持标准PSD格式所支持的所有颜色模式（多通道模式除外）和功能。

● 标准PDF文件：标准PDF文件通常包含多个页面和图像。使用Photoshop打开标准PDF文件时，矢量和文本将栅格化，同时保留像素信息。

2.1.2 新建图像文件

选择【文件】/【新建】菜单命令（或按【Ctrl+N】组合键）打开"新建文档"对话框，如图2-2所示。设置文档参数，单击 创建 按钮，即可新建图像文件。

图2-2

● 预设选项卡：用于选择预设的常用文档尺寸。用户可以先确定图像文件的用途，如"照片""打印""图稿和插图""Web""移动设备""胶片和视频"等，然后从相应的预设选项卡中选择需要的尺寸。

● 预设详细信息：用于设置新建图像文件的名称，默认为"未标题-1"。

● 宽度和高度：用于设置图像的宽度和高度。在"宽度"文本框右侧的下拉列表中可以选择图像宽度和高度的单位。

● 方向：用于设置纵向或横向的图像方向。

● 画板：勾选"画板"复选框后，可创建画板。

● 分辨率：用于设置文件的分辨率。在"分辨率"文本框右侧的下拉列表中可选择分辨率的单位。

● 颜色模式：用于设置图像的颜色模式和位深度，颜色模式包括"位图""灰度""RGB颜色""CMYK颜色""Lab颜色"，位深度包括"8位""16位""32位"。

● 背景内容：用于设置图像文件的背景，其中的选项包括"白色""黑色""背景色""透明""自定义"。图2-3所示分别为设置"背景内容"为"白色"、设置"背景内容"为"背景色"并设置"背景色"为"#5c9a75"、设置"背景内容"为"透明"的图像文件效果。

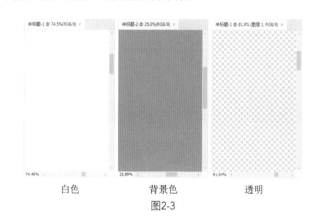

| 白色 | 背景色 | 透明 |

图2-3

● 高级选项：单击 > 按钮，显示隐藏的选项。在"颜色配置文件"下拉列表中可为文件选择一个颜色配置文件；在"像素长宽比"下拉列表中可以选择像素的长宽比，该选项通常用于制作视频。

2.1.3 打开图像文件

在Photoshop CC中打开图像文件的方法较多，用户可根据不同情况选择适合的打开方法。

● 通过"打开"命令打开。选择【文件】/【打开】菜单命令（或按【Ctrl+O】组合键），打开"打开"对话框，在该对话框中选择需要打开的图像文件，单击 打开(O) 按钮，如图2-4所示。

图2-4

● 通过"打开为"命令打开。当文件实际格式与扩展名不匹配或文件没有扩展名时，就无法使用"打开"命令打开文件。此时可选择【文件】/【打开为】菜单命令，打开"打开"对话框，在"文件名"文本框右侧的下拉列表中选择正确的扩展名，然后单击 打开(O) 按钮。如果使用"打开为"命令仍然不能打开图像文件，可能是选取的文件格式与实际文件格式不同或文件已损坏。

● 通过"在Bridge中浏览"命令打开。当一些PSD文件不能在"打开"对话框中正常显示时，就可尝试使用Bridge插件打开。选择【文件】/【在Bridge中浏览】菜单命令，启动Bridge，在Bridge中选择需要打开的文件，双击该文件即可打开文件。

● 通过"最近打开文件"命令打开。Photoshop CC 默认记录最近打开过的20个文件信息，用户选择【文件】/【最近打开文件】菜单命令，在弹出的子菜单中便可选择需要打开的文件，如图2-5所示。

图2-5

● 通过"打开为智能对象"命令打开。智能对象是一个嵌入原始文件的文件，编辑智能对象不会对原始文件产生影响。选择【文件】/【打开为智能对象】菜单命令，打开"打开"对话框，选择需要打开的文件，单击"打开"按钮，图像将以智能对象打开，其在"图层"面板中的显示状态如图2-6所示。

图2-6

● 将文件拖入Photoshop中打开。启动Photoshop CC，在计算机中选择需要打开的图像文件，按住鼠标左键不放并将其拖曳到Photoshop图像窗口的空白区域，释放鼠标左键，即可在Photoshop中打开该图像文件。

2.1.4 置入图像文件

置入图像文件是将新图像文件添加到当前打开的图像文件中。打开一个图像文件后，选择【文件】/【置入嵌入对象】菜单命令，打开"置入嵌入的对象"对话框，选择需要置入的图像文件，单击 置入(P) 按钮，如图2-7所示。置入的新图像将自动放置在当前图像的中间，如图2-8所示。

图2-7   图2-8

2.1.5 导入与导出文件

在Photoshop CC中不仅可以置入图像文件，还可以导入和导出一些特殊的文件。

1. 导入文件

Photoshop除了可以编辑图像外，还可以编辑视频，但使用Photoshop并不能直接打开视频文件，用户需要先将视频帧导入Photoshop中。此外，还可以导入注释、WIA支持等内容。选择【文件】/【导入】菜单命令，在弹出的子菜单中选择需要的命令可导入选择的文件效果。

2. 导出文件

在实际工作中，往往需要将图像导出为不同的文件格式，以便在不同的软件中使用。在Photoshop CC中导出文件的方法为：选择【文件】/【导出】菜单命令，在弹出的子菜单中可以选择多种导出方式，如图2-9所示。

图2-9

图2-10

常用的导出文件方式介绍如下。

● 快速导出为PNG：用于快速将图像文件存储为PNG格式。选择【编辑】/【首选项】/【导出】菜单命令，在"快速导出格式"栏中可设置其他的快速导出格式，如JPG、GIF、SVG格式。

● 导出为：用于将图层、图层组或画板导出为单独的图像文件。

● Zoomify：用于将高分辨率的图像上传到Web上，并且可以利用播放器平移或缩放图像。导出时将生成JPG和HTML文件。

● 路径到Illustrator：用于将路径导出为AI格式，以便在Illustrator软件中继续编辑。

● 渲染视频：用于将视频导出为Quick Time影片。

2.1.6　存储图像文件

不论是刚创建的图像文件还是编辑后的图像文件，都应该及时存储，以避免因断电或程序出错等情况带来不必要的损失。

1. 使用"存储"命令

选择【文件】/【存储】菜单命令（或按【Ctrl+S】组合键），可直接保存当前图像文件。如果是第一次保存图像文件，在选择【文件】/【存储】菜单命令后，会打开"另存为"对话框。

2. 使用"存储为"命令

选择【文件】/【存储为】菜单命令（或按【Ctrl+Shift+S】组合键），打开"另存为"对话框，在该对话框中可设置保存位置、文件名和保存类型等，如图2-10所示。

● 文件名：用于设置保存的文件名。

● 保存类型：用于设置图像文件的保存格式。

● 作为副本：用于为图像另外保存一个附件图像。

● 注释/Alpha通道/专色/图层：用于保存与复选框对应

的对象，即注释、Alpha通道、专色或图层。

● 使用校样设置：用于保存打印用的校样设置。但只有设置文件的保存格式为EPS或是PDF时，该选项才可用。

● ICC配置文件：用于保存嵌入文件中的ICC配置文件。

● 缩览图：用于为图像创建并显示缩览图。

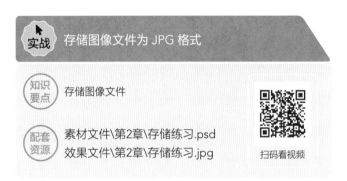

实战　存储图像文件为 JPG 格式

知识要点　存储图像文件

配套资源　素材文件\第2章\存储练习.psd
效果文件\第2章\存储练习.jpg

扫码看视频

操作步骤

1　启动Photoshop CC，选择【文件】/【打开】菜单命令，打开"打开"对话框，并在其中选择"存储练习.psd"素材文件，单击 打开(O) 按钮，效果如图2-11所示。

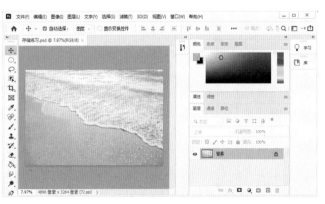

图2-11

2 选择【文件】/【存储为】菜单命令，打开"另存为"
对话框，单击"保存类型"下拉列表框右侧的按钮，
选择"JPEG(*.JPG;*.JPEG;*.JPE)"选项，单击 保存(S) 按钮，
如图2-12所示。

图2-12

3 在打开的"JPEG选项"对话框中，设置"品质"为
"12""最佳"，单击 确定 按钮，完成存储，如图2-13
所示。

图2-13

2.1.7　添加与查看版权信息

为图像文件添加版权信息，可以尽量避免作品被随意盗
用。添加版权信息的方法为：在Photoshop CC中打开 "端
午背景·jpg"图像， 选择【文件】/【文件简介】菜单命令，
在打开的"打开"对话框中单击"IPTC"选项卡，如图2-14
所示。在对话框右侧的文本框中输入详细版权信息，单击
确定 按钮。查看版权信息的方法与上述方法相同，这
里不再详述。

图2-14

2.1.8　关闭图像文件

编辑并存储图像文件后，就可以用以下方法关闭图像文
件了。

● 通过"关闭"命令。选择【文件】/【关闭】菜单命
令（或按【Ctrl+W】组合键），可关闭当前的图像文件。

● 通过"关闭全部"命令。选择【文件】/【关闭全部】菜
单命令（或按【Ctrl+Alt+W】组合键），可关闭所有的图像文件。

● 通过"退出"命令。选择【文件】/【退出】菜单命
令，或单击Photoshop窗口右上角的 × 按钮，可关闭图像
文件并退出Photoshop。

2.2　查看图像文件

在编辑图像文件的过程中，若需要查看图像局部效
果，或者需要图像完全显示在窗口中，可使用缩放工
具、抓手工具、"导航器"面板来实现。

2.2.1　使用缩放工具与抓手工具

缩放工具可以缩放图像的显示比例。在编辑画布较大的
图像，且图像不能完全显示在图像窗口中时，可使用抓手工
具移动画布，以查看图像的不同区域。

1. 缩放工具

在工具箱中选择"缩放工具" 🔍，将鼠标指针移动

到图像上，当鼠标指针变为 🔍 时，单击鼠标左键放大图像，如图2-15所示。

图2-15

"缩放工具" 🔍 的工具属性栏如图2-16所示。

图2-16

● "放大" 按钮🔍与 "缩小" 按钮🔍：用于切换缩放方式。单击🔍按钮，可切换为放大模式；单击🔍按钮，可切换为缩小模式。

● 调整窗口大小以满屏显示：勾选 "调整窗口大小以满屏显示" 复选框，在缩放窗口的同时自动调整窗口的大小。

● 缩放所有窗口：勾选 "缩放所有窗口" 复选框，可以同时缩放所有打开的图像。

● 细微缩放：勾选 "细微缩放" 复选框，单击图像并向左侧或向右侧拖曳鼠标，可缓慢缩放图像。

● 将当前窗口缩放为1:1：单击 100% 按钮，可按实际像素显示图像。

● 适合屏幕：单击 适合屏幕 按钮，可在窗口中以最大化的方式完整显示图像。

● 填充屏幕：单击 填充屏幕 按钮，可在整个屏幕范围内以最大化的方式显示完整的图像。

2. 抓手工具

选择 "抓手工具" 🖐，当鼠标指针变为🖐形状时，在图像中按住鼠标左键不放拖曳，可移动图像的显示区域，如图2-17所示。

图2-17

2.2.2 使用"导航器"面板

放大图像后，通过 "导航器" 面板可以方便查看图像的各个细节部分。选择【窗口】/【导航器】菜单命令，打开 "导航器" 面板。将鼠标指针放在 "导航器" 面板中的缩览图上，当鼠标指针变为🖐形状时，单击鼠标左键并拖曳，移动图像的显示位置，如图2-18所示。需要注意的是，当图像在图像窗口中显示完整时（100%显示比例），将鼠标指针放在缩览图上，鼠标指针不会变为🖐形状。

在 "导航器" 面板中向左拖曳滑块或单击 "缩小" 按钮 ▲，可缩小图像在图像窗口中的显示比例；向右拖曳滑块或单击 "放大" 按钮 ▲▲，可放大图像在图像窗口中的显示比例。

图2-18

2.2.3 切换屏幕模式

Photoshop提供了多种屏幕模式，可以使图像和工作界面呈现出不同的屏幕显示效果。将鼠标指针移动到工具箱底部的 "更改屏幕模式" 按钮 🖵 上，按住鼠标左键不放，弹出的下拉菜单中包含了3种屏幕模式，用户可根据需要进行选择。

● 标准屏幕模式：系统默认的屏幕模式。在该模式下，工作界面中会显示菜单栏、标题栏和滚动条等，如图2-19所示。

● 带有菜单栏的全屏模式：用于全屏显示工作界面，并带有菜单栏。

● 全屏模式：用于全屏显示工作界面，但不含菜单栏、标题栏和滚动条等。

图2-19

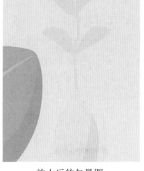

矢量图　　　　　　放大后的矢量图

图2-21

2.3 图像的基础知识

图像处理是一种用计算机对图像进行分析，以达到所需结果的技术。处理图像时会涉及一些图像的基本概念和相关知识，下面分别进行介绍。

2.3.1　位图与矢量图

图像分为位图和矢量图两种类型，其原理和特点有所不同。

● 位图：位图又称栅格图、像素图或点阵图，位图的图像大小和清晰度由图像中的像素数量决定，像素数量越多，图像越大，清晰度越高。位图的特点是表现力强、层次丰富、精致细腻，但缩放时，图像会变模糊，如图2-20所示。

位图　　　　　　放大后的位图

图2-20

● 矢量图：矢量图是通过数学方程来描述的图像，它由点、线、面等元素组成，所记录的是对象的几何形状、线条粗细和色彩等。矢量图表现力不如位图，但矢量图的清晰度和光滑度不会受到图像缩放的影响，如图2-21所示。

2.3.2　像素与分辨率

像素是构成位图图像的最小单位，位图是由一个个小方格形的像素组成的。外观看似相同的两幅图像，像素越多，图像越清晰，效果则越逼真。

分辨率是指单位长度中的像素数量，单位通常为"像素/英寸"和"像素/厘米"。单位长度上像素越多，分辨率越高，图像越清晰，所需的存储空间也就越大。图2-22所示为72像素/英寸分辨率下的图像和放大图像后的效果。被放大的图像所显示的每一个小方格就代表一个像素。

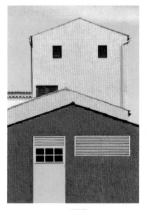

原图　　　　　　放大后的效果

图2-22

分辨率越高，图像越清晰，同时图像文件也就越大，并且传输图像时，其传输速率也就越慢。一般用于屏幕显示和网络时，其分辨率可以设置为72像素/英寸；用于喷墨打印机打印时，分辨率可设置为100像素/英寸~150像素/英寸；用于写真或印刷时，分辨率可设置为300像素/英寸。

设计素养

2.3.3　图像的颜色模式

在Photoshop中，颜色模式决定一幅图像用什么样的方式在计算机中显示或输出。Photoshop包含位图模式、灰度模式、双色调模式、索引模式、RGB模式、CMYK模式、Lab模式和多通道模式等颜色模式。

● 位图模式：由黑色和白色两种颜色来表示图像。位图模式只保留了图像的亮度值，而丢掉了色相和饱和度的信息，可以极大简化图像中的颜色，减少图像文件的大小。需要注意的是，只有灰度模式的图像才能转换为位图模式，所以将RGB模式的图像转换为位图模式的图像时，需先将该图像转换为灰度模式的图像。图2-23所示为从RGB模式转换为位图模式的效果。

RGB模式　　　　　　　　　位图模式

图2-23

● 灰度模式：在灰度模式下，图像中的每个像素都有一个0（黑色）～255（白色）之间的亮度值。在8位图像中，最多有256个亮度级；而在16位和32位图像中，亮度级则更多。当彩色图像转换为灰度模式时，将删除图像中的色相及饱和度，只保留亮度。图2-24所示为图像从RGB模式转换为灰度模式的效果。

RGB模式　　　　　　　　　灰度模式

图2-24

● 双色调模式：双色调模式是指通过自定1~4种油墨，创建单色调、双色调、三色调或四色调灰度图像的颜色模式。双色调模式常用于印刷行业。图2-25所示为图像从灰度

模式转换为单色调模式和双色调模式的效果。

单色调模式　　　　　　　　双色调模式

图2-25

● 索引模式：索引模式是指软件预先定义好一个含有256种典型颜色的颜色对照表，通过限制图像中的颜色来实现图像有损压缩的颜色模式。图2-26所示为图像从灰度模式转换为索引模式的效果。

灰度模式　　　　　　　　　索引模式

图2-26

● RGB模式：RGB模式是指由红、绿、蓝3种颜色按不同的比例混合而成的颜色模式，也称真彩色模式。它是较为常用的一种颜色模式，用户可以在"通道"面板查看到3种颜色通道的信息状态，如图2-27所示。

图2-27

● CMYK模式：CMYK模式是印刷时常使用的一种颜色模式，由青色、洋红、黄色和黑色4种颜色按不同的比例混合而成。CMYK模式包含的颜色少于RGB模式，所以

CMYK模式的图像在屏幕上显示时会比印刷出来的颜色丰富。在"通道"面板中，可查看到4种颜色通道的信息状态，如图2-28所示。需要注意的是，印刷图像前，一定要确保图像的颜色模式为CMYK模式。若原图像的颜色模式为RGB模式，最好先在RGB模式下编辑图像，最后在印刷前转换为CMYK模式。

图2-28

● Lab模式：Lab模式由RGB模式转换而来。Lab模式中，L表示图像的亮度或明度，a表示由绿色到红色的光谱变化，b表示由蓝色到黄色的光谱变化。在"通道"面板中，可查看到3种颜色通道的信息状态，如图2-29所示。

图2-29

● 多通道模式：多通道模式是指包含多种灰阶通道的颜色模式。将图像转换为多通道模式后，Photoshop将根据原图像产生对应的新通道，每个通道均由256级灰阶组成。多通道模式多用于特殊打印时。在"通道"面板中，可查看到颜色通道的信息状态，如图2-30所示。

图2-30

  范例　将图像转换为双色调模式

知识要点　转换图像模式

配套资源　素材文件\第2章\少女.jpg
　　　　　效果文件\第2章\少女.psd

扫码看视频

■ 范例说明

　　在处理图像时，通过转换图像的颜色模式就能获得一些特殊的图像效果。例如，运用双色调模式可以将灰度图像通过使用一种或多种色调上色的处理方式制作出特殊的色调效果。本例提供了一张少女图像，现需要将图片色调调整为复古风格的效果。

原图　　　　　　　　最终效果

■ 操作步骤

1 打开"少女.jpg"素材文件，选择【图像】/【模式】/【灰度】菜单命令，打开"信息"对话框，单击 【扔掉】 按钮，将图像调整为灰度模式，如图2-31所示。

2 选择【图像】/【模式】/【双色调】菜单命令，打开"双色调选项"对话框，在"预设"下拉列表中选择"自定"选项，在"类型"下拉列表中选择"双色调"选项，如图2-32所示。

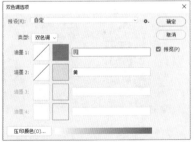

图2-31　　　　　　　　　图2-32

3 单击"油墨1"色块，打开"拾色器（墨水1颜色）"对话框，设置"颜色"为"#105d21"，单击 确定

按钮，如图2-33所示。

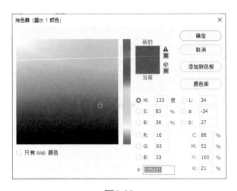

图2-33

4 使用相同的方法，设置"油墨2"的"颜色"为"#e4a100"，设置"油墨1"和"油墨2"的名称分别为"深绿"和"橙色"，单击 确定 按钮，如图2-34所示。返回图像编辑区查看转换模式后的图像，效果如图2-35所示。

图2-34 图2-35

2.3.4 图像的位深度

位深度用于控制图像中使用颜色数据信息的数量，位深度有8位/通道、16位/通道、32位/通道3种。位深度越大，图像中可使用的颜色也就越多。选择【图像】/【模式】菜单命令，在弹出的子菜单中选择所需位深度。

● 8位/通道：表示图像的每个通道都包含256种颜色，图像中可包含1600万或更多颜色值。

● 16位/通道：表示图像的每个通道都包含6500种颜色，其颜色表现度远高于8位/通道的图像。

● 32位/通道：使用该位深度的图像又称为高亮度范围图像，该图像是亮度范围最广的一种图像。使用"32位/通道"有助于存储大量亮度数据。

2.3.5 色域与溢色

色域是一种描述颜色的色彩模型，它具有特定的色彩范围。每种不同的颜色模型中可包含多个色域。例如，在自然

界中所有可见光谱颜色就是范围最广的色域，其包含了所有肉眼可见的颜色。

在处理图像时，可能需要制作限于某个色域的图像，而超出色域的颜色会被忽略，这种超出色域的颜色被称为溢色。为了防止溢色图像出现，用户可查找溢色区域，一旦发现溢色，需马上编辑、修改图像颜色。

查找溢色区域的方法为：打开需要检查的图像，选择【视图】/【色域警告】菜单命令，此时图像中的溢色区域会显示为灰色，如图2-36所示。

图2-36

2.4 图像的基本编辑

在Photoshop CC中可以通过一些简单的操作编辑图像或者变形图像，如调整图像尺寸与画布尺寸、复制/剪切与粘贴图像、裁剪与裁切图像、移动图像、操控变形、旋转画布与翻转图像等。

2.4.1 调整图像尺寸与画布尺寸

图像尺寸和画布尺寸决定着图像文件的大小。如果在制作图像的后期修改图像尺寸和分辨率，会在一定程度上影响图像效果。为了降低这种影响，用户需要在前期编辑时就确定图像尺寸。

1. 调整图像尺寸

不同用途的图像对应的图像尺寸要求也不同，当目前的图像尺寸不能满足要求时，用户可调整图像尺寸。选择【图像】/【图像大小】菜单命令，打开"图像大小"对话框，如图2-37所示。在其中可设置图像尺寸大小及分辨率，完成后单击 确定 按钮。

图2-37

● 图像大小：显示图像文件的大小。

● 尺寸：显示当前图像的尺寸，默认以"像素"为单位。单击 按钮，在弹出的下拉列表中可修改单位。

● 调整为：该下拉列表中预设了很多尺寸大小选项，用户可根据需要设置图像尺寸。

● 宽度：用于设置图像宽度和单位，默认以"厘米"为单位。

● 高度：用于设置图像高度和单位，默认以"厘米"为单位。

● "不约束长宽比"按钮 ：用于表示对图像的宽度与高度比例的约束状态，该按钮目前是约束比例的状态。此时，缩放图像的高度，会同时按比例缩放宽度，图像不会因此变形。单击 按钮，解开图像的约束比例状态，此时可以单独设置宽度、高度，图像可能会因此变形。

● 分辨率：用于设置图像的分辨率，默认以"像素/英寸"为单位。

● 重新采样：用于修改图像的像素大小。当减少像素数量时，将会从图像中删除一些信息；当增加像素数量或增加像素取样时，将会添加新的像素。

2．调整画布尺寸

图像的显示区域被称为画布，设置画布尺寸可以改变图像的显示情况。选择【图像】/【画布大小】菜单命令，打开"画布大小"对话框，如图2-38所示。在其中可修改画布尺寸，完成后单击 确定 按钮。

图2-38

● 当前大小：用于显示当前图像文件的大小，以及图像的宽度和高度。

● 新建大小：用于设置修改画布大小后的尺寸。如果数值大于原尺寸将会扩大画布；如果数值小于原尺寸将会缩小画布。

● 相对：勾选该复选框后，"宽度"和"高度"文本框中的数值表示实际增加或减少的数值，而不是表示整个文件的宽度和高度的数值。此时，输入正值将会扩大画布，输入负值将会缩小画布。

● 定位：用于设置当前图像在新画布上的位置。例如，扩大画布时，单击左上角的方块，其画布的扩大方向就是右下角。

● 画布扩展颜色：用于选择扩大选区时填充新画布使用的颜色，默认情况下使用背景色（黑色）填充。图2-39所示分别为使用绿色和黄色填充的画布效果。

图2-39

2.4.2 复制、剪切与粘贴图像

如果需要创建一个与当前打开的图像文件拥有相同内容的图像文件，可通过复制与粘贴图像来完成；如果需要将当前打开的图像文件内容移动到其他图像文件中，则可通过剪切与粘贴来进行。

1．复制图像文件

在当前打开的图像文件中选择【图像】/【复制】菜单命令，打开"复制图像"对话框，单击 确定 按钮，即可复制一个相同的图像文件，如图2-40所示。

2．复制、剪切与粘贴图像

建立选区后，选择【编辑】/【拷贝】菜单命令或【编辑】/【剪切】菜单命令，可复制或剪切选区中的图像内容，如图2-41所示。也可按【Ctrl+C】组合键或【Ctrl+X】组合键复制或剪切图像内容。再选择【编辑】/【粘贴】菜单命令，或者按【Ctrl+V】组合键，可在将剪切的图像粘贴到图像中的同时生成一个新的图层，如图2-42所示。

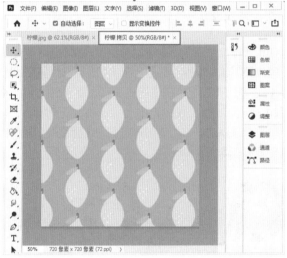

图2-40

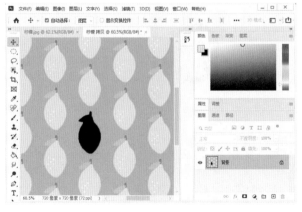

图2-41

3. 选择性粘贴图像

复制和剪切选区中的图像后，可以直接执行"粘贴"命令，或者选择【编辑】/【选择性粘贴】菜单命令，在弹出的子菜单中选择粘贴方式："粘贴且不使用任何格

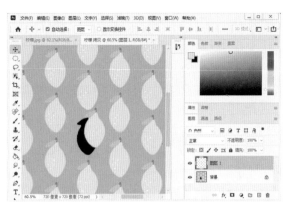

图2-42

式""原位粘贴""贴入""外部粘贴"。

● 粘贴且不使用任何格式：用于粘贴文字内容。

● 原位粘贴：用于在当前的图像文件中，或是在新建文件、其他文件中，将复制的内容粘贴到原来的位置。

● 贴入：用于将复制的图像粘贴到已创建好的选区内，显示在选区外的内容将会被以蒙版的方式隐藏起来。

● 外部粘贴：与"贴入"命令的作用相反，用于将复制的内容粘贴到选区外的区域。

2.4.3 裁剪与裁切图像

在处理图像的过程中，若想使图像尺寸更符合需要，可通过裁剪图像删除图像中不需要的部分。裁剪图像可以通过"裁剪工具" 和"裁切"命令来完成。

1. 运用裁剪工具裁剪图像

当图像画面过于凌乱时，可以裁剪掉图像中的多余部分。选择"裁剪工具" ，图像上将出现一个裁剪框，如图2-43所示。单击并拖曳裁剪框，调整裁剪范围，最后按【Enter】键，完成裁剪操作。"裁剪工具" 的工具属性栏如图2-44所示。

图2-43

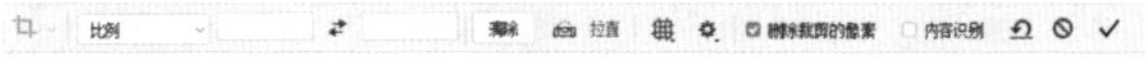

图2-44

● 预设长宽比或裁剪尺寸："比例"下拉列表中提供了裁剪的预设长宽比和裁剪尺寸，用户可根据需要选择适合的预设。

● 设置裁剪框的长宽比：用于输入自定的约束比例数值。

● 清除 按钮：设置长宽比后，单击 清除 按钮，可清除设置的长宽比。

● 拉直：单击"拉直"按钮 ，在图像上绘制一条直线，可用于拉直图像。

● 设置裁剪工具的叠加选项：单击 按钮，可设置裁剪工具的叠加选项。

● 设置其他裁切选项：单击 按钮，在弹出的下拉菜单中可设置"使用经典模式""显示裁剪区域""自动居中预览""启用裁剪屏蔽""颜色""不透明度"等参数，如图2-45所示。

● 删除裁剪的像素：取消勾选"删除裁剪的像素"复选框，将保留裁剪框外的图像并隐藏。

● 内容识别：勾选"内容识别"复选框，如果将裁剪框大小调整至大于图像的原始大小，Photoshop可利用内容识别技术智能填充多出的区域。

● 复位裁剪框：如果对裁剪的效果不满意，可单击 按钮，复位裁剪操作。

● 取消当前裁剪操作：单击 按钮，可取消当前的裁剪操作。

● 提交当前裁剪操作：单击 按钮，可确认当前的裁剪操作。

2. 运用"裁切"命令裁剪图像

选择【图像】/【裁切】菜单命令，打开"裁切"对话框，如图2-46所示。在该对话框中可设置裁剪参数，完成后单击 确定 按钮。

图2-45　　　　　　　图2-46

● 透明像素：选中"透明像素"单选按钮，可裁切图像边缘的透明区域。该单选按钮只有图像中存在透明区域时才能使用。

● 左上角像素颜色：选中"左上角像素颜色"单选按钮，将删除图像左上角的像素颜色区域。

● 右下角像素颜色：选中"右下角像素颜色"单选按钮，将删除图像右下角的像素颜色区域。

● "裁切"栏：用于选择裁剪、修正图像区域的方式。

2.4.4　移动图像

在编辑图像时，有时需要将一个图像文件移动到另一个图像文件中，通过合成或其他操作，制作出需要的图像效果。此时可以用Photoshop CC打开图像文件，在需要移动的图像编辑区中选择"移动工具" ，然后将鼠标指针移动到需要移动的图像上，按住鼠标左键不放，将当前图像拖曳到另一个图像文件的图像编辑区中，当鼠标指针变为 形状时，释放鼠标左键，完成移动。

2.4.5　操控变形

使用"操控变形"命令可以解决因人物动作不合适而出现图像效果不佳的情况。选中需要编辑的图像（见图2-47），选择【编辑】/【操控变形】菜单命令，图像将充满网格，如图2-48所示。此时，鼠标指针变为"图钉"形状 ，在图像上单击可以添加图钉拖曳图钉可移动图像位置，控制图像的变形效果，如图2-49所示。

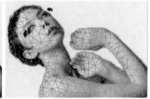

图2-47　　　　　　　　图2-48

图2-49

"操控变形"工具属性栏如图2-50所示。

图2-50

● 模式：用于控制变形的细腻程度。在"模式"下拉列表中选择"刚性"选项，变形效果精确，但过渡效果较硬；选择"正常"选项，变形效果精确，过渡效果也较柔和；选择"扭曲"选项，可在变形时创建透视效果。

● 密度：用于控制网格点数量。网格点数量少，可添加图钉的位置就少。图2-51所示为选择"较少点"选项的效果；图2-52所示为选择"正常"选项的效果；图2-53所示为选择"较多点"选项的效果。

图2-51　　　　　图2-52　　　　　图2-53

● 扩展：用于输入数值以设置变形效果的影响范围。当"扩展"数值较大时，影响范围也会变大。图2-54所示为设置扩展为"50像素"的效果，此时图像的边缘比较平滑；图2-55所示为设置扩展为"−20像素"的效果，此时图像的边缘比较僵硬。

图2-54　　　　　　　　图2-55

● 显示网格：勾选"显示网格"复选框，变形的图像上将会出现网格。

● 图钉深度：选择某个图钉后，单击"将图钉前移"按钮●，可将图钉向上层移动一个堆叠顺序；单击"将图钉后移"按钮●，可将图钉向下层移动一个堆叠顺序。

● 旋转：用于选择旋转图像的方式。选择"自动"选项，在拖曳图钉并旋转时，图像会自动旋转；选择"固定"选项，则需在后方的文本框中输入旋转度。

2.4.6　旋转图像

使用"旋转视图工具"●可从任意角度查看图像文件。在工具箱中选择"旋转视图工具"●，此时鼠标指针变为●形状，将鼠标指针移动到图像上，拖曳鼠标可以旋转图像，效果如图2-56所示。

图2-56

2.4.7　翻转图像

Photoshop CC提供了"水平翻转"和"垂直翻转"两种翻转图像的方式，用户可根据需要对图像进行翻转。选择需要翻转的图像，选择【编辑】/【变换】/【水平翻转】菜单命令或【编辑】/【变换】/【垂直翻转】菜单命令可翻转图像。图2-57所示为原图像与垂直翻转后的效果。

图2-57

2.5　选取颜色与填充颜色

在Photoshop CC中，通常使用前景色/背景色、吸管工具、"颜色"面板与"色板"面板、渐变工具和油漆桶工具等来设置并填充图像颜色。

2.5.1　使用前景色与背景色

Photoshop CC默认前景色为黑色、背景色为白色。在编辑图像过程中，通常需要设置颜色。例如，为了快速设置前景色和背景色，可单击工具箱中的"前景色/背景色"按钮■来完成。单击"切换前景色和背景色"按钮↰，可以互换前景色和背景色；单击"默认前景色和背景色"按钮■，能将前景色和背景色恢复为默认的黑色和白色。

单击"前景色/背景色"按钮■中的"前景色"色块，打开"拾色器（前景色）"对话框，如图2-58所示。在该对话框中拖曳三角滑块，可改变左侧颜色框中的颜色范围；单击颜色区域，可选择需要的颜色，颜色值将显示在右侧的文本框中；直接在右侧的文本框中输入颜色值，在左侧的颜色框中将自动选中相应的颜色。设置完成后，单击 确定 按钮。

图2-58

> **技巧**
>
> 按【Alt+Delete】组合键可以快速填充前景色；按【Ctrl+Delete】组合键可以快速填充背景色；按【D】键可以恢复默认的前景色和背景色。

2.5.2 使用吸管工具选取颜色

"吸管工具" ✐可用于在图像中吸取样本颜色，并将吸取的颜色显示在"前景色/背景色"按钮 ■中。选择"吸管工具" ✐，当鼠标指针变为 ✐形状时，在图像中单击，前景色将变为单击处的图像颜色。

选择【窗口】/【信息】菜单命令，打开"信息"面板。在图像中移动鼠标指针时，"信息"面板中将显示出鼠标指针所在像素点的色彩信息及当前使用的工具信息，如图2-59所示。

图2-59

2.5.3 使用"颜色"面板与"色板"面板选取颜色

在"颜色"面板与"色板"面板中，可快速选择与调整颜色。

1."颜色"面板

选择【窗口】/【颜色】菜单命令（或按【F6】键），打开"颜色"面板，单击"前景色/背景色"按钮 ■，拖曳右侧"R""G""B"3个滑块，或者直接在右侧的文本框中输入颜色值，都可设置前景色或背景色。除此之外，还可直接单击颜色区域中需要的颜色，以设置前景色或背景色，如图2-60所示。

2."色板"面板

选择【窗口】/【色板】菜单命令，打开"色板"面板，第一排色块显示的是最近使用过的颜色，下方列表框中显示的是系统预设的颜色，如图2-61所示。在"色板"面板中，可通过单击直接选择所需颜色。如果需要保存常用颜色以方便使用，可单击"创建新色板"按钮 ▣保存；颜色较多时，可单击"创建新组"按钮 ▫为创建的色板分组；如果存在多余或不再使用的色板，可单击"删除色板"按钮 🗑将其删除。

图2-60　　　　　　　图2-61

2.5.4 使用油漆桶工具填充颜色

"油漆桶工具" ◇主要用于为图像填充前景色或图案。若已经创建选区，填充区域为该选区；若没有创建选区，则填充鼠标单击处的封闭区域。"油漆桶工具" ◇的工具属性栏如图2-62所示。

图2-62

● "前景"下拉列表框：用于设置填充内容，如"前景"和"图案"。

● "模式"下拉列表框：用于设置填充内容的混合模式。例如，将"模式"设置为"颜色"，填充颜色时就不会破坏图像原有的阴影和细节。

● 不透明度：用于设置填充内容的不透明度。

● 容差：用于定义填充颜色的范围。低容差将填充颜色值范围内与鼠标单击位置的像素非常相似的像素；高容差则填充更大范围内的像素。

● "消除锯齿"复选框：勾选该复选框，将平滑填充选区的边缘。

● "连续的"复选框：勾选该复选框，将填充鼠标单击处相邻的像素；取消勾选该复选框，将填充图像中所有相似的像素。

● "所有图层"复选框：勾选该复选框，将填充所有可见图层；取消勾选该复选框，则仅填充当前图层。

2.5.5 使用渐变工具填充颜色

"渐变工具"  可创建出渐变填充效果。"渐变工具" ◨ 的工具属性栏如图2-63所示。

图2-63

● "渐变编辑器"下拉列表框：单击下拉列表框右侧的 ˅ 按钮，打开"渐变工具"面板，其中提供了12种颜色渐变模式。

● "线性渐变"按钮 ▣：从起点（单击位置）到终点（释放鼠标位置）以直线方向产生颜色渐变。

● "径向渐变"按钮 ▣：从起点到终点以圆形图案沿半径方向产生颜色渐变。

● "角度渐变"按钮 ▣：围绕起点按顺时针方向产生颜色渐变。

● "对称渐变"按钮 ▣：在起点两侧产生对称的颜色渐变。

● "菱形渐变"按钮 ▣：从起点向终点以菱形方式产生颜色渐变。

● "模式"下拉列表框：用于设置填充的渐变颜色与原图像的混合方式。

● 不透明度：用于设置渐变颜色的不透明度。

● "反向"复选框：勾选该复选框，产生的渐变颜色将与设置的渐变顺序相反。

● "仿色"复选框：勾选该复选框，可使用递色法来表现中间色调，使渐变更加平滑。

● "透明区域"复选框：勾选该复选框，可在下拉列表中设置透明的颜色段。

2.6 错误操作的撤销与恢复

在Photoshop CC中，若对已编辑的图像效果不满意，可以撤销操作并重新编辑图像。撤销后，若需要恢复某些操作，可通过使用快捷键等方式来实现。

2.6.1 撤销与恢复

在编辑和处理图像的过程中，发现错误操作后应立即撤销，然后重新操作。

选择【编辑】/【还原】菜单命令可撤销最近一次进行的操作，撤销后选择【编辑】/【重做】菜单命令可恢复该操作；每选择一次【编辑】/【后退一步】菜单命令可向前撤销一步操作，每选择一次【编辑】/【前进一步】菜单命令可向后重做一步操作。

此外，按【Ctrl+Z】组合键可撤销最近一次进行的操作，再次按【Ctrl+Z】组合键可重做被撤销的操作；每按一次【Ctrl+Alt+Z】组合键可向前撤销一步操作，每按一次【Ctrl+Shift+Z】组合键可向后重做一步操作。

2.6.2 使用"历史记录"面板撤销操作

使用"历史记录"面板可以恢复图像在某个阶段操作时的效果。选择【窗口】/【历史记录】菜单命令，或在右侧的面板组中单击"历史记录"按钮 ↻，打开"历史记录"面板，单击需要撤销的操作记录，可以撤销其后面的操作，如图2-64所示。

图2-64

● "设置历史记录画笔的源"按钮 ✔：使用历史记录画笔时，单击步骤前的 按钮，当按钮变为 ✔ 形状时，表示当前位置将作为历史画笔的源图像。

● 快照缩览图：面板上方会显示被记录为快照的图像状态。

● 当前状态：将图像恢复到该命令的编辑状态。

● "从当前状态创建新文档"按钮 ▤：基于当前操作步骤中图像的状态创建一个新的文件。

● "创建新快照"按钮 ◙：用于基于当前图像状态创建快照。

● "删除当前状态"按钮 🗑：选择一个操作步骤记录，单击该按钮可将该步骤及后面的操作删除。

技巧

选择【编辑】/【首选项】/【性能】菜单命令，打开"首选项"对话框，在"历史记录状态"文本框中可设置历史记录的保存数量。需要注意的是，设置历史记录保存数量较多时，将会占用计算机更多内存。

2.6.3 使用快照撤销操作

"历史记录"面板默认只能保存20步操作，如果执行了许多相同的操作，使用"历史记录"面板还原时将没有办法区分哪一步操作是需要还原的状态，该问题可通过以下方法解决。

对图像编辑到一定程度时，可单击"历史记录"面板中的"创建新快照"按钮 ◙，将当前的图像保存为一个快照。此后，无论再进行多少步操作，都可以通过单击快照将图像恢复为记录快照时的效果。

在"历史记录"面板中选择一个快照，再单击该面板下方的"删除当前状态"按钮 ▥，可删除快照。

在"历史记录"面板中单击要创建为快照状态的记录，然后按住【Alt】键不放并单击"创建新快照"按钮 ◙，打开"新建快照"对话框，如图2-65所示。在该对话框中设置快照选项，也可新建快照。需要注意的是，快照不会与文档一起保存，关闭文档后，会自动删除所有快照。

● "名称"文本框：用于设置快照的名称。

● "自"下拉列表框：用于选择创建快照的内容。选择"全文档"选项，可将图像当前状态下的所有图层创建为快照；选择"合并的图层"选项，创建的快照会合并当前状态下图像中的所有图层；选择"当前图层"选项，只创建当前状态下所选图层的快照。

2.6.4 使用非线性历史记录操作

当使用"历史记录"面板中一个操作步骤还原图像时，该步骤以下的步骤将全部变暗，如果此时进行其他操作，则该步骤后面的记录会被新操作代替。而非线性历史记录允许在更改选择的状态时保留后面的操作。

在"历史记录"面板中单击 ▤ 按钮，在弹出的下拉菜单中选择【历史记录选项】命令，打开"历史记录选项"对话框，如图2-66所示。

图2-65

图2-66

● "自动创建第一幅快照"复选框：打开图像文件时，图像的初始状态自动创建为快照。

● "存储时自动创建新快照"复选框：在编辑过程中，每保存一次文件，都会自动创建一个快照。

● "允许非线性历史记录"复选框：可设置历史记录为非线性状态。

● "默认显示新快照对话框"复选框：Photoshop将自动提示设计人员输入快照名称。

● "使图层可见性更改可还原"复选框：保存对图层可见性的更改。

2.7 综合实训：制作复古指南针图案素材

在平面设计中，有时需要使用Photoshop绘制图案，方便后续使用。若需要绘制的图案已经有素材，可以通过一些简单的编辑操作，快速制作出想要的图案效果。

2.7.1 实训要求

为了巩固Photoshop CC的基础操作，根据提供的复古指南针的相关素材，制作复古指南针图案，且图案需要有较好的视觉效果。制作完成后，需调整画布尺寸，并将文件保存为PNG格式。

2.7.2 实训思路

（1）分析提供的素材，发现素材中的表盘样式比较单一，此时可以通过复制表盘并调整角度来丰富表盘样式。素材中指针的颜色为黑色，设计人员可以考虑将指针颜色改为红色和蓝色，使复古指南针的风格更加突出，画面颜色更加丰富、美观。

（2）原素材的画布相对于制作出的复古指南针来说较大，此时可以裁剪图像，得到合适的画布尺寸。

（3）复古指南针的背景为透明，保存文件时可以选择PNG格式，以保证在不损失文件颜色的同时压缩文件大小，并支持透明背景。

本例完成后的参考效果如图2-67所示。

2.7.3 制作要点

 知识要点　置入图像、复制图像、粘贴图像、旋转图像、填充图像、裁剪图像

 配套资源　素材文件\第2章\综合实训\表盘.psd、挂扣.psd、刻度.psd、指针.psd
效果文件\第2章\复古指南针.png

扫码看视频

完成本例主要包括制作图像、调整画布尺寸、保存文件3个部分，主要操作步骤如下。

1 打开"挂扣.psd"素材文件，并置入"表盘.psd"素材文件，调整表盘素材和挂扣素材的位置。

2 复制并旋转表盘素材，再复制、缩小并旋转表盘素材，调整3个表盘素材的相对位置，使表盘更有立体感，效果如图2-68所示。

3 置入"刻度.psd""指针.psd"素材文件，调整素材的位置和大小。为了提高图像的美观度，设计人员可使用"油漆桶工具"将表盘上的指针填充为"#b31c1c"和"#192270"颜色。

4 裁剪画布，然后将文件保存为PNG格式，完成制作。

图2-67　　　　　　图2-68

巩固练习

1. 制作人物拼图

本练习制作人物拼图，要求新建一个800像素×600像素的空白图像文件，然后打开"拼图.jpg"素材文件，将其等分为9份，并将其中的8份移动到新建的图像中，参考效果如图2-69所示。

2. 制作防晒霜淘宝商品主图

本练习制作防晒霜淘宝商品主图，其尺寸大小为800像素×800像素。由于消费者多在夏季购买防晒霜，因此制作主图时将背景颜色填充为渐变的蓝色，能够在确保与商品瓶身颜色呼应的同时，给消费者一种清凉、阳光的感觉。添加文案素材，以介绍商品的质地、功效和店铺的优惠活动，参考效果如图2-70所示。

图2-69　　　　　　图2-70

技能提升

除了本章前面介绍的图像文件格式外，还有以下一些常见的图像文件格式。在Photoshop CC中存储文件时，设计人员可根据实际需要选择合适的文件格式。

● PSB（*.psb）格式：也称为大型文件格式，该格式支持最大宽度或高度为30万像素的文件，同时也支持Photoshop中的所有功能。

● TIFF（*.tif; *.tiff）格式：支持RGB、CMYK、Lab、位图和灰度等颜色模式，而且在RGB、CMYK和灰度等颜色模式中支持Alpha通道的使用。

● BMP（*.bmp; *.rle; *.dib）格式：BMP是标准的位图文件格式，它支持RGB、索引颜色、灰度和位图颜色模式，但不支持Alpha通道。

● EPS（*.eps）格式：EPS是一种PostScript格式，常用于绘图和排版。EPS的显著优点是能在软件中以较低的分辨率预览，在打印时以较高的分辨率输出。它支持Photoshop中所有的颜色模式，但不支持Alpha通道。

● Pixar（*.pxr）格式：Pixar是为高端图形应用程序专门设计的格式，它支持具有单个Alpha通道的RGB或灰度颜色模式图像。

第 **3** 章　应用选区

📖 本章导读

在Photoshop中处理图像时，经常需要通过选区限定操作范围、抠图或分离图像。因此，选区是处理图像的基础，也是处理图像的重要前提操作。本章将讲解应用选区的相关知识，以便读者编辑出更好的图像效果。

🖥 知识目标

< 认识选区
< 掌握选区常用工具
< 掌握创建特殊选区
< 掌握编辑选区
< 掌握填充与描边选区
< 掌握选区内图像的变换

🏆 能力目标

< 制作儿童节主题文字
< 制作超现实图像
< 制作禁烟标志
< 处理游乐园照片
< 制作饮品招贴
< 制作地铁灯箱贴图

💗 情感目标

< 培养应用选区的能力
< 提高用选区设计作品的能力

3.1　认识选区

选区是被选中的图像区域。设计人员在Photoshop中处理图像时，经常只需要处理图像的某一部分，而不希望影响到其他部分，此时就可以建立选区，单独选择出需要处理的区域，以方便后续操作。

选区可以是封闭的规则区域，也可以是封闭的不规则区域。

为图像创建选区后，被选中区域的边界会出现一圈不断闪动的虚线，如图3-1所示。该圈虚线就像是一队不断前进的蚂蚁，因此又被称为"蚁行线"。被蚁行线包围的区域就是可以编辑的区域，选区外的图像不受编辑操作的影响。图像是由像素组成的，故选区也是由像素组成的。

图3-1

选区可用于填充图像中的某区域为一种颜色或将局部颜色更改为其他颜色，也可用于调整图像中元素的位置，还可用于将图像中的某部分移动到其他图像中。移动时可先为该区域创建选区，然后将选区中的图像复制并粘贴到其他图像中。

选区分为普通选区和羽化选区。普通选区的边缘清晰、界限分明；羽化选区的边缘具有柔和效果，会在边缘处由内至外逐渐模糊，有利于更自然地组合不同图像。

3.2 选区常用工具

使用选区工具可以直接在图像中创建选区，这是比较方便、快捷的选取方式。在创建选区的过程中，可以根据需要对选区的大小和样式进行控制。

3.2.1 矩形选框工具

在工具箱中选择"矩形选框工具" ▭ 后，在需要创建选区的位置单击并拖曳鼠标，就可以在图像中快速创建任意大小的矩形选区。在拖曳鼠标的同时按住【Shift】键，可以创建正方形选区，如图3-2所示。在拖曳鼠标的同时按住【Alt】键，可以以鼠标点击的位置为中心创建矩形选区。图3-3所示为"矩形选框工具" ▭ 的工具属性栏。

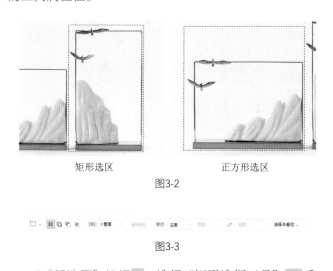

矩形选区　　　　　　　　　正方形选区

图3-2

图3-3

● "新选区"按钮 ▭：选择"矩形选框工具" ▭ 后，工具属性栏默认选择"新选区"按钮 ▭，此时可直接在图像中创建选区。如果已有一个选区，创建的新选区会替代原有选区。

● "添加到选区"按钮 �merge：单击"添加到选区"按钮 ▭，可先创建一个选区，此时鼠标指针的右下角会出现一个"+"，再创建任意一个选区与第一个选区交叉，选区之间可以合并成一个区域，也可以使选区完全分开且共同存在，如图3-4所示。

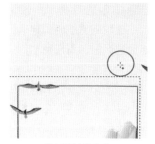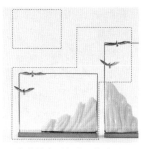

鼠标指针的变化　　　　　合并的选区与分开的选区

图3-4

● "从选区减去"按钮 ▭：单击"从选区减去"按钮 ▭，可先创建一个选区，此时鼠标指针的右下角会出现一个"-"，再创建任意一个与第一个选区有重合部分的选区，新选区与第一个选区重合的部分将会从第一个选区中减去，如图3-5所示。

绘制第二个选区　　　　　　最终效果

图3-5

● "与选区交叉"按钮 ▭：单击"与选区交叉"按钮 ▭，可先创建一个选区，此时鼠标指针的右下角会出现一个"×"，再创建任意一个与第一个选区有重合部分的选区，新选区与第一个选区重合的部分将会从第一个选区中保留，如图3-6所示。

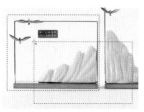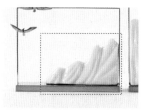

绘制第二个选区　　　　　　最终效果

图3-6

● 羽化：羽化用于设置选区边缘的柔化程度。在文本框中输入的数值越大，选区边缘的柔化程度越高。图3-7所示为羽化0像素与羽化30像素时选区边缘的效果。

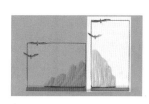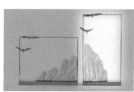

图3-7

● 样式：用于设置矩形选区的创建方法。一般情况下，样式默认为"正常"选项，此时可随意控制创建选区的大小。当需要创建固定比例的矩形选区时，可选择"固定比例"选项，并在后面的"宽度"和"高度"文本框中输入需要的宽高比，如图3-8所示；当需要创建固定大小的矩形选区时，可选择"固定大小"选项，并在"宽度"和"高度"文本框中输入具体的像素数值，如图3-9所示。

图3-8

图3-9

● 选择并遮住：单击 选择并遮住… 按钮，进入"选择并遮住"工作区，可以创建选区或者细致地调整已经创建的选区。

实战 使用矩形选框工具获取窗户素材

知识要点　使用矩形选框工具创建选区

配套资源　素材文件\第3章\白色窗户.psd
　　　　　效果文件\第3章\白色窗户.psd

扫码看视频

操作步骤

1 在Photoshop CC中打开"白色窗户.psd"素材文件，由于图像中窗户的轮廓由较规则的矩形组成，因此设计人员可以使用"矩形选框工具" 选取窗户图像所在的区域。

2 选择"矩形选框工具" ，在工具属性栏中单击"添加到选区"按钮 ，在图像编辑区中的窗户上方绘制一个大矩形选区，在窗户底部再绘制一个细长的矩形选区，如图3-10所示。

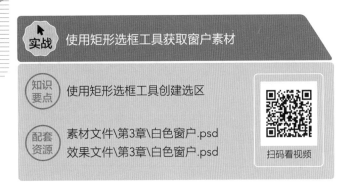

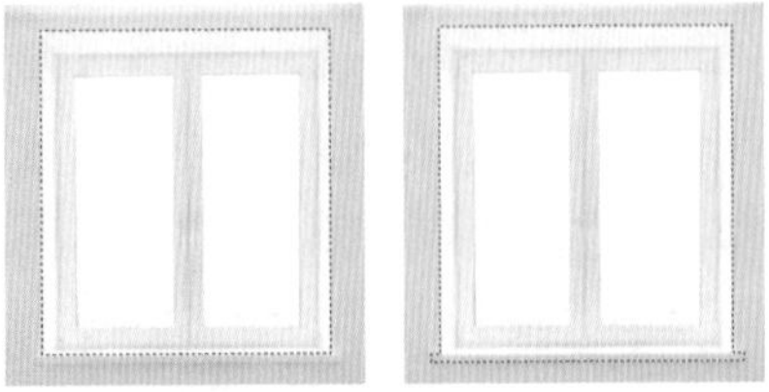

图3-10

3 在图像上单击鼠标右键，在弹出的快捷菜单中选择【选择反向】命令，选区将反选为窗户之外的区域，如图3-11所示。

图3-11

4 按【Delete】键删除选区中的内容，只保留窗户效果，按【Ctrl+D】组合键取消选区。

5 使用"矩形选框工具" 选取玻璃的区域（见图3-12），按【Delete】键删除选区内的图像，按【Ctrl+D】组合键取消选区，就能获得窗户素材，如图3-13所示。

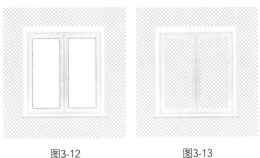

图3-12　　　　　　图3-13

3.2.2 椭圆选框工具

"椭圆选框工具" 的使用方法和"矩形选框工具" 的使用方法基本相同。"椭圆选框工具" 用于在图像上创建椭圆形或圆形选区，如图3-14所示。图3-15所示为"椭圆选框工具" 的工具属性栏。

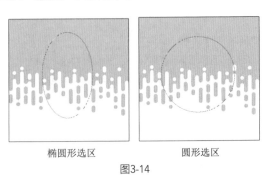

椭圆形选区　　　　　　圆形选区

图3-14

图3-15

"椭圆选框工具"的工具属性栏中增加了"消除锯齿"复选框。勾选"消除锯齿"复选框后，选区边缘和背景像素之间的过渡将变得较为平滑。当选择边缘为曲线的选区时，勾选"消除锯齿"复选框可增加曲线的平滑度。图3-16所示为勾选"消除锯齿"复选框与取消勾选"消除锯齿"复选框的效果。

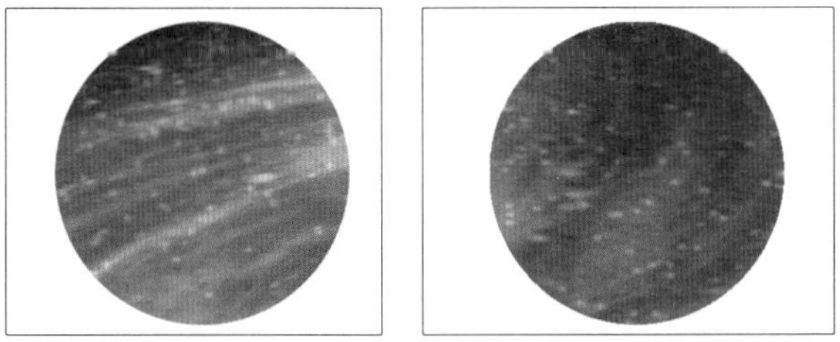

勾选"消除锯齿"复选框　　取消勾选"消除锯齿"复选框

图3-16

3.2.3 单行选框工具与单列选框工具

"单行选框工具"用于在图像上建立高度为1像素的选区，"单列选框工具"用于在图像上建立宽度为1像素的选区。使用时，需要先选择"单行选框工具"或"单列选框工具"，然后单击需要创建选区的位置。在设计、制作网页时，可使用这两个选框工具制作分割线。图3-17所示为创建的单行选区；图3-18所示为创建的单列选区。

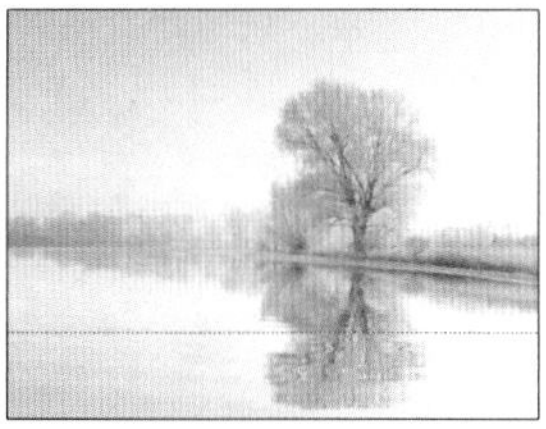

图3-17

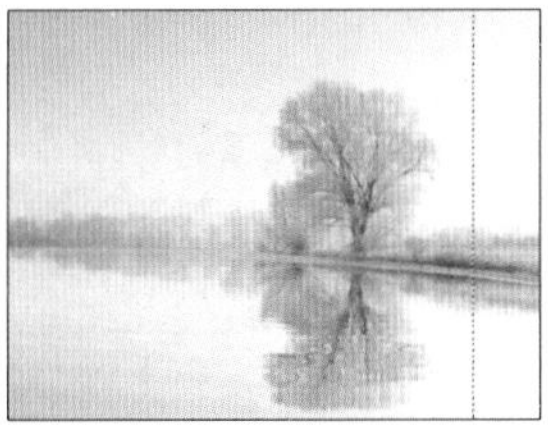

图3-18

3.2.4 套索工具与磁性套索工具

使用"套索工具"与"磁性套索工具"可以较为灵活地创建选区。

1. 套索工具

使用"套索工具"可快速绘制出不规则图形并创建为选区，它适用于需要快速选择不规则图像且对所需区域的边缘精度要求不高的情况。图3-19所示为"套索工具"的工具属性栏，其基本功能与"椭圆选框工具"的工具属性栏基本相同。

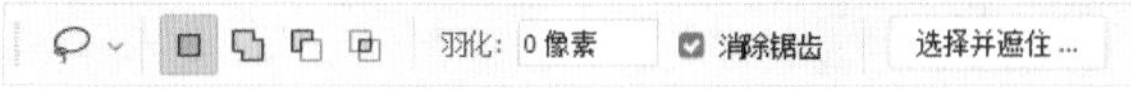

图3-19

2. 磁性套索工具

"磁性套索工具"可在创建选区时，使绘制的选区边缘自动与图像中所需区域的边缘对齐，它适用于快速选择与周围颜色对比强烈且边缘复杂的区域。当磁性锚点出现的位置不理想时，可按【Delete】键删除磁性锚点，并直接在需要的位置上单击鼠标左键创建锚点。"磁性套索工具"的工具属性栏如图3-20所示。

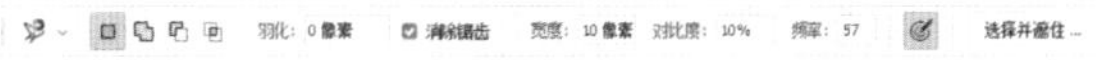

图3-20

- 宽度：在"宽度"文本框中输入数值，可指定"磁性套索工具"锁定从鼠标指针位置开始至输入数值距离以内的选区边缘。
- 对比度：在"对比度"文本框中输入0~100%的数值，可使"磁性套索工具"在选择所需区域时，按照规定的所需区域边缘颜色与周围区域颜色的对比度进行选择。输入的数值越大，检测到的边缘对比度越高。
- 频率：在"频率"文本框中输入0~100的数值，可指定"磁性套索工具"设置磁性锚点的频率。输入的数值越大，产生的磁性锚点越多。
- "绘图板压力"按钮：该按钮在计算机接入绘图板和压感笔的时候被启用。Photoshop可自动根据压感笔的压力调整"磁性套索工具"的检测范围，压力越强，检测边缘的宽度越窄。

技巧

选择"磁性套索工具"，在选择区域之前，按住【Caps Lock】键，鼠标指针会显示"磁性套索工具"的宽度，同时按【[】键可减小1像素宽度，按【]】键可增大1像素宽度。

实战　使用套索工具复制椅子

知识要点　使用套索工具创建选区

配套资源　素材文件\第3章\蓝色椅子.jpg
效果文件\第3章\蓝色椅子.psd

扫码看视频

打开"蓝色椅子.jpg"素材文件，可以发现图像的背景为纯色，且蓝色椅子的边缘比较光滑、简洁，因此，使用"套索工具"可以快速选出蓝色椅子所在的区域。选取后，再进行复制和粘贴操作。

Photoshop CC平面设计核心技能一本通（移动学习版）

操作步骤

1 选择"套索工具" ◯，在蓝色椅子周围单击鼠标左键并拖曳鼠标创建选区，框选出椅子图像，如图3-21所示。

2 按【Ctrl+C】组合键复制选区内容，再按【Ctrl+V】组合键粘贴选区内容，此时可看到"图层"面板上出现了粘贴有选区内容的新图层，如图3-22所示。

图3-21　　　　　　　　图3-22

3 在图像编辑区选择复制的选区并按住鼠标左键不放，向右拖曳鼠标，将复制的选区内容拖至图像右侧，完成椅子的复制，如图3-23所示。

图3-23

3.2.5　多边形套索工具

"多边形套索工具" ▷ 可以直线创建选区，它适用于选取比较规则的、不复杂的区域。选择"多边形套索工具" ▷ 后，按住【Shift】键不放，可以在水平方向、垂直方向、45°方向或45°倍数方向上绘制直线。绘制完成后，可双击鼠标左键闭合选区。"多边形套索工具" ▷ 的工具属性栏如图3-24所示。

图3-24

技巧

使用"多边形套索工具" ▷ 创建选区时，在按住【Alt】键的同时单击鼠标左键并拖曳鼠标，可临时转换为"套索工具" ◯ 绘制选区。释放【Alt】键，即可转换回"多边形套索工具" ▷。

 实战　使用多边形套索工具制作装饰框

 知识要点　使用多边形套索工具创建选区

 配套资源　素材文件\第3章\茶山.jpg
效果文件\第3章\茶山.psd

扫码看视频

打开"茶山.jpg"素材文件，为图像添加有关"踏青去"的主题文字。由于图像本身的颜色较为鲜艳，因此可以选择比较明亮的颜色制作装饰框，将文字显示在装饰框中，以便在图片中突出文字内容。

操作步骤

1 打开"茶山.jpg"素材文件，在"图层"面板中单击"创建新图层"按钮 ▣，创建新图层。选择"多边形套索工具" ▷，在图像中上方位置单击鼠标左键并拖曳鼠标绘制装饰框选区，效果如图3-25所示。

2 选择"油漆桶工具" ◢，设置"前景色"为"#fcc312"，在选区处单击鼠标左键为选区填充颜色，然后按【Ctrl+D】组合键取消选区，效果如图3-26所示。

图3-25　　　　　　　　图3-26

3 为了使装饰框效果更加丰富，这里可为装饰框添加阴影，以增强装饰框的立体感。选择"多边形套索工具" ▷，为装饰框创建阴影选区，选择"油漆桶工具" ◢，设置"前景色"为"#ad8c2e"，在阴影选区处单击鼠标左键填充颜色，然后按【Ctrl+D】组合键取消选区，效果如图3-27所示。

4 选择"横排文字工具" T，设置"字体"和"字体大小"分别为"陈代明硬笔体"和"150"，在装饰框中输入"踏青去"文字，并调整文字的位置，效果如图3-28所示。

图3-27　　　　　　　　图3-28

3.2.6　对象选择工具

"对象选择工具" 能够简化在图像中创建单个对象或对象某个部分选区的过程。只要在需要选取的区域内使用"矩形工具"或"套索工具"绘制出大致范围，"对象选择工具" 就会自动选择绘制范围内的对象。"对象选择工具" 的工具属性栏如图3-29所示。

图3-29

● 模式："对象选择工具" 包含"矩形"和"套索"两种模式。单击"模式"下拉列表框右侧的 按钮，在打开的下拉列表中选择需要的模式，选择"矩形"模式可使用矩形绘制出需要的范围；选择"套索"模式可手动绘制出粗略的套索范围。

● 对所有图层取样：勾选"对所有图层取样"复选框，可以使"对象选择工具" 以当前选区的范围取样所有图层中的内容。一般情况下，选区只作用于当前选中的图层。

● 自动增强：勾选"自动增强"复选框，可以自动将选区"流向"图像边缘，降低选区边界的粗糙度，并且可以应用一些用户在"选择并遮住"工作区中手动应用的边缘调整。

● 减去对象："减去对象"复选框适用于删除当前对象选区内的背景区域。可以说，"减去对象"复选框的效果与反向的"对象选择工具" 效果类似。因此，用户可以在要减去的区域周围绘制粗略的套索或矩形。当选中的区域内包括更多需要减去的内容时，会产生较好的删减效果。

● 选择主体：单击 选择主体 按钮，即可自动选择图像中最突出的主体。"选择主体"功能能够识别图像中的多种对象，如人物、动物、车辆、玩具等。在使用时，"对象选择工具" 用于选择图像中的一个对象或某个对象的一部分。而 选择主体 按钮则用于选择图像中所有的主要主体。

实战　使用对象选择工具制作手机壁纸

知识要点：使用对象选择工具创建选区

配套资源：素材文件\第3章\漫画短发女孩.psd、壁纸背景素材.psd
效果文件\第3章\简单手机壁纸.psd

扫码看视频

操作步骤

1 打开"漫画短发女孩.psd"素材文件，由于素材文件中的漫画短发女孩边缘比较复杂，且与背景的颜色对

比较强烈，因此使用"对象选择工具" 选取漫画女孩。

2 选择"对象选择工具" ，框出漫画短发女孩的整个轮廓，此时将自动为女孩创建选区，效果如图3-30所示。

3 按【Ctrl+C】组合键复制选区内容。

4 打开"壁纸背景素材.psd"素材文件，按【Ctrl+V】组合键粘贴选区内容。按住鼠标左键不放，拖曳漫画短发女孩图像至合适的位置，效果如图3-31所示。

图3-30　　　　　　　图3-31

3.2.7　魔棒工具与快速选择工具

使用"魔棒工具" 与"快速选择工具" 可以快速、高效地创建选区。

1. 魔棒工具

选择"魔棒工具" ，单击需要选择的图像区域，可以快速选择图像中与单击区域颜色相近的部分。"魔棒工具" 的工具属性栏如图3-32所示。

图3-32

● 取样大小：用于控制建立选区的取样点大小，选择的数值越大，创建的颜色选区就会越大。

● 容差：用于设置将选择的颜色区域与已选择的颜色区域的颜色差异度。容差数值越小，颜色差异度就越小，所建立的选区也就越精确。图3-33所示为容差为10和容差为40时的效果。

容差为10　　　　　容差为40

图3-33

● 连续：勾选"连续"复选框，只会选中与取样点相连接的颜色区域。若取消勾选"连续"复选框，则会选中整幅图像中与取样点颜色类型相近的颜色区域。图3-34所示为勾选"连续"复选框与取消勾选"连续"复选框的效果。

勾选"连续"复选框　　取消勾选"连续"复选框

图3-34

2. 快速选择工具

"快速选择工具"  的作用与"魔棒工具"的作用类似，但二者的使用方法略有不同。选择"快速选择工具"后，鼠标指针将变为○形状，此时拖曳鼠标，Photoshop就会根据鼠标的移动轨迹自动确定图像的边缘，以创建选区。图3-35所示为"快速选择工具"的工具属性栏。

图3-35

● 选区运算按钮组：单击"新选区"按钮，可创建新选区；单击"添加到选区"按钮，可在原有选区的基础上添加新的选区；单击"从选区减去"按钮，可在原有选区的基础上减去新绘制的选区。

● "画笔"选择器：单击"画笔"选择器右侧的按钮，在打开的下拉列表中可以设置画笔的大小、硬度、间距、角度、圆度等参数。

3.3 创建特殊选区

除了直接使用工具创建选区之外，还可以使用"色彩范围"命令与"快速蒙版"模式为较复杂的图像创建比较精确的选区。

3.3.1 使用"色彩范围"命令

"色彩范围"命令能够用于选择整幅图像或已有选区中指定色彩的范围。需要注意的是，"色彩范围"命令不适用于"32位/通道"图像。若要细致调整现有选区的内容，还可重复使用"色彩范围"命令。

选择【选择】/【色彩范围】菜单命令，打开"色彩范围"对话框，如图3-36所示。默认情况下，预览图中白色区域为选中的区域，黑色区域为未选中的区域，灰色区域为部分选中的区域。

图3-36

● 选择：用于根据图像的具体特点以及设计需求选择不同的模式，如图3-37所示。例如，要快速选择图像中人物的脸和皮肤部分，就可以在"选择"下拉列表中选择"肤色"选项，如图3-38所示。

图3-37　　　　　　图3-38

● 检测人脸：在"选择"下拉列表中选择"肤色"后，可勾选"检测人脸"复选框，以便更准确地选择肤色。需要注意的是，"检测人脸"复选框不支持CMYK模式的图片。

● 本地化颜色簇：如需在图像中选择多个色彩范围，可勾选"本地化颜色簇"复选框，以创建更准确的选区。

● 颜色容差：在"颜色容差"文本框中输入数值或者移动下方滑块，可以调整所选颜色的范围。输入的数值较低时，会缩小色彩范围，如图3-39所示；输入的数值较高时，会扩大色彩范围，如图3-40所示。

● 范围：在"选择"下拉列表中选择"高光"或"中间调"或"阴影"后，用户可通过在"范围"文本框中输入数值或者移动滑块来调整其范围。

● 选择范围：选中"选择范围"单选按钮，将显示对颜色取样后得到的范围。

图3-39　　　　　　　　　　图3-40

● 图像：选中"图像"单选按钮，将显示图像原本的色彩。

● 选区预览："选区预览"下拉列表中包含"无""灰度""黑色杂边""白色杂边""快速蒙版"5种模式。选择"无"模式，将会显示原始图像；选择"灰度"模式，将会显示全部选中的区域为白色，部分选中的区域为灰色，未选中的区域为黑色；选择"黑色杂边"模式，将会显示选中的区域为原始图像，显示未选中的区域为黑色，该模式适用于色彩较为明亮的图像；选择"白色杂边"模式，将会显示选中的区域为原始图像，显示未选中的区域为白色，该模式适用于色彩较暗的图像；选择"快速蒙版"模式，将会显示未选中的区域为透明的红色。

● 载入(L)... 按钮与 存储(S)... 按钮：单击 载入(L)... 按钮，可载入之前存储的色彩范围；单击 存储(S)... 按钮，可存储当前设置的色彩范围。

● 吸管工具：在"选择"下拉列表中选择"取样颜色"后，可使用"吸管工具" 、"添加到取样" 、"从取样中减去" 3种吸管工具来细化选择的色彩范围。

● 反相：勾选"反相"复选框，可以使选区变为之前未选中的区域。

 技巧

选择"吸管工具" 后，按住【Shift】键不放并单击预览图，可增大取样范围；按住【Alt】键不放并单击预览图，可从取样中减去新取样的色彩范围。

实战 使用"色彩范围"命令快速选取花朵图像

知识要点　使用"色彩范围"命令创建选区

配套资源　素材文件\第3章\花朵.jpg

扫码看视频

1　打开"花朵.jpg"素材文件，图像中花朵的边缘较复杂，且花朵颜色与背景蓝天的对比比较明显，利用前面介绍的选取工具选取图像比较麻烦，此时可以选择使用"色彩范围"命令选中花朵。

2　选择【选择】/【色彩范围】菜单命令，打开"色彩范围"对话框，可以看到花朵只有一部分被选中，如图3-41所示。

图3-41

3　单击"添加到取样"按钮 ，并在预览图中单击花朵的其他部分，同时设置"颜色容差"为"33"，使花朵的区域被选中，如图3-42所示。

4　单击 确定 按钮，可以看到已经选中花朵图像区域，效果如图3-43所示。

图3-42　　　　　　　　图3-43

3.3.2　使用快速蒙版

使用"快速蒙版"模式快速创建并编辑选区时，可以先创建一个大致的选区，然后在工具箱中单击"以快速蒙版模式编辑"图标 ，使用 "画笔工具" 在需要创建的区域涂抹，使该区域形成蒙版。此外，也可以直接在"快速蒙版"模式下创建选区蒙版，并在蒙版中对选区进行编辑。在"快速蒙版"模式下，受保护区域显示为透明的红色，未受保护区域显示为原始图像。当退出"快速蒙版"模式后，未受保护区域将变为选区。

在工具箱中双击"以快速蒙版模式编辑"图标 ，打开"快速蒙版选项"对话框，如图3-44所示。

图3-44

"色彩指示"栏用于设置所绘制的区域是"被蒙版区域"还是"所选区域"。"颜色"栏用于设置绘制区域显示的颜色。

● 被蒙版区域：选中"被蒙版区域"单选按钮，被蒙版区域默认被设置为黑色，选取区域默认为白色。因此，可以使用黑色绘制被蒙版区域（显示为"颜色"栏设置的颜色），用白色绘制需要选择的区域。

● 所选区域：选中"所选区域"单选按钮，被蒙版区域默认被设置为白色，选取区域默认为黑色。此时，可以使用白色绘制被蒙版区域，用黑色绘制需要选择的区域（显示为"颜色"栏设置的颜色）。单击"以快速蒙版模式编辑"图标 ，该图标将变为 状态。

● 颜色："颜色"默认设置为50%不透明度的红色，用于为受保护区域着色。用户也可以根据自己的喜好设置"快速蒙版颜色"和"不透明度"。

技巧

按住【Alt】键，并单击"以快速蒙版模式编辑"图标 ，可以在"被蒙版区域"与"所选区域"之间快速切换。

实战 使用快速蒙版制作褪色照片

知识要点 使用快速蒙版创建选区

配套资源 素材文件\第3章\威尼斯.jpg
效果文件\第3章\威尼斯.jpg

扫码看视频

操作步骤

1 打开"威尼斯.jpg"素材文件，由于需制作褪色照片效果，因此可使用快速蒙版，并结合"画笔工具" 绘制出具有褪色效果的选区边缘。

2 单击"以快速蒙版模式编辑"图标 ，进入"快速蒙版"模式。选择"画笔工具" ，在工具属性栏中选择"Kyle的终极粉彩派对"画笔，设置"大小"为1000像素，如图3-45所示。

图3-45

3 使用"画笔工具" 绘制出图像中建筑和船只的区域，如图3-46所示。

4 退出"快速蒙版"模式，可发现不需要的区域已经创建为选区，再次选择"画笔工具" ，选择"硬边圆"画笔，按【]】键将画笔放大，设置"前景色"为"#ffffff"，将选区内的图像涂抹为白色，按【Ctrl+D】组合键取消选区，效果如图3-47所示。完成后，按【Ctrl+S】组合键保存文件。

图3-46   图3-47

3.4 编辑选区

创建选区后，还可以对选区进行编辑，使选区范围更加准确，更加符合设计需求，从而制作出精美的图像效果。

3.4.1　移动与变换选区

移动与变换选区是编辑选区的基本操作。用户可以通过移动选区调整选区的位置，也可以通过变换选区调整选区的形状。

1. 移动选区

创建选区后可根据需要移动选区，移动选区的方式主要有以下两种。

● 使用鼠标移动。建立选区后，将鼠标指针移至选区范围内，当鼠标指针变为 形状时，按住鼠标左键不放并拖曳到想要移动到的选区位置。在拖曳过程中，按住【Shift】键不放可使选区沿水平、垂直或45°斜线方向移动。

● 使用键盘移动。建立选区后，在键盘上按【↑】、【↓】、【←】和【→】键可以每次以"1像素"为单位移动选区。在按住【Shift】键的同时按【↑】、【↓】、【←】和【→】键可以每次以"10像素"为单位移动选区。

2. 变换选区

选择【选择】/【变换】菜单命令，可以在弹出的子菜单中选择具体命令，以缩放、旋转选区等。

● 调整选区大小。选择【选择】/【变换】/【缩放】菜单命令，选区周围将出现一个矩形控制框，将鼠标指针移至控制框的任意一个控制点上，当鼠标指针变为 形状时，按住鼠标左键不放并拖曳鼠标可调整选区大小，按【Enter】键，完成变换，如图3-48所示。

图3-48

● 旋转选区。选择【选择】/【变换】/【旋转】菜单命令，将鼠标指针移至选区控制框角点附近，当鼠标指针变为 形状后，按住鼠标左键不放，并以顺时针或逆时针方向拖曳鼠标，可使选区绕选区中心旋转，按【Enter】键，完成变换，如图3-49所示。

图3-49

3.4.2　全选与反选选区

通过"全选"与"反选"选区可以较为快速地选择到所需区域。

● 全选选区。选择【选择】/【全部】菜单命令，或者按【Ctrl+A】组合键。

● 反选选区。创建一个选区后，按【Ctrl+Shift+I】组合键，可创建之前没有选中区域的选区。

3.4.3　扩展与收缩选区

用户创建选区后，如果不满意选区大小，可通过"扩展"和"收缩"选区的方法调整选区大小，而不需要再次建立选区。

1. 扩展选区

在图像中创建选区后，如果感觉创建的选区范围略小，可选择【选择】/【修改】/【扩展】菜单命令，打开"扩展选区"对话框，在"扩展量"文本框中输入选区扩展的像素，这里输入"40"，如图3-50所示。单击 确定 按钮，选区将向外扩展，如图3-51所示。

图3-50　　　　　　　　图3-51

2. 收缩选区

收缩选区与扩展选区效果相反。在图像中创建选区后，选择【选择】/【修改】/【收缩】菜单命令，打开"收缩选区"对话框，在"收缩量"文本框中输入选区收缩的宽度，这里输入"80"，如图3-52所示。单击 确定 按钮，选区将向内收缩，如图3-53所示。

图3-52　　　　　　　　图3-53

3.4.4　边界选区

在图像中创建选区后，如果需要为选区的"蚁行线"创建选区，可选择【选择】/【修改】/【边界】菜单命令，打开"边界选区"对话框，在"宽度"文本框中输入选区的宽度，这里输入"40"，如图3-54所示。单击 确定 按钮，查看边界选区的效果，如图3-55所示。

图3-54　　　　　　　　图3-55

 实战　使用"边界"命令制作光晕效果

 知识要点　创建边界选区

 配套资源　素材文件\第3章\森林仙女.jpg
效果文件\第3章\森林仙女.psd

 扫码看视频

操作步骤

1 打开"森林仙女.jpg"素材文件，现需要为其中人物图像边缘部分增加光晕，达到增强画面效果、突出摄影

主题的目的。由于图像的背景颜色与人物比较相近，但是轮廓比较清晰，并且不需要非常精确的人物选区，所以可以使用"磁性套索工具" ▶⊙ 为人物创建选区，在创建过程中可以单击鼠标左键自行创建锚点。

2 在图像中创建选区后，选择【选择】/【修改】/【边界】菜单命令，打开"边界选区"对话框，设置"宽度"为"40"，单击 确定 按钮，效果如图3-56所示。

3 新建图层，设置前景色为"#fff45c"，选择"油漆桶工具" ◇ ，在新建的图层上填充创建好的边界选区，效果如图3-57所示。

图3-56　　　　　　　　图3-57

4 此时发现光影效果比较生硬，我们可以对图像进行模糊处理。按【Ctrl+D】组合键取消选区，单击选中新图层，选择【滤镜】/【模糊】/【高斯模糊】菜单命令，打开"高斯模糊"对话框，设置"半径"为"52.0"，如图3-58所示。单击 确定 按钮，完成后的效果如图3-59所示。

图3-58　　　　　　　　图3-59

3.4.5　平滑选区

在处理图像的过程中，若创建的选区边缘较生硬，可使用"平滑"命令来使选区边缘变得平滑。选择【选择】/【修改】/【平滑】菜单命令，打开"平滑选区"对话框，在"取样半径"数值框中输入选区平滑的数值，这里输入"30"，如图3-60所示。单击 确定 按钮，查看平滑选区后的效果，如图3-61所示。

图3-60　　　　　　　图3-61

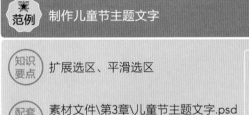

范例说明

在制作节日类主题的图像时，有时会出现找不到符合主题字体的情况，此时可通过编辑选区，制作出符合需求的字体效果。本例将为"六一儿童节"制作节日主题图像，要求体现出儿童的可爱和活泼。设计时可以使用明快的颜色将已有字体的边缘改为较平滑的状态，并为字体增加描边和阴影，以增强文字效果。

操作步骤

1 打开"儿童节主题文字.psd"素材文件，可看到素材文件的整体风格比较可爱和活泼，因此制作的字体需要符合整体风格。

2 选择"横排文字工具" T.，设置"字体""字体大小"分别为"创艺简粗黑""36"，输入"六一""儿童节""与你童乐"文字，将"儿童节"文字向"六一"文字靠近，效果如图3-62所示。

图3-62

3 按住【Ctrl】键不放，依次选择文字所在图层，在其上单击鼠标右键，在弹出的快捷菜单中选择【栅格化文字】命令，将文字转换为图像。再次单击鼠标右键，在弹出的快捷菜单中选择【合并图层】命令，将文字图层合并。

4 按住【Ctrl】键不放，单击文字所在图层的缩览图，为文字创建选区。选择【选择】/【修改】/【平滑】菜单命令，打开"平滑选区"对话框，设置"取样半径"为"5"，单击 确定 按钮。此时可发现"童"文字和"节"文字的中间区域连接在一起，这里选择"矩形选框工具" □，并单击"从选区减去"按钮 □，将多余的选区减去。

5 新建图层，该图层将自动以"图层1"命名。设置"前景色"为"#ffffff"，选择"油漆桶工具" △.，在文字上单击鼠标左键为文字填充颜色，效果如图3-63所示。

图3-63

6 新建"图层2"图层，选择【选择】/【修改】/【扩展】菜单命令，打开"扩展选区"对话框，设置"扩展量"为"20"，单击 确定 按钮。

7 设置"前景色"为"#84ccc9"，选择"油漆桶工具" △.，在"图层2"图层中填充选区。填充后在"图层"面板中选择"图层2"图层并按住鼠标左键不放，向下拖曳至"图层1"图层下方，更改图层位置，如图3-64所示。

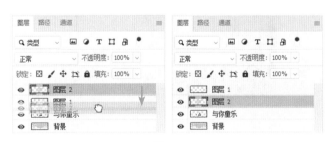

图3-64

8 新建"图层3"图层，选择【选择】/【修改】/【扩展】菜单命令，设置"扩展量"为"5"，单击 确定 按钮，完成编辑。设置"前景色"为"#68969c"，选择"油漆桶工具" △.，在"图层3"图层中文字的上方单击鼠标左键，填充文字选区。

9 将"图层3"图层拖曳至"图层2"图层下方，按【Ctrl+D】组合键取消选区，单击"图层3"图层，按【↓】键和【→】键调整图层的位置，使文字呈现出立体效果。选中"图层1""图层2""图层3"图层，调整文字位置，效果如图3-65所示。

图3-65

3.4.6 羽化选区

使用"羽化"命令可以羽化选区，使选区与选区周围像素之间的转换边界变得模糊，使图像变得柔和，但也容易丢掉图像边缘的细节。

使用选区常用工具时，可以在工具属性栏中直接定义羽化值，也可以在创建选区后选择【选择】/【修改】/【羽化】菜单命令，在打开的"羽化选区"对话框中，设置"羽化半径"值，然后单击 确定 按钮，羽化选区边缘。

范例 制作超现实图像

知识要点　创建选区、羽化选区

配套资源　素材文件\第3章\超现实图像\背景1.jpg、背景2.jpg、背景3.jpg、水花.psd、天空.psd
效果文件\第3章\超现实图像.psd

扫码看视频

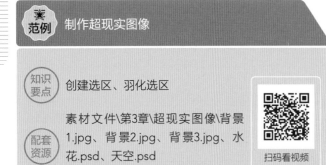

范例说明

应用Photoshop CC可以制作无法由相机拍摄出的超现实图像。本例将根据提供的海水、沙漠、天空等素材，通过创建选区和羽化选区等方式，制作出大气磅礴的超现实图像。

操作步骤

1 新建"名称""宽度""高度""分辨率""颜色模式"分别为"超现实图像""709像素""397像素""72像

素/英寸""RGB颜色"的图像文件，单击 创建 按钮。

2 打开"背景1.jpg"素材文件，在"背景"图层上单击鼠标右键，在弹出的快捷菜单中选择【复制图层】命令，在打开的"复制图层"对话框中设置"为""文档"分别为"图层1""超现实图像"，单击 确定 按钮，如图3-66所示。完成后，关闭"背景1.jpg"素材文件。

3 切换到"超现实图像.psd"图像文件，调整"图层1"图层的位置和大小，效果如图3-67所示。

图3-66　　　　　　　　图3-67

4 打开"背景2.jpg"素材文件，按【Ctrl+C】组合键复制原图像。选择"套索工具" ♀.，在工具属性栏中设置"羽化"为"30"，为左上角的人群创建选区，如图3-68所示。

技巧

处理图像时，需要养成先复制原图像再进行处理的习惯，以避免后期需要原图像时而找不到的情况出现。

5 按【Ctrl+C】组合键复制人群选区，并按【Ctrl+V】组合键粘贴到"超现实图像·psd"文件中。

6 打开"背景3.jpg"素材文件，使用相同的方法为海浪部分创建选区。为了使海浪边缘更加生动自然，创建选区时可以绘制有起伏的线条，如图3-69所示。复制海浪选区到"超现实图像.psd"图像文件中。

图3-68　　　　　　　　图3-69

7 返回"超现实图像.psd"图像文件，调整大小与位置，效果如图3-70所示。

8 将"天空.psd"素材文件和"水花.psd"素材文件复制到"超现实图像.psd"图像文件中，将天空素材拖曳至水花素材下方。调整天空素材和水花素材的大小和位置，最终效果如图3-71所示。

图3-70   图3-71

3.4.7　清除选区杂边

　　在为图像创建选区并将选区中的内容复制到其他位置后，会发现复制的图像留有白色或者黑色的杂边，影响图像的美观度。此时可以选择有杂边的图层，然后选择【图层】/【修边】/【移去白色杂边】菜单命令或【图层】/【修边】/【移去黑色杂边】菜单命令，清除图层的杂边，如图3-72所示。

移去黑色杂边前   移去黑色杂边后
图3-72

3.4.8　扩大选取与选取相似

　　建立选区也会经常使用到"扩大选取"与"选取相似"命令，以便快速选取图像。

1.　扩大选取

　　"扩大选取"命令与"魔棒工具" 🪄 的工具属性栏中的"容差"作用相似，可以扩大选择颜色相似的区域，但"扩大选取"命令只能扩大当前图像中连续的选区。在图像中创建选区后，选择【选择】/【扩大选取】菜单命令，可发现选取范围已扩大，如图3-73所示。

使用"扩大选取"菜单命令前   使用"扩大选取"菜单命令后
图3-73

2.　选取相似

　　在图像中创建选区后，选择【选择】/【选取相似】菜

单命令，Photoshop将会为图像中相似的颜色像素创建选区，如图3-74所示。

使用"选取相似"菜单命令前   使用"选取相似"菜单命令后
图3-74

3.4.9　重新选择选区

　　如果因为取消或者操作失误丢失选区，可选择【选择】/【重新选择】菜单命令（或按【Ctrl+Shift+D】组合键），恢复最近的一个选区。

3.5　填充与描边选区

在制作图像效果时，有时需要填充选区或为创建的选区描边。这时可使用Photoshop CC提供的填充和描边功能进行操作。

3.5.1　填充选区

　　使用"填充"命令可为选区填充相应的颜色或图案。其方法为：在图像中选择需要填充的选区，选择【编辑】/【填充】菜单命令，打开"填充"对话框，如图3-75所示。在"内容"下拉列表中选择颜色选项，这里选择"前景色"，单击 确定 按钮，效果如图3-76所示。

图3-75   图3-76

　　当不需要图像中的某部分对象时，用户可以为其创建选区，选择【编辑】/【内容识别填充】菜单命令，进入"内容识别填充"界面，通过从选区外的部分取样来无缝填充选区。

范例 绘制禁烟标志

 知识要点　创建选区、填充选区、编辑选区

配套资源　效果文件\第3章\禁烟标志.psd

 扫码看视频

范例说明

标志可使用创建选区和编辑选区的方法进行制作。本例将绘制禁烟标志，要求绘制时灵活运用创建选区、编辑选区、填充选区等操作。

操作步骤

1 新建"名称""宽度""高度""分辨率""颜色模式"分别为"禁烟标志""300像素""300像素""72 像素/英寸""RGB颜色"的图像文件。

2 选择"椭圆选框工具" ○，勾选"消除锯齿"复选框，单击图像编辑区的中心，然后按住【Alt+Shift】组合键，拖曳鼠标以图像编辑区的中心为圆心绘制一个较大的圆。单击"从选区减去"按钮 ，再单击图像编辑区的中心，按住【Alt+Shift】组合键并拖曳鼠标，绘制一个较小的同心圆，使选区变为圆环形。

3 设置"前景色"为"#ff0002"，选择【编辑】/【填充】菜单命令，打开"填充"对话框，设置"内容"为"前景色"，单击 确定 按钮，效果如图3-77所示。

4 选择"矩形选框工具" □，在圆环中绘制一个小矩形选区，按【Alt+Delete】组合键填充前景色。

5 设置"前景色"为"#000000"，选择"矩形选框工具" □，单击"添加到选区"按钮 ，在小矩形后绘制一长一短两个矩形选区，按【Alt+Delete】组合键填充前景色，效果如图3-78所示。

6 在矩形选区后再绘制一个较长的矩形选区，并单击"从选区减去"按钮 ，绘制一个较小的同心矩形，并填充前景色，效果如图3-79所示。

7 选择"椭圆选框工具" ○，勾选"消除锯齿"复选框，单击"从选区减去"按钮 ，绘制两个相交的椭圆，

使选区呈新月形状显示，如图3-80所示。

　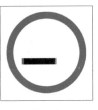　

图3-77　　　　图3-78　　　　图3-79

8 选择【选择】/【变换选区】菜单命令，调整选区的形状、大小和位置。

9 设置"前景色"为"#a9a9a9"，按【Alt+Delete】组合键填充前景色。使用相同的方法创建方向相反的选区，按【Alt+Delete】组合键填充前景色，效果如图3-81所示。

10 "矩形选框工具" □，以圆环的直径绘制一个矩形选区，选择【选择】/【变换选区】菜单命令，调整矩形选区的角度，使其呈45°角。

11 设置"前景色"为"#ff0002"，按【Alt+Delete】组合键填充前景色，效果如图3-82所示。

图3-80　　　　图3-81　　　　图3-82

 范例 处理游乐园照片

 知识要点　创建选区、"内容识别填充"命令

 配套资源　素材文件\第3章\游乐园.jpg
效果文件\第3章\游乐园.psd

 扫码看视频

范例说明

拍摄照片时往往具有不确定性，可能会拍摄到一些不需要的部分。本实例需要将最左边的一组人物去掉，由于背景中

有比较复杂的云朵，因此创建选区时可先创建选区中不想要的部分，并使用"内容识别填充"命令进行智能填充。

📋 操作步骤

1 打开"游乐园.jpg"素材文件，按【Ctrl+J】组合键复制图层。因为最左边的一组人物不需要，所以用户可以使用"对象选择工具" 🔲 框选出这部分不想要的区域。

2 使用"对象选择工具" 🔲 后，为了避免选区边缘紧挨图像导致填充后残留杂边，这里选择【选择】/【修改】/【扩展】菜单命令，打开"扩展选区"对话框，设置"扩展量"为"10像素"，单击 确定 按钮，效果如图3-83所示。

3 使用"内容识别填充"命令时，创建的选区越准确其填充效果越好，这里选择"多边形套索工具" ⤜ ，并通过"添加到选区"按钮 🔲 与"从选区减去"按钮 🔲 创建一个较为准确的选区，如图3-84所示。

图3-83　　　　　　　图3-84

4 选择【编辑】/【内容识别填充】菜单命令，打开"内容识别填充"对话框。如图3-85所示，其中绿色区域为Photoshop内容识别的区域，这部分区域是Photoshop填充的参考区域。

5 为了避免填充区域出现杂物，从而使填充效果更好，设计人员可拖曳画笔减去游乐设施的部分，只保留天空的部分，如图3-86所示。

图3-85　　　　　　　图3-86

6 单击 确定 按钮，完成填充。按【Ctrl+D】组合键取消选区，最终的填充效果如图3-87所示。

图3-87

3.5.2 描边选区

描边选区是在创建选区后，选择【编辑】/【描边】

菜单命令，打开"描边"对话框，如图3-88所示。设置描边的"宽度""颜色""位置""模式""不透明度"等参数后，单击 确定 按钮，效果如图3-89所示。如果勾选"保留透明区域"复选框，则只会描边包含像素的区域。

描边选区与边界选区的最终效果相似。但描边选区是直接为选区边缘描绘颜色，且比较光滑；而边界选区则是新建一个中空的选区，且选区边缘自带羽化效果。

图3-88　　　　　　　　　　　图3-89

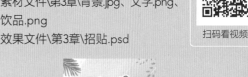

⭐ 范例　制作饮品招贴

知识要点　创建选区、填充选区、描边选区

配套资源　素材文件\第3章\背景.jpg、文字.png、饮品.png

效果文件\第3章\招贴.psd

扫码看视频

🎬 范例说明

本例将为一款饮品制作招贴。由于招贴背景的主色调为粉色，饮品的主色调为浅红色，因此饮品在海报中的效果不够突出，这里可以先为招贴中的饮品添加装饰背景和描边，以在招贴中突出饮品本身。

📋 操作步骤

1 打开"背景.jpg"素材文件，选择"矩形选框工具" 🔲 ，在背景中绘制一个位置偏下方的矩形，移动选区，使选区与背景垂直居中。设置"前景色"为"#ffffff",选择【编辑】/【填充】菜单命令,在打开的对话框中设置"内容"为"前景色","不透明度"为"40",单击 确定 按钮。

2 打开"饮品.png"素材文件并将其复制到"背景.jpg"素材文件中,选择饮品素材,按【Ctrl+T】组合键,然后将饮品素材缩小,并调整饮品素材的角度,效果如图3-90所示。

3 此时饮品素材还不够突出,可以为其添加描边。按住【Ctrl】键并单击饮品素材图层前的缩览图,为饮品素材创建选区,选择【编辑】/【描边】菜单命令,打开"描边"对话框,设置描边的"宽度""颜色""位置"分别为"15像素""#ffffff""居外",单击 确定 按钮。按【Ctrl+D】组合键取消选区。

4 打开"文字.png"素材文件并将其复制到"背景.jpg"文件中,调整文字素材的大小并逆时针旋转,选择【编辑】/【描边】菜单命令,打开"描边"对话框,设置"宽度""颜色""位置"分别为"15像素""#ffffff""居外",效果如图3-91所示。

5 选择"画笔工具" ,在工具属性栏中选择"Kyle终极炭笔25像素中等2"画笔,并设置"大小"为"125像素",然后在文字素材下方绘制白色线条,其方向与文字素材平行。

6 选择"横排文字工具" T.,设置"字体""字体大小""文本颜色"分别为"陈代明硬笔体""60""#d76766",输入"夏日鲜果饮"文字,逆时针旋转文字,效果如图3-92所示。

图3-90   图3-91   图3-92

3.6 选区内图像的变换

创建好选区后,用户可根据需求编辑选区内的图像,如自由变换图像、变换与变形图像等。

3.6.1 自由变换图像

创建选区后,选择【编辑】/【自由变换】菜单命令,

使用鼠标拖曳控制点可自由变换选区中的图像。自由变换包括旋转、缩放、斜切、扭曲和透视等操作。"自由变换"命令的工具属性栏如图3-93所示。

图3-93

● "X""Y":在"X"和"Y"文本框中输入数值,可以设置参考点的水平位置和垂直位置。此外,也可直接在选区内单击鼠标左键,并按住鼠标左键不放,拖曳鼠标改变选区内容的位置。单击"使用参考点相关定位"按钮 △ ,可以以当前位置为标准设置新位置。

● "W""H":在"W"和"H"文本框中输入百分比数值,可以设置选区内容缩放的比例。此外,也可将鼠标指针放在控制框的任意一个控制点上,当鼠标指针变为 ↔ 形状时,按住鼠标左键不放,拖曳鼠标缩放选区内容。

● "保持长宽比"按钮 ∞ :选择"自由变换"命令后,会默认保持长宽比缩放图像,效果如图3-94所示。如果不想保持长宽比缩放,可单击工具属性栏中的"保持长宽比"按钮 ∞ ,效果如图3-95所示。

图3-94

图3-95

● 旋转 △ :在"旋转"文本框中输入度数,使选区的内容旋转。此外,也可以将鼠标指针移动到控制框之外,当鼠标指针变为 ↻ 形状时,拖曳鼠标旋转选区内容。在拖曳鼠标的同时,按住【Shift】键可以15°为增量旋转选区内容。

● "H""V":在"H"文本框中输入具体数值,可水平斜切选区内容,效果如图3-96所示;在"V"文本框中输入具体数值,可垂直斜切选区内容,效果如图3-97所示。

图3-96　　　　　　　图3-97

● 插值："插值"是在Photoshop中变换图像时的运算方法，它用于重新分布图像中的像素，以保留原始图像的品质和细节。在"插值"下拉列表中，"邻近"模式计算速度较快但不太精确，适用于像素图等需要保留硬边缘的图像；"两次线性"模式适用于中等品质的图像，计算速度较快；"两次立方"模式可以使图像边缘的色调层次较平滑，但计算速度较慢；"两次立方（较平滑）"与"两次立方"模式相似，更适用于放大图像，放大效果更平滑；"两次立方（较锐利）"更适用于缩小图像，能够更多地保留重新取样后的图像细节，增强锐化效果；"两次立方（自动）"模式可使Photoshop自行选择运算方法。

● "在自由变换和变形模式之间切换"按钮：在需要变形选区内容时，可单击"在自由变换和变形模式之间切换"按钮，拖曳控制点变形选区内容，效果如图3-98所示；也可单击"在自由变换和变形模式之间切换"按钮，从工具属性栏的"变形"下拉列表中选取一种变形样式，效果如图3-99所示。

图3-98　　　　　　　图3-99

3.6.2　变换与变形图像

如果只需要用一种方式变换或变形图像，可以选择【编辑】/【变换】菜单命令，在弹出的子菜单中选择需要的菜单命令，如图3-100所示。其中包括"缩放""旋转""斜切""扭曲""透视""变形""旋转180度""水平翻转""垂直翻转"等。

图3-100

范例　制作地铁灯箱贴图

知识要点
"自由变换"命令

配套资源
素材文件\第3章\地铁灯箱\地铁灯箱.jpg、中秋招贴.psd
效果文件\第3章\地铁灯箱.psd

扫码看视频

范例说明

本例将提供"地铁灯箱.jpg"与"中秋招贴.psd"素材文件，要求使用提供的素材制作地铁灯箱效果图。"地铁灯箱.jpg"素材文件是一张带透视效果的地铁站灯箱实拍照片，制作地铁灯箱贴图时要把"中秋招贴.psd"素材文件贴入"地铁灯箱.jpg"素材文件中，然后变换素材，使其与灯箱的形状重合。

操作步骤

1 在Photoshop CC中，打开"地铁灯箱.jpg"素材文件，如图3-101所示；打开"中秋招贴.psd"素材文件，如图3-102所示。

2 复制"中秋招贴.psd"素材文件并粘贴到"地铁灯箱.jpg"素材文件中。在"地铁灯箱.jpg"素材文件中

拖曳中秋招贴素材，使该素材左侧与灯箱内左侧对齐，如图3-103所示。

图3-101　　　　　　　　图3-102

3 按住【Ctrl】键并单击中秋招贴素材缩览图，创建选区，选择【编辑】/【自由变换】菜单命令，使选区呈自由变换状态，然后按住【Ctrl】键，同时将鼠标指针放在选区右上角的控制点上，当鼠标指针变为 形状时，按住鼠标左键不放并拖曳控制点，使选区右上角与灯箱右上角重合，如图3-104所示。

4 使用相同的方法调整选区右下角和左下角的控制点，使"中秋招贴.psd"素材文件与灯箱完全重合，按【Enter】键完成变换，再按【Ctrl+D】组合键取消选区，最终效果如图3-105所示。

图3-103　　　　　　图3-104　　　　　　图3-105

小测 设计 CD 光盘与包装盒

配套资源：素材文件 \ 第 3 章 \CD 封面素材 .jpg
配套资源：效果文件 \ 第 3 章 \CD 光盘与包装盒设计 .psd

　　本例提供了某 CD 封面素材，要求使用封面素材制作立体效果的 CD 光盘与包装盒。制作时，可以使用"椭圆选框工具" 和"矩形选框工具" 分别绘制 CD 光盘及包装盒的外形与阴影，然后编辑选区并置入封面素材，参考效果如图 3-106 所示。

图3-106

实战 改变水瓶形状

 知识要点　"变形"命令

 配套资源　素材文件\第3章\水瓶.jpg
效果文件\第3章\水瓶.psd

扫码看视频

操作步骤

1 打开"水瓶.jpg"素材文件，按【Ctrl+J】组合键复制图层，使用"对象选择工具" 为素材文件中的水瓶创建选区。创建完成后，选择【选择】/【修改】/【扩展】菜单命令，打开"扩展选区"对话框，设置"扩展量"为"2"，单击 确定 按钮，效果如图3-107所示。

2 选择【编辑】/【变换】/【变形】菜单命令，使选区呈变形状态，如果只想变形水瓶的上半部分，可以单击"交叉拆分变形"按钮 ，并单击水瓶最细处的左右两点，为控制框添加两个控制点，如图3-108所示。这样变形水瓶上半部分时，就不会影响到下半部分。

3 单击水瓶右上角的控制框边线，显示控制柄，按住鼠标左键不放，向右拖曳，改变水瓶的形状，效果如图3-109所示。

4 使用相同的方法改变水瓶左边的形状，使水瓶左右两边对称，按【Enter】键完成变形，按【Ctrl+D】组合键取消选区，最终效果如图3-110所示。

图3-107　　　　　　图3-108

图3-109　　　　　　图3-110

3.7 综合实训：设计年货节电商 Banner

Banner又称旗帜广告，这里主要是指网络上的横幅广告。Banner通常以矩形公告牌的形式在网页或界面中显示，是目前较常见的网络广告形式。通常，浏览者单击Banner时，页面可以跳转到广告投放者的网页。

设计Banner主要分为沟通、执行与审核3个步骤。沟通时需要确认Banner的投放平台、尺寸大小、文案、素材、投放时间等信息；执行时需要明确Banner的版式、配色等细节，使Banner能够传达信息并兼具美观的效果；审核时需要使用效果图、设计说明等方式展示最终设计。

设计素养

3.7.1 实训要求

某电商平台将在春节前夕举办"年货节"活动，活动主题为"热卖商品""年终囤货节"，现要制作年货节宣传Banner，并将该Banner发布在网站首页。要求Banner体现活动主题，将Banner宣传内容居中显示，使视觉效果更加美观，便于用户查看。尺寸要求是宽度为620像素，长度为314像素。

3.7.2 实训思路

（1）本例Banner以"年货节"为背景，在素材上可以选择比较符合春节氛围的配色。

（2）本例提供的文案内容较少，制作Banner时需要注意层次感，以突出活动主题。

（3）Banner还需要满足能够快速阅读，并吸引浏览者的要求。制作时可选用粗型字体，并搭配比较活泼和具有冲击力的图形，提高美观度和渲染力。

（4）结合本章所学的创建选区和编辑选区等知识，输入吸引浏览者的字体并绘制具有动感的形状图形，增强画面效果。

本例完成后的参考效果如图3-111所示。

图3-111

3.7.3 制作要点

| 知识要点 | 创建选区与编辑选区、横排文字工具、多边形套索工具 |
| 配套资源 | 效果文件\第3章\年货节banner.psd |

扫码看视频

完成本例主要包括绘制背景、绘制装饰图案、添加文字3个部分，主要操作步骤如下。

1 新建"名称""宽度""高度""分辨率"分别为"年货节Banner""620像素""314像素""72像素/英寸"的图像文件。新建图层，然后填充合适的径向渐变颜色作为Banner背景。

2 新建图层，绘制一个中空的三角形选区，并填充径向渐变颜色。新建图层，将选区填充为较深的橘黄色，移动图层使该三角形位于渐变三角形的下方。取消选区，通过"高斯模糊"命令制作出阴影效果，使三角形更有立体感。

3 新建图层，绘制一些小三角形作为装饰。

4 使用"横排文字工具" 输入标题文字，栅格化文字，为文字创建选区，使文字倾斜。

5 新建图层，使用"多边形套索工具" 创建一个比文字轮廓大一圈的选区，填充并描边选区。在"图层"面板中，将选区图层的顺序挪动至文字图层下方。

6 在标题下方绘制一个不规则的四边形，设置合适的描边和填充颜色。输入"点击查看"">>"文字，栅格化文字图层，分别为文字创建选区，并按【Ctrl+T】组合键旋转文字。然后为">>"文字选区描边，调整文字的大小和位置，按【Ctrl+S】组合键保存文件。

巩固练习

1. 制作家常菜画册封面

本练习提供的是一张家常菜照片素材，要求制作出有几何图案装饰的家常菜画册封面。制作时可使用"多边形套索工具" 绘制出矩形选区并对选区进行填充，参考效果如图3-112所示。

素材文件\第3章\巩固练习\家常菜照片.jpg
效果文件\第3章\巩固练习\家常菜画册封面.psd

图3-112

2. 制作漂流瓶创意图像

本练习将制作漂流瓶创意图像，要求将背景素材和漂流瓶素材合成为一个新图像。制作时先要创建选区选择出海面的部分，复制选区并调整选区透明度，然后为漂流瓶创建选区并设置羽化，复制选区到背景素材中，最后调整图层位置，参考效果如图3-113所示。

素材文件\第3章\巩固练习\漂流瓶.jpg、背景.psd
效果文件\第3章\巩固练习\漂流瓶创意图像.psd

图3-113

技能提升

抠取复杂图像时，往往会耗费较长时间创建选区，而对选区进行存储能够避免选区丢失。

选择【选择】/【存储选区】菜单命令，打开"存储选区"对话框，设置存储选区的参数，单击 确定 按钮，如图3-114所示。

图3-114

● 文档：默认情况下，选区保存在当前文档中。如果在"文档"下拉列表中选择"新建"选项，可以使选区保存于一个新的文档中。

● 通道："通道"下拉列表用于设置保存选区的目标通道，默认为"新建"。

● 名称：在"名称"文本框中可以设置通道名称，以方便查询和使用。

● 操作："操作"栏默认选中"新建通道"单选按钮，即将选区存储在新通道中。如果保存选区的文档中已经有选区存在，选中"添加到通道"单选按钮，可将当前选区添加到目标通道已有选区中；选中"从通道中减去"单选按钮，可从目标通道已有选区中减去当前通道；选中"与通道交叉"单选按钮，可将目标通道已有选区与当前选区交叉的部分作为选区存储。

第 4 章 使用图层

本章导读

在Photoshop CC中，一个图像文件可以包含一个或多个图层。相比于传统的单一图层图像，多图层模式的图像更容易编辑，并且多图层呈现的图像效果更加丰富，为图像制作带来更多具有创新性的可能。

知识目标

- 认识图层
- 掌握创建与操作图层的方法
- 掌握视频的导入与编辑方法
- 掌握使用智能对象图层的方法

能力目标

- 制作网店首页新品推荐
- 制作中秋节月饼海报

情感目标

- 提升对图层的运用能力
- 培养对网店宣传图片、广告海报、App登录界面的设计能力

4.1 认识图层

图层如同含有多层透明文字或图形等元素的图片，按上下叠加的方式组合成整个图像。在Photoshop CC中，几乎所有的高级图像处理都需要使用到图层。

4.1.1 图层的作用

图层可以排列和定位图像中的元素，有利于制作出丰富多彩的图像效果。在图层中，可以分别保存不同的图像，也可以加入文本、图片、表格、插件等内容，还可以在图层上嵌套图层。在图像文件中，透过上方图层的透明区域可以看到下方图层中的图像，如图4-1所示。

图4-1

通过移动图层和调整图层顺序等操作可以让图像产生更多效果。图4-2所示为在图4-1的基础上移动"人物"图层到装饰形状图层下方的效果。

图4-2

除"背景"图层外，用户可以为图像中其他图层设置不透明度和图层混合模式。图4-3所示为将"标题"图层的混合模式设置为"差值"、不透明度设置为"80%"的效果。

图4-3

4.1.2 图层的类型

图层中可以包含多个元素，其类型也很多，增加或删除任意图层都可能影响到整个图像效果。图4-4为常见的几种图层类型。

● 填充图层：用于填充纯色、渐变和图案等，以创建具有特殊效果的图层。

● 剪切蒙版图层：通过下方一个图层中的形状来控制其上方多个图层的显示区域。

● 调整图层：用于调整图像的颜色和色调等，但并不会对图层中的像素有实际影响，且允许反复调整参数。

● 图层蒙版图层：用于为图层添加蒙版，可控制图像在图层中的显示区域。

● 矢量蒙版图层：可创建带矢量形状的蒙版图层。

● 形状图层：使用形状或钢笔工具绘制形状后产生的图层，并且绘制的形状会自动填充为前景色。

● 中性色图层：填充了中性色的特殊图层，结合一些图层混合模式可以叠加出特殊的图像效果。

● 图层样式图层：添加了图层样式的图层，可快速创建特殊效果。

● 变形文字图层：为文字设置了变形效果的文字图层。

● 文字图层：输入文字后，自动生成的图层。

● 背景图层：新建图像时产生的图层。该图层始终位于"图层"面板底层。

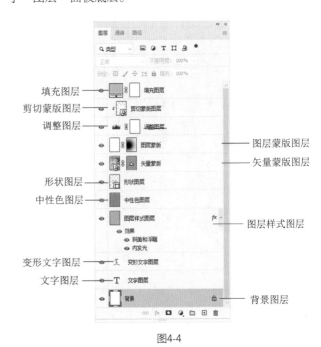

图4-4

除上述图层类型外，Photoshop CC 2020中还有一些特殊图层，如置入3D对象或新建3D对象时出现的3D图层，以及包含视频文件帧的视频图层等。

4.1.3 认识"图层"面板

"图层"面板是编辑图层的主要场所，在其中可新建、重命名、存储、删除、锁定和链接图层。选择【窗口】/【图层】菜单命令，可打开图4-5所示"图层"面板。

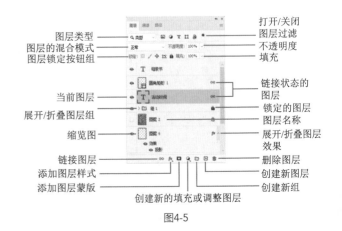

图4-5

● 图层类型：当图像中图层过多时，在该下拉列表框中选择一种图层类型，"图层"面板中将只显示该类型的图层。

● 打开/关闭图层过滤：用于打开或关闭图层的过滤功能。

● 图层的混合模式：用于为当前图层设置图层混合模式，使图层与下层图像产生混合效果。

● 不透明度：用于设置当前图层的不透明度。

● 填充：用于设置当前图层的填充不透明度。调整填充不透明度，图层样式不会受到影响。

● 锁定透明像素：单击"锁定透明像素"按钮☒（位于图层锁定按钮组），将只能编辑图层的不透明区域。

● 锁定图像像素：单击"锁定图像像素"按钮✏（位于图层锁定按钮组），将不能使用绘图工具对图层像素进行修改。

● 锁定位置：单击"锁定位置"按钮✛（位于图层锁定按钮组），将不能移动图层中的像素。

● 防止在画板和画框内外自动嵌套：单击"防止在画板和画框内外自动嵌套"按钮▣（位于图层锁定按钮组），当将画板内的图层/图层组移动出画板/画框的边缘时，被移动的图层/图层组将不会脱离画板或画框。

● 锁定全部：单击"锁定全部"按钮🔒（位于图层锁定按钮组），将不能对处于这种情况下的图层进行任何操作。

● 当前图层：为当前选中的图层，呈蓝底显示。用户可对其进行任何操作。当图层缩览图前出现👁按钮时，表示该图层为可见图层；当图层缩览图前出现　按钮时，表示该图层为不可见图层。单击👁按钮可隐藏图层。

● 链接状态的图层：用于链接两个或两个以上的图层。链接的图层上会出现∞图标，链接后的图层可以一起移动。

● 锁定的图层：表示该图层处于全部锁定状态，无法被编辑。单击锁定的图层右侧的🔒图标，可解锁图层。

● 展开/折叠图层组：单击›按钮，可展开图层组中包含的图层。

● 图层名称：用于显示该图层的名称。当面板中图层很多时，为图层命名可快速找到图层。

● 缩览图：用于显示图层中包含的图像内容。其中，棋格区域为图像中的透明区域。

● 展开/折叠图层效果：单击按钮，可展开图层效果，并显示当前图层添加的效果名称。再次单击将折叠图层效果。

● 链接图层：选中两个或两个以上图层，单击"链接图层"按钮∞，可链接选中的图层。

● 添加图层样式：单击"添加图层样式"按钮fx，在弹出的下拉菜单中选择一个图层样式命令，可为图层添加一种图层样式。

● 添加图层蒙版：单击"添加图层蒙版"按钮▣，可为当前图层添加图层蒙版。

● 创建新的填充或调整图层：单击"创建新的填充或调整图层"按钮◑，在弹出的下拉菜单中选择相应命令，创建对应的填充图层或调整图层。

● 创建新组：单击"创建新组"按钮▢，可创建一个图层组。

● 创建新图层：单击"创建新图层"按钮⊞，可在当前图层上方新建一个图层。

● 删除图层：单击"删除图层"按钮🗑，可将当前的图层或图层组删除。在选中图层或图层组时，也可按【Delete】键将其删除。

4.2 创建与操作图层

新建或打开一个图像文件后，用户可根据需要在文件中创建新的图层。创建图层后，为了使图层更满足编辑图像的需要，还可对图层进行操作。

4.2.1 选择与取消图层

选择图层是操作图层的第一步。在Photoshop中，选择需要编辑的图层后，才能编辑图层中的对象。

● 选择单个图层：在"图层"面板中直接单击要选择的图层，就可以选中该图层。

● 选择多个连续图层：在"图层"面板中先单击要选择的第一个图层，按住【Shift】键不放，再单击要选择的最后一个图层，就可以选择这两个图层及其之间的所有图层。图4-6所示为单击"圆角矩形1"图层，按住【Shift】键不放，再单击"图层2"图层的效果。

● 选择多个不连续的图层：在"图层"面板中单击要选择的第一个图层，按住【Ctrl】键不放，再单击其他需要选择的图层，可同时选择所有被单击的图层，效果如图4-7所示。

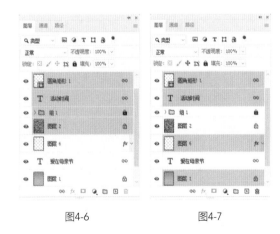

图4-6　　　　　　　　图4-7

另外，选择【选择】/【所有图层】菜单命令或按【Ctrl+Alt+A】组合键，可选择当前文档中除背景图层外的所有图层。在"图层"面板中，单击图层最下方的空白处，或选择【选择】/【取消选择图层】菜单命令，可取消选择图层。

4.2.2 显示与隐藏图层

当图像中包含的图层太多，不方便查看某一个或某几个图层的效果时，可以先隐藏不需要的图层，待查看完后再显示这些图层。在"图层"面板中，当图层缩览图左边显示◉按钮时，表示该图层为可见图层。单击◉按钮，按钮将变为 状态，此时该图层会隐藏；再次单击 按钮，可显示隐藏的图层。图4-8所示为隐藏包装盒右侧面阴影图层的前后对比效果。若需要同时隐藏选中的多个图层，可选择【图层】/【隐藏图层】菜单命令。

图4-8

4.2.3 创建新图层与图层组

创建新图层与图层组也是Photoshop中的常用操作。Photoshop CC提供了多种新建方法，用户可根据需要选择。

1. 在"图层"面板中创建图层

在"图层"面板中单击"创建新图层"按钮 ，可在当前图层上方新建一个图层，如图4-9所示。按住【Ctrl】键，同时单击"创建新图层"按钮 ，可在当前图层下方新建一个图层。

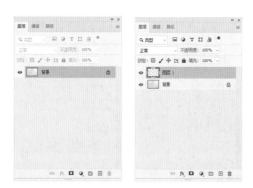

图4-9

在"图层"面板中拖曳一个图层到底部的"创建新图层"按钮 上，释放鼠标左键后，将复制并新建一个当前图层的副本。

2. 通过"新建"命令创建图层

选择【图层】/【新建】/【图层】菜单命令（或按【Ctrl+Shift+N】组合键），打开"新建图层"对话框，在该对话框中设置好图层的名称、颜色、模式和不透明度，单击 确定 按钮，可新建一个图层，如图4-10所示。

图4-10

如果在"新建图层"对话框的"颜色"下拉列表中选择一种颜色，新建的图层在"图层"面板中的缩览图前将显示为该颜色，如图4-11所示。为不同类型的图层设置不同的颜色，有助于快速选择和区分图层。

图4-11

3. 通过"新建"命令创建图层组

当"图层"面板中的图层过多时，将有关联的图层移动至图层组，这样便于快速选择和查找图层。选择【图层】/【新建】/【组】菜单命令，打开"新建组"对话框，设置组的名称、颜色、模式和不透明度，然后单击 确定 按钮，创建图层组，如图4-12所示。

图4-12

4. 通过"图层"面板创建图层组

在"图层"面板中，选择需要添加到组中的图层，单击并拖曳图层到"创建新组"按钮▢上，释放鼠标左键，所选择的图层将移动至新建的组中，如图4-13所示。

图4-13

5. 创建嵌套结构图层组

使用Photoshop绘制复杂图像时，可能需要创建多个图层组用于存放不同的图层。但当图像过于复杂时，即使创建多个图层组也不易找到需要的图层。此时，可尝试使用嵌套结构图层组存放图层和图层组。嵌套结构图层组是指在图层组中再创建图层组。创建时，将已创建的图层组拖曳到"创建新组"按钮▢上，新建的图层组将成为原始图层组的母级，如图4-14所示。

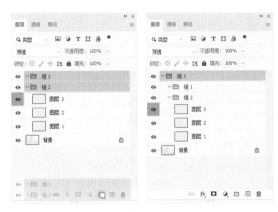

图4-14

4.2.4 转换背景图层为普通图层

"背景"图层始终位于"图层"面板底层，我们不能调整"背景"图层的叠放顺序，也不能设置"背景"图层的不透明度和混合模式等。若需编辑"背景"图层，需要先将"背景"图层转换为普通图层。双击"背景"图层，打开"新建图层"对话框，在其中重新为图层设置名称，然后单击

确定按钮，即可将"背景"图层转换为普通图层，如图4-15所示。

图4-15

4.2.5 栅格化图层

在Photoshop中，包含矢量数据、文字、形状、矢量蒙版、智能对象的图层是无法直接编辑的。若需编辑这类图层，要先将图层栅格化。其方法为：选择需要栅格化的图层，选择【图层】/【栅格化】菜单命令，在子菜单中选择栅格化图层类型，即可完成栅格化操作，如图4-16所示。另外，也可在需要栅格化的图层上单击鼠标右键，在弹出的快捷菜中选择需栅格化的图层类型，如图4-17所示。

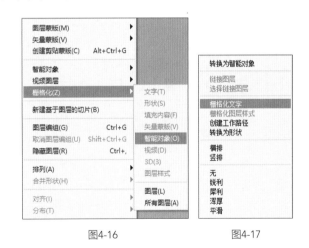

图4-16   图4-17

4.2.6 复制与粘贴图层

如果需要复制"背景"图层，可按【Ctrl+J】组合键，直接复制图层。如果需要复制并粘贴其他图层，可按【Ctrl+C】组合键复制，再按【Ctrl+V】组合键粘贴。另外，也可在需要复制的图层上单击鼠标右键，在弹出的快捷菜单中选择【复制图层】命令，打开"复制图层"对话框，在其中设置复制图层的位置和类型，单击确定按钮，如图4-18所示。

图4-18

在图像中创建选区，选择【图层】/【新建】/【通过拷贝的图层】菜单命令（或按【Ctrl+J】组合键），可将选区中的图像复制为一个新的图层，如图4-19所示。

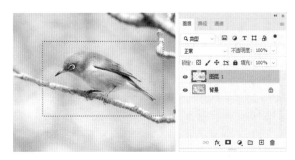

图4-19

在图像中创建选区，选择【图层】/【新建】/【通过剪切的图层】菜单命令（或按【Ctrl+Shift+J】组合键），可剪切选区中的图像，并创建为一个新的图层，如图4-20所示。

图4-20

4.2.7　重命名图层

在Photoshop CC中，新建图层的名称默认为"图层1""图层2""图层3"等。这种图层的命名方式不利于查找图层，用户可重命名图层以便于区分和查找。在需要重命名的图层上双击图层名称，当图层变为白框蓝底的编辑状态时，在文本框中输入新的名称，然后按【Enter】键，即可完成图层的重命名操作，如图4-21所示。此外，也可以使用相同的方法重命名图层组。

图4-21

4.2.8　查找与删除图层

当图像文件中的图层过多时，通过查找图层的方式可以快速找到需要的图层。图像文件中的图层过多会增大图像的大小，此时可以将不需要的图层删除。

1. 查找图层

选择【选择】/【查找图层】菜单命令，或单击"图层"面板中"类型"下拉列表框右侧的 按钮，在下拉列表中选择"名称"选项，在右侧的文本框中输入图层名称，就会显示出符合查找条件的图层，如图4-22所示。

图4-22

2. 删除图层

Photoshop CC中删除图层的方法有以下两种。

● 通过"删除"命令删除。选择需要删除的图层，再选择【图层】/【删除】/【图层】菜单命令。

● 通过"删除图层"按钮 删除。选择需要删除的图层，按住鼠标左键不放，将图层拖曳到"图层"面板中的"删除图层"按钮 上，释放鼠标左键。当然，也可选择需要删除的图层，直接单击"删除图层"按钮 。

4.2.9　合并与盖印图层

当图像文件中的图层、图层组或图层样式过多时，图像文件会占用较大的系统空间，此时可以合并相同属性的图层，以节约系统空间。合并和盖印操作都能将两个或两个以上的图层合并于一个图层中。

1. 合并图层

编辑较复杂的图像后，一般会产生大量图层，以致影响计算机运行速度。这时，可根据需要合并图层。

● 合并图层。选择【图层】/【合并图层】菜单命令，可以合并两个或多个图层，合并后的图层名称将使用最上面图层的名称，如图4-23所示。

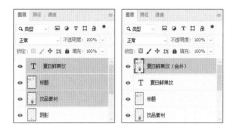

图4-24

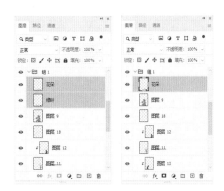

图4-23

● 合并可见图层。选择【图层】/【合并可见图层】菜单命令（或按【Ctrl+Shift+E】组合键），可将所有呈显示状态的图层合并为一个图层，合并后的图层名称为合并前选择的可见图层名称。

● 拼合图像。选择【图层】/【拼合图像】菜单命令，打开提示对话框，询问是否扔掉隐藏的图层，单击 确定 按钮，可合并所有呈显示状态的图层，而呈隐藏状态的图层将会被丢弃。注意，拼合后的图层将自动变为背景图层。

> **技巧**
>
> 在"图层"面板中选择需要合并的图层，在其上单击鼠标右键，在弹出的快捷菜单中选择【合并图层】命令，也可合并图层。

2. 盖印图层

盖印图层可以将多个图层中的图像内容合并到一个新图层中，同时不改变其他图层。

● 向下盖印图层：选择一个图层，按【Ctrl+Alt+E】组合键，可将当前图层中的图像盖印到下面的图层中，而当前图层中的内容保持不变。

● 盖印多个图层：选择多个图层，按【Ctrl+Alt+E】组合键，可将多个图层的内容盖印到一个新图中，而选择图层中的内容保持不变，如图4-24所示。

● 盖印可见图层：选择多个图层，按【Ctrl+Alt+Shift+E】组合键，可将可见图层盖印到新图层中。

4.3　对齐与分布图层

> 制作图像时，经常需要对齐图像中的元素，或是按一定间隔分布图像中的元素，从而使图像中的元素更具秩序感和规律感。

4.3.1　了解图层的堆叠顺序

图像中的图层是按照创建顺序覆盖叠放的。适当调整图层排列顺序，可制作出更为丰富的图像效果。

● 通过"图层"面板调整。选择图层，使用鼠标将所选图层向上或向下拖曳，可调整所选图层的顺序，如图4-25所示。

● 通过命令调整。选择图层，选择【图层】/【排列】菜单命令，在子菜单中选择所需选项，也可调整图层的顺序，如图4-26所示。其中，"置为顶层"是指将所选图层调整到顶层。"前移一层"或"后移一层"是指将所选图层向前或向后移动图层顺序。"置为底层"是指将所选图层调整到底层。"反向"是指在"图层"面板中选择多个图层后，反转选择图层的叠放顺序。

图4-25　　　　　　　　图4-26

4.3.2　对齐图层

对齐图层是指将多个图层中的图像以其中某一个图像作为参照物对齐。选择【图层】/【对齐】菜单命令，在弹出的子菜单中选择需要的对齐命令即可进行对齐操作。

● 顶边：表示将所有选择图层的顶端像素与所有图层中顶端的像素对齐。

● 垂直居中：表示将每个所选图层上的垂直中心像素与所有图层的垂直中心像素对齐。

● 底边：表示将所选图层上的底端像素与所有图层中底端的像素对齐。

● 左边：表示将所选图层上的左端像素与所有图层中最左端的像素对齐。

● 水平居中：表示将所选图层上的水平中心像素与所有图层的水平中心像素对齐。

● 右边：表示将所选图层上的右端像素与所有图层中最右端的像素对齐。

4.3.3 分布图层

分布图层是指将3个或3个以上图层中的图像按某种方式在水平或垂直方向上等距分布，使图层更加整齐。选择【图层】/【分布】菜单命令，在弹出的子菜单中选择需要的分布方式命令即可分布图层。

● 顶边：表示从每个图层的顶端像素开始间隔均匀地分布图层。

● 水平居中：表示从每个图层的水平中心开始间隔均匀地分布图层。

● 垂直居中：表示从每个图层的垂直中心像素开始间隔均匀地分布图层。

● 底边：表示从每个图层的底端像素开始间隔均匀地分布图层。

● 左边：表示从每个图层的左端像素开始间隔均匀地分布图层。

● 右边：表示从每个图层的右端像素开始间隔均匀地分布图层。

技巧

选择"移动工具" ⊕ 和需要对齐的图层，在工具属性栏中单击 ▯ ▯ ▯ ▯ ▯ ▯ ▯ ▯ 按钮也可对齐图层。

范例 制作网店首页新品推荐

知识要点　"对齐"命令、"分布"命令

配套资源　素材文件\第4章\网店首页新品推荐\文字素材.psd、商品素材1.psd~商品素材6.psd
效果文件\第4章\网店首页新品推荐.psd

扫码看视频

📷 **范例说明**

在网店美工设计中，网店首页的新品推荐区一般会整齐、规律地排列商品图像，以便消费者查看；其宽度一般为1920像素，高度不限，本例中高度设计为1460像素。本例要求运用提供的素材制作网店首页新品推荐，设计人员可以选择使用"对齐"命令与"分布"命令来快速排列商品素材图片。

📋 **操作步骤**

1 新建"大小"为1920像素×1460像素、"分辨率"为72像素/英寸、"名称"为"网店首页新品推荐"的图像文件。

2 打开"文字素材"文件，选择3个文字素材图层，如图4-27所示。

3 在图层上单击鼠标右键，在弹出的快捷菜单中选择【复制图层】命令，打开"复制图层"对话框，设置"文档"为"网店首页新品推荐"，单击 确定 按钮，完成复制，如图4-28所示。

图4-27　　　　　　　　　　图4-28

4 返回到"网店首页新品推荐"图像文件中，调整3个文字素材图层的位置，效果如图4-29所示。

5 选择3个文字素材图层和"背景"图层，选择【图层】/【对齐】/【水平居中】菜单命令，使文字素材在图像中水平居中。

6 打开"商品素材1.psd""商品素材2.psd""商品素材3.psd""商品素材4.psd""商品素材5.psd""商品素材6.psd"素材文件，缩小图像窗口，分别拖曳素材至"网店首页新品推荐"图像文件中，效果如图4-30所示。

图4-29   图4-30

7 移动"商品素材1"图层至左上位置，选择"商品素材1""商品素材2""商品素材3"3个图层，选择【图层】/【对齐】/【顶边】菜单命令，效果如图4-31所示。

8 水平向右移动"商品素材2"图层至靠右位置，选择"商品素材1""商品素材2""商品素材3"3个图层，选择【图层】/【分布】/【水平居中】菜单命令，效果如图4-32所示。

图4-31   图4-32

9 移动"商品素材4"图层至左下位置，并与"商品素材1"图层左边对齐，然后分别对齐"商品素材5"图层与"商品素材2"图层的左边、"商品素材6"图层与"商品素材3"图层的左边，效果如图4-33所示。

10 选择"商品素材4""商品素材5""商品素材6"图层，选择【图层】/【对齐】/【底边】菜单命令，使3个图层底边对齐。

11 选择"更多宝贝>>""商品素材6"图层，选择【图层】/【对齐】/【右边】菜单命令，对齐两个图层的右边，效果如图4-34所示。按【Ctrl+S】组合键保存文件，完成本例的制作。

图4-33   图4-34

4.4 添加与编辑图层样式

在Photoshop CC中可以为图层添加投影、发光、浮雕等图层样式，从而使图像效果更加丰富。若图层样式不符合需求，还可对图层样式进行编辑。

4.4.1 添加图层样式

Photoshop CC中提供了以下几种打开"图层样式"对话框来添加图层样式的方法。

● 通过命令打开。选择【图层】/【图层样式】菜单命令，在弹出的子菜单中选择一种命令，将打开"图层样式"对话框，并展开命令对应的设置面板，如图4-35所示。

图4-35

● 通过按钮打开。在"图层"面板底部单击"添加图层样式"按钮 *fx*，在弹出的下拉菜单中选择需要创建的命令，打开"图层样式"对话框，并展开命令对应的设置面板。

● 通过双击图层打开。双击需要添加图层样式的图层，打开"图层样式"对话框。

4.4.2 设置"图层样式"对话框参数

在"图层样式"对话框中，通过设置参数可以为图像添加多种效果。

1. 斜面和浮雕

使用Photoshop CC可快速设置图层的斜面和浮雕样式。图4-36所示为"斜面和浮雕"面板；图4-37所示为图层添加"斜面和浮雕"样式前后的对比效果。

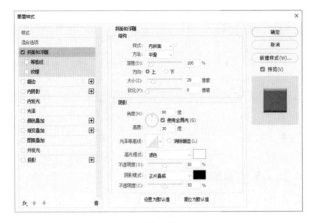

图4-36

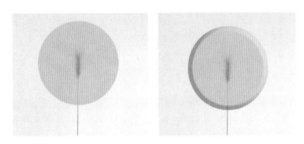

图4-37

● 样式：用于设置斜面和浮雕的样式，其包括"外斜面""内斜面""浮雕效果""枕状浮雕""描边浮雕"选项。

● 方法：用于设置创建浮雕的方法，其包括"平滑""雕刻清晰""雕刻柔和"选项。

● 深度：用于设置浮雕斜面的深度。其数值越大，图像立体感越强。

● 方向：用于设置光照方向，以确定高光和阴影的位置。

● 大小：用于设置斜面和浮雕中阴影面积的大小。

● 软化：用于设置斜面和浮雕的柔和程度。其数值越小，图像越硬。

● 角度：用于设置光源的照射角度。

● 高度：用于设置光源的高度。设置高度和角度时，可直接在文本框中输入数值，也可使用鼠标拖曳圆形中的空白点。

● 使用全局光：勾选"使用全局光"复选框，可以让所有浮雕样式的光照角度保持一致。

● 光泽等高线：单击"光泽等高线"右侧的 按钮，在打开的下拉列表中选择斜面和浮雕效果的光泽。创建金属质感的物体时，经常会使用光泽等高线。

● 消除锯齿：勾选"消除锯齿"复选框，可消除设置光泽等高线出现的锯齿效果。

● 高光模式：用于设置高光部分的混合模式、颜色以及不透明度。

● 阴影模式：用于设置阴影部分的混合模式、颜色以及不透明度。

2. 等高线

在"图层样式"的"样式"选项卡中，勾选"等高线"复选框，可切换到图4-38所示"等高线"面板，在其中可设置图层的凹凸、起伏等，各选项与"斜面和浮雕"的选项相似。

图4-38

3. 纹理

在"图层样式"的"样式"选项卡中，勾选"纹理"复选框，可切换到图4-39所示"纹理"面板。

图4-39

● 图案：单击"图案"右侧的 按钮，在打开的下拉列表中选择一个图案，将该图案应用于斜面和浮雕效果中。

● 贴紧原点：单击 贴紧原点(A) 按钮，可对齐图案的原点与图像的原点。

● 从当前图案创建新的预设：单击"从当前图案创建新的预设"按钮 ，可将当前设置的图案创建为一个新的预设图案，新预设图案将存储在"图案"下拉列表中。

● 缩放：用于调整图案的缩放大小。

● 深度：用于设置图案纹理的应用程度。

● 反相：勾选"反相"复选框，可反转图案纹理的凹凸方向。

● 与图层链接：勾选"与图层链接"复选框，将图案与图层链接在一起，编辑图层时图案也会随之发生变化。

4. 描边

"描边"样式可以使用颜色、渐变或图案等为图层内容边缘描边，效果与"描边"命令类似。但为图层内容添加"描边"样式，操作更自由、更灵活。图4-40所示为"描边"面板。

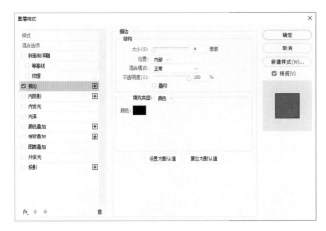

图4-40

"描边"效果常用于编辑文字、硬边形状等。图4-41所示为使用渐变描边的效果；图4-42所示为使用图案描边的效果。

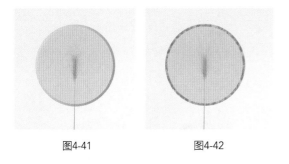

图4-41   图4-42

5. 内阴影

"内阴影"样式可以在图层内容的边缘内侧添加阴影效果，使图层呈现出凹陷的视觉效果。图4-43所示为"内阴影"面板。

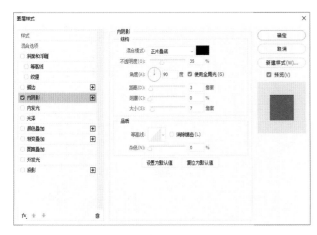

图4-43

● 混合模式：用于设置内阴影与图层混合模式，单击右侧颜色块，可设置内阴影的颜色。

● 角度：用于设置内阴影的光照角度。指针方向为光源方向，反向为投影方向。

● 使用全局光：勾选该复选框，可保持所有光照角度一致；取消勾选该复选框，则可为不同图层应用不同光照角度。

● 距离：用于设置内阴影偏移图层内容的距离。

● 阻塞：用于控制阴影边缘的渐变程度。图4-44所示为设置内阴影的"阻塞"为"40%"的效果；图4-45所示为设置内阴影的"阻塞"为"90%"的效果。

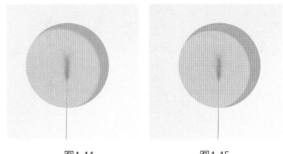

图4-44   图4-45

● 大小：用于设置投影的模糊范围。其数值越大，范围越大。

● 等高线：用于设置阴影的轮廓形状。

● 杂色：用于设置是否使用杂色点填充阴影。

6. 内发光

"内发光"样式可沿着图层内容边缘内侧添加发光效果。图4-46所示为"内发光"面板；图4-47所示为使用内发光前后的对比效果。

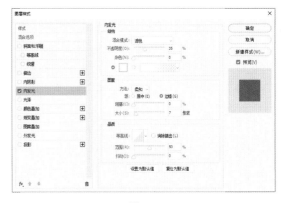

图4-46

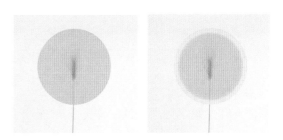

图4-47

7. 光泽

"光泽"样式可以使图像上方产生一种光线遮盖的效果，为图层图像添加光滑的内部阴影，常用于模拟金属的光泽效果。图4-48所示为"光泽"面板。

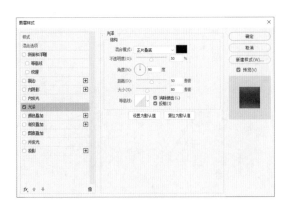

图4-48

在"光泽"面板中可通过设置"等高线"选项来控制光泽的样式。图4-49所示为使用光泽前后的对比效果。

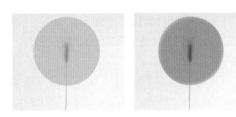

图4-49

8. 颜色叠加

"颜色叠加"样式可以将颜色覆盖在所选图层的图像上，制作出图像和颜色的混合效果。图4-50所示为"颜色叠加"面板。

图4-50

在"颜色叠加"面板中，通过设置、混合模式以及不透明度等可以设置叠加效果。图4-51所示为使用颜色叠加前后的对比效果。

9. 渐变叠加

"渐变叠加"样式可为图层的图像叠加渐变颜色，制作出具有多种颜色的图像效果或具有高光效果的三维图像。图4-52所示为"渐变叠加"面板。

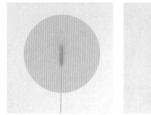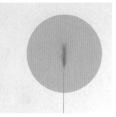

图4-51

图4-52

在"渐变叠加"面板中，用户可根据需要设置混合模式和不透明度等。图4-53所示为使用渐变叠加前后的对比效果。

图4-53

10. 图案叠加

"图案叠加"样式可在所选图层的图像上覆盖一个新的图案。图4-54所示为"图案叠加"面板。

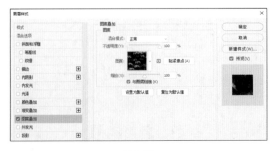

图4-54

在"图案叠加"面板中，通过设置混合模式、不透明度和缩放可以更改叠加的图案效果。图4-55所示为使用图案叠加前后的对比效果。

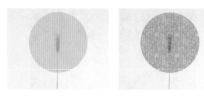

图4-55

11. 外发光

"外发光"样式可以为图层中的图像边缘创建向外的发光效果。图4-56所示为"外发光"面板。

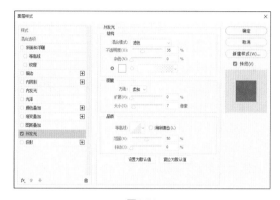

图4-56

● 混合模式：用于设置发光效果与图层的混合方式。

● 不透明度：用于设置发光效果的不透明度。其数值越大，发光效果越明显。

● 杂色：用于设置发光效果在图像中产生的随机杂点。

● 发光颜色：用于设置发光效果的颜色。单击"设置发光颜色"色块，在打开的"拾色器"对话框中可设置发光颜色。单击"点按可编辑渐变"色块，在打开的"渐变编辑器"对话框中可设置渐变颜色。

● 方法：用于设置发光的方式，控制发光的准确程度。

● 扩展：用于设置发光范围的大小。

● 大小：用于设置发光效果产生的光晕大小。

12. 投影

"投影"样式可为图层图像添加投影效果，使图像更具立体感。图4-57所示为"投影"面板。

图4-57

图4-58所示为使用投影前后的对比效果。

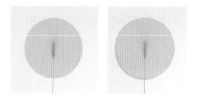

图4-58

● 混合模式：用于设置投影与下面图层的混合方式。

● 投影颜色：单击颜色块，在打开的"拾色器"对话框中可设置投影颜色。

● 不透明度：用于设置投影的不透明度。其数值越大，投影效果越明显。

● 角度：用于设置投影效果在下方图层中显示的角度。

● 使用全局光：勾选"使用全局光"复选框，可使所有图层中的光照角度相同。

● 距离：用于设置投影偏离图层内容的距离。其数值越大，偏离越远。

● 扩展：用于设置投影的扩展范围，该范围直接受"大小"选项影响。

● 大小：用于设置投影的模糊范围。其数值越大，模糊范围越广。

● 等高线：用于控制投影的影响。

● 消除锯齿：勾选"消除锯齿"复选框，可混合等高线边缘的像素，平滑像素渐变。

● 杂色：用于控制在投影中添加杂色点的数量。其数值越大，杂色点越多。

  范例 制作中秋节月饼海报

知识要点	设置外发光样式
配套资源	素材文件\第4章\月光效果\背景素材.psd、图案素材.psd、文字素材.psd 效果文件\第4章\中秋节月饼海报.psd

扫码看视频

71

范例说明

　　节庆时，往往需要为商品制作与节庆相对应的广告海报用于宣传商品。本例提供了背景素材、文字素材和图案素材，要求使用提供的素材制作中秋节月饼海报。该海报需要在介绍商品的同时，展现节日氛围。在制作时，为了使画面更柔和、美观，设计人员可以为月亮素材设置外发光样式，使海报产生月光效果。

操作步骤

1 打开"背景素材.psd""文字素材.psd""图案素材.psd"素材文件，将文字素材拖曳至"背景素材.psd"中，并调整文字素材的位置，效果如图4-59所示。

图4-59

2 将"图案素材.psd"中的"云1""云2""月亮"图层拖曳至"背景素材.psd"中，调整图案素材的位置，然后调整"月亮"图层的位置，使其位于"云1""云2"图层的中间，制作出月亮被云朵围绕的效果。

3 此时，可以看到月亮图案的边缘比较明显，缺少月亮朦胧、柔和的美感。双击"月亮"图层，打开"图层样式"对话框，勾选"外发光"复选框，在右侧面板中设置"不透明度"为"53%"，"发光颜色"为"#ecec82"，"大小"为"24"，"范围"为"50%"，如图4-60所示。

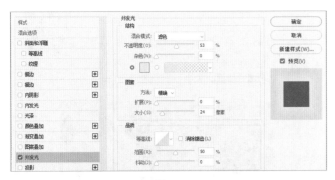

图4-60

4 单击 确定 按钮，完成设置，效果如图4-61所示。按【Ctrl+S】组合键保存文件，设置"文件名"为"中秋节月饼海报"，完成本例的制作。

图4-61

4.4.3　修改与删除图层样式

　　设置好的图层样式，可以根据需要进行修改；当不需要该图层样式时，可以直接删除。

1. 修改图层样式

　　如果发现设置好的图层样式中存在不满意的地方，可随时对图层样式进行修改，以优化图像整体效果。在"图层"面板中，双击需修改的图层样式名称将打开"图层样式"对话框，在其中根据需要设置参数，并单击 确定 按钮，完成修改，如图4-62所示。

图4-62

2. 删除图层样式

　　选择要删除的图层样式，按住鼠标左键不放并拖曳鼠标到"图层"面板下方的"删除图层"按钮 🗑 上，可删除选择的图层样式，如图4-63所示。若想删除一个图层的所有图层样式，可选择"效果"栏，并将其拖曳到"图层"面板下方的"删除图层"按钮 🗑 上，如图4-64所示。

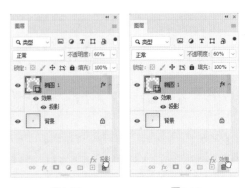

图4-63　　　　　　图4-64

选择需删除图层样式的图层，选择【图层】/【图层样式】/【清除图层样式】菜单命令，也可删除所有图层样式。

4.4.4 复制与粘贴图层样式

编辑图像时，常常需要为不同图层添加相同或相近的图层样式，此时若单独添加，可能会因为参数设置的细微差别而影响图层样式的一致性，也会浪费大量的时间。为了加快编辑速度，设计人员可以使用复制与粘贴图层样式的方法，轻松地解决这类问题。

（1）复制图层样式。选择【图层】/【图层样式】/【拷贝图层】菜单命令，或在需要复制图层样式的图层上单击鼠标右键，在弹出的快捷菜单中选择【拷贝图层样式】命令，如图4-65所示。

（2）粘贴图层样式。选择需要粘贴图层样式的图层，选择【图层】/【图层样式】/【粘贴图层样式】菜单命令，或在需要粘贴图层样式的图层上单击鼠标右键，在弹出的快捷菜单中选择【粘贴图层样式】命令，如图4-66所示。

图4-65

图4-66

技巧

按住【Alt】键不放，将已编辑好的图层样式拖曳到需要添加图层样式的图层上，可移动图层样式。直接拖曳图层样式，可复制图层样式。

4.5 使用智能对象图层

智能对象是指嵌入当前文件中的一个对象，如图像、矢量图形等。智能对象与普通图层中的对象不同，修改智能对象不会直接应用到对象的原始数据中。

4.5.1 创建智能对象

在Photoshop CC中可以通过以下几种方法来创建智能对象。

● 将文件作为智能对象打开。选择【文件】/【打开为智能对象】菜单命令，打开"打开"对话框，选择需要打开的文件，如图4-67所示。选择文件后，在"图层"面板中可以看到智能对象图层的缩览图右下角会显示智能对象图标。

图4-67

● 在文件中置入智能对象。打开一个文件，选择【文件】/【置入嵌入对象】菜单命令，在打开的对话框中选择需要置入的文件，可以将其作为智能对象置入文件中。

● 将图层中的对象创建为智能对象。在"图层"面板中选择一个或多个图层，选择【图层】/【智能对象】/【转换为智能对象】菜单命令，可将选择的图层创建为智能对象图层。

● 将Illustrator中的图形粘贴为智能对象。在Illustrator中选择对象，按【Ctrl+C】组合键复制对象，切换到Photoshop CC中，按【Ctrl+V】组合键粘贴对象，打开"粘贴"对话框，在对话框中选择"智能对象"选项，可将对象粘贴为智能对象。

4.5.2 创建链接的智能对象实例

在Photoshop CC中创建智能对象后，选择该智能对象，选择【图层】/【新建】/【通过拷贝的图层】菜单命令，可以复制并粘贴一个新的智能对象图层，如图4-68所示。复制的智能对象也被称为智能对象实例。

图4-68

图4-70

4.5.3 创建非链接的智能对象实例

根据实际需要，可创建非链接的智能对象。选择智能对象图层，选择【图层】/【智能对象】/【通过拷贝新建智能对象】菜单命令，新建一个非链接的智能对象实例，如图4-69所示。

图4-69

4.5.4 编辑智能对象内容

创建智能对象后，用户可根据需要编辑智能对象。如果智能对象为栅格数据或相机原始数据文件，可以在Photoshop中编辑该对象；如果智能对象为矢量EPS或PDF文件，则可以在Illustrator中编辑该对象。

选择智能对象，选择【图层】/【智能对象】/【编辑内容】菜单命令，在打开的提示框中单击 确定 按钮，此时会在新的窗口中打开智能对象的原始文件，并可以编辑该原始文件，如图4-70所示。存储修改后的智能对象时，文档中所有与之链接的智能对象实例都会显示修改后的效果。

4.5.5 将智能对象图层转换为普通图层

智能对象图层可以转换为普通图层。选择智能对象图层，选择【图层】/【智能对象】/【栅格化】菜单命令，即可将智能对象图层转换为普通图层，如图4-71所示。

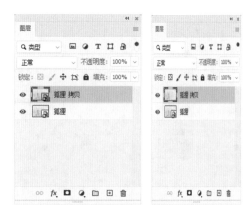

图4-71

4.5.6 导出智能对象内容

在Photoshop CC中完成智能对象编辑后，可以导出智能对象以备使用。选择智能对象，选择【图层】/【智能对象】/【导出内容】菜单命令，打开"另存为"对话框，在该对话框中设置导出内容需保存的名称和位置，单击 保存(S) 按钮，如图4-72所示。若是导出图层，Photoshop CC默认以.psb格式导出。

> **技巧**
>
> 选择智能对象图层，再选择【图层】/【智能对象】/【替换内容】菜单命令，在打开的对话框中选择其他矢量文件，可将当前智能对象图层替换为新选择的智能对象。

图4-72

录"按钮上使用与主色调和谐的渐变色来强调按钮；文本颜色可根据文本的重要程度选择不同程度的灰色和白色。

（5）结合本章所学的图层知识，绘制具有立体感的图像，并对齐图像中的各元素，提高画面美观度。

本例完成后的参考效果如图4-73所示。

图4-73

4.6 综合实训：铅笔手账App登录界面设计

目前手机设备上的各种App层出不穷，其中登录界面是App界面中不可或缺的一部分。一般App的登录界面包含登录方式、密码、"登录"按钮、"注册"按钮等部分，登录方式会涉及邮箱登录、手机号登录、用户名登录或第三方软件等。

4.6.1 实训要求

现需要为一款名为"铅笔手账"的App设计登录界面，已提供Logo、图片素材和"记录生活点滴"标语。要求登录界面设计要体现出文艺、清新的风格，并且界面设计中需展现出各部分功能划分清晰，视觉效果美观、大方。尺寸要求为1125像素×2436像素。

4.6.2 实训思路

（1）通过分析提供的素材和资料，可以发现铅笔手账App的风格比较文艺、清新。制作登录界面时，需要将各部分统一为这种风格。

（2）登录界面的功能是引导用户注册会员，以增加用户黏性，提高用户留存率。复杂的登录界面容易使新用户流失，因此登录界面整体效果需要简洁、美观，登录、注册方式需要选择较为便捷的手机验证码方式。

（3）在登录界面文字的选择上，普通文本可以使用黑体等易于阅读的字体，关键文本可以使用宋体等比较具有文艺感的字体，以与App风格相呼应。

（4）本例作品的主色调可以与Logo颜色统一，在"登

4.6.3 制作要点

知识要点　图层的使用

配套资源　素材文件\第4章\铅笔手账App登录界面设计\背景素材.psd、Logo.psd、图案素材.psd
效果文件\第4章\铅笔手账App登录界面.psd

扫码看视频

完成本例主要包括对齐图层、编辑图层、添加文字3个部分，主要操作步骤如下。

1　打开"背景素材.psd"素材文件，绘制一个"高度""宽度""圆角"分别为"878像素""432像素""10像素"的圆角矩形，使其在图像中水平居中，并设置"不透明度"为"85"。

2　打开"图案素材.psd"素材文件，将其中的素材复制到"背景素材.psd"文件中，使用"对齐"命令调整

素材的位置。打开"Logo.psd"素材文件，将Logo素材添加到"背景素材.psd"中，调整Logo素材的位置，使其在图像中水平居中。

3 使用"横排文字工具" T.输入文字，设置字体、大小、颜色、字距，调整文字的位置。

4 为"登录按钮"和"验证码按钮"图层添加"投影"图层样式，效果如图4-74所示。

5 为"手机号框""+86""请输入手机号"图层创建"手机号"图层组，如图4-75所示。为"验证码框""验证码""请输入验证码""验证码按钮""获取验证码"图层创建"验证码"图层组。

6 按【Ctrl+S】保存文件，并设置"文件名"为"铅笔手账App登录界面"。

图4-74　　　　　　图4-75

巩固练习

1. 制作"天上城堡"图像

本练习将制作"天上城堡"图像，要求通过使用图层制作出城堡在天空中的效果。制作时，设置图层混合模式和颜色，使城堡融入天空的云层中，再添加一些云朵素材，调整云朵颜色，制作城堡漂浮在云层中的效果，参考效果如图4-76所示。

 配套资源
素材文件\第4章\巩固练习\天上城堡\背景.jpg、城堡.jpg、云层.psd
效果文件\第4章\巩固练习\天上城堡.psd

图4-76

2. 制作童话书籍封面

本练习将制作童话书籍封面，要求展示书籍正反封面。制作时可使用新建、移动、重命名和合并图层等操作，并添加投影样式，完成后合并图层，参考效果如图4-77所示。

 配套资源
素材文件\第4章\巩固练习\童话书籍封面.psd
效果文件\第4章\巩固练习\童话书籍封面.psd

图4-77

调整图层是一种比较特殊的图层。将图像调整命令以图层的方式作用于图像中，调整图层中只包含某个调整图层命令，而没有实际的像素内容。

1. 调整图层的特点

单击"图层"面板中"创建新的填充或调整图层"按钮 ⊙ 可选择调整命令，设置调整参数，从而快速、方便地调整图像。调整图层具有以下几个特点。

（1）不直接修改图像像素

调整图层产生的图像调整效果不会直接修改某个图层本身，所有的修改内容都是在调整图层内体现的，这样可以避免在反复调整过程中损失图像的颜色细节。

（2）更强的可编辑性

调整图层可以随时修改调整命令的参数设置，同时可以使用图层蒙版、剪贴蒙版和矢量蒙版等控制调整范围。

（3）可以同时调整多个图层的图像

调整图层产生的图像调整效果会影响到调整图层下面所有可见的图层内容，并且通过改变调整图层在"图层"面板中的排列顺序可以控制具体图层。

（4）支持混合模式和不透明度的设置

调整图层与普通图层一样，具有不透明度和混合模式属性。通过调整这些属性内容可以使图像产生更多特殊的图像调整效果。

2. 调整图层与调整命令的区别

调整图层与调整命令的区别主要体现在以下4个方面。

（1）与调整命令的区别

选择图层后，选择【图像】/【调整】菜单命令，可以看到弹出的子菜单中的菜单命令。这些命令比单击"图层"面板中"创建新的填充或调整图层"按钮 ⊙ 后弹出的菜单命令要多一些。也就是说，不是所有的图像调整菜单命令都可以通过"创建新的填充或调整图层"按钮 ⊙ 实现。

（2）调整图像结果的区别

选择图层后，选择【图像】/【调整】/【色彩平衡】菜单命令，在打开的对话框中进行设置，这样不会产生新的图层。而如果单击"图层"面板中"创建新的填充或调整图层"按钮 ⊙，将会产生新的图层。

（3）调整范围的区别

调整命令只能对当前图层起作用，而调整图层可以对多个图层起作用。如果要调整图层中某一部分的图像内容，调整命令需要用选区控制调整范围，而调整图层则可以利用蒙版控制。同时，调整图层在调整范围控制上更加灵活，在同等操作情况下，调整图层可直接复制应用于另一个图像中。

（4）修改调整参数的区别

调整图层被创建后，设计人员可随时双击"图层"面板中的缩览图，在打开的对话框中修改参数，还可以通过选择【图层】/【更改图层内容】菜单命令，在弹出的子菜单中选择不同的调整命令转换调整效果。而图像调整命令一旦被应用，就只能通过撤销操作、重新执行命令、重新设置参数或选择不同的调整命令实现效果的改变。

3. 控制调整图层的应用效果

使用调整图层处理图像时可以采用蒙版、图层属性设置等方法控制调整效果，以提升工作效率。

第 5 章

绘制图像

📖 本章导读

Photoshop也可用于绘制图像。在Photoshop CC中，除了使用画笔工具绘制外，还可以使用其他的绘画工具，如铅笔工具、涂抹工具等，从而实现不同的绘画效果。在绘画过程中，除了使用画笔上色外，还可以使用填充和渐变等方式为图像上色。

🖥 知识目标

< 熟悉设置画笔的方法
< 熟悉绘制与编辑绘画效果的方法
< 掌握填充颜色与图案的方法
< 掌握设置渐变的方法

🏆 能力目标

< 更改气球颜色
< 制作童趣图像

❤ 情感目标

< 培养手绘图像的基本能力
< 提高绘画技巧

5.1 设置画笔

在Photoshop中绘制图像时，一般需要使用画笔工具。在使用画笔工具前，设计人员需要先了解"画笔设置"面板与"画笔"面板的使用方法，使画笔能满足绘制图像的需要。

5.1.1 画笔的基础设置

"画笔设置"面板提供了各种不同的预设画笔，这些预设画笔主要包括大小、形状和硬度等属性。"画笔"面板与"画笔设置"面板处于同一面板中，用于设置绘画工具和形状等。

1. "画笔设置"面板

选择【窗口】/【画笔设置】菜单命令或按【F5】键，打开"画笔设置"面板，如图5-1所示。在"画笔设置"面板中可以全面地设置画笔参数。

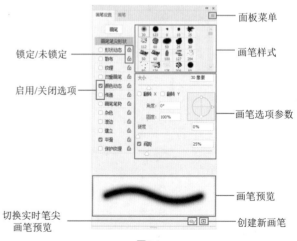

图5-1

● 画笔 按钮：单击 画笔 按钮，可打开"画笔"面板。

● 锁定/未锁定：在面板左侧，出现 🔒 图标时表示该复选框已被锁定，出现 🔓 图标时表示该复选框未被锁定。单击 🔒 图标，可以将当前复选框的状态切换为锁定状态。

● 启用/关闭选项：用于启用或者关闭某项参数设置。选中状态 ✅ 表示该复选框已启用，未选中状态 ⬜ 表示该复选框已关闭。

● 画笔样式：用于显示预设画笔样式。

● 画笔选项参数：用于设置画笔的相关参数。

● 画笔预览：用于显示设置各参数后，将出现的画笔形状。

● 切换实时笔尖画笔预览：单击"切换实时笔尖画笔预览"按钮 ✍ 后，使用笔刷笔尖时，在画布中将显示出笔尖的形状以及绘画时笔尖的实时状态。

● 创建新画笔：单击"创建新画笔"按钮 ⊡，可将当前设置的画笔保存为一个新的预设画笔。

在"画笔设置"面板中单击 ☰（面板菜单）按钮，可打开图5-2所示下拉菜单。

图5-2

● 新建画笔预设：主要用于将当前设置的画笔保存为新的预设画笔。选择该命令，打开"新建画笔"对话框，如图5-3所示。

图5-3

● 清除画笔控制：用于一次清除所有更改的画笔预设选项。

● 复位所有锁定设置：用于一次将所有锁定的选项改为未锁定状态。

● 关闭：选择该命令后，将只关闭"画笔设置"面板。

● 关闭选项卡组：选择该命令后，将关闭"画笔设置"面板以及同面板的其他选项卡/面板。

2."画笔"面板

选择【窗口】/【画笔】菜单命令，可打开图5-4所示"画笔"面板。

图5-4

● 大小：用于在文本框中输入具体数值或者拖曳下方滑块来调整画笔的大小。

● 切换画笔设置面板：单击"切换画笔设置面板"按钮 ☑，可打开"画笔设置"面板。

● 画笔笔尖：用于显示预设的笔尖形状。

● 创建新组：单击"创建新组"按钮 ▢，打开"组名称"对话框，如图5-5所示。在"名称"文本框中输入名称，单击 确定 按钮，可创建新组。

图5-5

● 创建新画笔：单击"创建新画笔"按钮 ⊡，可保存当前设置的画笔为新的预设画笔。

● 删除画笔：选中画笔后，单击"删除画笔"按钮 🗑，可将选中的画笔删除；还可直接拖曳画笔到该按钮上，将其删除。

在"画笔"面板中单击 ☰ 按钮，可打开图5-6所示下拉菜单。

● 新建画笔预设：用于创建新的画笔。

● 新建画笔组：用于创建新的画笔分组。

● 重命名画笔：用于更改已有画笔的名称。

● 画笔名称：选中该命令，面板中会显示画笔名称。

图5-6

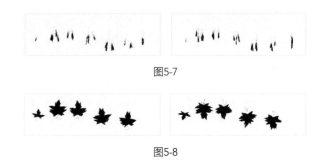

图5-7

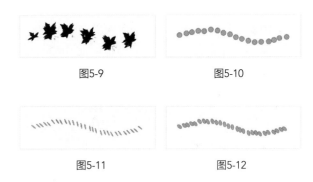

图5-8

● 画笔描边：选中该命令，面板中会显示使用画笔描边的效果。

● 画笔笔尖：选中该命令，面板中会显示画笔笔尖的样式。

● 显示其他预设信息：选中该命令，面板中会显示画笔的其他预设信息。

● 显示近期画笔：用于显示近期使用过的画笔。

● 恢复默认画笔：选择该命令，将会创建新的画笔组，以显示使用默认画笔设置的画笔。

● 导入画笔：选择该命令，打开"载入"对话框，在该对话框中选择要下载的画笔，单击 载入(L) 按钮，可载入画笔到Photoshop中。

● 导出选中的画笔：用于导出已有的画笔。

● 转换后的旧版工具预设：选择该命令，将会创建新的画笔组，以显示使用转换后的旧版工具预设的画笔。

● 旧版画笔：选择该命令，将会创建新的画笔组，以显示旧版画笔。

● 关闭：选择该命令，将关闭"画笔"面板。

● 关闭选项卡组：选择该命令，将关闭"画笔"面板，以及有关面板的其他选项卡/面板。

5.1.2 画笔笔尖形状

在"画笔设置"面板中勾选"画笔笔尖形状"下方的复选框，可通过画笔选项参数设置画笔。

● 大小：用于控制画笔大小。用户可以直接拖曳滑块调整画笔的大小，也可以在"大小"文本框中输入具体数值。

● 翻转X/翻转Y：勾选"翻转X"复选框，画笔笔尖将在X轴上进行翻转，如图5-7所示；勾选"翻转Y"复选框，画笔笔尖将在Y轴上进行翻转，如图5-8所示。

● 角度：用于设置画笔的长轴在水平方向旋转的角度。图5-9所示为设置角度为45°的效果。

● 圆度：用于设置画笔长轴和短轴的比率。圆度为100%时表示圆形画笔，如图5-10所示；圆度为0%时表示线性画笔，如图5-11所示；圆度介于0%~100%时表示椭圆画笔，如图5-12所示。

图5-9　　　　　　图5-10

图5-11　　　　　　图5-12

● 硬度：用于控制画笔硬度中心的大小。其数值越大，硬度中心越大，画笔笔触边缘越清晰。图5-13所示为设置硬度为0%的效果；图5-14所示为设置硬度为100%的效果。

图5-13　　　　　　图5-14

● 间距：勾选"间距"复选框，可调整两个画笔笔尖之间的距离。其数值越大，间距越大。图5-15所示为设置间距为1%的效果；图5-16所示为设置间距为120%的效果。

图5-15　　　　　　图5-16

5.1.3 形状动态

在"画笔设置"面板中勾选"形状动态"复选框，可以设置画笔笔迹的变化。图5-17所示为"形状动态"参数面板。

● 大小抖动：用于设置画笔笔尖大小的改变方向。其数值越大，画笔轮廓越不规则。图5-18所示为设置大小抖动为0%的效果；图5-19所示为设置大小抖动为60%的效果。

● 控制：用于设置大小抖动的方式。在该下拉列表框中，选择"关"选项，将表示不同画笔笔尖的大小变换；选择"渐隐"选项，将按照指定数量的步长在初始直径和最小直径间渐隐画笔笔迹大小，使笔迹产生逐渐淡出的效果。

● 最小直径：设置大小抖动后，使用该选项可设置画笔笔尖的最小缩放百分比。设置的数值越小，画笔笔尖的直径越小。

● 倾斜缩放比例：将"控制"设置为"钢笔斜度"时，该选项可设置画笔倾斜抖动时的缩放比例。

● 角度抖动/控制：用于设置画笔笔尖的角度。图5-20所示为设置角度抖动为0%的效果；图5-21所示为设置角度抖动为45%的效果。

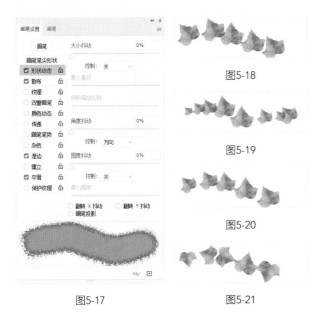

图5-18

图5-19

图5-20

图5-17

图5-21

● 圆角抖动/控制/最小圆度：用于设置画笔笔尖的圆角在绘制时的变化方式。图5-22所示为设置最小圆度抖动为1%的效果；图5-23所示为设置最小圆度抖动为100%的效果。

图5-22

图5-23

● 翻转X抖动/翻转Y抖动：用于在水平或垂直方向翻转画笔笔尖。

● 画笔投影：在使用压感笔绘制图像时，可通过倾斜或旋转压感笔来改变画笔笔尖。

5.1.4 散布

在"画笔设置"面板中勾选"散布"复选框，可以设置描边中的笔迹数量和位置。图5-24所示为"散布"参数面板。

● 散布：主要用于设置笔迹在描边中的分散情况。其数值越大，分散效果越强烈。

● 两轴：勾选"两轴"复选框，画笔笔迹将以中心点为基准向两边散开。

● 控制：用于设置画笔笔迹的分散方式。

● 数量：用于设置画笔笔迹数量。其数值越大，笔迹数量越多。图5-25所示为设置数量为1的效果；图5-26所示为设置数量为2的效果。

图5-24

图5-25

图5-26

● 数量抖动：用于指定画笔笔尖的数量如何对间距间隙产生影响。图5-27所示为设置数量抖动为1%的效果；图5-28所示为设置数量抖动为100%的效果。

图5-27

图5-28

● 控制：用于控制数量抖动的方式。

5.1.5 纹理

在"画笔设置"面板中勾选"纹理"复选框，可以设置相应的参数使画笔在绘制时出现纹理质感。图5-29所示为"纹理"参数面板。

● 纹理：单击"纹理"下拉按钮，在弹出的下拉列表中选择需要的图案，可将该图案设置为纹理。

● 反相：勾选"反相"复选框，可以根据图案中的色调反转纹理中的亮点和暗点部分。图5-30所示为勾选复选框的

图5-29

效果；图5-31所示为取消勾选复选框的效果。

图5-30　　　　　　　　　图5-31

● 缩放：用于设置图案的缩放比例。其数值越大，纹理越少。

● 亮度：用于设置图案的亮度。

● 对比度：用于设置图案的对比度。

● 为每个笔尖设置纹理：勾选"为每个笔尖设置纹理"复选框，可为画笔单独应用图案。

● 模式：用于设置画笔与图案的混合模式。图5-32所示为选择"正片叠底"的效果；图5-33所示为选择"颜色减淡"的效果。

图5-32　　　　　　　　　图5-33

● 深度：用于设置油彩纹理的深度。其数值越大，深度越大。图5-34所示为设置深度为45%时的效果；图5-35所示为设置深度为100%时的效果。

图5-34　　　　　　　　　图5-35

● 最小深度：用于设置油彩添加到纹理的最小深度。

● 深度抖动：用于设置图案抖动的百分比。图5-36所示为设置深度抖动为0%的效果；图5-37所示为设置深度抖动为100%的效果。

图5-36　　　　　　　　　图5-37

● 控制：用于设置深度的动态控制。当在"控制"下拉列表框中选择"渐隐""钢笔压力""钢笔斜度""光笔轮"选项时，同时勾选"为每个笔尖设置纹理"复选框，可控制纹理的深度。

5.1.6　双重画笔

在"画笔设置"面板中勾选"双重画笔"复选框，可以为画笔添加两种画笔效果，使绘制出的笔迹更加自然。

图5-38所示为"双重画笔"参数面板。

● 模式：用于选择两种画笔的混合模式。

● 大小：用于设置画笔笔尖的大小。

● 间距：用于设置两个画笔笔迹之间的距离。

● 散布：用于设置两个画笔笔尖的分布方式。勾选"两轴"复选框，两个画笔笔迹会按径向分布；取消勾选"两轴"复选框，两个画笔笔迹会垂直于绘制方向。

● 数量：用于设置两个画笔笔尖在特定间距的数量。

5.1.7　颜色动态

在"画笔设置"面板中勾选"颜色动态"复选框，可以为画笔笔迹设置颜色的变化效果。图5-39所示为"颜色动态"参数面板。

图5-38　　　　　　　　　图5-39

● 应用每笔尖：用于控制画笔笔迹的变化。勾选"应用每笔尖"复选框，可使每个画笔笔尖都发生变化，如图5-40所示；取消勾选"应用每笔尖"复选框，则绘制一笔变化一次，一笔之中不会发生变化，如图5-41所示。

图5-40　　　　　　　　　图5-41

● 前景/背景抖动/控制：用于设置前景色和背景色之间的颜色变化方式。其数值较小时，变化后的颜色接近前景色；其数值较大时，变化后的颜色接近背景色。图5-42所示为设置前景色和背景色，再设置前景/背景抖动后的效果。

● 色相抖动：用于设置颜色变化范围。其数值越小，颜色越接近前景色；其数值越大，笔迹颜色越丰富。图5-43

所示为设置色相抖动为0%的效果；图5-44所示为设置色相抖动为100%的效果。

图5-42　　　　　图5-43　　　　　图5-44

● 饱和度抖动：用于设置颜色饱和度的变化范围。其数值越小，颜色饱和度越低；其数值越大，颜色饱和度越高。图5-45所示为设置饱和度抖动为0%的效果；图5-46所示为设置饱和度抖动为100%的效果。

图5-45　　　　　图5-46

● 亮度抖动：用于设置颜色的亮度变化范围。其数值越小，颜色亮度越高；其数值越大，颜色亮度越低。图5-47所示为设置亮度抖动为0%的效果；图5-48所示为设置亮度抖动为100%的效果。

图5-47　　　　　图5-48

● 纯度：用于设置颜色的纯度变化范围。其数值越小，笔迹的颜色越接近黑白色；其数值越大，笔迹的颜色饱和度越高。图5-49所示为设置纯度为−50%的效果；图5-50所示为设置纯度为+100%的效果。

图5-49　　　　　图5-50

5.1.8　传递与画笔笔势

在"画笔设置"面板中勾选"传递"复选框，可以设置笔迹的"不透明度抖动""流量抖动""湿度抖动""混合抖动"等参数，使画笔产生渐隐效果。在"画笔设置"面板中勾选"画笔笔势"复选框，可以调整覆盖倾斜、覆盖旋转和覆盖压力等参数，使画笔效果更加美观。

1. 传递

图5-51所示为"传递"参数面板。

● 不透明度抖动/控制：用于设置画笔绘制时油彩不透明度的变化方式。"最小"是选项栏中指定不透明度的值。

● 流量抖动/控制：用于设置画笔笔迹中油彩流量的变化。

● 湿度抖动/控制：用于设置画笔笔迹中油彩湿度的变化。

● 混合抖动/控制：用于设置画笔笔迹中油彩混合的变化。

2. 画笔笔势

图5-52所示为"画笔笔势"参数面板。

图5-51　　　　　　　图5-52

● 倾斜X/倾斜Y：用于调整笔尖，使其沿X轴或Y轴进行倾斜。

● 旋转：用于设置笔尖的旋转效果。

● 压力：用于设置压力值。绘制速度较快时，绘制的线条将会比较粗糙。

5.1.9　其他选项

在"画笔设置"面板中还有"杂色""湿边""建立""平滑""保护纹理"5个复选框。这5个复选框不需调整参数，只需勾选对应的复选框即可。

- 杂色：用于为一些特殊的画笔增加随机效果。
- 湿边：用于在使用画笔绘制笔迹时增大油彩量，以产生水彩效果。
- 建立：用于模拟喷枪效果，使用时根据鼠标单击的程度来确定画笔线条的填充量。
- 平滑：用于在使用画笔绘制笔迹时产生平滑的曲线。使用压感笔绘制，可使选项效果较明显。
- 保护纹理：用于将相同图案和缩放应用到具有纹理的所有画笔预设中。勾选该复选框时，即使使用多种纹理画笔，也可以绘制出统一的纹理效果。

5.2 绘画工具

Photoshop CC提供了多种绘画工具，如画笔工具、铅笔工具等。设计人员可选择合适的工具绘制需要的图像，或者修改图像中的像素，达到使图像具有艺术效果的目的。

5.2.1 画笔工具

"画笔工具" ✐是绘制图像时常用的工具。选择"画笔工具" ✐，可使用前景色绘制各种效果。"画笔工具" ✐的工具属性栏如图5-53所示。

图5-53

- 工具预设：单击"工具预设"按钮 ✐，可在打开的下拉面板中设置笔尖、画笔大小和硬度等。
- 模式：用于设置绘制图像与下方图像像素的混合模式。图5-54所示为使用"线性加深"混合模式的效果；图5-55所示为使用"线性光"混合模式的效果。

图5-54　　　　　　　　图5-55

- 不透明度：用于设置画笔绘制出颜色的不透明度。其数值越大，画笔效果越明显；其数值越小，画笔越接近透

明。图5-56所示为设置不透明度为80%时的效果；图5-57所示为设置不透明度为30%时的效果。

图5-56　　　　　　　　图5-57

- 始终对"不透明度"使用压力：单击 ✐ 按钮，在使用压感笔时，压感笔的即时数据将自动覆盖"不透明度"设置。
- 流量：用于设置将鼠标指针移动到某个区域上时，快速应用颜色的速率。在绘制图像时，不断使用鼠标指针在同一区域涂抹，会增加该区域的颜色深度。
- 启用喷枪样式的建立效果：单击 ✐ 按钮，启用喷枪功能。Photoshop将根据单击鼠标左键的次数，确定画笔笔迹的深浅。关闭喷枪模式后，一次单击只能绘制一个笔迹；开启喷枪模式后，按住鼠标左键不放，将继续绘制笔迹。
- 平滑：用于在使用画笔时使笔迹产生平滑的曲线。单击"平滑选项"按钮 ✿，在打开的下拉面板中可以选择一种或多种需要的平滑模式。勾选"拉绳模式"复选框，鼠标指针后将显示一个紫色的圆圈和一条紫色的线条，画笔将仅在绳线拉紧时绘制出图像，在圆圈内移动画笔将不会留下笔迹；勾选"描边补齐"复选框，笔迹将追随鼠标指针，补齐至鼠标指针停留的地方，取消勾选此复选框则可在释放鼠标左键时马上停止绘画；勾选"补齐描边末端"复选框，可以快速补齐上一绘画位置到释放鼠标左键位置的笔迹；勾选"调整缩放"复选框，可通过调整平滑，防止抖动描边。
- 设置画笔角度：在"设置画笔角度"文本框中输入画笔角度值，可调整画笔的角度。
- 始终对"大小"使用压力：单击 ✐ 按钮，在使用压感笔时，压感笔的即时数据将自动覆盖"大小"设置。
- 设置绘画的对称选项：单击"设置绘画的对称选项"按钮 ⋈，在弹出的下拉菜单中可以选择需要的模式，以便根据路径绘制出对称花纹。

5.2.2 铅笔工具

"铅笔工具" ✐与"画笔工具" ✐类似，它们都用于绘制图像，使用方法也基本相同。不过，用"铅笔工具" ✐绘制出的效果更加棱角分明。"铅笔工具" ✐的工具属性栏如图5-58所示。其基本参数与"画笔工具" ✐的参数相同，只是多了"自动抹除"复选框。

图5-58

勾选"自动抹除"复选框后,将鼠标指针的中心放在包含前景色的区域上,可将该区域涂抹为背景色。如果鼠标指针放置的区域不包括前景色的区域,则将该区域涂抹成前景色。需要注意的是,"自动抹除"功能只能用于原始图像,如果是新建图层,设计人员在其中涂抹就不会产生效果。

5.2.3　涂抹工具

选择"涂抹工具"后,在图像中需要涂抹的区域单击并拖曳鼠标,Photoshop会使用单击点的像素,并根据拖曳鼠标的位置进行拓展,以混合单击点和经过位置的像素。"涂抹工具"的工具属性栏如图5-59所示。

图5-59

● 模式:用于选择"变暗""变亮""色相""饱和度""颜色""明度"等模式。

● 强度:用于设置涂抹时涂抹痕迹的长短。其数值较大时,涂抹痕迹较长;其数值较小时,涂抹痕迹也相应较短。

● 对所有图层取样:勾选"对所有图层取样"复选框,将从所有可见图层中取样;取消勾选该复选框,将只从当前图层中取样。

● 手指绘画:勾选"手指绘画"复选框,将使用前景色混合经过位置的颜色,如图5-60所示;取消勾选该复选框,将使用鼠标单击处的颜色混合经过位置的颜色,如图5-61所示。

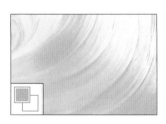

图5-60

图5-61

5.2.4　颜色替换工具

"颜色替换工具"用于将指定的颜色替换为另一种颜色。"颜色替换工具"的工具属性栏如图5-62所示。

图5-62

● 模式:用于选择替换颜色的模式,其包括"色相""饱和度""颜色""明度"等模式。

● 取样:用于设置颜色的取样方式。单击"取样:连续"按钮,拖曳鼠标时将取样颜色;单击"取样:一次"按钮,将只替换第1次单击鼠标左键的颜色区域;单击"取样:背景色板"按钮,将替换包含背景色的图像区域。

● 限制:用于设置限制替换的条件。选择"连续"选项,将只替换与鼠标指针下颜色接近的区域;选择"不连续"选项,将替换鼠标指针下任何位置的样本颜色;选择"查找边缘"选项,将替换包括样本颜色的连续区域,但会保留形状边缘的细节。

● 容差:用于设置替换工具的影响范围。当数值较大时,绘制过程中影响的范围就会较大。

● 消除锯齿:勾选"消除锯齿"复选框,可去除替换颜色区域的锯齿效果。

★范例　更改气球颜色

知识要点　颜色替换工具、画笔工具

配套资源　素材文件\第4章\气球.jpg
　　　　　效果文件\第4章\气球.psd

扫码看视频

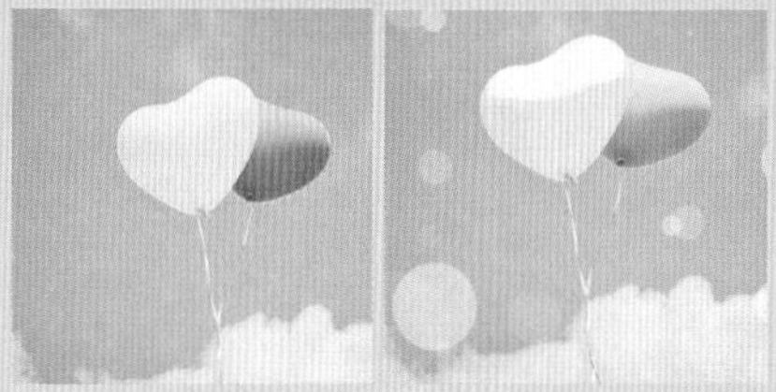

范例说明

当图像中的颜色不符合设计需求时,设计人员可以考虑进行替换。本例将替换"气球.jpg"素材文件中两只气球的颜色。为了使图片更加唯美,这里还可使用"画笔工具"为其添加光点效果。

操作步骤

1　打开"气球.jpg"素材文件,按【Ctrl+J】组合键复制图层。选择"颜色替换工具",在工具属性栏中设置"画笔大小""模式""限制"分别为"50""颜色""不连续",并勾选"消除锯齿"复选框。

2 设置"前景色"为"#f8b551"，涂抹左边的气球，如图5-63所示。

图5-63

3 设置"前景色"为"#47acbe"，涂抹右边的气球，效果如图5-64所示。

4 新建图层，在工具箱中选择"画笔工具" ，设置画笔为"硬边圆"，设置"颜色"为"#ffffff"，调整画笔的"大小"与"不透明度"，在新图层中绘制光点，效果如图5-65所示。完成后，按【Ctrl+S】组合键保存文件。

图5-64　　　　　　　图5-65

小测 为女装商品图片换色

配套资源：素材文件 \ 第 5 章 \ 女装商品图片 .jpg
配套资源：效果文件 \ 第 5 章 \ 女装商品图片 .psd

- -

　　本例提供了某网店的女装商品图片，要求更换女装的颜色，以展示同款女装商品的不同色系效果。本例的参考效果如图 5-66 所示。

图5-66

5.2.5　混合器画笔工具

　　"混合器画笔工具" 常用于制作传统绘画和混合颜料的效果。"混合器画笔工具" 的工具属性栏如图5-67所示。

图5-67

- 工具预设：用于选择预设的画笔组合。
- 每次描边后载入画笔：单击"每次描边后载入画笔"按钮 ，鼠标指针涂抹的区域将与前景色融合。图5-68所示为将前景色设置为绿色，使用自动载入前后的对比效果。

图5-68

- 每次描边后清理画笔：单击"每次描边后清理画笔"按钮 ，可以清除油彩。
- 潮湿：用于控制画笔从图像拾取的油彩量。其数值较大时，会出现较长的绘画痕迹。图5-69所示为设置潮湿量为20%的效果；图5-70所示为设置潮湿量为80%的效果。

图5-69　　　　　　　图5-70

- 载入：用于设置储槽中添加的颜色量。其数值较小时，绘制过程中描边干燥的速度就会较快。
- 混合：用于控制画布颜色量与储槽中颜色的比例。当数值为100%时，所有颜色将从画布中拾取；当数值为0%时，所有颜色将从储槽中拾取。
- 对所有图层取样：勾选"对所有图层取样"复选框，可拾取所有可见图层中的画布颜色。

5.2.6 历史记录画笔工具

"历史记录画笔工具" ▨用于对某一区域的某一步操作进行真实的还原操作，它可以将编辑的历史记录状态用作原数据以修改图像。图5-71所示为使用"历史记录画笔工具" ▨前后的对比效果。

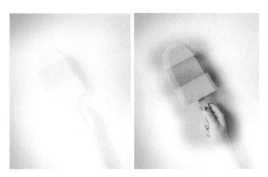

图5-71

5.2.7 历史记录艺术画笔工具

"历史记录艺术画笔工具" ▨与"历史记录画笔工具" ▨类似，也可将标记的历史记录状态或是快照用作数据对图像进行修改。不同之处是，"历史记录艺术画笔工具" ▨在使用原始数据的同时，也可为图像创建不同的颜色和风格。其工具属性栏如图5-72所示。

图5-72

● 样式：用于设置绘画涂抹的效果。图5-73所示为选择"绷紧短"选项的效果；图5-74所示为选择"轻涂"选项的效果。

图5-73 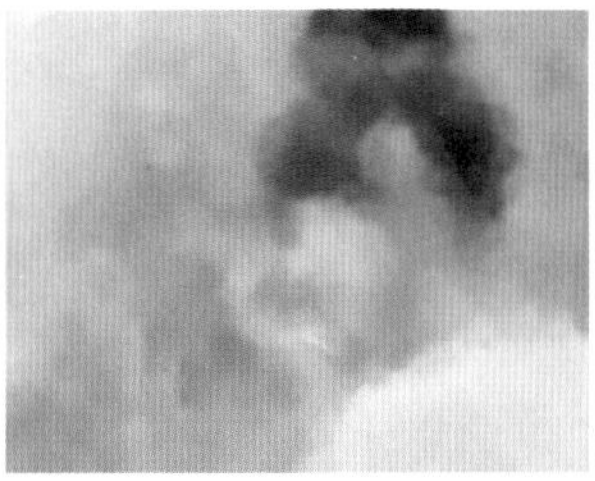　　　　　图5-74

● 区域：用于设置绘制的覆盖区域。其数值越大，覆盖的面积就越大。

● 容差：用于限定应用绘画描边的区域。容差较高时，图像中的绘画将绘制无数条描边；而容差较低时，绘画描边的颜色将明显不同。

5.2.8 橡皮擦工具

选择"橡皮擦工具" ▨，按住鼠标左键拖曳即可擦除不需要的区域，被擦除的区域将变为背景色或透明区域。"橡皮擦工具" ▨的工具属性栏如图5-75所示。

图5-75

● 模式：用于选择橡皮擦的种类。选择"画笔"选项时，将创建柔和的擦除效果，如图5-76所示；选择"铅笔"选项时，将创建明显的擦除效果；选择"块"选项时，擦除效果将接近块状，如图5-77所示。

图5-76　　　　　图5-77

● 不透明度：用于设置擦除效果。其数值较大时，被擦除的区域较干净。图5-78所示为设置不透明度为20%时的效果；图5-79所示为设置不透明度为80%时的效果。

图5-78　　　　　图5-79

● 流量：用于设置橡皮擦的涂抹速度。

● 抹到历史记录：勾选"抹到历史记录"复选框，在"历史记录"面板中选择一个快照或状态，可快速恢复图像为指定状态。

5.2.9 背景橡皮擦工具

"背景橡皮擦工具" ▨是依据色彩差异的智能化擦除工具，它通常用于抠图。设置背景色后，在使用"背景橡皮擦工具" ▨抹除背景的同时可保留前景对象。"背景橡皮擦工具" ▨的工具属性栏如图5-80所示。

图5-80

● 取样：用于设置取样方式。单击"取样：连续"按钮，拖曳鼠标时，可取样所有经过的颜色像素，如图5-81所示。单击"取样：一次"按钮，将只替换第1次单击的颜色区域。单击"取样：背景色板"按钮，将替换包含背景色的图像区域，如图5-82所示。

图5-81　　　　　图5-82

● 限制：用于限制替换的条件（功能详见5.2.4小节）。
● 容差：主要用于设置颜色的容差范围。
● 保护前景色：勾选"保护前景色"复选框后，可防止抹除符合前景色的区域。

5.2.10　魔术橡皮擦工具

"魔术橡皮擦工具"可用于分析图像的边缘。若"背景"图层被锁定，在"背景"图层使用"魔术橡皮擦工具"时，"背景"图层将转换为普通图层，与单击区域相似的像素将变为透明。若在已锁定透明像素的图层中使用"魔术橡皮擦工具"，与单击区域相似的像素将变为背景色。"魔术橡皮擦工具"的工具属性栏如图5-83所示。

图5-83

● 容差：用于设置可擦除的颜色范围。
● 清除锯齿：勾选"清除锯齿"复选框，可使擦除区域的边缘变得平滑。
● 连续：勾选"连续"复选框，可擦除与单击点像素邻近的相似像素。若取消勾选该复选框，可擦除图像中所有的相似像素。
● 对所有图层取样：勾选"对所有图层取样"复选框，可对所有图层取样。
● 不透明度：用于设置擦除强度。其数值较大时，擦除效果较强。

5.3　填充颜色与图案

填充是指在图像或选区内填充指定的颜色/图案。在编辑一些颜色较单一的图像时，若为图像填充颜色或图案，可提高图像效果的美观度。

5.3.1　油漆桶工具

"油漆桶工具"可以在选区或图层中填充颜色/图案，它常用于制作背景或更换选区内容。"油漆桶工具"的工具属性栏如图5-84所示。

图5-84

● 填充区域的源：用于设置图像的填充模式，其包括"前景"和"图案"两个选项。图5-85所示为使用"前景"填充的效果；图5-86所示为使用"图案"填充的效果。

图5-85　　　　　图5-86

● 模式：用于设置填充内容的混合模式。
● 不透明度：用于设置填充内容的不透明度。
● 容差：用于设置填充的像素范围。其容差数值较大时，填充面积较大。
● 消除锯齿：勾选该复选框，可平滑填充选区的边缘。
● 连续的：勾选该复选框，将只填充与单击点像素邻近的相似区域。
● 所有图层：勾选该复选框，可填充所有可见图层中相似的颜色区域。

5.3.2　"填充"命令

选择【编辑】/【填充】菜单命令，打开"填充"对话框，如图5-87所示。在该对话框中设置参数，单击确定按钮，完成填充。

● 内容：用于设置填充内容，其包括"前景色""背景色""颜色""内容识别""图案""历史记录""黑色""50%灰色""白色"等选项。

● 自定图案：当设置"内容"为"图案"时被激活，如图5-88所示。在"自定图案"下拉列表框中可选择需要填充的图案。

图5-87　　　　　　　　图5-88

● 脚本：用于设置填充图案的排布方式。
● 模式：用于设置填充内容的混合模式。
● 不透明度：用于设置填充内容后的不透明度。
● 保留透明区域：勾选该复选框，将不会填充透明区域。

范例　制作童趣图像

知识要点　使用"填充"命令

配套资源　素材文件\第4章\童趣.jpg、图案.psd
效果文件\第4章\童趣.psd

扫码看视频

范例说明

当图像效果较为单调时，设计人员可以为图像填充相应的图案，以突出图像主题。本例提供的"童趣.jpg"素材文件中，儿童的裙子颜色较为单调，设计人员可以在Photoshop CC中添加"图案.psd"素材文件中的图案到儿童的裙子上，以突出图像的童趣感。

操作步骤

1 打开"图案.psd"素材文件，选择【编辑】/【定义图案】菜单命令，打开"图案名称"对话框，设置"名称"为"童趣图案"，如图5-89所示。单击 确定 按钮，将图案添加至Photoshop CC中。

图5-89

2 打开"童趣.jpg"素材文件，按【Ctrl+J】组合键复制图层。选择"快速选择工具" ，为儿童的裙子创建选区，如图5-90所示。

3 新建图层，选择【编辑】/【填充】菜单命令，打开"填充"对话框，设置"内容"为"图案"，"自定图案"为"童趣图案"，"脚本"为"砖形填充"，单击 确定 按钮，如图5-91所示。

4 打开"砖形填充"对话框，设置"图案缩放"为"0.85"，"间距"为"-322"，"行之间的位移"为"45.5"，如图5-92所示。使"童趣图案"图案平铺，单击 确定 按钮，填充效果如图5-93所示。按【Ctrl+D】组合键取消选区。

图5-90　　　　　　　　图5-91

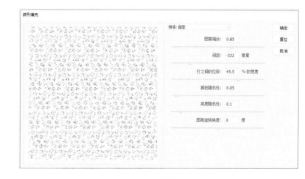

图5-92

5 选择"图层1"图层，在"图层"面板中设置"图层的混合模式"为"正片叠底"，"不透明度"为"70%"，如图5-94所示。使填充的图案更好地与图像融合，效果如图5-95所示。完成后，按【Ctrl+S】组合键保存文件。

图5-93　　　　　　　　　　图5-94

图5-95

5.3.3　图案图章工具

选择"图案图章工具" ，可使用预设图案或载入外部图案来绘制图像，并融合绘制的图像与原有图像，以绘制出合成图像。"图案图章工具" 的工具属性栏如图5-96所示。

图5-96

● 工具预设：用于选择画笔，并设置笔尖、画笔大小和硬度等。

● 切换"画笔设置"面板：用于打开或关闭"画笔设置"面板。

● 模式：用于选择工具绘制时的混合模式。

● 不透明度：用于设置工具绘制时的不透明度。

● 流量：用于设置图案像素颜色的流动速度。

● 启用喷枪样式：用于绘制出喷枪效果。

● 角度：用于设置画笔角度。

● "图案"拾色器：用于选择绘制时使用的图案。

● 对齐：勾选"对齐"复选框，可使图案具有连续性，即多次绘制，图案也连续显示；取消勾选"对齐"复选框，每次绘制都会重新应用图案。

● 印象派效果：用于模拟出印象派图案效果。

5.4　设置与编辑渐变

使用Photoshop CC的渐变工具可以为整个图像或选区填充渐变颜色，从而使图像的颜色效果更为丰富。

5.4.1　渐变工具

选择"渐变工具" ，可设置渐变颜色。在"渐变工具" 的工具属性栏中可设置渐变类型、渐变颜色和混合模式等，如图5-97所示。

图5-97

● 编辑渐变：用于显示当前选择的渐变颜色。单击 按钮，打开图5-98所示"渐变"下拉列表框，可以选择预设好的渐变颜色。单击渐变颜色条，打开图5-99所示"渐变编辑器"对话框，在该对话框中可编辑渐变颜色。

图5-98　　　　　　　　图5-99

● 渐变样式：用于设置绘制渐变的样式。单击"线性渐变"按钮 ，可以绘制以直线为起点和终点的渐变，如图5-100所示；单击"径向渐变"按钮 ，可以绘制以径向方式从起点到终点的渐变，如图5-101所示；单击"角度渐变"按钮 ，可以创建以逆时针方向为起点旋转的渐变，如图5-102所示；单击"对称渐变"按钮 ，可以创建从起点两侧开始镜像的匀称线性渐变，如图5-103所示；单击"菱形渐变"按钮 ，可以创建以菱形方式从起点到终点的渐变，如图5-104所示。

● 模式：用于设置渐变颜色的混合模式。

● 不透明度：用于设置渐变颜色的不透明度。

图5-100 图5-101 图5-102

图5-103 图5-104

● 反向：勾选"反向"复选框，将改变渐变颜色的颜色顺序。图5-105所示分别为勾选该复选框和取消勾选该复选框的效果。

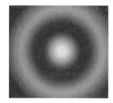 

图5-105

● 仿色：勾选"仿色"复选框，可使渐变颜色的过渡更加自然。所以在创建渐变前，最好在"渐变工具" 的工具属性栏中勾选"仿色"复选框。

● 透明区域：勾选"透明区域"复选框，可以创建包含透明像素的渐变。

5.4.2 渐变编辑器

设置图像的渐变效果后，还可在"渐变编辑器"对话框中更改和编辑渐变颜色。在"渐变工具" 的工具属性栏中单击"编辑渐变"颜色条，打开"渐变编辑器"对话框，如图5-106所示。

● 预设：用于显示Photoshop CC预设的渐变颜色。单击 按钮，在弹出的下拉菜单中可选择预设渐变颜色的显示方式。

● 名称：用于显示当前渐变颜色的名称。

● 渐变类型：用于设置渐变的类型，其包括"实底"和"杂色"两个选项。"实底"是默认的渐变效果；"杂色"包含了制定范围内随机分布的颜色，可使颜色变化更加丰富（在5.4.3小节中将具体介绍）。

● 平滑度：用于设置渐变色的平滑程度。

● 不透明度色标：拖曳不透明度色标可以调整不透明度在渐变上的位置。在"色标"栏中可精确设置不透明度色标的不透明度和位置。

● 不透明度中点：用于设置当前不透明度色标的中心点位置。

● 色标：拖曳色标可以调整颜色在渐变上的位置。在"色标"栏中可精确设置色标的位置和颜色。

● 色标中点：用于设置两个色标的中心点位置。

● 删除：单击 删除(D) 按钮，可删除不透明度色标或色标。

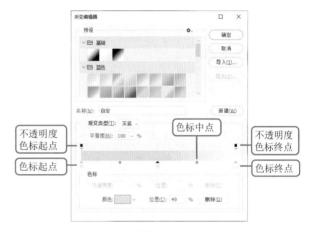

图5-106

5.4.3 杂色渐变

杂色渐变是指在指定颜色范围内随机分布的一种颜色渐变方式。与常用渐变效果相比，杂色渐变的颜色更加丰富。在"渐变编辑器"对话框中设置"渐变类型"为"杂色"后，"渐变编辑器"对话框如图5-107所示。

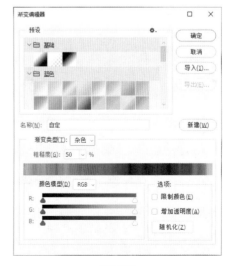

图5-107

● 粗糙度：用于设置渐变颜色的粗糙度。其数值越大时，颜色越丰富，但颜色的过渡效果越粗糙。图5-108所示为设置粗糙度为50%；图5-109所示为设置粗糙度为100%。

图5-108   图5-109

● 颜色模型：该下拉列表中提供了"RGB""HSB""LAB"3个选项，每一种颜色模型都有3个颜色条；拖曳每个颜色条中的滑块可设置渐变颜色。

● 限制颜色：勾选"限制颜色"复选框，可将颜色的饱和度限制在打印范围内。

● 增加透明度：勾选"增加透明度"复选框，可在渐变中添加透明像素。

● 随机化：单击 随机化(Z) 按钮，可随机生成新的渐变颜色。图5-110所示为两次随机生成的渐变效果。

图5-110

5.4.4 存储渐变

调整和设置渐变后，可保存渐变效果以备后续使用。打开"渐变编辑器"对话框，在该对话框中设置渐变效果后，在"名称"文本框中输入渐变名称，单击 新建(W) 按钮，图5-111所示为保存好的渐变。在"渐变编辑器"对话框中单击 导出(E)... 按钮，可以保存"预设"栏中所有的渐变效果。

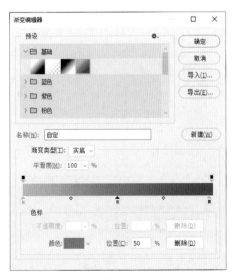

图5-111

5.4.5 导入渐变

在"渐变编辑器"对话框中单击 导入(I)... 按钮，或在"预设"栏中单击 ✿ 按钮，在打开的下拉菜单中选择"导入渐变"选项，此时将打开"载入"对话框，如图5-112所示。选择需要载入的文件，并单击 载入(L) 按钮，可将需要的渐变库导入Photoshop CC中。

图5-112

5.5 综合实训：制作渐变风画展海报

海报是宣传电影等文化活动的主要招贴形式。在绘制海报时，通常要写清楚活动的性质及活动的主办单位、时间、地点等内容，其语言要求简明扼要，其版式和画面应具有美观度和艺术性，以吸引用户注意。

很多设计人员不清楚招贴与海报的区别。"招贴"按字义解释，"招"指招引注意，"贴"指张贴，"招贴"即"为招引注意而进行张贴"。招贴是平面设计的一个重要领域，也是户外广告的主要形式，日常看到的商店、户外电梯中的海报基本属于招贴。招贴设计多用制版印刷方式制成，供在公共场所和商店内外张贴使用。而海报属于招贴的一种，起源于上海。上海人通常把职业性的戏剧演出称为"海"，而把从事职业性戏剧的表演称为"下海"，海报则用于介绍戏剧演出信息内容。随着企业对自身形象宣传的重视，创意设计也越来越受到艺术界的重视，从而使现代的招贴设计不但越来越具有传播的价值，也越来越具有较高的艺术欣赏性。

设计素养

5.5.1 实训要求

某大学艺术设计学院近期需要举办《昨日重现》画展，现要制作一份海报，用于吸引观众。在制作前，学院提供了活动的主办单位、时间、地点等内容，要求海报要体现活动信息，并突出视觉效果、具备艺术欣赏性。尺寸大小要求宽度为0.3米，高度为0.45米。

5.5.2 实训思路

（1）本例海报需要展示的信息较少，主要需要通过视觉设计体现海报的艺术欣赏性，突出画展的艺术氛围。制作时可以借助Photoshop中的渐变工具、选框工具制作美观的视觉效果，并重点突出画展的名称。

（2）本例海报的文案可以在海报一角集中展示，字体要求简洁易读，帮助观众快速获取画展的相关信息。

（3）色彩在海报设计中的作用较为重要，能够使作品具有视觉冲击力。本例海报与画展相关，可以采用清新的色系作为主色调。

（4）结合本章所学的画笔工具和渐变工具的运用，绘制渐变风的形状图形，并绘制色块，以提高画面的美观度。

本例完成后的参考效果如图5-113所示。

图5-113

5.5.3 制作要点

知识要点　渐变工具和画笔工具的使用

配套资源　效果文件\第5章\画展海报.psd

扫码看视频

完成本例主要包括绘制图案、添加颜色、添加文字3个部分，主要操作步骤如下。

1 新建"名称""宽度""高度""分辨率"分别为"画展海报""30厘米""45厘米""300像素/英寸"的图像文件。新建图层，填充蓝色渐变背景。

2 使用"椭圆选框工具"○绘制圆形，并从圆形的左下至右上填充渐变。使用相同的方法新建3个图层并分别绘制圆形，效果如图5-114所示。使用"高斯模糊"命令分别为4个圆形制作高斯模糊效果。

3 使用"画笔工具"✐，选择合适的干介质画笔样式，分别绘制不同大小和颜色的横线。

4 选择"渐变工具"▣，添加从白色到透明的渐变颜色。输入"昨""日""重""现"文字，并栅格化文字图层。

5 按住【Ctrl】键不放并单击"昨"文字图层缩览图，创建文字选区。新建图层，从左向右填充渐变，隐藏之前文字所在的图层。使用相同的方法制作"日""重""现"文字效果，效果如图5-115所示。

图5-114　　　　　　　图5-115

6 在海报顶端输入"2021"文字，设置合适的文字参数，将文字居中对齐。在海报左下方输入画展名称、时间、地点和主办单位相关文字，设置合适的文字参数，调整文字的位置。按【Ctrl+Alt+Shift+E】组合键盖印图层，再按【Ctrl+S】组合键保存文件。

巩固练习

1. 制作"大雪"节气海报

本练习将制作"大雪"节气海报，要求能够结合中国传统文化体现"大雪"主题。制作时，可以导入画笔绘制树木和雪花，并添加主题文字，增添"大雪"节气氛围，参考效果如图5-116所示。

配套资源
素材文件\第5章\巩固练习\"大雪"节气海报\树枝.abr、雪花.abr
效果文件\第5章\巩固练习\"大雪"节气海报.psd

图5-116

2. 制作彩虹灯泡图像

本练习将制作具有彩虹渐变效果的灯泡图像，要求彩虹渐变效果与原图像融合自然。制作时可使用套索工具和渐变工具进行绘制，参考效果如图5-117所示。

配套资源
素材文件\第5章\巩固练习\灯泡.jpg
效果文件\第5章\巩固练习\彩虹灯泡.psd

图5-117

技能提升

1. 载入画笔

在Photoshop CC中，画笔笔刷是比较重要的部分，使用更丰富的画笔笔刷可以使绘制图像的效果更加美观。常见的笔刷类型有花纹、睫毛、翅膀、星光、水墨喷溅、发丝、心形、文字符号和潮流艺术等。在浏览器中搜索并下载需要的笔刷后，设计人员可打开Photoshop CC，选择【窗口】/【画笔】菜单命令，打开"画笔"面板，单击面板右上角的 ≡ 按钮，在弹出的下拉菜单中选择【导入画笔】命令，打开"载入"对话框，选择下载的画笔（笔刷文件一般为ABR格式），单击 载入(L) 按钮，即可载入画笔到Photoshop中，如图5-118所示。

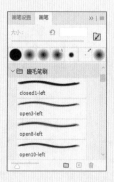

图5-118

2. 自定义画笔

除了选择画笔和载入画笔外，设计人员在Photoshop CC中还可以根据设计需求自定义画笔。先为想要制作成笔刷的形状创建选区，然后选择【编辑】/【定义画笔预设】菜单命令，打开"画笔名称"对话框，在其中输入自定义画笔名称，单击 确定 按钮，如图5-119所示。

图5-119

自定义为画笔的形状将自动转换为灰度，在绘制时可通过设置前景色来为画笔赋予不同的颜色，如图5-120所示。

图5-120

第 **6** 章

绘制路径
与矢量图形

本章导读

在Photoshop CC中，使用钢笔工具、形状工具等矢量工具可以绘制出便于修改的矢量图形。通过调整矢量图形的路径和锚点可以形成丰富的形状，并生成无损压缩的图像，从而得到更加丰富的形状图形。这种手法在绘画，尤其是在进行网页制作、VI设计、UI设计时经常会使用到。

知识目标

- 了解路径与锚点的相关知识
- 掌握形状工具组与钢笔工具组的使用

能力目标

- 绘制网站Logo
- 制作微信公众号封面
- 绘制扁平风风景插画

情感目标

- 提升对矢量图形的绘制能力
- 理解矢量图形在位图中的转换与应用

6.1 路径与锚点

路径是一种矢量对象，设计人员可以直接填充和描边路径，也可以将路径转换为选区或形状图层后再进行操作。路径在矢量绘图、抠图和图像合成中都比较常用。

6.1.1 认识路径

从外观上看，路径是线条状的轮廓。路径既可以根据线条的类型分为直线路径和曲线路径，也可以根据起点与终点的情况分为开放路径和闭合路径，如图6-1所示。同时，多个闭合路径可以构成更为复杂的图形，称为"子路径"。

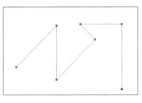
直线路径

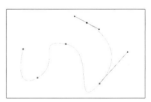
曲线路径

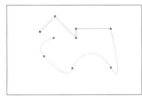
开放路径

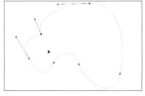
闭合路径

图6-1

在Photoshop CC中，使用矢量工具绘制的路径形状为矢量对象，也称为矢量图形或矢量形状。外部载入的可编辑矢量素材也属于矢量对象。

路径主要由曲线或直线、锚点、控制柄组成，如图6-2所示。

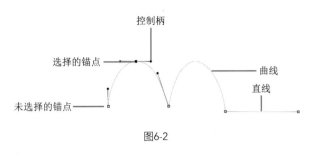

图6-2

● 直线或曲线：路径由一条（或多条）直线或曲线组成。

● 锚点：路径上连接线段的小正方形就是锚点。锚点显示为黑色实心时，表示该锚点为选择状态；锚点显示为白色空心时，表示该锚点为未选择状态。路径中的锚点主要有平滑点、角点两种，其中平滑点可以形成曲线，角点可以形成直线或转角曲线。图6-3所示分别为平滑点与角点形成的路径形状。

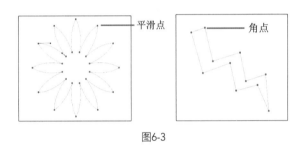

图6-3

● 控制柄：控制柄也称方向线，它是指调整线段的位置、长短、弯曲度等参数的控制点。选择锚点后，该锚点上将显示控制柄，拖曳控制柄一端的小圆点，可修改该线段的形状和弧度。

6.1.2 认识"路径"面板

选择【窗口】/【路径】菜单命令，将打开图6-4所示"路径"面板。

● 路径缩览图：路径缩览图中显示了路径图层中包含的所有内容。

● 工作路径："工作路径"是"路径"面板中的临时路径。在没有新建路径的情况下，当前所有的路径操作都在这个路径中进行。

● 存储的路径：存储的路径是指存储后的工作路径，用户可根据需要存储多条路径。

● 用前景色填充路径：单击"用前景色填充路径"按钮 ● ，将使用前景色填充绘制的路径。

● 用画笔描边路径：单击"用画笔描边路径"按钮 ○ ，将使用当前已设置好的画笔样式描边路径。

● 将路径作为选区载入：单击"将路径作为选区载入"按钮 ○ ，可将当前路径转换为选区。

● 从选区生成工作路径：单击"从选区生成工作路径"按钮 ◇ ，将选区转换为工作路径并保存。

● 添加蒙版：单击"添加蒙版"按钮 ▣ ，为当前选区的图层创建蒙版。

● 创建新路径：单击"创建新路径"按钮 ▣ ，将新建一个路径图层，且后面所绘制的路径都将在该路径图层中。

● 删除当前路径：单击"删除当前路径"按钮 🗑 ，可删除当前选中的路径。

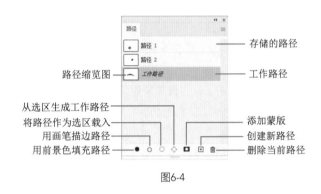

图6-4

6.1.3 选择与移动路径

使用"钢笔工具" ∅.绘制图形时，很难一次绘制出需要的路径。此时，可选择"直接选择工具" ▸.，通过选择与移动锚点、路径段和路径来调整绘制的路径。图6-5所示鼠标指针处为选择的锚点，其他为未选择的锚点；图6-6所示为使用"直接选择工具" ▸.选中并移动的路径段。

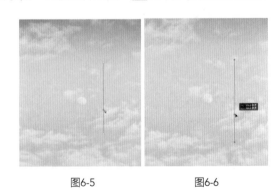

图6-5　　　　　　　图6-6

6.1.4 编辑锚点

绘制完路径后，如果对路径形状不满意，设计人员可以使用"添加锚点工具" 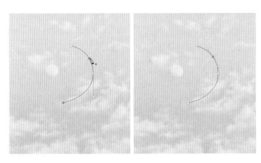为路径添加锚点，以调整路径的形状。若锚点过多，可删除不需要的锚点。此外，还可以进行角点与平滑点的转换。

1. 添加锚点

当需要为路径段添加锚点时，可在工具箱中选择"添加锚点工具" ，然后将鼠标指针移动到路径上，当鼠标指针变为 形状时，单击鼠标左键，在单击处添加一个锚点，如图6-7所示。

图6-7

2. 删除锚点

选择"删除锚点工具" 或"钢笔工具" ，将鼠标指针移动到绘制好的路径锚点上，当鼠标指针变为  形状时，单击鼠标左键，删除单击的锚点，如图6-8所示。

图6-8

3. 转换锚点

绘制路径时，有时会因为路径的锚点类型不同而影响路径形状。此时可使用"转换点工具" 转换锚点类型，调整路径形状。

● 角点转换为平滑点：选择"转换点工具" ，在角点上单击，将角点转换为平滑点，使用鼠标拖曳可调整路径形状，如图6-9所示。

图6-9

● 平滑点转换为角点：选择"转换点工具" ，在平滑点上单击，将平滑点转换为角点，使用鼠标拖曳可调整路径形状，如图6-10所示。

图6-10

6.1.5　编辑路径

绘制路径后，还可编辑路径，使绘制的路径更符合需求。

1. 调整路径形状

路径不是固定不变的，设计人员可使用钢笔工具组中的任意工具自由变换路径，以调整路径的形状。

选择钢笔工具组中的任意工具，在路径中的任意位置单击鼠标右键，在弹出的快捷菜单中选择【自由变换路径】命令，此时路径周围会显示控制框，拖曳控制框上的控制点，可实现路径的变换，如图6-11所示。如果想限制路径的变换方式，可再单击鼠标右键，在弹出的快捷菜单中选择一种变换方式，以调整路径。

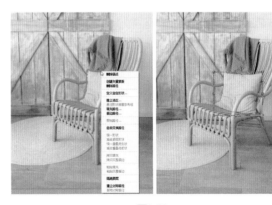

图6-11

2. 创建路径图层

在"路径"面板中可以直接新建路径图层。单击"创建新路径"按钮 ，将在当前路径图层的下方新建一个路径图层，在新建的路径图层中绘制路径，该路径会被自动存储在当前选中的路径图层中。或单击"路径"面板右上角的 按钮，在弹出的下拉菜单中选择【新建路径】命令，打开"新建路径"对话框，在该对话框中输入路径名称，单击 确定 按钮，完成新建，如图6-12所示。

图6-12

3．显示与隐藏路径

在绘制路径的过程中，如果需要在图像编辑区中显示路径，可在"路径"面板中单击需要显示的路径，如图6-13所示。若需要隐藏路径，可单击"路径"面板中的空白区域，此时发现路径已在图像编辑区中隐藏，如图6-14所示。

图6-13　　　　　　　　图6-14

4．复制路径

如果需要绘制的图形是由多个相同的形状组合而成的，通过复制路径的方法可快速将相同的图形组合成一个新的图形。其方法为：在"路径"面板中选择一个需要复制的路径，单击鼠标右键，在弹出的快捷菜单中选择【复制路径】命令，打开"复制路径"对话框，在"名称"文本框中输入复制路径的名称，单击 确定 按钮，完成复制，如图6-15所示。

图6-15

5．删除路径

若有不需要的路径，可将其删除。其方法为：在"路径"面板中选择需要删除的路径，接着单击"路径"面板中

的"删除当前路径"按钮 ，删除路径。此外，还可在需要删除的路径上单击鼠标右键，在弹出的快捷菜单中选择【删除路径】命令，完成删除；或选中需要删除的路径，单击"路径"面板右上角的 按钮，在弹出的下拉菜单中选择"删除路径"命令，删除路径，如图6-16所示。

图6-16

6.1.6　对齐与分布路径

在绘制路径时，若需要将绘制的图形按照一定的规律对齐分布，可在"路径选择工具" 的工具属性栏中单击"路径对齐方式"按钮 ，弹出的下拉菜单中显示了常用的对齐和分布方式，如左对齐、水平居中对齐、右对齐、顶对齐、垂直居中对齐、底边对齐、按顶分布、垂直居中分布、按底分布、按左分布、水平居中分布、按右分布、垂直分布和水平分布几种。下面对常用的几种对齐与分布路径方式进行介绍。

● 左对齐：用于将选择的路径沿左边对齐。图6-17所示为选择需要对齐的路径，单击"左对齐"按钮 后的效果。

● 水平居中对齐：用于将选择的路径按水平居中对齐分布。图6-18所示为选择需要对齐的路径，单击"水平居中对齐"按钮 后的效果。

图6-17

图6-18

● 右对齐：用于将选择的路径沿右边对齐。图6-19所示为选择需要对齐的路径，单击"右对齐"按钮 ≡ 后的效果。

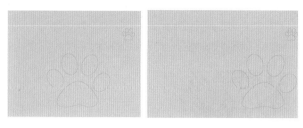

图6-19

● 顶对齐：用于将选择的路径沿顶边对齐。方法与右对齐类似，效果如图6-20所示。

● 垂直居中对齐：用于将选择的路径以选择图形的中线垂直居中对齐，效果如图6-21所示。

图6-20　　　　　　图6-21

● 底边对齐：用于将选择的路径沿底边对齐。

● 垂直分布：用于将选择的路径按高度均匀分布，分布的图形必须有3个以上。垂直分布的效果如图6-22所示。

● 水平分布：用于将选择的图形按宽度均匀分布，分布的图形也必须有3个以上。水平分布的效果如图6-23所示。

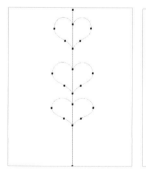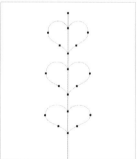

图6-22

图6-23

6.1.7　转换路径为选区

为了使图像绘制更加方便，设计人员可将路径转换为选

区。Photoshop CC提供了以下多种转换路径为选区的方法。

● 通过路径缩览图：按住【Ctrl】键的同时，在"路径"面板中单击路径缩览图。

● 通过快捷键：选中路径后，按【Ctrl+Enter】组合键。

● 通过命令：在需要转换的路径上单击鼠标右键，在弹出的快捷菜单中选择【建立选区】命令，打开"建立选区"对话框，在其中设置参数，单击 确定 按钮，完成转换，如图6-24所示。

图6-24

6.1.8　填充与描边路径

绘制路径后，可以对路径进行填充和描边操作。

1. 填充路径

绘制路径后，选择"钢笔工具" ∅，在路径上单击鼠标右键，在弹出的快捷菜单中选择【填充路径】命令，打开"填充路径"对话框，设置"内容""模式""不透明度""羽化半径"等参数，单击 确定 按钮，完成路径的填充，如图6-25所示。

图6-25

2. 描边路径

绘制路径后，在路径上单击鼠标右键，在弹出的快捷菜单中选择【描边路径】命令，打开"描边路径"对话框，在"工具"下拉列表框中选择需要的描边工具，单击 确定 按钮。图6-26所示为在该下拉列表框中选择"橡皮擦"后形成的描边路径效果。

图6-26

6.1.9 存储工作路径

默认情况下，绘制的工作路径都是临时路径。若再次绘制一个路径，原来的工作路径会被新绘制的路径替代，此时可以考虑对工作路径进行存储。在"路径"面板中双击工作路径，将打开"存储路径"对话框，在"名称"文本框中输入路径名称后，单击 **确定** 按钮，即可存储工作路径，如图6-27所示。

图6-27

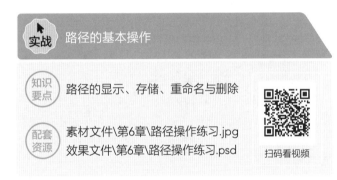

实战 路径的基本操作

知识要点 路径的显示、存储、重命名与删除

配套资源 素材文件\第6章\路径操作练习.jpg
效果文件\第6章\路径操作练习.psd

扫码看视频

操作步骤

1 打开"路径操作练习.jpg"素材文件，可以看到图像编辑区没有路径显示，如图6-28所示。打开"路径"面板，可以看到路径呈隐藏状态，如图6-29所示。

图6-28   图6-29

2 在"路径"面板中选择"工作路径"，显示出牙膏的轮廓路径，如图6-30所示。

3 在"路径"面板中双击"工作路径"缩览图，打开"存储路径"对话框，设置"名称"为"牙膏"，单击 **确定** 按钮，存储工作路径，如图6-31所示。

图6-30   图6-31

4 在"路径"面板中双击"路径1"，修改路径名称为"牙刷"。在"路径"面板中选择"路径2"，并将其拖曳到面板下方的"删除当前路径"按钮 🗑 上删除，如图6-32所示。

5 在"路径"面板中选择"牙膏"路径，按【Ctrl+Enter】组合键生成选区，再按【Ctrl+Shift+I】组合键反选，创建牙膏图像的选区。在"图层"面板中选择"背景"图层，按【Ctrl+J】组合键复制图层，使用同样的方法抠取牙刷，如图6-33所示。

图6-32   图6-33

6 此时已将牙膏和牙刷图像分别抠取并生成了单独的图层，但由于新图层跟"背景"图层是重叠的，并不能直接看到效果，故这里在"图层"面板中添加了一个颜色填充图层，此时便可看到抠取后图像的效果，如图6-34所示。保存文件，完成本例的操作。

图6-34

6.2 使用形状工具组

形状工具组是Photoshop CC中常用的绘图工具组，它包括矩形工具、圆角矩形工具、椭圆工具、多边形工具、直线工具、自定形状工具等。设计人员通过该工具组绘制不同的形状可以制作出丰富的图像效果。

6.2.1 矩形工具

使用"矩形工具"□可绘制矩形和正方形。选择"矩形工具"□，在图像编辑区中单击鼠标左键并拖曳鼠标，可绘制出矩形，如图6-35所示；按住【Shift】键，单击鼠标左键并拖曳鼠标，可绘制出正方形，如图6-36所示；按住【Alt+Shift】组合键，单击并鼠标左键拖曳鼠标，将以鼠标单击的点为中心绘制矩形，如图6-37所示。"矩形工具"□的工具属性栏如图6-38所示。

图6-35　　　　　图6-36　　　　　图6-37

图6-38

● 填充：单击"填充"色块，打开下拉面板，如图6-39所示。单击"无颜色"按钮□，可不为形状填充颜色；单击"纯色"按钮▦，可为形状填充最近使用的颜色或预设颜色，如图6-40所示；单击"渐变"按钮▦，可为形状填充渐变颜色，如图6-41所示；单击"图案"按钮▦，可为形状填充图案，如图6-42所示；单击"拾色器"按钮□，将打开"拾色器"对话框，可自定义填充颜色。

图6-39

图6-40　　　　　图6-41　　　　　图6-42

● 描边：单击"描边"色块，打开下拉面板，其功能与"填充"下拉面板类似。在其右侧"设置形状描边宽度"文本框中可设置描边粗细，单击右侧的∨按钮，可通过滑块设置描边粗细。在"设置形状描边类型"下拉列表框中，可在"描边选项"中设置描边的线形；在"对齐"下拉列表框中，可设置描边与路径的对齐方式；在"端点"下拉列表框中，可设置路径端点的样式；在"角点"下拉列表框中，可设置路径转角处的样式。单击 更多选项… 按钮，可打开"描边"对话框，在其中还可设置虚线描边中"虚线"的长度和"间隙"的长度，如图6-43所示。

● "W"和"H"："W"用于设置形状的宽度，"H"用于设置形状的高度。

● 链接形状的宽度和高度：单击"链接形状的宽度和高度"按钮∞，可以锁定形状的宽高比，以确保调整形状时不会改变宽高比。

● 路径操作：单击"路径操作"按钮◻，在下拉菜单中可设置绘制形状之间的交互方式。

● 路径对齐方式：单击"路径对齐方式"按钮▤，在下拉菜单中可设置形状的对齐方式。

● 路径排列方式：单击"路径排列方式"按钮▣，可设置绘制矩形的堆叠顺序。

● 设置其他形状和路径选项：单击"设置其他形状和路径选项"按钮✿，在下拉菜单中还可对矩形工具进行图6-44所示设置。选中"不受约束"单选按钮，可绘制出任意大小的矩形，如图6-45所示；选中"方形"单选按钮，可绘制出任意大小的方形图形，如图6-46所示；选中"固定大小"单选按钮，可在其后的文本框中输入宽度和高度值，然后在图像编辑区中单击鼠标左键，绘制出该尺寸的矩形，如图6-47所示；勾选"比例"单选按钮，可在其后的文本框中

图6-43　　　　　　　图6-44

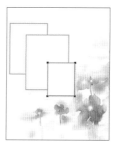 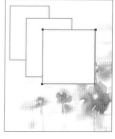

图6-45　　　　　　　图6-46

输入宽度和高度值,创建矩形时将始终保持该比例值,如图6-48所示;勾选"从中心"复选框,创建矩形时将以鼠标单击的点作为矩形中心开始绘制。

图6-47

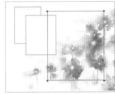

图6-48

● 对齐边缘:勾选"对齐边缘"复选框,可使矢量形状边缘与像素网格对齐。

6.2.2　圆角矩形工具

在图形绘制过程中,可以使用"圆角矩形工具" 绘制圆角矩形。绘制圆角矩形时,除了需要设置"半径"值外,其他操作与绘制矩形相同。"半径"值越大,绘制出的圆角就越大;"半径"值越小,绘制出的圆角就越小。图6-49所示为设置圆角为"60"的圆角矩形;图6-50所示为设置圆角为"30"的圆角矩形。

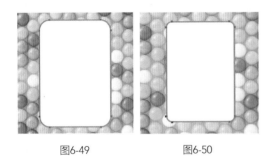

图6-49　　　　　　　图6-50

6.2.3　椭圆工具

使用"椭圆工具" 可绘制椭圆形或圆形,其使用方法和设置参数都与"矩形工具" 相同。图6-51所示为使用"椭圆工具" 绘制的椭圆。

图6-51

6.2.4　多边形工具

"多边形工具" 可用于创建正多边形和星形,如图6-52所示。绘制时,只需选择"多边形工具" ,在工具属性栏中设置多边形的参数,然后在图像编辑区中单击一点作为起点,拖曳鼠标即可绘制多边形。此外,也可选择"多边形工具" ,在工具属性栏中单击 按钮,在弹出的下拉面板中设置需要绘制的多边形的参数,如图6-53所示。

图6-52　　　　　　　图6-53

下面对该下拉面板中的常用选项进行介绍。

● 半径:用于设置形状的半径值。其数值越小,绘制出的图形越小。

● 平滑拐角:勾选"平滑拐角"复选框,将创建有平滑拐点效果的形状,如图6-54所示。

勾选复选框的效果　　　　取消勾选复选框的效果

图6-54

● 星形:勾选"星形"复选框,可绘制星形。其下方的"缩进边依据"文本框用于设置星形边缘向中心缩进的百分比,该数值越大,星形角越尖,如图6-55所示。

● 平滑缩进:勾选"平滑缩进"复选框,绘制的星形每条边将向中心缩进,如图6-56所示。

勾选复选框的效果

取消勾选复选框的效果

图6-55

勾选复选框的效果

取消勾选复选框的效果

图6-56

6.2.5 直线工具

"直线工具" ▱ 用于绘制直线或带箭头的线段，效果如图6-57所示。绘制时，选择"直线工具" ▱ ，并且在工具属性栏中单击 ✿ 按钮，在弹出的下拉列表框中可设置需要绘制的直线和带箭头线段的参数，如图6-58所示。

图6-57　　　　图6-58

● 起点：勾选"起点"复选框，可为绘制的直线起点添加箭头，如图6-59所示。

● 终点：勾选"终点"复选框，可为绘制的直线终点添加箭头，如图6-60所示。

图6-59　　　　图6-60

● 宽度：用于设置箭头宽度与直线宽度的百分比。只要在该文本框中输入需要的数值，便可完成宽度的调整。

图6-61所示为设置"宽度"为"400%"时的效果；图6-62所示为设置"宽度"为"1000%"时的效果。

图6-61　　　　图6-62

● 长度：用于设置箭头长度与直线宽度的百分比。图6-63所示为设置"长度"为"200%"时的效果；图6-64所示为设置"长度"为"600%"时的效果。

图6-63　　　　图6-64

● 凹度：用于设置箭头的凹陷程度。当数值为0%时，箭头尾部平齐；当数值大于0%时，箭头尾部将向内凹陷，如图6-65所示；当数值小于0%时，箭头尾部将向外凸起，如图6-66所示。

图6-65　　　　图6-66

6.2.6 自定形状工具

使用"自定形状工具" ▱ 可以创建Photoshop预设的形状。图6-67所示为使用"自定形状工具" ▱ 绘制的图像。在"自定形状工具" ▱ 的工具属性栏中单击 ✿ 按钮，在打开的下拉面板中可设置自定形状的参数，如图6-68所示。在"形状"下拉列表中可选择不同的形状进行绘制。

图6-67　　　　　　　　　　图6-68

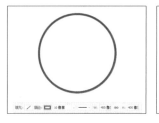

图6-69　　　　　　　　　　图6-70

 范例　绘制网站 Logo

 知识要点　使用椭圆工具、矩形工具和直线工具

 配套资源　效果文件\第6章\网站Logo.psd

扫码看视频

墨韵·多肉

范例说明

网站Logo通常位于网页左上角，主要由图形和网站的名称构成。本例将为"墨韵·多肉"网站设计Logo，其Logo的主体设计采用了多肉植物的叶瓣形象，简单而不失格调；在色彩的选择上以绿色为主色调，代表生命、活力，渐变的绿色使Logo的整体感觉与多肉植物更加符合。

操作步骤

1 新建"大小"为"1000像素×750像素"、"分辨率"为"72像素/英寸"、"名称"为"网站Logo"的图像文件。选择"椭圆工具" **○.**，设置"描边"和"粗细"分别为"#00561f""10像素"，按住【Shift】键绘制"大小"为"400像素×400像素"的圆形，效果如图6-69所示。

2 复制一个圆形状图层，按【Ctrl+T】组合键使圆呈变换状态，然后使用鼠标拖曳控制框上方的控制点，从圆中心放大圆至合适位置，按【Enter】键完成变换。

3 在工具属性栏中设置复制圆形的"描边"和"粗细"分别为"#89c997""15像素"，效果如图6-70所示。

4 绘制填充为"#005e15"、无描边的椭圆图形作为多肉的一个叶瓣，调整椭圆的大小与位置，效果如图6-71所示。

5 复制上一步绘制的椭圆图形，按【Ctrl+T】组合键使椭圆呈变换状态，将控制框的中心点移动到椭圆底部，为后面的旋转操作做好准备，如图6-72所示。

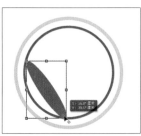

图6-71　　　　　　　　　　图6-72

6 以椭圆底部的点作为中心旋转椭圆形状，旋转到合适角度后向上拖曳控制框上方的控制点，放大椭圆形状后，按【Enter】键。设置该形状的"填充"为"#097c25"，完成第二个多肉叶瓣的绘制，效果如图6-73所示。

7 使用相同的方法绘制其他3个椭圆形状，这里设置椭圆的"填充"分别为"#009944""#32b16c""#89c997"，调整椭圆的大小与方向，效果如图6-74所示。

图6-73　　　　　　　　　　图6-74

8 选择"矩形工具" **○.**，然后设置"填充"为"#e9f7e3"，在Logo下方绘制"600像素×130像素"的矩形。选择"横排文字工具" **T.**，在形状内输入文字，效果如图6-75所示。

9 选择"直线工具" **／.**，设置"填充"和"粗细"分别为"#89c997""3像素"，在文字左侧绘制直线。选择"移动工具" **⊕.**，按【Alt+Shift】组合键复制并向右拖曳直线，效果如图6-76所示。

10 为了便于在其他设计作品中运用该Logo，我们可以删除背景图层，再按【Ctrl+Alt+Shift+E】组合键盖印图层，使Logo的背景为透明。完成制作后，保存文件。

图6-75　　　　　　　　　图6-76

范例 制作微信公众号文章封面

知识要点 使用圆角矩形工具、椭圆工具和多边形工具

配套资源 效果文件\第6章\公众号封面.psd

扫码看视频

范例说明

　　微信公众号中文章的点击率与文章的封面、标题都息息相关，因此绘制一个美观、显眼的封面就显得比较重要。本例将为"新生入学指南"主题的文章绘制封面，制作时可以使用形状工具组绘制几何图形装饰，封面颜色可选择较为清新又富有活力的红、黄、蓝配色，使封面具有活力感，契合大学生群体的喜好。

操作步骤

1 新建"大小"为"900像素×383像素"、"分辨率"为"72像素/英寸"、"名称"为"微信公众号封面"的图像文件。

2 设置"前景色"为"#99b5e6"，选择"油漆桶工具" ，填充"背景"图层。

3 新建图层，设置"前景色"为"#fff799"，选择"画笔工具" ，设置"画笔"为"硬边圆"，"大小"为"100

像素"，然后绘制波浪形的装饰，如图6-77所示。

4 打开"波点素材.psd"素材文件，将波点素材复制到"微信公众号封面"图像文件中，调整波点素材的位置。新建图层，选择"圆角矩形工具" ，设置"填充"为"#ffffff"，"描边"为"#000000""10像素"，绘制"650像素×190像素"的圆角矩形。复制一个圆角矩形，设置"填充"为"#ec6941"，将复制的圆角矩形图层移动至原圆角矩形下方，调整两个圆角矩形的位置，效果如图6-78所示。

 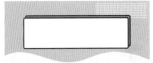

图6-77　　　　　　　　　图6-78

5 选择"椭圆工具" ，然后设置"填充"为"#99b5e6"，"描边"为"#000000""5像素"，"形状描边类型"为虚线，按住【Shift】键绘制一个圆形。复制一个圆形，设置"填充"为"#fff799"，"描边"为"无描边"，调整圆形的位置。再复制4个圆形，调整圆形的大小和位置，设置其中一个圆形的"填充"为"#ec6941"，效果如图6-79所示。

6 选择"多边形工具" ，在工具属性栏中设置"边"为"3"，"描边"为"#000000""5像素"，"形状描边类型"为虚线，绘制三角形，并复制5个三角形，调整填充、大小和位置，效果如图6-80所示。

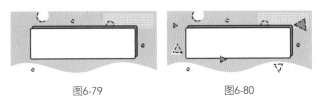

图6-79　　　　　　　　　图6-80

7 选择"横排文字工具" ，设置"字体"为"创艺简标宋"，"颜色"为"#fff799"，输入"新生入学指南"文字。

8 复制一个文字图层，修改"颜色"为"#99b5e6"；再复制一个文字图层，修改"颜色"为"#000000"。调整3个文字图层的位置，制作出"故障风"的效果，如图6-81所示。保存文件，完成本例的制作。

图6-81

6.2.7 保存形状和导入外部形状

若Photoshop CC提供的形状无法完全满足设计需求，可以选择【编辑】/【定义自定形状】菜单命令，打开"形状名称"对话框，如图6-82所示。对已绘制好的形状进行保存，输入形状名称后，该形状被保存到"自定形状工具"属性栏的"形状"下拉列表框中，作为预设形状使用，如图6-83所示。

图6-82　　　　　　　　　图6-83

此外，还可以从网上下载一些外部形状文件载入Photoshop CC中使用。单击"形状"下拉列表右侧的 ⚙ 按钮，在打开的下拉菜单中选择【导入形状】命令，如图6-84所示。在打开的"载入"对话框中选择形状文件，载入后在"自定形状工具"的"形状"下拉列表框中便可看见载入的外部形状，如图6-85所示。

图6-84　　　　　　　　　图6-85

6.3　使用钢笔工具组

钢笔工具组是Photoshop CC中较常使用的矢量绘图工具组，使用该工具组可自由地绘制并编辑丰富的路径与矢量图形。

6.3.1 钢笔工具

"钢笔工具" ⬭. 是基础的路径绘制工具，常用于绘制各种直线或曲线。

● 绘制直线。选择"钢笔工具" ⬭.，在图像编辑区中单击鼠标左键产生锚点，继续单击可在生成的锚点之间绘制出一条直线线段，如图6-86所示。

> **技巧**
>
> 绘制直线时只能单击鼠标左键，不能拖曳，否则会绘制出曲线。另外，绘制直线时按住【Shift】键，可绘制水平、垂直或以45°为增量的直线。

● 绘制曲线线段。选择"钢笔工具" ⬭.，在图像编辑区中单击鼠标左键并拖曳鼠标，生成带控制柄的锚点，继续单击鼠标左键并拖曳鼠标，创建第二个锚点，如图6-87所示。在拖曳过程中可以调整控制柄的方向和长度，控制路径的走向，以绘制出带弧度的曲线线段。

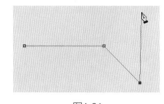
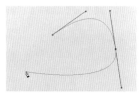

图6-86　　　　　　　　　图6-87

● 绘制曲线和直线转折线段。选择"钢笔工具" ⬭.，在图像编辑区中单击鼠标左键并拖曳鼠标，绘制一条曲线，将鼠标指针放在最后一个锚点上，按住【Alt】键不放，单击一侧的控制柄将其删除，继续在图像编辑区中的其他位置单击创建直线转折线段（注意不要拖曳），如图6-88所示。

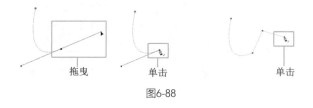

拖曳　　　　　　单击　　　　　　单击

图6-88

选择"钢笔工具" ⬭.后，在工具属性栏中单击 ⚙ 按钮，在打开的下拉面板中勾选"橡皮带"复选框，可在移动鼠标时预览两次单击之间的路径线段，如图6-89所示。

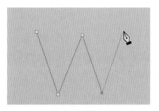
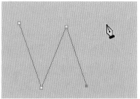

勾选复选框的效果　　　　　取消勾选复选框的效果

图6-89

若要绘制一段开放式路径，可以按住【Ctrl】键，将"钢笔工具" ⬭. 转换为"直接选择工具" ▸.，然后在画面空白处单击。除此之外，还可以选择其他工具，直接按【Esc】键。

另外，使用"钢笔工具" ⚲.时，鼠标指针在路径与锚点上会根据情况发生变化，这时就需要判断钢笔工具处于什么功能。通过观察鼠标指针，设计人员能够更加熟练地应用钢笔工具。

● ⚲₊形状：在绘制路径的过程中，当鼠标指针变为⚲₊形状时，在路径上单击可添加锚点。

● ⚲₋形状：在绘制路径的过程中，当鼠标指针变为⚲₋形状时，在锚点上单击可删除锚点。

● ⚲.形状：在绘制路径的过程中，当鼠标指针变为⚲.形状时，单击并拖曳可创建一个平滑点；只单击则可创建一个角点。

● ⚲。形状：在绘制路径的过程中，将鼠标指针移动至路径起始点上，当鼠标指针变为⚲。形状时，单击可闭合路径。

● ⚲。形状：若当前路径是一个开放式路径，将鼠标指针移动至该路径的一个端点上，鼠标指针将变为⚲。形状，在该端点上单击，可继续绘制该路径。同理，若将鼠标指针移动至另一条开放式路径的端点上，当鼠标指针变为⚲。形状时单击端点，将使两条路径连接成一条路径。

> **技巧**
>
> 使用"钢笔工具"绘制路径时，可以按住【Alt】键直接切换为"转换点工具"，以便在绘制路径的同时对路径形状进行调整。

6.3.2 自由钢笔工具

使用"自由钢笔工具" ⚲.绘制图形时会自动添加锚点，无须确定锚点位置。与"钢笔工具" ⚲.相比，"自由钢笔工具" ⚲.可以绘制出更加自然、随意的路径，如图6-90所示。选择"自由钢笔工具" ⚲.后，在工具属性栏中单击✿按钮，可以设置其他参数，如图6-91所示。

图6-90　　　　　图6-91

● 曲线拟合：用于设置绘制路径时，鼠标指针在画布

中移动的灵敏度。其数值越大，创建的锚点就越少，路径也就越平滑、简单；其数值越小，生成的锚点和路径细节就越多。

● 磁性的：勾选"磁性的"复选框，可将"自由钢笔工具" ⚲.转换为"磁性钢笔工具" ⚲。

● 宽度：用于设置"磁性钢笔工具" ⚲.的检测范围，以像素为单位，只有在设置范围内的图像边缘才会被检测到。宽度值越大，工具的检测范围就越大。

● 对比：用于设置"磁性钢笔工具" ⚲.对于图像边缘像素的敏感度。

● 频率：用于设置绘制路径时产生锚点的频率。频率值越大，产生的锚点就越多。

● 钢笔压力：勾选该复选框后，系统会根据压感笔的压力自动更改工具的检测范围。

6.3.3 磁性钢笔工具

在"自由钢笔工具" ⚲.的工具属性栏中勾选"磁性的"复选框，"自由钢笔工具" ⚲.将变为"磁性钢笔工具"。"磁性钢笔工具" ⚲.的使用方法与"磁性套索工具" ⚲.的使用方法相同，使用"磁性钢笔工具" ⚲.在图像编辑区中单击鼠标左键后移动鼠标指针，可沿鼠标指针的移动轨迹绘制路径，如图6-92所示。

图6-92

6.3.4 弯度钢笔工具

选择"弯度钢笔工具" ⚲.可便捷地绘制平滑曲线和直线段，并在无须切换工具的情况下创建、切换、编辑、添加、删除平滑点或角点，它适用于绘制或编辑较为复杂的路径。

选择"弯度钢笔工具" ⚲.后，首先单击图像中任意一点创建第一个锚点，接着单击创建第二个锚点，完成路径的第一段；如果想要绘制平滑曲线，则单击创建第三个锚点。3个锚点之间的路径将自动调整，使曲线变得平滑，如图6-93所示。

若想创建直线段，则创建第一个锚点后，双击创建第二个锚点，下一条路径段将会是直线段，如图6-94所示。

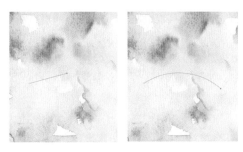

图6-93

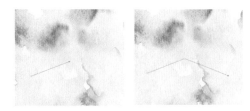

图6-94

技巧

完成绘制后，按【Esc】键退出绘制。双击锚点，可切换平滑点与角点；单击路径段，可添加锚点；单击锚点，按【Delete】键，可删除锚点。

范例 绘制扁平风风景插画

知识要点 使用钢笔工具组

配套资源 效果文件\第6章\风景插画.psd

扫码看视频

范例说明

插画的风格种类较多，扁平风是近几年较为常见的插画风格。本例将绘制扁平风风景插画，绘制时可以使用钢笔工具组绘制几何图形组成画面，颜色上可选择比较淡雅、清新的配色，以使插画视觉效果舒适、美观。

操作步骤

1 新建"大小"为"800像素×600像素"、"分辨率"为"72像素/英寸"、"名称"为"扁平风风景插画"的图像文件。

2 新建图层，在工具箱中选择"椭圆选框工具" ○，绘制一个椭圆选区，然后选择"矩形选框工具" □，在工具属性栏中单击"从选区减去"按钮 ▣，绘制一个矩形，使二者重合，从椭圆选区中减去矩形选区。

3 设置"前景色"为"#e9f5ff"，选择【编辑】/【填充】菜单命令，为选区填充前景色，效果如图6-95所示。按【Ctrl+D】组合键取消选区。

4 新建图层，选择"钢笔工具" ∅，绘制山丘形状，将路径转换为选区，并填充"#a7d6f9"颜色，按【Ctrl+D】组合键取消选区，效果如图6-96所示。

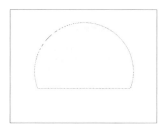

图6-95　　　　　　　　图6-96

5 新建图层，使用"钢笔工具" ∅.按照相同的方法绘制另外一个山丘形状，并设置填充为"#8cbfed"颜色。

6 新建图层，使用"钢笔工具" ∅.绘制房子主体的白墙部分，并设置填充为"#ffffff"颜色，效果如图6-97所示。

7 新建图层，使用"钢笔工具" ∅.绘制房子的屋顶部分，并设置填充为"#3850b2"颜色，效果如图6-98所示。

图6-97　　　　　　　　图6-98

8 选择"矩形工具" □，然后设置"填充"为"#c1c1f4"，在白色矩形内绘制矩形，调整大小与位置。

9 选择"矩形工具" □，然后设置"填充"为"#35358c"，在白色矩形内继续绘制矩形，调整大小与位置，效果如图6-99所示。

10 选择"钢笔工具" ，绘制树木形状，并填充为"#5c8c48"颜色。

11 选择"圆角矩形工具" ，设置"填充"为"#547a40"，"描边"为"无颜色"，绘制一个长圆角矩形和两个短圆角矩形作为树干，调整短圆角矩形的角度与位置，效果如图6-100所示。

图6-99　　　　　　　　　图6-100

12 按住【Shift】键，依次选择所有树木形状图层，将图层拖曳至"创建新组"按钮 上，创建图层组，将图层组重命名为"树木"。

13 复制"树木"图层组，依次选择所有树木形状所在的图层，按【Ctrl+T】组合键，使树木形状呈编辑状态，在控制框上单击鼠标右键，在弹出的快捷菜单中选择【水平翻转】命令，调整复制的树木位置，效果如图6-101所示。

14 选择"钢笔工具" ，绘制一个四边形，并填充为"#cbd6f7"颜色，效果如图6-102所示。

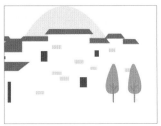 

图6-101　　　　　　　　　图6-102

15 新建图层，选择"椭圆选框工具" ，在工具属性栏中单击"添加到选区"按钮 ，绘制两个重叠的椭圆选区。

16 选择"矩形选框工具" ，在工具属性栏中单击"从选区减去"按钮 ，绘制一个矩形，使矩形与刚才绘制的椭圆重合，减去矩形选区，填充选区为"#5c8c48"颜色，绘制出草丛，效果如图6-103所示。

17 复制3个草丛形状，调整复制草丛形状的大小、方向和位置，效果如图6-104所示。

18 选择"钢笔工具" ，绘制水面，并填充为"#cbd6f7"颜色，效果如图6-105所示。

19 选择"圆角矩形工具" ，设置"填充"分别为"#ffffff""#cbd6f7"颜色，绘制圆角矩形组成水面的其他部分，调整圆角矩形的大小和位置，效果如图6-106所示。

图6-103　　　　　　　　　图6-104

图6-105　　　　　　　　　图6-106

20 选择"椭圆工具" ，绘制两个"填充"分别为"#f4c040""#ffd766"颜色的圆形，调整圆形的大小与位置，并调整图层位置，效果如图6-107所示。

21 选择"钢笔工具" ，绘制白云形状，并填充为"#ffffff"颜色，调整白云的位置，效果如图6-108所示。

图6-107　　　　　　　　　图6-108

22 选择白云形状图层，按住【Alt】键不放并向右拖曳，复制两个白云形状，调整其大小与位置，效果如图6-109所示。保存文件，完成本例的制作。

图6-109

6.4 综合实训：制作6·18年中大促开屏广告

开屏广告是在App启动时出现的广告，一般固定展示时间为5秒，展示完后自动关闭并进入App主页面。开屏广告图就是针对开屏广告而制作的图片。

设计素养

开屏广告可根据广告位尺寸和广告目的划分为不同的类别。按照广告位尺寸，可将开屏广告划分为全屏式和底部保留式两类。全屏式开屏广告是一种整体性的、能给用户带来沉浸式体验的广告形式；底部保留式开屏广告是指在开屏广告的底部保留一定的尺寸，用于投放App、Logo及宣传语，以达到增加App曝光度的目的。按照广告目的，可将开屏广告的内容确定为App下载、活动宣传、活动咨询、节日展现等。除此之外，部分广告的投放是为了推广自家的App以便吸引更多的App新用户，所以这类开屏广告内容需要根据App的应用领域和功能来确定。

6.4.1 实训要求

某购物App要开展"6·18年中大促"活动，并提供了与活动相关的素材，现要制作App底部保留式开屏广告图，以将活动通过开屏广告传递给更多用户。要求整个开屏广告要体现出促销氛围，突出视觉效果，并在广告下方添加活动广告内容和"点击进入"按钮，吸引用户点击。尺寸要求为1080像素×1920像素。

6.4.2 实训思路

（1）本例开屏广告的文案可以结合开屏广告主题排列展示，内容主要包括活动名称、活动时间、活动口号等。该文案力求简明、易懂，与广告背景相配合，体现出较强的感染力。

（2）开屏广告的设计目的是快速吸引用户，并点击相应按钮跳转至广告主的页面。所以如果开屏广告设计中只有少量文字，那么尽可能选用粗型字体，以突出文字内容。

（3）色彩在开屏广告设计中具有装饰性，使广告具有视觉冲击力，有利于吸引用户。本例的开屏广告与促销有关，制作时以红色为主色、以金色为辅色，体现出促销氛围。

（4）结合本章所学的形状工具组和钢笔工具组的运用，绘制具有立体感的形状图形，并划分出版面的上、下区域分别展现活动主题和"点击进入"按钮两个板块，以突出开屏广告的重点。

本例完成后的参考效果如图6-110所示。

图6-110

6.4.3 制作要点

知识要点 形状工具组和钢笔工具组的使用

配套资源 素材文件\第6章\6·18年中大促开屏广告素材.psd
效果文件\第6章\6·18年中大促开屏广告.psd

扫码看视频

完成本例主要包括制作背景、输入文字、制作"点击进入"按钮3个部分，主要操作步骤如下。

1 新建"名称""宽度""高度""分辨率"分别为"6·18年中大促开屏广告""1080像素""1920像素""72像素/英寸"的图像文件。

2 使用"椭圆工具"⚪绘制一个大小为"2100像素×2100像素"的渐变红色圆形，调整圆形的位置，效果如图6-111所示。

3 新建多个图层，使用"钢笔工具" ∅、"直线工具" ✓、"矩形工具" □ 在不同图层中分别绘制建筑物的不同面，绘制过程中可按【Ctrl+T】组合键自由变换形状，使其按照正确的透视排布，效果如图6-112所示。然后将所有包含该建筑物的图层创建为图层组。

4 使用"矩形工具" □ 在图像右侧绘制建筑物的3个面，使用"斜切"命令将矩形倾斜显示，效果如图6-113所示。为顶部矩形的图层添加"渐变叠加"图层样式，再将包含该建筑物的图层创建为图层组。

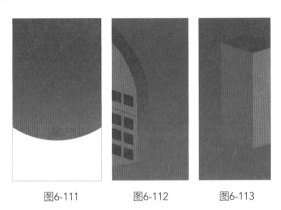

图6-111　　　　图6-112　　　　图6-113

5 使用相同的方法绘制其他矩形，并依次创建图层组，效果如图6-114所示。

6 选择位于图像中最后面的两个建筑物所在的图层组，设置"不透明度"为"50%"。选择位于"图层"面板最上方的图层组，添加图层蒙版，用黑色画笔涂抹蒙版，使绘制的部分与圆形边缘对齐，效果如图6-115所示。

图6-114　　　　　　图6-115

7 选择"横排文字工具" T，设置合适的字体和颜色，输入"年中大促"文字，调整文字的大小和位置，并为该文字图层添加"投影"图层样式和具有渐变颜色的"描边"图层样式。

8 使用"圆角矩形工具" □ 在"年中大促"文字下方绘制一个深红色圆角矩形。在该处输入"活动时间：2021.6.1—2021.6.18"文字，设置合适的字体和颜色，调整文字的大小和位置。

9 打开"6·18年中大促开屏广告素材.psd"素材文件，将素材拖曳至"6·18年中大促开屏广告.psd"图像文件中，调整其大小和位置。

10 打开"调整"面板，单击"曲线"按钮 ⊞，打开曲线"属性"面板，按照图6-116所示方式调整曲线，增加和提高图像的亮度和对比度，效果如图6-117所示。

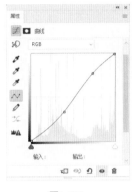

图6-116　　　　　　　　图6-117

11 在图像下方白色区域内输入"理想生活就看6·18"文字，设置合适的文字参数，将文字居中。

12 使用"圆角矩形工具" □ 在"理想生活就看6·18"文字下方绘制红色圆角矩形，在该处输入"点击进入"文字，设置合适的字体和颜色，调整文字的大小和位置。按【Ctrl+S】组合键保存文件。

学习笔记

巩固练习

1. 制作名片

本练习将制作一张名片，名片中需要包含公司名称、个人名称、职务、公司地址、联系方式、邮箱地址。制作时，要求从公司"绿色有机"的产品理念出发，因此本例的主色调可以选择生机勃勃的绿色。此外，制作时可使用形状工具组进行绘制，参考效果如图6-118所示。

图6-118

 配套资源　素材文件\第6章\巩固练习\蜂.psd
效果文件\第6章\巩固练习\名片.psd

2. 制作企业Logo

本练习将制作方凌集团的企业标志。由于该公司属于科技类公司，因此制作标志时可选择深蓝色作为主色，然后对拼音的首字母"F"进行造型设计，参考效果如图6-119所示。

 配套资源　素材文件\第6章\巩固练习\企业Logo.psd

图6-119

技能提升

绘制形状后，选择【窗口】/【属性】菜单命令，打开"属性"面板，在该面板中可以快速调整形状的大小、位置、描边、角半径等参数。例如，绘制矩形后，其"属性"面板如图6-120所示。

图6-120

- W、H：用于设置形状和宽度、高度。单击 ∞ 按钮，可以等比例缩放形状。
- X、Y：用于设置形状在图像中的水平位置、垂直位置。
- 填充：用于设置形状的填充颜色。
- 描边：用于设置形状的描边颜色。
- 描边宽度：用于设置形状的描边宽度。
- 描边类型：用于设置形状的描边线性。单击 ─ 按钮，在打开的下拉列表中可以具体设置"虚线"的长度和"间隙"的长度。
- 描边对齐类型：可以选择内部 ⊏、居中 ⊡ 和外部 ⊐ 3种描边对齐类型。
- 描边线段端点：可以选择端面 ⊏、圆形 ⊑ 和方形 ⊏ 3种描边线段端点。
- 描边线段合并类型：可以选择斜接 ⊏、圆形 ⊓ 和斜面 ⊏ 3种描边线段合并类型。
- 角半径：绘制矩形或者圆角矩形后，可以设置角半径。为矩形设置角半径，可以将其更改为圆角矩形。单击 ∞ 按钮，可单独设置每个角的角半径。
- 路径运算按钮组 ▣ ▫ ▫ ▫ ▫：用于运算两个或两个以上的形状/路径。

第 7 章

应用通道

本章导读

通道是Photoshop CC中比较高级和实用的功能。设计人员使用通道可以更改图像局部色彩、抠取复杂图像、制作特殊效果等，从而使设计效果更加美观和更具创意性。

知识目标

- 认识通道
- 掌握通道的基本操作
- 掌握通道的高级操作

能力目标

- 处理秋季风景摄影图
- 制作"沙漠文明"电影海报
- 调整人物皮肤

情感目标

- 培养制作图像特效的能力
- 提升对通道与选区关系的理解

7.1 认识通道

通道是选取图层中某部分图像的重要工具之一。在通道中可以进行明暗度、对比度等的调整，从而产生各种特殊的图像效果。一个图像最多有56个通道，图像的颜色模式不同，默认的通道也有所不同。

7.1.1 "通道"面板及其使用方法

在Photoshop CC中，与通道相关的操作需要在"通道"面板中进行。选择【窗口】/【通道】菜单命令，打开"通道"面板，如图7-1所示。默认情况下，"通道"面板、"图层"面板和"路径"面板在同一组面板中。

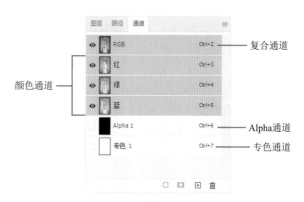

图7-1

"通道"面板中各选项的作用如下。

- 颜色通道：主要用于记录图像的颜色信息。
- 复合通道：用于预览和保存图像的综合颜色信息。
- 专色通道：主要用于保存专色油墨。
- Alpha通道：主要用于保存图像的选区。

● 将通道作为选区载入：单击"将通道作为选区载入"按钮 ⊙，将载入所选通道中的选区。此外，选择【选择】/【载入选区】菜单命令也能起到相同的作用。

● 将选区存储为通道：单击"将选区存储为通道"按钮 ▢，将图像中的选区保存为通道。此外，选择【选择】/【存储选区】菜单命令也能起到相同的作用。

● 创建新通道：单击"创建新通道"按钮 ▣，将创建一个新的Alpha通道。

● 删除当前通道：单击"删除当前通道"按钮 🗑，将删除所选中的通道（复合通道无法删除）。

7.1.2　颜色通道

颜色通道的效果类似于摄影胶片，它用于记录图像内容和颜色信息。不同的颜色模式产生的颜色通道数量和名称都有所不同，如图7-2所示。

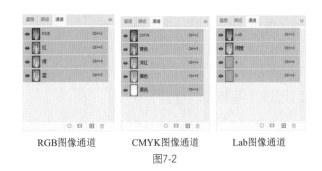

RGB图像通道　　CMYK图像通道　　Lab图像通道

图7-2

RGB图像通道包括RGB、红、绿、蓝通道；CMYK图像通道包括CMYK、青色、洋红、黄色、黑色通道；Lab图像通道包括Lab、明度、a、b通道。

> **技巧**
>
> 默认情况下，"通道"面板中的所有颜色通道缩览图都是灰色。如果想以彩色显示，可以选择【编辑】/【首选项】/【界面】菜单命令，然后在"选项"栏下勾选"用彩色显示通道"复选框。

7.1.3　Alpha通道

Alpha通道的作用都与选区相关，操作时可通过Alpha通道保存选区，也可将选区存储为灰度图像，便于使用画笔、滤镜等修改选区，还可从Alpha通道载入选区。

在Alpha通道中，白色为可编辑区域，黑色为不可编辑区域，灰色为部分可编辑区域（羽化区域）。使用白色画笔涂抹通道可扩大选区，使用黑色画笔涂抹通道可缩小选

区，使用灰色画笔涂抹通道可扩大羽化区域。图7-3所示为在Alpha通道中制作一个灰度阶梯选区提取出的图像效果。

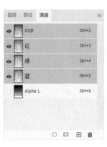

图7-3

7.2　通道的基本操作

> 熟练运用通道的基本操作，既可以直接更改某一通道所包含的图像内容，也可以针对某一通道调整图像色调，从而制作出丰富的图像效果。

7.2.1　新建通道

"通道"面板中默认只显示颜色通道。如果在编辑图像的过程中需要Alpha通道和专色通道，可以使用以下方法新建通道。

1. 新建Alpha通道

默认情况下，新创建的通道名称为"Alpha X（X为按创建顺序依次排列的数字）通道"。

新建Alpha通道的一种方法为：选择【窗口】/【通道】菜单命令，打开"通道"面板，单击"通道"面板下方的"创建新通道"按钮 ▣，即可新建一个Alpha通道。此时可看到图像被黑色覆盖，"通道"面板中出现"Alpha 1"通道。当显示所有通道时，可发现红色铺满整个画面，如图7-4所示。

图7-4

新建Alpha通道的另一种方法为：单击"通道"面板右上角的 ≡ 按钮，在弹出的下拉菜单中选择"新建通道"命令，如图7-5所示。打开"新建通道"对话框，在"名称"文本框中输入新建通道的名称，在"色彩指示"栏中选择通道应用的区域，并设置Alpha通道显示的"颜色"和"不透明度"，然后单击 确定 按钮，如图7-6所示。

图7-5　　　　　　　　　图7-6

在"通道"面板中，双击需要调整的Alpha通道右侧的空白区域，打开"通道选项"对话框，可以在其中重新设置该Alpha通道的参数，如图7-7所示。

2. 新建专色通道

专色通道应用于特殊印刷。进行包装印刷时经常会使用专色印刷工艺印刷大面积的底色，此时就需要使用专色通道来存储专色油墨的颜色信息。

专色通道的新建方法为：单击"通道"面板右上角的 ≡ 按钮，在弹出的下拉菜单中选择"新建专色通道"命令，如图7-8所示。打开"新建专色通道"对话框，设置"名称""颜色""密度"，然后单击 确定 按钮，如图7-9所示。其中，"密度"是指在屏幕上模拟印刷的专色密度，其数值为100%时，模拟完全覆盖下层油墨的专色效果；其数值为0%时，模拟完全显示下层油墨的透明叠加效果。

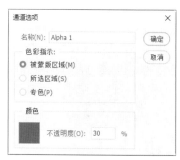

图7-7　　　　　　　　　图7-8

图7-9

在"通道"面板中，双击需要调整的专色通道右侧的空白区域，打开"专色通道选项"对话框，在其中可以重新设置该专色通道的参数，如图7-10所示。

图7-10

7.2.2　分离通道

若只需单独处理某一个通道的图像，可分离通道。在分离通道时，不同颜色模式的图像文件具有不同的通道数量，会直接影响分离出的文件个数，如RGB颜色模式的图像文件会分离出3个独立文件、CMYK颜色模式的图像文件会分离出4个独立文件。

分离通道的方法为：打开需要分离通道的图像文件（这里以RGB图像文件为例），单击"通道"面板右上角的 ≡ 按钮，在弹出的下拉菜单中选择【分离通道】命令，如图7-11所示。

此时，该图像文件将分离出红、绿、蓝通道的3个图像文件，如图7-12所示。分离的图像文件数量与原始图像文件的通道数量相同，且被分离的图像文件都会以灰度模式展示。

图7-11　　　　　　　　　图7-12

7.2.3　合并与移动通道

通道既可以根据需要进行分离，也可以根据需要进行合并。分离的通道将以灰度模式显示，无法正常使用。当需要使用时，可合并不同的灰度模式图像，再配合移动通道等操作，制作出特殊的图像效果。

1. 合并通道

在合并通道时，需要合并的图像文件必须为灰度模式，且图像文件的分辨率、尺寸也要相同。

合并通道的方法为：打开分离后任意通道的图像文件，

Photoshop CC 平面设计核心技能一本通（移动学习版）

图7-13

图7-14

图7-15

2. 移动通道

因为不同色彩模式下通道的颜色各不相同，所以设计人员可以通过移动通道操作，使图像的颜色产生偏移，制作出奇特、迷幻的图像效果。

移动通道的方法为：打开图像文件，在"通道"面板中选择"红"通道，并按【Ctrl+A】组合键全选图像，然后使用"移动工具" ✛.将选区中的图像向左上方轻微移动。此时选择"RGB"通道，可以发现图像右侧出现了红色边缘，如图7-16所示。

图7-16

选择"绿"通道，并按【Ctrl+A】组合键全选图像，然后使用"移动工具" ✛.将选区中的图像向上轻微移动。使用同样的方法将"蓝"通道下的图像向上轻微移动。此时选择"RGB"通道，可以发现图像在不同通道下偏移不同的距离后，产生了不同的颜色叠加效果，如图7-17所示。

图7-17

单击"通道"面板右上角的 ≡ 按钮，在弹出的下拉菜单中选择【合并通道】命令，如图7-13所示。

此时，将打开"合并通道"对话框，在"模式"下拉列表框中选择"RGB 颜色"选项（根据该图像文件分离前的色彩模式来选择），单击 确定 按钮，如图7-14所示。打开"合并RGB通道"对话框，保持指定通道的默认设置，单击 确定 按钮，如图7-15所示。

 范例 处理秋季风景摄影图

| 知识要点 | "通道"面板、颜色通道的使用及通道的基本操作 |
| 配套资源 | 素材文件\第7章\风景.jpg
效果文件\第7章\秋季风景.psd |

扫码看视频

范例说明

在处理摄影图时，应先确定需要达到的效果，然后根据预想效果进行颜色的调整。本例提供了一张偏色的风景摄影图，该图整体偏绿，与秋季风景不符。设计人员可考虑运用通道进行调色，调整出秋天的山林颜色，渲染出秋季氛围。

操作步骤

1 打开"风景.jpg"素材文件，单击"通道"面板右上角的 ≡ 按钮，在弹出的下拉菜单中选择【分离通道】命令。

2 分离通道后，图像编辑区将出现3个新的图像文件，如图7-18所示。选择任意一个新的图像文件，单击"通道"面板右上角的 ≡ 按钮，在弹出的下拉菜单中选择【合并通道】命令。

图7-18

3 打开"合并通道"对话框，设置"模式"为"RGB 颜色"，在"通道"文本框中输入所需合并通道的数量，这里输入"3"，单击 确定 按钮，如图7-19所示。

4 打开"合并 RGB 通道"对话框，设置指定通道"红色""绿色""蓝色"分别为"风景.jpg_绿""风景.jpg_

蓝""风景.jpg_红"，调换原本的颜色通道顺序，将偏蓝绿色调整为秋季的红黄色调，单击 确定 按钮，如图7-20所示。

图7-19　　　　　　　　　　图7-20

5 图像编辑区将显示合并后的图像，如图7-21所示。此时可发现照片右侧树林区域的颜色过于暗沉，需稍微调亮。选择【图像】/【调整】/【曲线】菜单命令，打开"曲线"对话框，拖曳曲线上的控制点，在中间编辑区的线条上单击获取一点并向上拖曳，然后单击 确定 按钮，如图7-22所示。

图7-21

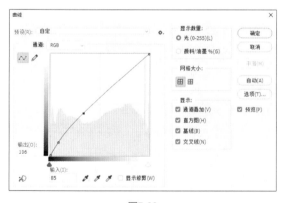

图7-22

6 返回图像编辑区，可发现图像整体的色调变亮，更加符合真实的秋季场景。按【Ctrl+S】组合键保存文件，完成本例的制作，效果如图7-23所示。

图7-23

小测　调整汽车照片

配套资源：素材文件\第7章\汽车.jpg
配套资源：效果文件\第7章\现代感汽车.jpg

本例提供了一张汽车摄影图，现需要将其调整得具有现代感。调整时，可尝试多种合并通道的通道顺序，其参考效果如图7-24所示。

图7-24

7.2.4　粘贴通道图像到图层中

在编辑图像的过程中，要想对图像效果进行细致调整，设计人员可以将通道中的图像粘贴到图层中，再对其进行编辑。该操作常用于美白皮肤、调整图像局部颜色等编辑中。

粘贴通道图像到图层中的方法为：打开素材文件，打开"通道"面板，在其中选择肤色颜色最亮的"红"通道，按【Ctrl+A】组合键全选所有图像，再按【Ctrl+C】组合键复制图像，如图7-25所示。

图7-25

选择"RGB"通道，切换到"图层"面板，按【Ctrl+V】

117

组合键粘贴通道图像，并设置"图层的混合模式"为"强光"，"不透明度"为"60%"，再使用柔化边缘的橡皮擦擦除皮肤以外的区域，可以看到人物皮肤变白，效果如图7-26所示。

原图　　　　　　　　　效果图

图7-26

7.2.5　粘贴图像到通道中

在制作有特定图案的图像时，为了节省时间，设计人员可将图像中的内容粘贴到通道中，以方便后续编辑。

粘贴图像到通道中的方法为：打开图像文件，框选需要复制的图像，按【Ctrl+C】组合键复制图像，如图7-27所示。

在"通道"面板中单击"创建新通道"按钮 ，新建Alpha通道，再按【Ctrl+V】组合键粘贴图像，并显示所有通道，效果如图7-28所示。

图7-27　　　　　　　　　图7-28

7.3　通道的高级操作

通道的功能非常强大，除了上述基本操作外，还经常被用于混合图像、调整图像颜色以及抠图等方面。使用通道可以整合多张素材，并合成各种图像效果。

7.3.1　使用"应用图像"命令

为了得到更加丰富的图像效果，设计人员可使用"应用图像"命令对两个图像通道进行运算。

使用"应用图像"命令的方法为：打开图像文件，选择目标图层，选择【图像】/【应用图像】菜单命令，打开"应用图像"对话框，在其中进行相应设置后，单击 确定 按钮，如图7-29所示。

图7-29

"应用图像"对话框中各选项的作用如下。

● 源：用于选择混合通道的源文件。源文件需要先在Photoshop中打开，才能被选择。

● 图层：用于选择参与混合的图层。

● 通道：用于选择参与混合的通道。

● 反相：勾选该复选框，可使通道中的图像先反相，再混合。

● 目标：用于显示被混合的对象。

● 混合：用于设置混合模式。

● 不透明度：用于控制混合图像的不透明程度。

● 保留透明区域：勾选该复选框，会将混合效果限制在图层的不透明区域范围内。

● 蒙版：勾选该复选框，将显示"蒙版"相关选项，可将任意颜色通道或Alpha通道作为蒙版。

 制作《沙漠文明》电影海报

 通道的基本操作、"应用图像"命令

 素材文件\第7章\沙漠.jpg、图像.psd、文字.psd
效果文件\第7章\电影海报.psd

扫码看视频

 范例说明

电影海报一般包含影片片名、宣传文案、电影图片、制作公司名称、导演、上映日期、演员等内容，常用尺寸为70

厘米×100厘米。本例将制作《沙漠文明》电影海报，该电影讲述了从古至今沙漠文明的变迁。因此，设计时可以考虑采用蒙太奇风格，通过拼合不同的图像创造时间的共存与空间的重叠效果；配色时可以选择偏黄的复古色调，契合沙漠氛围。

操作步骤

1 新建"大小"为"70厘米×100厘米"、"分辨率"为"72像素/英寸"、"名称"为"电影海报"的图像文件。选择【文件】/【置入嵌入对象】菜单命令，置入"沙漠.jpg"图像，并栅格化图层。

2 打开"图像.psd"素材文件，将其中的"人像"图层复制到"电影海报.psd"图像文件中，调整大小与位置，效果如图7-30所示。

3 选择"沙漠"图层，选择【图像】/【应用图像】菜单命令，打开"应用图像"对话框，在"图层"下拉列表框中选择"人像"选项，在"混合"下拉列表框中选择"颜色加深"选项，设置"不透明度"为"100%"，然后单击 确定 按钮，如图7-31所示。重复此步操作，但更改"不透明度"为"30%"，其余不变，使混合颜色更深。完成后按【Delete】键删除"人像"图层，效果如图7-32所示。

图7-30　　　　　　　　图7-31

4 将"图像.psd"素材文件中的"文明"图层复制到"电影海报.psd"图像文件中，调整其大小与位置，效果如图7-33所示。

5 选择"沙漠"图层，选择【图像】/【应用图像】菜单命令，打开"应用图像"对话框，在"图层"下拉列表框中选择"文明"选项，在"混合"下拉列表框中选择"变亮"选项，设置"不透明度"为"80%"，然后单击 确定 按钮。完成后按【Delete】键删除"文明"图层，效果如图7-34所示。

图7-32

图7-33　　　　　　　　图7-34

6 将"图像.psd"素材文件中的"地球"图层复制到"电影海报.psd"图像文件中，调整其大小与位置，效果如图7-35所示。

7 选择"沙漠"图层，选择【图像】/【应用图像】菜单命令，打开"应用图像"对话框，在"图层"下拉列表框中选择"地球"选项，在"混合"下拉列表框中选择"颜色减淡"选项，设置"不透明度"为"90%"，然后单击 确定 按钮。完成后按【Delete】键删除"地球"图层，效果如图7-36所示。

图7-35　　　　　　　　图7-36

8 将"图像.psd"素材文件中的"灯火"图层复制到"电影海报.psd"图像文件中，调整其大小与位置，效果如图7-37所示。

图7-37

9 选择"沙漠"图层，选择【图像】/【应用图像】菜单命令，打开"应用图像"对话框，在"图层"下拉列表框中选择"灯火"选项，在"混合"下拉列表框中选择"滤色"选项，设置"不透明度"为"100%"，然后单击 确定 按钮。完成后按【Delete】键删除"灯火"图层，效果如图7-38所示。

10 打开"文字.psd"素材文件，将其中所有图层复制到"电影海报.psd"图像文件中，调整其大小与位置，效果如图7-39所示。

图7-38　　　　　　图7-39

11 此时海报整体颜色较暗黄，设计人员可选择【图像】/【调整】/【曲线】菜单命令，打开"曲线"对话框，在中间编辑区的线条上单击获取一点并向上拖曳，然后单击 确定 按钮，如图7-40所示。

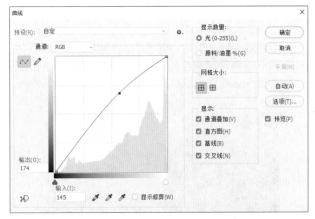

图7-40

12 选择【图像】/【调整】/【色彩平衡】菜单命令，打开"色彩平衡"对话框，设置"色阶"为"0、0、+24"，然后单击 确定 按钮，如图7-41所示。

13 返回图像编辑区，即可发现图像整体的色调变亮，更加符合电影海报的需要，效果如图7-42所示。按【Ctrl+S】组合键保存文件，完成本例的制作。

图7-41　　　　　　图7-42

7.3.2　使用"计算"命令

除可使用"应用图像"命令混合图像通道外，还可使用"计算"命令混合两个通道图像。使用"计算"命令混合图像前，必须保证所混合图像的像素、尺寸均相同。

使用"计算"命令的方法为：打开图像文件，选择【图像】/【计算】菜单命令，打开"计算"对话框，设置源1通道、源2通道和混合模式，单击 确定 按钮，如图7-43所示。在"通道"面板中可以查看计算后新生成的Alpha通道效果，如图7-44所示。

图7-43　　　　　　图7-44

"计算"对话框中各选项的作用如下。

● 源1：用于选择计算的第1个源图像、图层或通道。

● 源2：用于选择计算的第2个源图像、图层或通道。

● 图层：源图像中包含了多个图层时，可在此选择需要参与计算的图层。

● 混合：用于设置通道的混合模式。

● 结果：用于设置计算完成后的结果。选择"新建文档"选项将得到一个灰度图像；选择"新建通道"选项将计算的结果保存到一个新的通道中；选择"选区"选项将生成一个新的选区。

知识要点	通道的基本操作、"计算"命令
配套资源	素材文件\第7章\女生.jpg 效果文件\第7章\女生.psd

扫码看视频

原图　　　　　　最终效果

范例说明

在图像中使用"计算"命令叠加通道可以突出皮肤的瑕疵，从而更容易选择瑕疵区域。然后通过更改色阶、曲线、亮度或对比度等方法调整瑕疵区域，使瑕疵区域的亮度与周围肤色亮度一致，从而达到美化皮肤的目的。本例照片中的人物面部有较多凹凸不平的瑕疵，现需要使用磨皮的方法使照片更加美观。由于难以直接选中所有瑕疵区域，设计人员可考虑先使用"计算"命令突出斑点，选中该区域后再进行局部调整，以使人物皮肤更光滑。

操作步骤

1. 打开"女生.jpg"素材文件，打开"通道"面板，选择并复制脸上瑕疵最明显的"蓝"通道。

2. 选择【滤镜】/【其他】/【高反差保留】菜单命令，打开"高反差保留"对话框，设置"半径"为"10.0像素"，然后单击　确定　按钮，如图7-45所示。

3. 使用"画笔工具" 对不需要磨皮的区域进行涂抹，如眼睛、嘴唇、手、衣服、头发等，以确保调整瑕疵区域，如图7-46所示。

图7-45

图7-46

4. 选择【图像】/【计算】菜单命令，打开"计算"对话框，设置"源1通道""源2通道""混合"分别为"蓝拷贝""蓝 拷贝""强光"，单击　确定　按钮，生成Alpha1通道，如图7-47所示。使用相同方法分别以新生成的Alpha通道再操作两次，以增强明暗对比。

图7-47

5. 按住【Ctrl】键不放，同时使用鼠标左键单击"Alpha 3"通道前的通道缩览图载入选区。选择"RGB"通道，再切换到"图层"面板。

6. 按【Ctrl+Shi+I】组合键反选，单击"图层"面板下方的"创建新的填充或调整图层"按钮 ，在弹出的下拉菜单中选择"曲线"命令，拖曳控制点调整曲线，将选区部分颜色调亮，如图7-48所示。

7. 按【Ctrl+Alt+Shift+E】组合键盖印图层，单击"图层"面板下方的"创建新的填充或调整图层"按钮 ，在弹出的下拉菜单中选择"亮度/对比度"命令，设置"亮度""对比度"分别为"-20""20"，如图7-49所示。

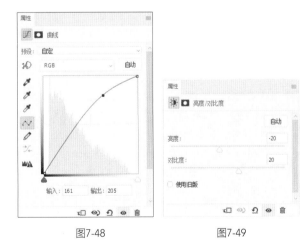

图7-48　　　　　　　　图7-49

8. 选择盖印后生成的图层，设置"图层的混合模式"为"滤色"，"不透明度"为"40%"，如图7-50所示。按【Ctrl+S】组合键保存文件，完成本例的制作，效果如图7-51所示。

图7-50

图7-51

7.4 综合实训：制作科技展览海报

海报是宣传影视剧等艺术文化和活动广告的主要形式。海报设计要求文案简明扼要，凸显海报主题。海报可以在媒体上发布、传播，但大部分会被张贴于公共场所，并且会受到周围环境和各种因素的干扰，所以设计人员在进行海报设计时可以凭借突出的标志、标题、图形或对比强烈的色彩、大面积留白，使海报成为视觉焦点，促使更多人查看海报内容。

7.4.1 实训要求

近期某市将举办以"人工智能"为主题的科技展览，展示互联网技术下前沿的人工智能产品，现要求制作一张科技展览海报，用于线下张贴和线上传播。制作该海报时，可以考虑采用赛博朋克风格，将未来城市的发展雏形融入设计之中，使人工智能更贴近生活。另外，还可以利用文字、图形符号、色彩等各种元素准确地传达展览信息。尺寸要求为70厘米×100厘米。

赛博朋克是由"Cyber"与朋克文化的"Punk"组合而成的新词汇，是高科技、多元文化、个人意识主张的集合，其通常围绕计算机、人工智能及企业之间的矛盾来展开相应的主题设计。这种设计风格从科学和技术幻想出发，用于表现在未来高科技发展下，人类与机械、虚拟与现实、传统与未来相互碰撞的世界。赛博朋克设计风格极具个性化，其空灵、科技和迷幻等特点能带来较高的艺术观赏性。设计时多使用蓝色、紫色、青色或洋红色进行渐变处理，或用暗冷色调搭配霓虹灯的光感和颜色，运用扭曲、错位等故障形式对内容进行展现，并依托大厦、城市等设计元素制作未来科技场景。

设计素养

7.4.2 实训思路

（1）通过分析素材等相关设计资料，可以发现素材中的人像皮肤有一些瑕疵，此时需要对皮肤进行调整，以使人物具有机器人的虚拟感。对此，设计人员可以使用通道的"计算"命令来进行磨皮。

（2）本例海报的设计元素可以结合竖向的主体人物来进行排列展示，这些元素主要包括标题、主体人像、背景、光效等，设计后要求海报要有较强的艺术感染力。

（3）本例海报的设计目的是快速吸引大众，准确地传达科技展览信息。展览信息需要简明扼要，根据海报的整体效果进行搭配、布局。展览名称可作为焦点放大，在字体选择上尽量选用粗型字体，并设置醒目的文字颜色，与背景形成对比。

（4）色彩在海报设计中具有装饰性，可以使作品具有视觉冲击力，有利于传达信息。对本例海报来说，色彩是极其重要的特色点，设计人员可以多采用赛博朋克风格中具有代表性的洋红、蓝、青、紫色，但要注意区分主色与辅助色。

（5）结合本章所学的通道知识，制作具有未来感的科技展览海报，并竖向划分版面布局，增强海报画面的美观性和海报信息的逻辑性。

本例完成后的参考效果如图7-52所示。

图7-52

7.4.3 制作要点

知识要点 通道的基本操作和通道的高级操作

配套资源 素材文件\第7章\人工智能.jpg、展览.psd

效果文件\第7章\科技展览海报.psd

扫码看视频

完成本例主要包括调色、人像磨皮、制作背景特效、制作风格文字4个部分，主要操作步骤如下。

1 打开"人工智能.jpg"素材文件，进行分离通道操作，并对分离的蓝通道图像调整曲线，增加蓝通道颜色比例，对分离的红通道图像调整曲线，减少红通道颜色比例，然后合并通道，效果如图7-53所示。

2 选择脸上瑕疵对比最明显的"蓝"通道进行复制，使用【高反差保留】命令、【计算】命令和【曲线】命令为人像磨皮，效果如图7-54所示。

图7-53　　　　　　　　　图7-54

3 单击"背景"图层右侧的🔒按钮，使"背景"图层解锁为"图层0"图层，再按住【Ctrl】键不放选中所有图层，按【Ctrl+E】组合键合并图层。

4 新建"大小"为"70厘米×100厘米"、"分辨率"为"150像素/英寸"、"颜色模式"为"CMYK"、"名称"为"科技展览海报"的图像文件，将上一步合并后的图层拖入新建的图像文件中，调整其大小与位置。

5 打开"展览.psd"素材文件，将"光线"图层拖入"科技展览海报.psd"图像文件中，调整其大小和位置。对该图层使用【色彩平衡】命令，参照赛博朋克设计风格增加洋红和蓝色的比例，再使用"橡皮擦工具" 🧽 擦除遮挡人脸的光线图像。通过【应用图像】命令以"强光"的混合效果应用"光线"图层，然后删除"光线"图层，效果如图7-55所示。

6 将"展览.psd"素材文件中的"城市"图层拖入"科技展览海报.psd"图像文件中，调整其大小和位置，并适当擦除遮挡人脸的城市图像。选择"图层1"图层，通过【应用图像】命令以"滤色"的混合效果应用"城市"图层，然后删除"城市"图层。

7 将"展览.psd"素材文件中的"眼睛"图层拖入"科技展览海报.psd"图像文件中，将其移至人像眼睛位置。选择"图层1"图层，通过【应用图像】命令以"划分"的混合效果应用"眼睛"图层，可重复一次"应用图像"操作使眼球高光部分更亮，然后删除"眼睛"图层，效果如图7-56所示。

图7-55　　　　　　　　　图7-56

8 将"展览.psd"素材文件中的"标题"图层复制到"科技展览海报.psd"图像文件中，将其移至图像右侧。复制"标题"图层后隐藏原"标题"图层，并设置"标题拷贝"图层的"不透明度"为"90%"，然后按住【Ctrl】键不放，同时选中"标题 拷贝"图层和"图层1"图层，按【Ctrl+E】组合键合并图层，此时"图层"面板如图7-57所示。

9 显示"标题"图层，载入"标题"选区，然后选择"标题 拷贝"图层，切换到"通道"面板，使用移动通道的方法打造错位文字，效果如图7-58所示。

图7-57　　　　　　　　　图7-58

10 将"展览.psd"素材文件中的"光晕"图层拖入"科技展览海报.psd"图像文件中，调整其大小，使光晕中心对齐背景光线圆心。

11 将"展览.psd"素材文件中的"组1""组2"图层组拖入"科技展览海报.psd"图像文件中，调整其大小与位置，然后按【Ctrl+S】组合键保存文件。

1. 制作人物Banner

本练习将制作以宣传歌手为内容的人物Banner，要求整体风格符合歌手面貌，可选择清新、自然的风格。制作时，可先对歌手进行磨皮，然后运用通道调色，使整体Banner效果和谐、统一。排版时，可考虑将文案交错排版，提升Banner效果的灵动性，使其更加符合音乐主题，参考效果如图7-59所示。

素材文件\第7章\巩固练习\Banner人物.jpg、Banner背景.psd
效果文件\第7章\巩固练习\人物Banner.psd

图7-59

2. 合成梦幻儿童摄影图

本练习要求利用提供的素材合成梦幻儿童摄影图。合成时，可先应用通道调整背景和儿童色调，使其更具梦幻感，然后使用【应用图像】命令进行调整，参考效果如图7-60所示。

素材文件\第7章\巩固练习\摄影图.psd
效果文件\第7章\巩固练习\梦幻儿童摄影图.psd

图7-60

3. 制作运动宣传广告

本练习将制作运动宣传广告，要求广告效果时尚、炫酷，设计人员可考虑采用"故障风"制作广告。制作时，可运用移动通道、将通道粘贴到图像中等操作，并结合"风化"滤镜和移动工具，制作通道颜色错位的"故障风"效果。此外，还可考虑运用通道将图像色调调整至偏蓝，使整体效果更炫酷，参考效果如图7-61所示。

素材文件\第7章\巩固练习\运动广告素材.psd
效果文件\第7章\巩固练习\运动广告.psd

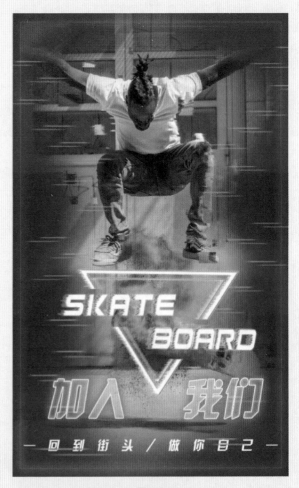

图7-61

除了选取某一颜色通道结合【调整】命令调色外，Photoshop CC中还有更精确的颜色选取方式，即通道的"相加"和"减去"模式，两者可在"应用图像"对话框和"计算"对话框中设置。

1．"相加"模式和"减去"模式的原理

"相加"模式是指将两个通道对应位置的像素值相加，可使结果通道变得明亮。其相关参数设置如图7-62所示。

图7-62

"减去"模式是指从结果通道中相应的像素上减去源通道中的像素值，可使结果通道变得暗淡。其相关参数设置如图7-63所示。

图7-63

其中，"缩放"数值可以调整结果通道的亮度；正数的"补偿值"可以提高结果通道的亮度，负数的"补偿值"可以降低结果通道的亮度。

2．"相加"模式和"减去"模式的应用

使用"相加"或"减去"模式能精确选择颜色，使其形成选区。调整选区颜色时可发现在色彩的过渡上会更加均匀、自然。

在调整基本颜色之外的邻近色时，如人物肤色，容易出现颜色斑驳、断层现象。图7-64所示为调整红色后的肤色不均匀现象。

图7-64

此时，可以考虑使用【计算】命令的"相加"或"相减"混合模式来准确地选中肤色区域，从而便于过渡均匀地调色。

选择【图像】/【计算】菜单命令，打开"计算"对话框，在其中设置相应的参数，因为肤色主要由红色和黄色组成，所以可选择红色通道和蓝色通道的反向（即黄色），如图7-65所示。

图7-65

白色部分为全部选择，黑色部分为未选择，中间调的灰色部分为部分选择，如图7-66所示。单击 确定 按钮，建立选区，如图7-67所示。

图7-66 　　　　　图7-67

此时对选区调整"色相/饱和度"，即可均匀调色，不会出现颜色断层现象，如图7-68所示。

图7-68

第8章 应用混合模式与蒙版

本章导读

混合模式与蒙版在使用Photoshop CC制作图像特效和合成图像的过程中常被频繁使用，其中混合模式可以使图像形成特殊的混合效果，蒙版则用于控制图像的显示区域，以获得特殊的合成效果。综合运用混合模式与蒙版，可以制作出逼真的图像合成特效。

知识目标

< 了解图层不透明度与混合模式
< 掌握创建与编辑图层蒙版的方法
< 掌握创建与编辑剪贴蒙版的方法
< 掌握创建与编辑矢量蒙版的方法

能力目标

< 制作星空露营海报
< 合成"灯中金鱼"特效
< 制作多重曝光效果
< 制作中秋海报

情感目标

< 培养关于合成图像特效的能力
< 提升设计宣传海报、设计DM单的能力

8.1 图层不透明度与混合模式

图层不透明度与混合模式在图像处理过程中起着十分重要的作用。图层不透明度主要用于设置不透明效果，而混合模式主要通过将上层图层内容与下层图层内容混合，形成新的图像效果。

8.1.1 设置图层不透明度

通过"图层"面板中的"不透明度"和"填充"选项，可以控制图层的不透明度，从而使图像产生透明或半透明效果。选择【窗口】/【图层】菜单命令，打开"图层"面板，选择需设置不透明度的图层，在"图层"面板中的"不透明度"文本框中输入相应的数值。

此外，在"图层"面板的"填充"文本框中输入相应的数值也可以改变图层的不透明度。当输入的数值小于100%时，将显示该图层和下面图层的图像，数值越小，图层越透明；当数值为0%时，该图层将不会显示，而完全显示其下面图层的内容。

需要注意的是，若为图层应用了如外发光等图层样式后，再设置图层的不透明度效果，则图层所应用图层样式的不透明度也会发生变化，如图8-1所示；但对图层设置"填充"的不透明度，则只更改图像的不透明度，不更改图层样式的不透明度，如图8-2所示。

图8-1   图8-2

8.1.2 设置图层混合模式

Photoshop CC中的图层混合模式分为6组，共27种，每组混合模式都可产生相似或相近的效果。打开"图层"面板，在"图层的混合模式"下拉列表框中可以查看所有的图层混合模式，如图8-3所示。

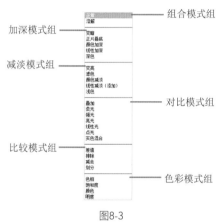

图8-3

Photoshop CC 预设的图层混合模式，其对应效果各有不同。为熟练使用图层混合模式制作图像，用户需要了解其效果。

1. 组合模式组

使用组合模式组时，只有在降低图层的不透明度后才能产生效果。

● 正常：Photoshop CC默认的混合模式，图层不透明度为100%时，上方图层可完全遮盖住下方图层，如图8-4所示。降低图层不透明度后可，透出下方图层。

● 溶解：当选择该模式，并降低图层不透明度后，半透明区域中的像素将出现颗粒化的效果，如图8-5所示。

图8-4 　　　　　　图8-5

2. 加深模式组

使用加深模式组可使图像变暗，在混合时当前图层的白色将以较深的颜色代替。

● 变暗：该模式将上层图层与下层图层比较，上层图层中较亮的像素将被下层较暗的像素替换，而亮度值相比于下层像素低的像素将保持不变，如图8-6所示。

● 正片叠底：该模式中上层图层图像中的像素与下层图层中白色区域重合颜色保持不变，与下层图层中黑色区域重合颜色被替换，使图像变暗，如图8-7所示。

图8-6 　　　　　　图8-7

● 颜色加深：该模式将提高深色图像的对比度，下层图层中的白色不会发生变化，如图8-8所示。

● 线性加深：该模式将降低亮度使像素变暗，其颜色比"正片叠底"模式丰富，如图8-9所示。

● 深色：该模式将比较上、下两个图层所有颜色通道值的总和，然后显示颜色值较低的部分，如图8-10所示。

图8-8 　　　　图8-9 　　　　图8-10

3. 减淡模式组

使用减淡模式组可使图像变亮，在混合时当前图层的黑色会被较浅的颜色所代替。

● 变亮：该模式与"变暗"模式正好相反，上层图层中较亮的像素将替换下层图层中较暗的像素，而较暗的像素则会被下层图层中较亮的像素代替，如图8-11所示。

● 滤色：该模式与"正片叠底"模式正好相反，可产生图像变白的效果，如图8-12所示。

● 颜色减淡：该模式与"颜色加深"模式正好相反，它通过降低对比度的方法来增亮下层图层的图像，使图像颜色更加饱和、更加艳丽，如图8-13所示。

● 线性减淡（添加）：该模式与"线性加深"模式正好相反，它是通过增加亮度的方法来减淡图像颜色，如图8-14所示。

PhotoShop CC 平面设计核心技能一本通（移动学习版）

● 浅色：该模式将比较上、下两个图层中所有颜色通道值的总和，然后显示颜色值较高的部分，如图8-15所示。

图8-11   图8-12

图8-13   图8-14   图8-15

4. 对比模式组

使用对比模式组可增强图像的反差，混合时50%的灰度将会消失，亮度高于50%灰色的像素可增亮图层颜色，亮度低于50%灰色的像素可减暗图层颜色。

● 叠加：该模式在增强图像颜色的同时，保存底层图层的高光与暗调图像效果，如图8-16所示。

● 柔光：该模式通过上层图层来决定图像变亮或变暗效果。当上层图层中的像素比50%灰色亮，图像将变亮；当上层图层中的像素比50%灰色暗，图像将变暗，如图8-17所示。

图8-16   图8-17

● 强光：该模式使上层图层中比50%灰色亮的像素变亮，比50%灰色暗的像素变暗，如图8-18所示。

● 亮光：该模式中，若上层图层中颜色像素比50%灰度亮，将会通过增加对比度的方式使图像变亮；若上层图层中颜色像素比50%灰度暗，将会通过增加对比度的方式使图像变暗，混合后的图像颜色会变得饱和，如图8-19所示。

图8-18   图8-19

● 线性光：该模式中，若上层图层中的颜色像素比50%灰度亮，将会通过增加亮度的方式使图像变亮；若上层图层中的颜色像素比50%灰度暗，将会通过增加亮度的方式使图像变暗，如图8-20所示。

● 点光：该模式中，若上层图层中的颜色像素比50%灰度亮，则替换暗像素；若上层图层中的颜色像素比50%灰度暗，则替换亮像素，如图8-21所示。

● 实色混合：该模式中，若上层图层中的颜色像素比50%灰度亮，下层图层将变亮；若上层图层中的颜色像素比50%灰度暗，下层图层将变暗，如图8-22所示。

图8-20   图8-21   图8-22

5. 比较模式组

使用比较模式组可比较当前图层和下方图层，若有相同的区域，该区域将变为黑色；不同的区域则会显示为灰度层次或彩色。若图像中出现了白色，则白色区域会显示下方图层的反相色，但黑色区域不会发生变化。

● 差值：该模式中，上层图层中白色区域会让下层图层颜色区域产生反相效果，但黑色区域不会发生变化，如图8-23所示。

● 排除：该模式的混合原理与"差值"模式的混合原理基本相同，但可创建对比度更低的混合效果，如图8-24所示。

图8-23   图8-24

● 减去：该模式将从目标通道中应用的像素上减去源通道中的像素值，如图8-25所示。

● 划分：该模式将查看每个通道中的颜色信息，再从基色中划分混合色，如图8-26所示。

图8-25　　　　　图8-26

6. 色彩模式组

使用色彩模式组可将图层中的色彩划分为色相、饱和度和亮度3种成分，然后将其中的一种或两种成分互相混合。

● 色相：该模式将上层图层的色相应用到下层图层的亮度和饱和度中，并改变下层图层的色相，但不会改变下层图层的亮度和饱和度。此外，图像中的黑、白、灰区域也不会受到影响，如图8-27所示。

● 饱和度：该模式将上层图层中的亮度应用到下层图层的颜色中，并改变下层图层的亮度，但不会改变下层图层的色相和饱和度，如图8-28所示。

图8-27　　　　　图8-28

● 颜色：该模式将上层图层的色相和饱和度应用到下层图层中，但不会改变下层图层的亮度，如图8-29所示。

● 明度：该模式将上层图层中的亮度应用到下层图层的颜色中，并改变下层图层的亮度，但不会改变下层图层的色相和饱和度，如图8-30所示。

图8-29　　　　　图8-30

 范例　制作星空露营海报

 知识要点　图层不透明度、图层混合模式

 配套资源　素材文件\第8章\露营.jpg、露营信息.psd、流星.png、星空.png
效果文件\第8章\星空露营海报.psd

 扫码看视频

范例说明

拍摄夜景时常因摄影设备、时间和技术问题出现照片效果不佳的情况。使用Photoshop CC有助于弥补照片缺憾，合成需要的效果。本例将根据提供的露营和星空素材，调整图层位置，并选择适当的图层混合模式，制作出大气磅礴的星空露营海报。

操作步骤

1 新建"大小"为"60厘米×85厘米"、"分辨率"为"100像素/英寸"、"名称"为"星空露营海报"的图像文件。置入"露营.jpg"素材文件，发现素材中露营照片的星空效果不明显，如图8-31所示。此时可选择拍摄效果更好的星空图像进行照片合成。

2 置入"星空.png"素材文件，调整至合适的大小和位置，效果如图8-32所示。

图8-31　　　　　图8-32

3 合成星空的目的是在原有夜空颜色的基础上附加星光，所以设计人员可选择"星空"图层，在"图层"面板的"设置图层的混合模式"下拉列表框中选择"强光"选项，如图8-33所示。保留"星空"图层中的明亮星光，除去暗沉背景，效果如图8-34所示。

图8-33　　　　　　图8-34

4 置入"流星.png"素材文件，调整至合适的大小和位置，效果如图8-35所示。

5 为了将"流星"图层的亮度应用到下层图像中，设计人员可选择"流星"图层，在"设置图层的混合模式"下拉列表框中选择"明度"选项，如图8-36所示。

图8-35　　　　　　图8-36

6 打开"露营信息.psd"素材文件，将其中的"底部"图层拖入"星空露营海报.psd"图像文件中，调整至合适的大小和位置，效果如图8-37所示。

7 "底部"图层的目的是增亮露营图像的底部颜色，保存"底层"图层图像内容，所以设计人员可选择"底部"图层，在"设置图层的混合模式"下拉列表框中选择"叠加"选项，如图8-38所示。

图8-37　　　　　　图8-38

8 图像合成完后需要添加文本以传达信息，这里只需将"露营信息.psd"素材文件中的"组1"图层组拖入"星

空露营海报.psd"图像文件中，并调整至合适的大小和位置，最终效果如图8-39所示。按【Ctrl+S】组合键保存文件，完成本例的制作。

图8-39

8.1.3　高级混合与混合颜色带

Photoshop中不但支持使用图层混合模式来处理图层与图层之间的关系，还支持通过"图层样式"对话框对混合的选项进行高级混合与混合色带的调整，如通道混合、挖空和混合颜色带等。

1. 设置通道混合

用户可以根据需要对图像的某个颜色通道设置混合效果。其设置方法为：选择需要设置混合效果的图层，选择【图层】/【图层样式】/【混合选项】菜单命令，打开"图层样式"对话框，在"高级混合"栏中可对通道混合进行设置，如图8-40所示。

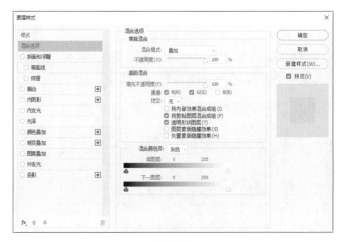

图8-40

"高级混合"栏中的"填充不透明度"与"图层"面板中的"填充"选项是相对应的。"通道"选项中的R、G、B分别对应红（R）、绿（G）、蓝（B）通道。若取消其中某个通道的复选框，则对应的颜色通道将从参与混合的通道中排除。

2. 设置挖空效果

"挖空"选项可将上层图层与下层图层的全部或部分重叠的图像区域显示出来。在"图层样式"对话框的"高级混合"栏中即可对挖空效果进行设置，如图8-41所示。需要注意的是，若想要制作挖空效果，则"图层"面板中至少包含3个图层，且图层顺序为：被挖空的图层在上方，被穿透的图层在中间，需要显示的图层在下方。

图8-41

● **挖空**：用于设置挖空的程度。选择"无"选项，不挖空；选择"浅"选项，将挖空到第一个可能的停止点，如图层组下方的第一个图层或剪贴蒙版的基底图层；选择"深"选项，将挖空到背景图层，若图像中没有背景图层，将显示透明效果。

● **将内部效果混合成组**：勾选该复选框后，添加了"内发光""颜色叠加""渐变叠加""图案叠加"效果的图层将不显示添加效果。

● **将剪贴图层混合成组**：勾选该复选框，剪贴蒙版中基底图层的混合模式将对内容图层产生作用。取消勾选该复选框，则基底图层的混合模式将只对底部图层自身有影响，而不会对内容图层有影响。

● **透明形状图层**：勾选该复选框，此时图层样式或挖空范围会被限制在图层的不透明区域。

● **图层蒙版隐藏效果**：勾选该复选框，将不会显示图层蒙版中的效果。

● **矢量蒙版隐藏效果**：勾选该复选框，矢量蒙版中的效果将不会显示。

3. 设置混合颜色带

图8-42所示"混合颜色带"选项可将图像本身的灰度映射为图像的透明度，它是一种高级蒙版，用于混合上、下两个图层的内容。混合颜色带常用于制作云彩、火焰、闪电、烟花、光效等半透明效果。

图8-42

● **混合颜色带**：用于设置控制混合效果的颜色通道。若选择"灰色"选项，则表示所有颜色通道都将参加混合。

● **本图层**：拖曳"本图层"中的滑块，可隐藏本图层像素，显示下一个图层像素。若将左边黑色的滑块向右移动，本图层中较深色的像素会被隐藏；若将右边白色的滑块向左移动，本图层中较浅色的像素会被隐藏。

● **下一图层**：拖曳"下一图层"中的滑块，可将本图层下方的图层像素隐藏。若将左边黑色的滑块向右边移动，

下一图层中较深色的像素会被隐藏；若将右边白色的滑块向左移动，下一图层中较浅色的像素会被隐藏。

★ **范例** 合成"灯中金鱼"特效

知识要点　设置高级混合

配套资源　素材文件\第8章\灯.jpg、金鱼.jpg
　　　　　效果文件\第8章\灯中金鱼.psd

扫码看视频

📷 **范例说明**

高级混合常用于特效效果的合成。本例将提供"灯"和"金鱼"素材，要求对二者进行创意合成。在制作时，为了使灯光效果更柔和、美观，设计人员可以使用画笔在灯泡上绘制灯光，并设置合适的混合模式。

📋 **操作步骤**

1 打开"灯.jpg"素材文件，置入"金鱼.jpg"素材文件，将其移动至灯泡图像上方，然后在图像上单击鼠标右键，在弹出的快捷菜单中选择【变形】命令，拖曳鼠标调整图像轮廓，制作透视效果，如图8-43所示。

图8-43

2 在"图层"面板中双击"金鱼"图层右侧的空白区域，打开"图层样式"对话框，在"混合选项"下拉列表框中选择"强光"选项，设置"填充不透明度"为"82%"，在"混合颜色带"下拉列表框中选择"灰色"选项，将"本图层"右边的白色滑块向左拖曳，隐藏金鱼图像中的白色像素，将"下一图层"左边的黑色滑块向右拖曳，显露灯泡图像中较深色的像素，如图8-44所示。

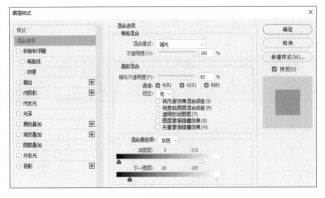

图8-44

3 单击 ⬚确定 按钮，返回图像编辑区，查看混合效果，如图8-45所示。

4 新建图层，然后选择"画笔工具" ✐，设置"画笔样式"为"柔边圆"，"大小"为"400像素"，"颜色"为"#ffba6e"，在灯泡图像上方单击绘制一个圆形的柔边圆，效果如图8-46所示。

图8-45　　　　　图8-46

5 在"图层"面板中将上一步新建图层的"图层的混合模式"设置为"叠加"，效果如图8-47所示。按【Ctrl+Shift+S】组合键保存文件，并设置"文件名"为"灯中金鱼"，完成本例的制作。

图8-47

8.2 图层蒙版

图层蒙版是一个拥有256级色阶的灰度图像，自身并不可见。它可用于控制调色或滤镜范围，常被应用于合成图像，起着遮盖的作用。

8.2.1 图层蒙版的作用

图层蒙版是指遮盖在图层上的一层灰度遮罩。设计人员可以通过使用不同的灰度级别进行涂抹，以设置其透明程度。图层蒙版主要用于合成图像。在创建调整图层、填充图层、智能滤镜时，Photoshop CC也会自动为其添加图层蒙版，以控制颜色调整和滤镜范围。

图层蒙版中，白色为图像可见区域；灰色为图像半透明区域，即灰色越深，图像越透明；黑色为图像不可见区域。图8-48所示图层蒙版即以黑色遮盖了图像的上半部分，显露出下半部分的紫色花丛图像。

图8-48

若想将被图层蒙版隐藏的区域显示出来，可使用颜色为白色的 "画笔工具" ✐ 对需要显示的区域进行涂抹。例如，使用颜色为白色的 "画笔工具" ✐ 涂抹图8-49所示图层蒙版后，扩大了紫色花丛图像的显示范围。

图8-49

8.2.2 创建图层蒙版

当需要隐藏图层中的某些区域，而不想删除这些区域时，可为图层添加图层蒙版。

创建图层蒙版的方法很简单：选择需要创建图层蒙版的图层，在"图层"面板中单击"添加图层蒙版"按钮 ▢，或选择【图层】/【图层蒙版】/【显示选区】菜单命令，为图像添加蒙版，然后将前景色设置为"#000000"，使用"画笔工具" ✐ 在图像上涂抹，即可为涂抹区域创建图层蒙版。

范例 制作多重曝光效果

图层蒙版、图层混合模式

 配套 资源
素材文件\第8章\曝光素材\模特.png、
蝴蝶.jpg、花朵.jpg、文本.psd
效果文件\第8章\多重曝光.psd

扫码看视频

范例说明

多重曝光是拍摄中的常用技巧。它是指摄影中采用两次或更多次独立曝光，然后将它们重叠起来合成一张新照片的技术。本例提供模特、蝴蝶、花朵素材，设计人员通过创建图层蒙版及设置混合模式参数，可以制作出更加丰富、唯美的图像细节。

操作步骤

1 新建"大小"为"21厘米×29.7厘米"、"分辨率"为"72像素/英寸"、"名称"为"多重曝光"的图像文件。选择【窗口】/【渐变】菜单命令，打开"渐变"面板，在"彩虹色"下拉列表中选择"彩虹色_06"选项，并按住鼠标左键不放将色块拖入图像编辑区中的任意位置，然后释放鼠标左键，完成背景的渐变填充。

2 置入"模特.png"素材文件，调整至合适的大小和位置，效果如图8-50所示。

3 置入"蝴蝶.jpg"素材文件，按两次【Ctrl+J】组合键复制素材，将这3个图层分别移至模特面部位置、图像左下方以及图像右下方，并调整至合适的大小，然后将"图层的混合模式"均设置为"滤色"，效果如图8-51所示。

图8-50   图8-51

4 在"图层"面板中选择"蝴蝶"图层，单击"添加图层蒙版"按钮 ■ 创建图层蒙版，设置前景色为"#000000"，使用"画笔工具" ✍ 在图像上涂抹，遮盖泥土区域，只留下

蝴蝶区域。使用相同的方法为"蝴蝶拷贝"和"蝴蝶拷贝2"图层添加图层蒙版并进行涂抹处理，如图8-52所示。

图8-52

5 置入"花朵.jpg"素材文件，调整大小和位置，并将"图层的混合模式"设置为"滤色"，效果如图8-53所示。

6 在"图层"面板中选择"花朵"图层，单击"添加图层蒙版"按钮 ■ 创建图层蒙版，使用"橡皮擦工具" ✐ 在图像上涂抹，遮盖多余的花朵图像，效果如图8-54所示。

图8-53   图8-54

7 打开"文本.psd"素材文件，将其中的"文本"图层组拖入"多重曝光.psd"图像文件中，调整大小和位置，并设置"文本"图层组的"图层的混合模式"为"亮光"。

8 在"图层"面板中选择图像右侧竖向文本所在的图层，单击"添加图层蒙版"按钮 ■ 创建图层蒙版，选择"渐变工具" ■，设置渐变颜色为"#000000~#ffffff"，在图像编辑区中单击鼠标左键并从左至右拖曳鼠标填充一条黑白渐变色带，制作右侧文本图像的渐隐效果，如图8-55所示。

9 按【Ctrl+S】组合键保存文件，完成本例的制作。

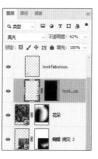 

图8-55

8.2.3 从通道中生成图层蒙版

图层蒙版和Alpha通道中的图像很相似，只存在灰度信息而没有颜色。但通道只影响选区，图层蒙版则既能改变图像内容，又能影响选区。

从通道中生成图层蒙版的方法为：在"通道"面板中查看各个颜色通道，然后选择对比度较高的颜色通道进行复制，再通过调整色阶和曲线继续增加通道中图像的对比度，然后按【Ctrl+I】组合键使通道图像反向选择，如图8-56所示。按【Ctrl+A】组合键全选图像，再按【Ctrl+C】组合键复制图像。

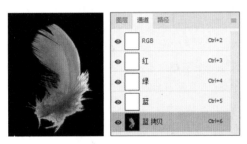

图8-56

按【Ctrl+2】组合键重新显示彩色图像，置入背景图像。单击"添加图层蒙版"按钮 ，按住【Alt】键不放单击蒙版缩览图，图像编辑区将显示蒙版效果。按【Ctrl+V】组合键将通道图像粘贴到蒙版中，再单击图层缩览图显示图层画面，如图8-57所示。

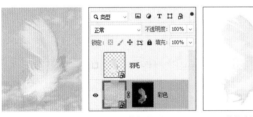

置入背景　　　　蒙版背景　　　　蒙版效果

图8-57

8.2.4 链接图层内容与图层蒙版

创建图层蒙版后，图层中图像缩览图和图层蒙版缩览图之间有一个 图标，表示图层与图层蒙版相互链接，如图8-58所示。当对图像进行自由变换操作时，图层蒙版也会跟着发生变化。

若不想图层蒙版与图像一起变化，可单击 图标，或选择【图层】/【图层蒙版】/【取消链接】菜单命令，将图层与图层蒙版之间的链接取消，如图8-59所示。若想恢复链接，直接单击取消链接的位置即可。

图8-58　　　　　　　　图8-59

8.2.5 复制与转移图层蒙版

复制图层蒙版是指将该图层中创建的图层蒙版复制到另一个图层中，这两个图层同时拥有创建的图层蒙版；而转移图层蒙版则是将该图层中创建的图层蒙版移动到另一个图层中，原图层中的图层蒙版将不存在。复制和转移图层蒙版的方法分别如下。

● 复制图层蒙版：将鼠标指针移动到图层蒙版上，按住【Alt】键不放并拖曳鼠标，将图层蒙版拖曳到另一个图层上，然后释放鼠标左键，即可将图层蒙版复制到该图层蒙版中，如图8-60所示。

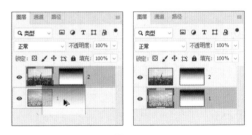

图8-60

● 转移图层蒙版：转移图层蒙版时，无须按【Alt】键，即可直接将该图层蒙版移动到目标图层中，原图层中将不再有图层蒙版，如图8-61所示。

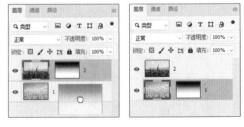

图8-61

8.2.6 应用与删除图层蒙版

使用图层蒙版制作出需要的图像效果，并确认不需要修改后，可通过应用图层蒙版的方法将图层蒙版转换为普通图层。如果不需要创建的图层蒙版，可将其删除。

● 应用图层蒙版：在"图层"面板中选择图层蒙版，选择【图层】/【图层蒙版】/【应用】菜单命令，或直接在图层蒙版上单击鼠标右键，在弹出的快捷菜单中选择【应用图层蒙版】命令，即可将图层蒙版转换为普通图层，如图8-62所示。

图8-62

● 删除图层蒙版：在"图层"面板中选择图层蒙版，选择【图层】/【图层蒙版】/【删除】菜单命令，或直接在图层蒙版上单击鼠标右键，在弹出的快捷菜单中选择【删除图层蒙版】命令，即可删除图层蒙版，如图8-63所示。

图8-63

8.3 剪贴蒙版

剪贴蒙版可通过一个图层控制多个图层的可见内容，具有连续性，而图层蒙版和矢量蒙版只能控制一个图层。因此在平面设计中，常通过剪贴蒙版将多个图像合成生动、有趣的画面。

8.3.1 创建剪贴蒙版

剪贴蒙版由基底图层和内容图层组成，其中内容图层位于基底图层上方，如图8-64所示。基底图层用于控制图层的最终形式，而内容图层则用于控制最终图像显示的图案。需

要注意的是，一个剪贴蒙版只能拥有一个基底图层，但可以拥有多个内容图层。

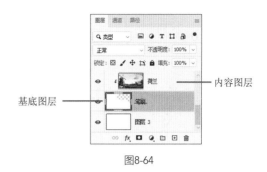

图8-64

创建剪贴蒙版的方法有以下3种。

● 通过菜单命令创建：选择需要创建剪贴蒙版的图层，选择【图层】/【创建剪贴蒙版】菜单命令即可创建剪贴蒙版。

● 通过快捷菜单命令创建：在"图层"面板中需要创建剪贴蒙版的图层上单击鼠标右键，在弹出的快捷菜单中选择【创建剪贴蒙版】命令即可创建剪贴蒙版，如图8-65所示。

● 通过鼠标拖动创建：按住【Alt】键不放，将鼠标指针移动到需要创建剪贴蒙版的图层与下一图层的分割线上，当鼠标指针变为 形状时单击，即可创建剪贴蒙版，如图8-66所示。

图8-65   图8-66

> **技巧**
>
> 在"图层"面板中选择需要创建剪贴蒙版的图层，按【Ctrl+Alt+G】组合键也可创建剪贴蒙版。

8.3.2 释放剪贴蒙版

为图层创建剪贴蒙版后，若效果不佳可释放剪贴蒙版。释放剪贴蒙版的方法有以下3种。

● 通过菜单命令释放：选择要释放的剪贴蒙版，再选择【图层】/【释放剪贴蒙版】菜单命令，即可释放剪贴蒙版。

● 通过快捷菜单命令释放：在内容图层上单击鼠标右键，在弹出的快捷菜单中选择【释放剪贴蒙版】命令，即可释放剪贴蒙版，如图8-67所示。

● 通过拖动释放：先按住【Alt】键不放，将鼠标指针放置到内容图层和基底图层中间的分割线上，当鼠标指针变为 ▼□ 形状时单击，即可释放剪贴蒙版，如图8-68所示。

图8-67　　　　　　图8-68

8.3.3　编辑剪贴蒙版

创建剪贴蒙版后，用户可以根据实际情况对剪贴蒙版进行编辑，如设置剪贴蒙版的不透明度和混合模式。

● 设置剪贴蒙版的不透明度：为图层创建剪贴蒙版后，该图层会自动应用基底图层的透明度。若对透明度不满意，可以选择剪贴蒙版，在"图层"面板中设置"不透明度"的参数值。

● 设置剪贴蒙版的混合模式：若剪贴蒙版的混合模式不能满足需要，可在"图层"面板中设置剪贴蒙版的混合模式。

★ 范例　制作中秋海报

知识要点	剪贴蒙版、混合模式
配套资源	素材文件\第8章\中秋节.psd、剪纸.psd、装饰文字.psd 效果文件\第8章\中秋海报.psd

扫码看视频

📷 范例说明

剪纸效果主要是运用具有逼真感的纸质贴图，通过前后、远近关系塑造空间的层次感。本例提供了月饼、月亮、玉兔等中秋节相关元素，通过创建和编辑剪贴蒙版制作创意性剪纸效果，塑造变化丰富的中秋海报。

📋 操作步骤

1 打开"中秋节.psd"素材文件，该图像文件的尺寸即为海报尺寸。

2 打开"剪纸.psd"素材文件，将其中所有内容拖入"中秋节.psd"素材文件中，调整大小和位置，效果如图8-69所示。

3 按住【Shift】键不放，在"图层"面板中选择所有剪纸图层，在其上单击鼠标右键，在弹出的快捷菜单中选择【创建剪贴蒙版】命令，如图8-70所示。

图8-69　　　　　　　图8-70

4 双击"剪纸0"图层右侧的空白区域，打开"图层样式"对话框，勾选"斜面和浮雕"复选框，在"样式"下拉列表框中选择"内斜面"选项，设置"深度"为"100"，"大小"为"6"，"软化"为"0"，设置高光模式的"不透明度"为"50%"，"阴影颜色"为"#8d3d08"，设置阴影模式的"不透明度"为"50%"，如图8-71所示。

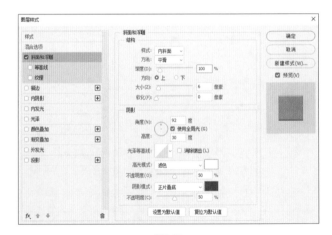

图8-71

5 勾选"颜色叠加"复选框，在"混合模式"下拉列表框中选择"叠加"选项，设置"叠加颜色"为"#f7d63f"，"不透明度"为"91%"，单击 确定 按钮，如图8-72所示。

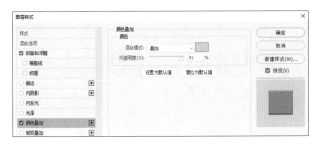

图8-72

6 选择"剪纸 0"图层，在其上单击鼠标右键，在弹出的快捷菜单中选择【拷贝图层样式】命令，然后按住【Shift】键不放，选择其他剪纸图层，在其上单击鼠标右键，在弹出的快捷菜单中选择【粘贴图层样式】命令，即可为所有剪纸图层设置同样的图层样式，如图8-73所示。根据显示效果调整个别图层的图层样式参数，如图8-74所示。

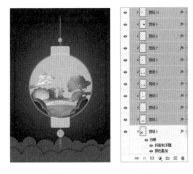

图8-73　　　　　图8-74

7 选择"矩形工具"□，设置"填充颜色"为"#9d1f24"，在月亮图像上绘制两个装饰矩形，在形状图层上单击鼠标右键，在弹出的快捷菜单中选择【创建剪贴蒙版】命令，向下创建剪贴蒙版。

8 新建图层，选择"画笔工具"✐，设置"画笔样式"为"柔边圆"，在月亮图像上绘制多个黄色光晕，绘制过程中可适当调整画笔大小和不透明度。绘制完成后向下创建剪贴蒙版，并修改"图层的混合模式"为"叠加"。重复两次该操作，可根据显示效果修改"图层的混合模式"为"正常"，如图8-75所示。

9 选择灯笼中轴柱图像所在的"圆角矩形 2"图层，选择"矩形工具"□，设置"填充颜色"为"#b3712e"，在灯笼中轴柱图像上绘制4个装饰矩形，并向下创建剪贴蒙版，效果如图8-76所示。

10 打开"装饰文字.psd"素材文件，将其中的"装饰"图层组和"文字"图层组拖入"中秋节.psd"素材文件中，调整至合适的大小和位置，效果如图8-77所示。

11 按【Ctrl+Shift+S】组合键保存文件，并设置"文件名"为"中秋海报"，完成本例的制作。

图8-75　　　　　　图8-76　　　　　　图8-77

8.4　矢量蒙版

矢量蒙版是用钢笔工具、形状工具等矢量工具创建的蒙版，它可以在图层上绘制路径形状控制图像的显示与隐藏，并且可以调整与编辑路径节点。使用矢量蒙版可以制作出精确的蒙版区域。

8.4.1　创建矢量蒙版

矢量蒙版是将矢量图像引入蒙版中的一种蒙版形式。创建矢量蒙版的方法为：选择需要添加矢量蒙版的图层，使用矢量绘图工具绘制路径，选择【图层】/【矢量蒙版】/【当前路径】菜单命令，即可基于当前路径创建矢量蒙版，如图8-78所示。

图8-78

由于矢量蒙版是通过矢量工具进行制作，所以矢量蒙版与分辨率无关，无论如何变形都不会影响矢量图形轮廓边缘的光滑程度。

8.4.2　在矢量蒙版中添加形状

初次创建矢量蒙版后，用户还可以继续在该矢量蒙版中

137

添加形状，以达到需要的效果。在矢量蒙版中添加形状的方法很简单：单击矢量蒙版缩览图后，使用钢笔工具或形状工具在矢量蒙版中绘制形状，如图8-79所示。

图8-79

除此之外，绘制形状时可先在工具属性栏中单击"路径操作"按钮，在弹出的下拉菜单中选择"合并形状""排除重叠形状"等选项，以达到更丰富的效果。

8.4.3 移动、变换矢量蒙版中的形状

除了可以在矢量蒙版中添加形状外，还可以对矢量蒙版中的形状进行移动、变换等操作。其方法为：单击需要调整的矢量蒙版缩览图，然后选择"路径选择工具"，在图像编辑区中单击形状，当形状周围出现路径线条和锚点时表明形状已被选取，如图8-80所示。

按【Delete】键可删除所选形状；按【Ctrl+T】组合键可自由变换所选形状，变换过程中可发现矢量蒙版的遮挡区域也随之改变，如图8-81所示；最后按【Enter】键确认变换效果。

图8-80　　　　　图8-81

8.4.4 转换矢量蒙版为图层蒙版

在图像编辑过程中，图层蒙版的使用非常频繁，为了便于编辑，用户可将矢量蒙版转换为图层蒙版。其方法为：在矢量蒙版缩览图上单击鼠标右键，在弹出的快捷菜单中选择【栅格化矢量蒙版】命令，栅格化后的矢量蒙版将会变为图层蒙版，如图8-82所示。

图8-82

技巧

选择带矢量蒙版的图层后，选择【图层】/【栅格化】/【矢量蒙版】菜单命令，可将矢量蒙版转换为图层蒙版；选择【图层】/【矢量蒙版】/【删除】菜单命令，可删除矢量蒙版；选择【图层】/【矢量蒙版】/【取消链接】菜单命令，可取消矢量蒙版的链接；选择【图层】/【矢量蒙版】/【链接】菜单命令，可恢复矢量蒙版的链接。

8.5 综合实训：制作撕纸效果DM单

撕纸效果是指模拟将纸张撕开，露出不平滑边缘的设计效果，它具有保持画面平衡、增加画面层次、增强视觉效果等作用。撕纸效果可以打破常规的平整画面，让设计作品看起来更加生动、随意和真实，同时所表达的内容也不会太突兀。制作撕纸效果DM单时，设计人员可通过调整元素的大小、远近和前后多重关系，使画面的节奏感更强烈、层次感更丰富。

8.5.1 实训要求

某饮品店需要宣传夏日特色饮品。为增强吸引力，现考虑使用提供的图片、店铺信息等素材制作撕纸效果DM单，要求体现特色饮品、清爽风格，且视觉效果美观大方。尺寸要求为30厘米×40厘米。

"DM单"是Direct Mail Advertising的简称，它是区别于传统广告刊载媒体的新型广告发布形式，一般免费赠送给大众阅读，其形式多样，如信件、订货单、宣传单和折价券等都属于DM单。通常，DM单设计旨在吸引潜在消费人群的目光，重点突出宣传品的用途、功能或优势等内容。

设计素养

8.5.2 实训思路

（1）通过分析提供的素材和资料，可以发现宣传商品为饮品，设计时要体现清爽、自然的特点。在制作DM单时，需要对风格进行统一。

（2）本例DM单的目的是吸引大众购买饮品，以增加店铺流量。派发DM单时，平平无奇的效果很难在短时间内吸引用户注意，因此设计人员可考虑使用具有较大视觉冲击力的撕纸效果来制作DM单。

（3）设计中只添加少量文字，同时设置较为显眼的文字效果，便于用户快速阅读。

（4）为凸显"夏日""清爽""果汁"等关键词，制作DM单时可选择不同程度的蓝色、绿色、粉色、黄色进行搭配。

（5）结合本章所学的混合模式与蒙版的知识，在DM单制作中创建合适的蒙版，并设置图层的混合模式，丰富画面细节。

本例完成后的参考效果如图8-83所示。

图8-83

8.5.3 制作要点

完成本例主要包括创建蒙版、编辑蒙版、设置混合模式和添加文案4个部分，主要操作步骤如下。

1 新建"大小"为"30厘米×40厘米"、"分辨率"为"150像素/英寸"、"名称"为"撕纸效果DM单"的图像文件。打开"背景.psd"素材文件，将其中所有素材拖入新建的图像文件中，调整大小与位置。

2 置入"撕边.png"和"卷轴.png"素材文件，调整其大小和位置，设置"卷轴"图层"图层的混合模式"为"明度"，然后为"撕边"图层添加"投影"图层样式。

3 分别置入"波纹.jpg""水珠.jpg""饮品.png""西瓜.jpg"素材文件，调整其图层顺序、大小和位置，分别为"撕边"和"卷轴"图层创建剪贴蒙版，设置"图层的混合模式"和"不透明度"，制作更加丰富的图像效果。

4 为"西瓜"图层添加图层蒙版，仅保留卷轴上方的西瓜图像。复制"水珠"图层，将复制后的图层移至"西瓜"图层上方，添加图层蒙版遮盖掉水果和饮品图像上多余的水珠，"图层"面板如图8-84所示。

5 使用"横排文字工具" T.输入"夏日冰爽"文字。复制"西瓜"图层，将复制后的图层移至"夏日冰爽"图层上方，然后创建剪贴蒙版，制作具有西瓜图案的文字效果。输入"炎/炎/夏/日 清/凉/来/袭"文字，使用"矩形工具" □.在该文字上方和下方分别绘制两个装饰矩形，然后将文字图层和形状图层创建为"标语"图层组，使用相同的方法制作具有西瓜图案的标语效果，"图层"面板如图8-85所示。

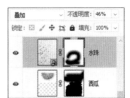
图8-84

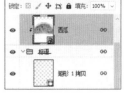
图8-85

6 打开"信息.psd"素材文件，将其中所有内容拖入"撕纸效果DM单"图像文件中，调整大小和位置，然后按【Ctrl+S】组合键保存文件。

学习笔记

巩固练习

1. 制作荷兰观光海报

本练习将制作一张展现优美风景的荷兰观光海报，要求展示创建剪贴蒙版制作笔刷效果。制作时先打开"荷兰.jpg"素材文件，置入"笔刷.jpg"素材文件，调整图层顺序并创建剪贴蒙版，然后输入文字，接着绘制装饰矩形，参考效果如图8-86所示。

> **配套资源**
> 素材文件\第8章\巩固练习\荷兰.jpg、笔刷.png
> 效果文件\第8章\巩固练习\荷兰观光海报.psd

2. 制作装饰画效果

本练习将制作家居场景中的装饰画效果，要求通过创建和编辑矢量蒙版制作出风景图片在画框中的展示效果。制作时先抠取相框的中间部分，再使用矢量蒙版将

风景图片创建到抠取的部分中，然后适当调整矢量蒙版中的路径，使风景图像与相框更加融合，参考效果如图8-87所示。

> **配套资源**
> 素材文件\第8章\巩固练习\装饰画素材\风景1.jpg、风景2.jpg、装饰画.jpg
> 效果文件\第8章\巩固练习\装饰画效果.psd

图8-86

图8-87

技能提升

1. 调整矢量蒙版属性

对矢量蒙版的管理可以通过"属性"面板进行。在"图层"面板中单击矢量蒙版缩览图后，选择【窗口】/【属性】菜单命令，或直接双击矢量蒙版缩览图，打开"属性"面板，在其中可设置与该矢量蒙版相关的参数。

"密度"选项可以控制矢量蒙版整体的遮挡强度，降低"密度"值，即降低了矢量蒙版的不透明度。"羽化"选项可以控制矢量蒙版边缘的柔化程度，通过调整"羽化"值可使边缘轮廓变得模糊，从而形成柔和的过渡效果。

2. 改变剪贴蒙版组中的图层

剪贴蒙版中，一个基底图层可以拥有多个内容图层，这多个内容图层可被称为"剪贴蒙版组"。通过调整剪贴蒙版组可以快速设置剪贴蒙版。

创建剪贴蒙版后，如果对图像的效果不满意，设计人员可根据需要将图层加入或移出剪贴蒙版组。其方法分别介绍如下。

（1）加入剪贴蒙版组

在已建立剪贴蒙版的基础上，将一个普通图层移动

到基底图层上方，该普通图层会被转换为内容图层，如图8-88所示。

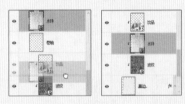

图8-88

（2）移出剪贴蒙版组

将内容图层移出至基底图层的下方，即可移出剪贴蒙版组，如图8-89所示。

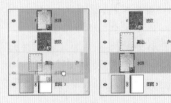

图8-89

第 9 章

调整图像色彩

本章导读

拍摄图像时，受天气、角度等客观因素的影响，图像色彩可能会出现偏差。此时，可以使用Photoshop中的调色功能调整图像色彩。Photoshop CC中包含了多种调色命令，对各种调色命令进行组合搭配，可以处理各种数码照片和图像素材的色彩与色调。

知识目标

- 了解色彩调整的基础知识
- 掌握快速调整图像色彩的方法
- 掌握调整图像色调和明暗的方法
- 掌握转换图像色彩的方法
- 掌握特殊色调的调整命令

能力目标

- 改变森林照片季节
- 调整偏色图像
- 制作装饰画效果
- 模拟HDR效果

情感目标

- 培养对色彩的敏感度和美学修养
- 提升调整图像色彩时的分析能力

9.1 色彩调整的基础知识

光线由波长范围很窄的电磁波产生，不同频率的电磁波单独或混合后表现为不同的颜色。使用Photoshop CC可以自由地改变和调整图像颜色，以达到预期的效果。

9.1.1 色彩三要素

自然界中有很多种色彩，但所有的色彩都是由红（Red）、绿（Green）、蓝（Blue）3种色彩调和而成的。这3种色彩就是三原色，三原色的组合如图9-1所示。

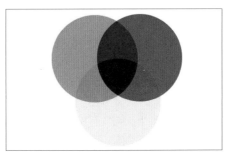

图9-1

色彩包含色相、纯度和明度3个基本要素，当色彩之间发生作用形成色调后，还会显现出其本身不同的色性和色调。

- 色相：色相由原色、间色和复色构成。在标准色相环中以角度表示不同色相，取值范围为0°～360°。在实际生活和工作中则使用红、黄、紫红、银灰等颜色来表示不同色相。
- 纯度：纯度又称饱和度，它是指色彩的鲜艳度。受图像颜色中灰色的相对比例的影响，黑、白和灰色色彩没有饱和度。当某种色彩的饱和度最大时，其色相具有最纯的色光。饱和度通常以百分数表示，取值范围为0%～100%，0%表示灰色，100%则表示完全饱和。

● 明度：明度又称亮度，它是指色彩的明暗程度。其通常以黑色和白色表示，越接近黑色，亮度越低；越接近白色，亮度越高。明度的取值范围为−150～150，−150表示黑色，150表示白色。

9.1.2 "信息"面板

选择【窗口】/【信息】菜单命令，打开"信息"面板，如图9-2所示。

图9-2

● RGB：用于显示鼠标指针所在位置的RGB颜色值。

● CMYK：用于显示鼠标指针所在位置的CMYK颜色值。如果鼠标指针或颜色取样器下的颜色超出可打印的CMYK色域，CMYK值旁边将显示惊叹号图标。

● 8位：根据设置，"信息"面板会显示8位、16位或32位颜色值。

● X、Y：用于实时显示鼠标指针在X轴坐标和Y轴坐标上的位置。

● W、H：用于实时显示创建选框时选框的宽度（W）和高度（H）。

● 文档：根据设置，"信息"面板会显示图像状态信息，如文档大小、文档配置文件、文档尺寸、暂存盘大小、效率、计时以及当前工具等。

● 提示：用于显示当前使用工具的应用提示信息。

9.2 快速调整图像色彩

使用"自动颜色"菜单命令可快速调整图像颜色，比较适合初学者使用。在【调整】菜单命令的子菜单中，还可选择"去色""自动对比度""照片滤镜"菜单命令来快速、灵活地调整图像色彩。

9.2.1 "自动颜色"命令

"自动颜色"命令常用于校正偏色的图像，该命令能够搜索图像中的阴影、中间调和高光，从而调整图像的对比度和颜色。打开需要调整的图像，选择【图像】/【自动颜色】菜单命令，Photoshop CC将自动调整图像色彩。图9-3所示为调整图像颜色前后的对比效果。

图9-3

9.2.2 "去色"命令

使用"去色"命令可去掉图像中除黑色、灰色和白色以外的颜色。打开一张彩色的图像，选择【图像】/【调整】/【去色】菜单命令，可将图像中的彩色去掉，如图9-4所示。

图9-4

9.2.3 "自动对比度"命令

使用"自动对比度"命令可以自动调整图像的对比度，使阴影颜色更暗、高光颜色更亮。打开需要调整的图像，选择【图像】/【自动对比度】菜单命令，Photoshop CC将自动调整图像的对比度。图9-5所示为调整图像对比度前后的对比效果。

图9-5

9.2.4 "照片滤镜"命令

"照片滤镜"命令主要用于模仿在相机镜头前面添加彩色滤镜后拍摄照片的效果。选择【图像】/【调整】/【照片滤镜】菜单命令，打开"照片滤镜"对话框，进行相应的设置，单击 确定 按钮，如图9-6所示。调整图像前后的对比效果如图9-7所示。

图9-6

图9-7

● 滤镜：选中"滤镜"单选按钮，在右侧的下拉列表框中可选择预设的滤镜效果。

● 颜色：选中"颜色"单选按钮，单击右侧的色块可自动设置颜色。

● 密度：用于调整滤镜颜色的浓淡对比。其数值较大时，颜色的浓度较高。

● 保留明度：勾选"保留明度"复选框，可以保证调整滤镜颜色时图像的明度不变。

实战 使用"照片滤镜"命令改变图像的冷暖色调

知识要点：　"照片滤镜"命令

配套资源：　素材文件\第9章\宝宝.jpg
　　　　　　效果文件\第9章\宝宝.jpg

扫码看视频

操作步骤

1 打开"宝宝.jpg"素材文件，如图9-8所示。发现素材色调较为冷淡，可将其调整为比较温暖的色调，使图像氛围更可爱、色彩更柔和。选择【图像】/【调整】/【照片滤镜】菜单命令，打开"照片滤镜"对话框。

图9-8

2 选中"滤镜"单选按钮，在其后的下拉列表框中选择"加温滤镜（85）"选项，设置"密度"为"40%"，完成后单击 确定 按钮，如图9-9所示。

3 返回图像编辑区，完成后的效果如图9-10所示。按【Ctrl+S】组合键保存文件，完成本例的制作。

图9-9　　　　　　图9-10

9.3 调整图像色调

Photoshop CC提供了多种图像色调调整的功能，可以调整出风格多样的图像效果。例如，使用"色相/饱和度"菜单命令更改图像色调、使用"色彩平衡"菜单命令校正图像色彩。

9.3.1 "色相/饱和度"命令

使用"色相/饱和度"命令可以调整图像全图或单个通道的色相、饱和度和明度，常用于处理图像中不协调的单个颜色。选择【图像】/【调整】/【色相/饱和度】菜单命令，打开"色相/饱和度"对话框，如图9-11所示。调整图像色相/饱和度前后的对比效果如图9-12所示。

图9-11

调整前　　　　　　调整后

图9-12

● 预设："预设"下拉列表框中提供了8种"色相/饱和度"选项，选择需要的选项可应用相应的效果。单击"预设选项"按钮 ⚙，在弹出的下拉菜单中选择"存储预设"选项，可存储当前的"色相/饱和度"参数；选择"载入预设"选项，可导入已保存的参数文件。

● 通道："通道"下拉列表框中提供了7个选项，可分别调整"全图""红色""黄色""绿色"等通道效果。选择所需调整的通道，然后在"色相""饱和度""明度"文本框中输入数值或拖曳滑块调整图像颜色。

● 👆 按钮：单击 👆 按钮，可直接调整图像的饱和度。先单击图像中的一点取样，然后向右拖曳鼠标可提高图像的饱和度，向左拖曳鼠标可降低图像的饱和度。按住【Ctrl】键再单击图像中的一点取样，然后左右拖曳鼠标可调整图像的色相。

● 着色：勾选"着色"复选框，图像会整体偏向一种单一的颜色，通过拖曳"色相""饱和度""明度"3个滑块可以调整图像的色调。

⭐ **范例** 改变森林照片季节

知识要点	"色相/饱和度"命令、"自动色调"命令
配套资源	素材文件\第9章\森林.jpg 效果文件\第9章\森林.jpg

扫码看视频

🖼 **范例说明**

在处理照片的过程中，有时需要在同一个场景中展现不同季节的效果。若直接拍摄要等待较长的时间，此时可使用Photoshop CC中的"色相/饱和度"菜单命令调整图像色调，制作出不同季节的效果。本例提供了秋天的"森林"照片，设计人员可通过调整色调制作出春天的森林效果。

📋 **操作步骤**

1 打开"森林.jpg"素材文件，如图9-13所示。按【Ctrl+J】组合键复制图层。

图9-13

2 选择【图像】/【调整】/【色相/饱和度】菜单命令，打开"色相/饱和度"对话框，设置"色相""饱和度"分别为"+70""-71"，完成后单击 确定 按钮，如图9-14所示。

图9-14

3 选择【图像】/【自动色调】菜单命令，进一步调整图像色调，调整后的效果如图9-15所示。按【Ctrl+S】组合键保存文件，完成本例的制作。

图9-15

9.3.2 "色彩平衡"命令

使用"色彩平衡"命令可以控制全图的整体颜色分布，纠正图像中的偏色现象，使颜色分布更加平衡。选择【图像】/【调整】/【色彩平衡】菜单命令，打开"色彩平衡"对话框，如图9-16所示。调整图像色彩平衡前后的对比效果如图9-17所示。

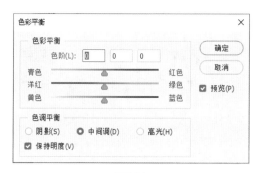

图9-16

调整前　　　　　　调整后

图9-17

● 色彩平衡：色彩平衡用于调整"青色—红色""洋红—绿色""黄色—蓝色"在图像中的占比。例如，将"青色"滑块向左拖曳可在图像中增加青色，减少红色；向右拖曳可增加红色，减少青色。

● 色调平衡：其包括"阴影""中间调""高光"3个单选按钮，选中不同的单选按钮可调整色彩的平衡方式。

9.3.3 "自然饱和度"命令

"自然饱和度"命令主要用于调整图像色彩的饱和度，在处理人物图像时使用频率较高。图9-18所示为调整自然饱和度前后的对比效果。选择【图像】/【调整】/【自然饱和度】菜单命令，打开"自然饱和度"对话框，在"自然饱和度"和"饱和度"文本框中输入数值进行设置，如图9-19所示。

调整前　　　　　　调整后

图9-18

图9-19

● 自然饱和度：用于调整颜色的自然饱和度，避免色调失衡。输入的数值越小，图像的饱和度越低；输入的数值越大，图像的饱和度越高。

● 饱和度：用于调整所有颜色的饱和度。输入的数值越小，图像的饱和度越低；输入的数值越大，图像的饱和度越高。

实战 使用"色彩平衡"命令调整海浪色调

知识要点　"色彩平衡"命令

配套资源　素材文件\第9章\冲浪.jpg　　效果文件\第9章\冲浪.jpg

扫码看视频

145

操作步骤

1 打开"冲浪.jpg"素材文件，发现海浪的色调不够饱满，如图9-20所示。选择【图像】/【调整】/【色彩平衡】菜单命令，打开"色彩平衡"对话框，选中"中间调"单选按钮，设置"色阶"分别为"+6""−15""+8"，如图9-21所示。

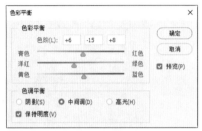

图9-20　　　　　　　　　　图9-21

2 选中"阴影"单选按钮，设置"色阶"分别为"−18""−23""+17"，如图9-22所示。

3 单击 确定 按钮完成设置，效果如图9-23所示。按【Ctrl+S】组合键保存文件，完成本例的制作。

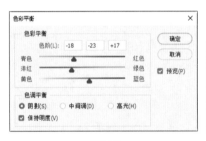

图9-22　　　　　　　　　　图9-23

9.3.4　"颜色查找"命令

"颜色查找"命令主要用于调整图像的风格化效果。选择【图像】/【调整】/【颜色查找】菜单命令，打开"颜色查找"对话框，如图9-24所示。选中"3DLUT文件""摘要""设备链接"单选按钮，在右侧的下拉列表框中选择需要的单选按钮，单击 确定 按钮，为图像设置不同的风格化效果。图9-25所示为调整图像风格化前后的对比效果。

图9-24

调整前　　　　　　　　　　调整后

图9-25

9.3.5　"可选颜色"命令

使用"可选颜色"命令可在不影响图像主要颜色的基础上修改图像中的颜色，主要是针对印刷油墨的含量控制颜色，颜色包括青色、洋红、黄色和黑色。图9-26所示为"可选颜色"对话框；图9-27所示为调整可选颜色前后的对比效果。

图9-26

调整前　　　　　　　　　　调整后

图9-27

9.3.6　"匹配颜色"命令

使用"匹配颜色"命令可将一张图像的颜色匹配到另一张图像上，常用于图像合成。图9-28所示为调整匹配颜色前后的对比效果；图9-29所示为"匹配颜色"对话框。

调整前　　　　　　　　　　调整后

图9-28

图9-29

调整前　　　　　　　调整后

图9-30

- 目标：显示当前图像的名称和颜色模式。
- 应用调整时忽略选区：勾选该复选框，在匹配颜色时将不影响选区；取消勾选该复选框，将只会调整选区内容。
- 明亮度：用于提高或降低图像的亮度。其数值越大，亮度越高；数值越小，亮度越低。
- 颜色强度：用于调整颜色的饱和度。其数值越大，饱和度越高；当数值为1时，图像将呈灰度效果显示。
- 渐隐：用于调整匹配颜色的匹配度。其数值越大，匹配比例越低。
- 中和：勾选该复选框，可消除图像中出现的偏色。
- 使用源选区计算颜色：勾选该复选框，可以使用在源图像中创建的选区图像匹配当前图像。取消勾选该复选框，则使用整张源图像匹配当前图像。
- 使用目标选区计算调整：勾选该复选框，只为当前图像的选区匹配颜色。取消勾选该复选框，则为整张图像匹配颜色。
- 源：用于选择需与当前图像匹配颜色的图像。
- 图层：用于选择需要用以匹配颜色的图层。
- 载入统计数据、存储统计数据：用于导入已有数据或保存当前数据。

9.3.7 "替换颜色"命令

使用"替换颜色"命令可以选择图像中多个不连续的相同颜色区域，并设置和替换其色相、饱和度、明度等。图9-30所示为调整替换颜色前后的对比效果；图9-31所示为"替换颜色"对话框。

图9-31

- 本地化颜色簇：勾选该复选框，配合3种吸管工具，可以选择多个颜色，让选择范围更细致。
- 吸管工具：单击"吸管工具"按钮 ✎，可以提取需替换的颜色。
- 添加到取样：单击"添加到取样"按钮 ✎，可以从图像中添加新的颜色。
- 从取样中减去：单击"从取样中减去"按钮 ✎，可以从图像中减少需替换的颜色。
- 颜色：用于显示当前提取的颜色。
- 颜色容差：用于控制颜色的选择范围。其数值越大，选择的范围和精确度就越高。
- 选区/图像：选中"选区"单选按钮，可在预览区查看代表选区范围的蒙版，其中白色表示已选择，黑色表示未选择，灰色表示选择部分区域；选中"图像"单选按钮，则会显示当前图像内容。
- "色相""饱和度""明度"：用于调整替换颜色的色相、饱和度和明度。此外，也可单击"结果"色块，直接设置需要替换的颜色。

实战 使用"可选颜色"命令改变花朵颜色

知识要点 "可选颜色"命令

配套资源
素材文件\第9章\花田.jpg
效果文件\第9章\花田.psd

扫码看视频

操作步骤

1 打开"花田.jpg"素材文件,如图9-32所示。按【Ctrl+J】组合键复制图层。

2 选择【图像】/【调整】/【可选颜色】菜单命令,打开"可选颜色"对话框,在"颜色"下拉列表框中选择"黄色"选项,设置"青色""洋红""黄色""黑色"分别为"-55%""+52%""-100%""+31%",如图9-33所示。

图9-32

图9-33

3 在"颜色"下拉列表框中选择"青色"选项,设置"青色""洋红""黄色""黑色"分别为"-100%""+46%""0%""+20%",如图9-34所示。

图9-34

4 单击 确定 按钮完成设置,效果如图9-35所示。按【Ctrl+S】组合键保存文件,完成本例的制作。

图9-35

9.4 调整图像明暗

Photoshop CC提供了许多调色命令,可调整图像的明暗效果,如调整图像的亮度、对比度、色阶、曲线、曝光度等。

9.4.1 "亮度/对比度"命令

使用"亮度/对比度"命令可以调整图像的明暗对比。选择【图像】/【调整】/【亮度/对比度】菜单命令,打开"亮度/对比度"对话框,如图9-36所示。拖曳"亮度"或"对比度"下方的滑块,或在文本框中输入具体数值,然后单击 确定 按钮,完成调整。图9-37所示为调整亮度/对比度前后的对比效果。

图9-36

调整前

调整后

图9-37

● 亮度:用于调整图像的亮度。其数值越小,图像越暗;数值越大,图像越亮。

● 对比度:用于调整图像的明暗对比。其数值越小,对比越弱;数值越大,对比越强。

● 取消/复位：单击 取消 按钮，取消调整图像。若需还原图像的原始参数，可按住【Alt】键，此时 取消 按钮变为 复位 按钮，单击 复位 按钮可还原图像原始参数。

● 预览：勾选"预览"复选框，调整图像的亮度和对比度时，可以直接在图像编辑区中查看调整图像后的效果。

● 使用旧版：勾选"使用旧版"复选框，调整"亮度/对比度"的效果将与旧版Photoshop的效果一致。

9.4.2 "曝光度"命令

曝光度直接影响着图像效果的好坏。若是图像存在曝光过度或者曝光不足的现象，设计人员可通过Photoshop CC的"曝光度"命令调整曝光效果。图9-38所示为图像调整曝光度前后的对比效果。在Photoshop CC中，主要可以通过调整曝光度、位移和灰度系数等来调整图像的曝光效果。选择【图像】/【调整】/【曝光度】菜单命令，打开"曝光度"对话框，如图9-39所示。在该对话框中拖曳"曝光度""位移""灰度系数校正"中的滑块，或在其后的文本框中输入具体数值，然后单击 确定 按钮，即可完成曝光度的调整。需要注意的是，若将图像的曝光度调整得过高，可能会丢失图像的部分细节。

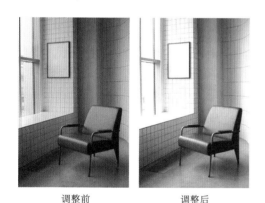

调整前　　　　　　调整后

图9-38

图9-40

● 预设："预设"下拉列表框中提供了4种曝光度选项，直接选择需要的选项以应用相应效果。

● 预设选项：单击"预设选项"按钮 ，在弹出的下

拉菜单中选择【存储预设】命令，可存储当前曝光度参数；选择【载入预设】命令，可导入已保存的曝光度参数文件。

● 曝光度：用于调整图像曝光度。其数值越小，曝光效果越弱；数值越大，曝光效果越强。

● 位移：用于调整阴影和中间调。其数值越小，光线越暗；数值越大，光线越亮。

● 灰度系数校正：用于调整图像的灰度系数。其数值越大，灰度越强。

9.4.3 "阴影/高光"命令

"阴影/高光"命令主要用于调整图像中特别暗或特别亮的区域。例如，校正由强逆光形成的剪影图像、校正因太接近相机闪光灯而亮度过高的图像。图9-40所示为"阴影/高光"对话框；图9-41所示为调整阴影/高光前后的对比效果。

调整前　　　　　　调整后

图9-41

● 阴影：用于调整图像的阴影效果。其中"数量"用于调整阴影区域的亮度，数值越大，阴影区域越亮；数值越

小，阴影区域越暗。"色调"用于调整色调的修改范围，若是设置的范围值较小，则只调整暗部区域。"半径"用于控制像素是在阴影中还是在高光中。

● 高光：用于调整图像的高光效果。"数量"用于调整高光区域的强度，数值越大，高光区域越暗。"色调"用于调整色调的修改范围，数值较小时，只对较亮区域进行调整；数值较大时，可控制的色调较多。"半径"用于调整局部相邻像素的大小。

● 调整：用于调整颜色、中间调、修剪黑色和修剪白色。其中"颜色"用于调整已更改区域的色彩，当调整"数量"显示暗部区域的颜色后，通过"颜色校正"可以使这些颜色更鲜艳。"中间调"用于调整中间调的对比度，数值越小，对比度越低；数值越大，对比度越高。"修剪黑色"和"修剪白色"用于指定将图像中多少阴影和高光剪到新的阴影中。

● 显示更多选项：勾选"显示更多选项"复选框，将显示全部的阴影和高光选项；取消勾选该复选框，则会隐藏详细选项。

9.4.4 "曲线"命令

使用"曲线"命令可以综合调整图像的色彩、亮度和对比度，使图像的色彩更具质感。图9-42所示为"曲线"对话框；图9-43所示为调整曲线前后的对比效果。

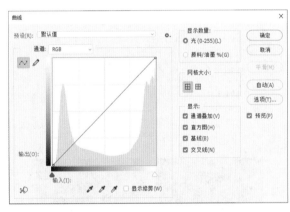

图9-42

调整前　　　　　调整后

图9-43

● 预设："预设"下拉列表框中提供了9种曲线选项，它们是Photoshop预设的曲线效果。选择需要的选项，可为图像应用相应的曲线效果。

● 预设选项：单击"预设选项"按钮，在弹出的下拉菜单中选择【存储预设】命令，可存储当前参数。选择【载入预设】命令，可导入已保存的参数文件。

● 图表：水平轴表示原来图像的亮度值，即图像的输入值；垂直轴表示图像处理后的亮度值，即图像的输出值。单击图表下方的光谱条，可切换黑色和白色。在图表中的暗调、中间调或高光部分区域的曲线上单击鼠标左键，将创建一个调节点，通过拖曳调节点可调整图像的明暗度。

● 编辑点以修改曲线：用于在图表中添加调节点。若想将曲线调整成比较复杂的形状，单击"编辑点以修改曲线"按钮可以添加多个调节点并加以调整。对于不需要的调节点可以通过单击选择，并按【Delete】键删除。

● 通过绘制来修改曲线：用于在图表上随意绘制需要的色调曲线。单击"通过绘制来修改曲线"按钮，然后将鼠标指针移至图表中，当鼠标指针变为形状时，可用画笔绘制色调曲线。

● 平滑：单击 平滑(M) 按钮，可平滑处理使用"通过绘制来修改曲线"按钮绘制的曲线。

● 输入/输出："输入"文本框是指输入色阶，显示调整前的像素值；"输出"文本框是指输出色阶，显示调整后的像素值。

● 以四分之一色调增量显示简单网格：单击"以四分之一色调增量显示简单网格"按钮，可以四分之一的增量显示网格。它是默认网格选项。

● 以10%增量显示详细网格：单击"以10%增量显示详细网格"按钮，可以10%的增量显示网格，网格线更加精确。

● 通道叠加：勾选"通道叠加"复选框，在复合曲线中可同时查看红、蓝、绿颜色通道的曲线。

● 基线：勾选"基线"复选框，可显示基线曲线值的对角线。

● 交叉线：勾选"交叉线"复选框，可显示用于确定点位置的交叉线。

9.4.5 "色阶"命令

"色阶"命令是图像处理中使用较频繁的命令。该命令不仅可以调整图像的明暗对比效果，还可以调整图像的阴影、高光和中间调。图9-44所示为"色阶"

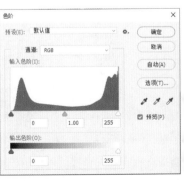

图9-44

对话框；图9-45所示为调整色阶前后的对比效果。

调整前　　　　　　　　　　调整后

图9-45

● 通道：在"通道"下拉列表框中可以选择要查看或调整的颜色通道。例如，选择"RGB"选项，表示调整整幅图像。

● 输入色阶：第一个文本框用于设置图像的阴影，取值范围为0~253；第二个文本框用于设置图像的中间调，取值范围为0.10~9.99；第三个文本框用于设置图像的高光，取值范围为1~255。

● 直方图：位于"色阶"对话框的中间，直方图最左端的黑色滑块代表阴影，向右拖曳黑色滑块，图像中低于该值的像素将变为黑色；中间的灰色滑块对应"输入色阶"的第二个文本框，用于调整图像的中间调；最右端的白色滑块对应第三个文本框，用于调整图像的高光，向左拖曳白色滑块，图像中高于该值的像素将变为白色。

● 输出色阶：第一个文本框用于增加图像的阴影，取值范围为0~255；第二个文本框用于降低图像的亮度，取值范围为0~255。

● 选项：单击 选项(T)... 按钮，打开"自动颜色校正选项"对话框，可分别设置单色对比度、通道对比度、深色和浅色、亮度和对比度，如图9-46所示。

● 在图像中取样以设置黑场：单击"在图像中取样以设置黑场"按钮 后，在图像中单击以选择颜色，图像上所有像素的亮度值都会减去该选取色的亮度值，使图像变暗，效果如图9-47所示。

图9-46　　　　　　　　　　图9-47

● 在图像中取样以设置灰场：单击"在图像中取样以设置灰场"按钮 后，在图像中单击以选择颜色，Photoshop

CC将使用吸管单击处像素的亮度来调整图像所有像素的亮度，效果如图9-48所示。

● 在图像中取样以设置白场：单击"在图像中取样以设置白场"按钮 后，在图像中单击以选择颜色，图像上所有像素的亮度值都会加上该选取色的亮度值，使图像变亮，效果如图9-49所示。

图9-48　　　　　　　　　　图9-49

★范例　调整偏色图像

知识要点　"曝光度"命令、"亮度/对比度"命令、"色阶"命令、"曲线"命令

配套资源　素材文件\第9章\陶瓷烤盘.psd
效果文件\第9章\陶瓷烤盘.psd

扫码看视频

原图　　　　　　　　　　最终效果

📽 范例说明

本例需调整"陶瓷烤盘"图像素材，使偏色的图像颜色变为正常的颜色。调整时可选择"曝光度"命令、"亮度/对比度"命令、"色阶"命令、"曲线"命令等进行，以得到需要的效果。

📋 操作步骤

1 打开"陶瓷烤盘.psd"素材文件，如图9-50所示。按【Ctrl+J】组合键复制图层。

2 选择【图像】/【调整】/【曝光度】菜单命令，打开"曝光度"对话框，设置"曝光度""位移""灰度系数校正"分别为"+1""+0.008""1.00"，单击 确定 按钮，如图9-51所示。

图9-50　　　　　　　图9-51

3 选择【图像】/【调整】/【亮度/对比度】菜单命令，打开"亮度/对比度"对话框，设置"亮度""对比度"分别为"35""5"，单击 确定 按钮，如图9-52所示。

4 选择【图像】/【调整】/【色阶】菜单命令，打开"色阶"对话框，设置"输入色阶"分别为"44""0.9""255"，单击 确定 按钮，如图9-53所示。

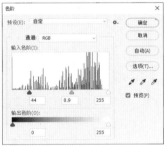

图9-52　　　　　　　图9-53

5 选择【图像】/【调整】/【曲线】菜单命令，打开"曲线"对话框，在"通道"下拉列表框中选择"蓝"选项，将鼠标指针移动到曲线编辑框中的斜线上，单击鼠标左键创建一个控制点，并向下拖曳。然后在"通道"下拉列表框中选择"RGB"选项，将鼠标指针移动到曲线编辑框中的斜线上，单击鼠标左键创建一个控制点，并向上拖曳，完成后单击 确定 按钮，如图9-54所示。

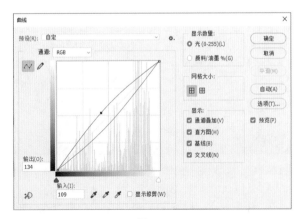

图9-54

6 返回图像编辑区，图像的颜色已经变得更加饱满，效果如图9-55所示。按【Ctrl+S】组合键保存文件，完成本例的制作。

图9-55

9.4.6　减淡工具与加深工具

使用"减淡工具" 🔍 和"加深工具" 🔍 涂抹图像，可使涂抹区域变亮或变暗，多次涂抹可叠加效果。"减淡工具" 🔍 的工具属性栏如图9-56所示，"加深工具" 🔍 的工具属性栏与"减淡工具" 🔍 的工具属性栏相似。

图9-56

● 画笔和画笔设置：分别用于选择使用的画笔以及打开"画笔设置"面板设置画笔。

● 范围：在"范围"下拉列表框中可以选择"阴影""中间调""高光"选项。其中"阴影"用于更改暗区域；"中间调"用于更改灰色的中间范围；"高光"用于更改亮区域。

● 曝光度：为"减淡工具" 🔍 指定曝光程度。使用"减淡工具" 🔍 前后的对比效果如图9-57所示。

使用前　　　　　　　使用后

图9-57

9.5 转换图像色彩

处理图像时，可能会需要将彩色图像转换为黑白图像、负片效果或降低图像饱和度。为此，Photoshop提供了多种命令和工具，设计人员可以选择合适的方式进行这几种图像色彩的转换。

9.5.1 "黑白"命令

"黑白"命令能够将彩色图像转换为黑白图像，并调整图像中各个颜色的色调深浅，从而使黑白图像更有层次感。图9-58所示为"黑白"对话框；图9-59所示为调整黑白前后的对比效果。

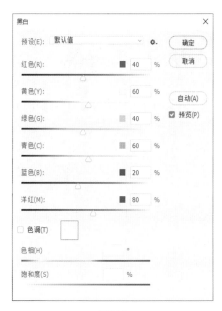

图9-58

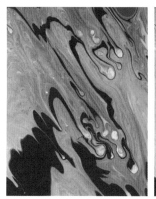

调整前　　　　　　　　调整后

图9-59

● 预设："预设"下拉列表框中提供了12种黑白预设效果，用户可根据需要选择相应选项。

● 红色~洋红：用于设置红色、黄色、绿色、青色、蓝色和洋红等颜色的色调深浅。其值越大，颜色越深。

● 色调：勾选"色调"复选框，可为灰度着色。单击其右侧的色块，在打开的"拾色器"对话框中设置用于着色的颜色。

● 色相：用于设置着色颜色的色相。勾选"色相"复选框，激活该选项。

● 饱和度：用于设置着色颜色的饱和度。勾选"饱和度"复选框，激活该选项。

9.5.2 "阈值"命令

使用"阈值"命令可以将彩色或灰度图像转换为只有黑白两种颜色的高对比度图像，即减少图像的彩色信息，只保存黑白颜色。使用"阈值"命令前后的对比效果如图9-60所示。打开一张彩色图像，选择【图像】/【调整】/【阈值】菜单命令，打开"阈值"对话框，在"阈值色阶"文本框中输入1~255的整数，单击 确定 按钮，如图9-61所示。

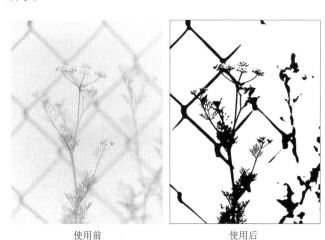

使用前　　　　　　　　使用后

图9-60

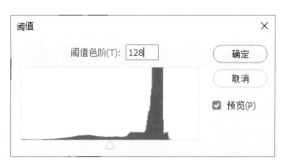

图9-61

9.5.3 "反相"命令

使用"反相"命令可将图像中的颜色替换为相应的补色。打开需要调整的图像，选择【图像】/【调整】/【反相】菜单命令，原图像会被调整为负片效果，如图9-62所示。

调整前　　　　　　　　　　调整后

图9-62

9.5.4 海绵工具

"海绵工具" 主要用于增加或减少指定图像区域的色彩饱和度，提高或降低对比。"海绵工具" 的工具属性栏如图9-63所示。

图9-63

● 模式：用于设置图像区域饱和度的调整方式。选择"加色"选项，将增加色彩饱和度，效果如图9-64所示；选择"去色"选项，将减少色彩饱和度，效果如图9-65所示。

图9-64　　　　　　　　　　图9-65

● 流量：用于设置"海绵工具" 的流量。其数值越大，效果越明显。

● 自然饱和度：勾选"自然饱和度"复选框，可在使用工具时防止颜色过于饱和而产生溢色。

★ 范例　制作装饰画效果

知识要点：　"黑白"命令、"曝光度"命令、"色调分离"命令、"渐变映射"命令、"阈值"命令

扫码看视频

配套资源：　素材文件\第9章\装饰画\画框.psd、图像1.jpg、图像2.jpg、图像3.jpg
效果文件\第9章\装饰画.psd

📰 范例说明

本例将制作装饰画效果，设计人员需要先处理"图像1.jpg""图像2.jpg""图像3.jpg"素材文件，处理后的图像要符合装饰环境的整体风格，并兼顾图像本身的美观效果。制作时可选择"黑白"命令、"曝光度"命令、"色调分离"命令、"渐变映射"命令、"阈值"命令分别调整图像，以得到装饰效果。

📋 操作步骤

1 打开"图像1.jpg"素材文件，选择【图像】/【调整】/【黑白】菜单命令，打开"黑白"对话框，在其中设置参数，单击 确定 按钮，如图9-66所示。

2 选择【图像】/【调整】/【曝光度】菜单命令，打开"曝光度"对话框，设置"曝光度""位移""灰度系数校正"分别为"+0.8""-0.025""1.05"，单击 确定 按钮，如图9-67所示。

图9-66　　　　　　　　　　图9-67

3 选择【图像】/【调整】/【色调分离】菜单命令，
打开"色调分离"对话框，设置"色阶"为"2"，
如图9-68所示。完成后单击 确定 按钮，效果如图9-69
所示。

图9-68　　　　　　　　　　图9-69

4 打开"图像2.jpg"素材文件，选择【图像】/【调整】/【阈
值】菜单命令，打开"阈值"对话框，设置"阈值色
阶"为"120"，如图9-70所示。完成后单击 确定 按钮，
效果如图9-71所示。

图9-70　　　　　　　　　　图9-71

5 打开"图像3.jpg"素材文件，选择【图像】/【调整】/
【渐变映射】菜单命令，打开"渐变映射"对话框，
在"基础"下拉列表中选择"黑白渐变"选项，完成后单击
确定 按钮，效果如图9-72所示。

图9-72

6 选择【图像】/【调整】/【曝光度】菜单命令，打开"曝
光度"对话框，设置"曝光度""位移""灰度系数校
正"分别为"+2.15""−0.18""0.75"，如图9-73所示。单击
确定 按钮，效果如图9-74所示。

图9-73　　　　　　　　　　图9-74

7 打开"画框.psd"素材文件，双击"左"图层左侧的
图层缩览图，打开"图层2.psb"图像文件，将调整后
的"图像1"复制到"图层2.psb"图像文件中，调整图像的
位置，按【Ctrl+S】组合键保存图像，关闭"图层2.psb"图
像文件，可以看到"图像1"已被置入"左"图层中。

8 使用相同的方法将"图像2"置入"中上""中下"图
层中，将"图像3"置入"右"图层中，调整图像的
位置，效果如图9-75所示。按【Ctrl+Shift+S】组合键保存文
件，并设置"文件名"为"装饰画"，完成本例的制作。

图9-75

调整前　　　　　　　　调整后

图9-77

9.6.2 "渐变映射"命令

"渐变映射"菜单命令可以将灰度图像范围映射到指定的渐变填充色中，以应用渐变重新调整图像。选择【图像】/【调整】/【渐变映射】菜单命令，打开"渐变映射"对话框，在"灰度映射所用的渐变"栏中，单击 按钮，在打开的下拉列表框中选择需要的预设渐变，如图9-78所示。图9-79所示为应用渐变映射前后的对比效果。

图9-78

9.6　特殊色调调整命令

使用"色调分离""渐变映射""色调均化"菜单命令可对图像进行特殊调整，制作出更加丰富的图像效果。

9.6.1 "色调分离"命令

"色调分离"菜单命令主要用于为图像中的每个通道指定亮度数量，并将这些像素映射到最接近的匹配色调上，以减少图像分离的色调。在Photoshop CC中，选择【图像】/【调整】/【色调分离】菜单命令，打开"色调分离"对话框，拖曳"色阶"滑块或在文本框中输入具体数值，以调整分离的色阶值，如图9-76所示。图9-77所示为调整色调分离前后的对比效果。

图9-76

应用前　　　　　　　　应用后

图9-79

● 仿色：勾选"仿色"复选框，可随机添加一些杂色以平滑渐变效果。

● 反向：勾选"反向"复选框，可反转渐变填充。

● "渐变编辑器"对话框：单击渐变条，打开"渐变编辑器"对话框，该对话框中主要包括"预设"栏、"渐变类型"栏和"色标"栏。"预设"栏中提供了Photoshop CC预设的12组渐变映射效果，选择需要的选项可应用效果；"渐变类型"栏中包括"渐变类型"下拉列表框、"平滑度"文本框和色标渐变条，其中"渐变类型"下拉列表框中提供了"实底"和"杂色"两个选项，"平滑度"文本框用于调整渐变的平滑度，色标渐变条用于调整渐变颜色，双击相应的色标，可在打开的对话框中选择和设置颜色；"色标"栏主要用于调整色标，它包括调整"不透明度""颜色""位置"等。

9.6.3 "色调均化"命令

使用"色调均化"命令可重新分配图像中各像素的亮度值，以便更加均匀地呈现出所有范围的亮度。一般来说，图像中最亮值呈现为白色，最暗值呈现为黑色，中间值则均匀地分布在整个灰度色调中。打开一张彩色图像，选择【图像】/【调整】/【色调均化】菜单命令，可重新分配图像中各像素的亮度值，如图9-80所示。

图9-80

9.7 制作高动态范围图像

图像的动态范围是指图像包含的由暗到亮的亮度级别，动态范围较大的图像，色调层次也较丰富。高动态范围图像也称HDR（High Dynamic Range）图像，它可通过合成多张以不同曝光度拍摄的同一场景图像来制作。

9.7.1 多张图像合成高动态范围图像

要使用多张图像合成高动态范围图像，需要先拍摄3~7张图像，并且每张图像在拍摄时只需保证一个色调拍摄准确，以使图像合成时兼顾高光、中间调和阴影。准备好图像后，

打开所有需要的图像文件，选择【文件】/【自动】/【合并到HDR Pro】菜单命令，打开"合并到HDR Pro"对话框，如图9-81所示。单击 添加打开的文件(F) 按钮，并单击 确定 按钮，将打开"合并到HDR Pro"对话框，如图9-82所示。

图9-81

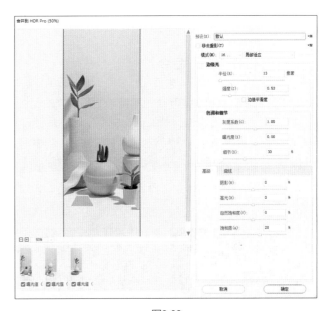

图9-82

● 预设：用于选择Photoshop CC预设的效果。单击 ▾≡ 按钮，弹出的下拉菜单中包含"存储预设"和"载入预设"两个选项，选择"存储预设"选项，将存储当前设置；选择"载入预设"选项，将使用之前存储的设置。

● 移去重影：用于移去图像中移动的对象，如车辆、人物或树叶等。

● 模式：单击 16.... 按钮，在打开的下拉列表中可以设置合并后图像的位深度。单击 局部适应 按钮，在打开的下拉列表中选择"局部适应"选项，可通过调整图像局部亮度区域来调整图像的HDR色调；选择"色调均化直

方图"选项，Photoshop CC可在压缩HDR图像动态范围的同时，自动保留一部分对比度；选择"曝光度和灰度系数"选项，可调整HDR图像的亮度和对比度；选择"高光压缩"选项，Photoshop CC可自动压缩HDR图像中的高光值，使高光值位于8位/通道或16位/通道图像的亮度值范围内。

● "边缘光"栏："半径"用于设置局部亮度区域的大小；"强度"用于设置两个像素的色调值相差多大时，它们属于不同的亮度区域。

● "色调和细节"栏："灰度系数"设置为1.00时动态范围最大，数值较小时会加重中间调，数值较大时会加重高光和阴影；"曝光度"用于反映光圈大小；"细节"用于调整图像锐化程度。

● 高级："阴影"和"高光"用于使图像变亮或变暗；"自然饱和度"用于细微调整颜色强度，同时尽量不剪切高度饱和的颜色；"饱和度"用于调整从-100（单色）到+100（双饱和度）的所有颜色强度。

● 曲线：用于在直方图上显示一条可调整的曲线，以显示原始32位HDR图像中的明亮度值。横轴中红色刻度线以一个EV（约为一级光圈）为增量。

9.7.2 "HDR色调"命令

"HDR色调"是一种高动态范围渲染的色调效果，它通过修补过亮或过暗的图像，制造出具有高动态感的图像效果。设计人员可以将单幅素材调整为HDR效果，调整前后的对比效果如图9-83所示。其方法为：选择【图像】/【调整】/【HDR色调】菜单命令，打开"HDR色调"对话框，如图9-84所示。

调整前　　　　　　　调整后

图9-83

● 预设：用于选择预设的HDR效果。
● 方法：用于选择图像采取的HDR方式。

图9-84

● 边缘光：用于调整图像边缘光的强度。
● 色调和细节：用于调整图像的"灰度系数""曝光度""细节"。
● 高级：用于调整图像的整体"阴影""高光""自然饱和度""饱和度"效果。
● 色调曲线和直方图：用于调整图像的色调曲线。

9.7.3 调整HDR图像的预览效果

HDR图像显示的动态范围超出了标准计算机显示器的显示范围，所以在Photoshop CC中打开HDR图像时，图像可能会较暗或出现褪色现象。通过Photoshop CC提供的"预览"功能，显示器显示的HDR图像的高光和阴影不会太暗或出现褪色现象。预览设置存储在HDR图像文件（仅限于PSD、PSB和TIFF格式）中，在Photoshop CC中打开HDR图像文件时，便会应用这些设置。预览调整不会编辑HDR图像文件本身，所有的HDR图像信息都保持不变。

打开一个32位/通道的HDR图像文件，选择【视图】/【32位预览选项】菜单命令，打开"32位预览选项"对话框，如图9-85所示。

图9-85

● 曝光度、灰度系数：用于调整图像显示效果的亮度和对比度。设计人员可通过拖曳"曝光度"和"灰度系数"的滑块来调整。

● 高光压缩：用于压缩HDR图像中的高光值，使其位于8位/通道或16位/通道图像的亮度范围内。

📷 范例说明

如果没有多张曝光度不同的照片来合成HDR图像，也可以使用"HDR色调"命令将一张普通照片改造成HDR效果。本例提供了一张普通照片，可通过调整"HDR色调"命令的边缘光、色调和细节、阴影和高光、饱和度等，为照片模拟HDR效果。

📋 操作步骤

1 打开"普通照片.jpg"素材文件，发现该照片的阴影和高光不明显，图像细节不清晰，效果如图9-86所示。

图9-86

2 选择【图像】/【调整】/【HDR色调】菜单命令，打开"HDR色调"对话框，在"方法"下拉列表框中选择"局部适应"选项，展开"边缘光"栏，设置"半径""强度"分别为"254""0.40"，勾选"平滑边缘"复选框；展开"色调和细节"栏，设置"灰度系数""曝光度""细节"分别为"3.18""1.1""+234"；展开"高级"栏，设置"阴影""高光""自然饱和度"分别为"+27""-83""+76"，如图9-87所示。

3 单击 确定 按钮，返回图像编辑区，查看效果如图9-88所示。

4 按【Ctrl+Shift+S】组合键保存文件，并设置"文件名"为"HDR图像"，完成本例的制作。

图9-87

图9-88

9.8 综合实训：制作旅游宣传展板

通过学习Photoshop CC中调整图像色彩的技术，可以提升处理图像的综合能力，最终将处理好的图像应用于实际的设计工作中，如制作旅游宣传展板，以培养制作大型户外展板的能力。

展板是户外广告的重要表现形式，其常用材质有KT板、冷压板、PVC板、高密度板、亚克力等。由于展板空间有限，因此广告内容切记不宜冗长、繁多。简洁性是户外展板广告的一个重要原则。户外展板广告一般以图像为主、文字为辅，文字尽量简洁、明快，图像效果最好具有感染性。

设计素养

9.8.1 实训要求

本实训要求为"蓉"文化村制作一块以旅游宣传为目的的户外展板，制作前需要先对风景照片进行处理，然后添加文字、装饰等内容，使展板效果具有较高的艺术观赏性和传播性。尺寸要求为80厘米×45厘米。

9.8.2 实训思路

（1）在旅游宣传展板设计中可以融合文字、图像、装饰等多种设计元素来综合展示乡村风采，本例展板内容需要包含乡村名称、宣传标语、乡村形象以及一些简短介绍；在效果设计上可通过设置图层样式来提高画面的丰富性和美观度。

（2）素材文件中阴影和高光分布不合理，阴影过重，且整体色调偏冷，设计人员应先将素材调整为暖色调，以利于宣传。

（3）色彩在户外展板中起着吸引用户注意的作用，本例旅游宣传展板可以以风景照片的绿色为主色，搭配棕色、黄色、粉色进行点缀。

（4）结合本章所学的调整图像色彩的方法，对照片进行调整，再添加文字和装饰素材，提升展板的美观度。

本例完成后的参考效果如图9-89所示。

图9-89

9.8.3 制作要点

知识要点　图层样式、调色相关命令

配套资源　素材文件\第9章\风景.jpg、装饰.psd、描述.txt
效果文件\第9章\旅游宣传展板.psd

扫码看视频

完成本例主要包括调整照片、添加文字、布局装饰元素3个部分，主要操作步骤如下。

1　打开"风景.jpg"素材文件，使用"亮度/对比度""曝光度""阴影/高光"命令提高图像亮度和对比度，效

果如图9-90所示。使用"色彩平衡"和"曲线"命令调整自然的暖色调，效果如图9-91所示。

图9-90　　　　　　图9-91

2　新建"大小"为"80厘米×45厘米"、"分辨率"为"72像素/英寸"、"颜色模式"为"CMYK"、"名称"为"旅游宣传展板"的图像文件。打开"装饰.psd"素材文件，将其中的"底"图层拖入新建的图像文件中，再将调整好的风景照片拖入新建的图像文件中，并将图层重命名为"风景"，向下创建剪贴蒙版，调整大小和位置，如图9-92所示。

图9-92

3　输入"美""丽""风""光"文字，设置合适的字体和颜色，调整文字的大小和位置。为"美"图层和"丽"图层添加"渐变叠加"图层样式。

4　输入"特色文化村 度假首选地"文字，设置合适的字体、字号和颜色，将其移至"风"文字下方，并为该图层添加"投影"图层样式。

5　将"装饰.psd"素材文件中的"文字底"图层拖入"旅游宣传展板.psd"图像文件中，调整大小和位置，然后将其移至"风""光"文字下方作为装饰，并将"风""光"文字颜色修改为"#ffffff"。

6　输入"描述.txt"素材文件中的内容，设置字体和颜色，调整文字的大小和位置。

7　将"装饰.psd"素材文件中的"树叶"和"背景叠加"图层拖入"旅游宣传展板.psd"图像文件中，调整合适的大小和位置，并在"图层"面板中将这两个图层移至"风景"图层上方。

8　将"装饰.psd"素材文件中的"标志"和"竹叶装饰"图层组拖入"旅游宣传展板.psd"图像文件中，调整大小和位置，并在"图层"面板中将这两个图层组移至最上方，然后按【Ctrl+S】组合键保存文件。

1. 调整清爽色彩

本练习将为"湖畔.jpg"素材文件调整色调，先调整图像的亮度和对比度，然后为其添加蓝色调，营造清爽的氛围。调整前后的对比效果如图9-93所示。

> 配套资源　素材文件\第9章\巩固练习\湖畔.jpg
> 效果文件\第9章\巩固练习\清爽色彩.psd

调整前　　　　　　　调整后

图9-93

2. 制作复古黑白写真

本练习要求将一张彩色的人物照片制作成黑白写真，并要求图像明暗度均匀，具有复古感。制作前后的对比效果如图9-94所示。

> 配套资源　素材文件\第9章\巩固练习\写真.jpg
> 效果文件\第9章\巩固练习\写真.psd

制作前　　　　　　　制作后

图9-94

3. 制作日签

本练习要求调整蒲公英照片，并使用该照片制作一张小清新风格的日签。整个日签以淡雅的色彩和明亮的色调为主，给人以温暖、惬意的感觉，参考效果如图9-95所示。

图9-95

> 配套资源　素材文件\第9章\巩固练习\蒲公英.jpg
> 效果文件\第9章\巩固练习\日签.psd

4. 制作服装描述图

本练习要求在玫红色服装照片的基础上生成其他两种颜色的服装照片，并用3张不同颜色的服装照片来制作完整的服装描述图，以锻炼设计人员制作商品描述图的能力，参考效果如图9-96所示。

> 配套资源　素材文件\第9章\巩固练习\女大衣.jpg
> 效果文件\第9章\巩固练习\服装描述图.psd

图9-96

相较于RGB模式和CMYK模式，Lab模式的色域范围更广。下面将对Lab模式的特点和优势以及Lab调色技术的优势进行具体介绍。

1. Lab模式的特点

Lab模式的通道较为特殊，它是由"明度""a""b"3个颜色通道组成的，如图9-97所示。"明度"通道没有色彩信息，仅保存图像的明度信息；"a"通道保存介于"绿色—50%灰度（中性灰）—洋红"之间的颜色信息；"b"通道保存介于"蓝色—50%灰度（中性灰）—黄色"之间的颜色信息。

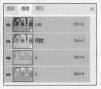

图9-97

选择【编辑】/【首选项】/【界面】菜单命令，打开"首选项"对话框，勾选"用彩色显示通道"复选框，单击 确定 按钮，这样能更为直观地看到"a""b"通道中的颜色信息，如图9-98所示。

"明度"通道　　　　"a"通道　　　　"b"通道

图9-98

虽然Lab模式只包含"a""b"两个保存彩色颜色信息的通道，而RGB模式和CMYK模式有3个保存彩色颜色信息的通道，但由于Lab模式的"a""b"通道分别包含两种不同的颜色，所以Lab模式在颜色的表现上更为出彩。

2. Lab调色技术的优势

在"a""b"通道中，比50%灰度更亮的是洋红色和黄色，比50%灰度更暗的是绿色和蓝色。因此，当通道的亮度高于50%灰度时，颜色会趋于暖色调；当通道的亮度低于50%灰度时，颜色会趋于冷色调。

若调亮"a"通道，就会增加洋红色的比例，如图9-99所示；若调暗"a"通道，就会增加绿色的比例，如图9-100所示。

图9-99　　　　　　　　图9-100

若调亮"b"通道，就会增加黄色的比例，如图9-101所示；若调暗"b"通道，就会增加蓝色的比例，如图9-102所示。

图9-101　　　　　　　　图9-102

由于Lab模式图像中的明度和颜色是分开保存的，所以在调整颜色时，颜色的明度不会随之改变；即使将通道互相替换或反相，也不会改变符合光照原理的图像明暗度。图9-103所示即为同一张图像分别在Lab模式和RGB模式下对颜色通道进行反相操作后的效果。

在降低颜色噪点方面，Lab模式也具有明显的优势。使用滤镜对"a""b"通道减少杂色或模糊，能够在不影响图像细节的情况下降低颜色噪点。

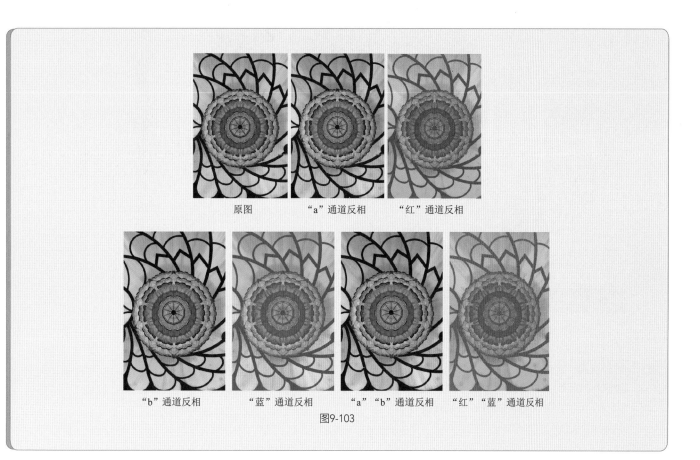

原图　　　　　　　　"a"通道反相　　　　　　"红"通道反相

"b"通道反相　　　　"蓝"通道反相　　　　"a""b"通道反相　　　　"红""蓝"通道反相

图9-103

第 10 章

设计文字与版式

本章导读

文字是传达信息的有效手段。在处理图像的过程中，文字不仅能提升设计效果的美观度，还能让表达的内容更加直观和具有说服力。本章将讲解文字的相关知识及相关操作，以便设计人员进行更加完善的版式设计。

知识目标

‹ 了解文字概述
‹ 掌握创建文字
‹ 掌握设置字符与段落
‹ 掌握编辑文字与文字图层

能力目标

‹ 制作企业宣传册内页
‹ 制作科技峰会招贴

情感目标

‹ 提升对文字版式设计的创新能力
‹ 培养在设计中编排文字的能力

10.1 文字概述

文字是生活中十分常见的信息表述方式，也是编辑图像时用于丰富图像效果的重要元素。文字不仅能传递图像信息，还能起到美化图像、强化主题的作用。

10.1.1 文字类型

在Photoshop CC中，根据文字的排版方向可分为横排文字和直排文字；根据文字的创建内容可分为点文本、段落文本和路径文字；根据文字的样式可分为普通文字和变形文字；根据文字的形式可分为文字和文字蒙版。

● 横排文字：横排文字是指所创建的平行于水平线方向的文字。其可通过选择工具箱中的"横排文字工具" T.进行创建，效果如图10-1所示。

图10-1

● 直排文字：直排文字是指所创建的平行于垂直线方向的文字。其可通过选择"直排文字工具" IT.进行创建，效果如图10-2所示。

图10-2

● 点文本：点文本是指从鼠标单击的某一点开始输入的文字。点文本可以是横排或直排的文字，效果如图10-3所示。

图10-3

● 段落文本：段落文本是指在定界框中输入的且可进行自动换行、调整文字区域大小等操作的段落文本，效果如图10-4所示。

图10-4

● 路径文字：路径文字是指根据路径的形状创建文

字。编辑路径文字时可以通过编辑文字中的锚点改变文字样式，使文字效果更为丰富，如图10-5所示。

图10-5

● 变形文字：变形文字是指形状变形的文字，而不是规则的正方形文字。其可通过文字工具的工具属性栏设置。图10-6所示为鱼形文字。

图10-6

● 文字蒙版：文字蒙版是指创建的内容不是一般的文字，而是以选区形式存在的文字。创建时，先在蒙版状态下输入文字，输入完成后再将其转换为选区，效果如图10-7所示。

图10-7

10.1.2　文字工具属性栏

选择需要的文字工具后，将显示对应的工具属性栏。在工具属性栏中可设置字体、字体大小、颜色等效果。各文字工具的工具属性栏选项和作用基本相同。图10-8所示为"横排文字工具" **T.** 的工具属性栏。

图10-8

● 文字方向：单击"文字方向"按钮 **⊡**，可改变文字方向。例如，在"横排文字工具" **T.** 的工具属性栏中单击"文字方向"按钮 **⊡**，可将横排文字转换为直排文字。

● "字体"下拉列表框：用于设置文字的字体样式。单击"字体"下拉列表框右侧的 ∨ 按钮，可在打开的下拉列表中选择一种字体样式，再输入文字。若对字体不满意，可继续修改。

● "字体样式"下拉列表框：用于设置字体的样式，如Regular（常规）、Italic（斜体）、Bold（粗体）、Bold Italic（粗斜体）和Black（粗黑体）等样式，具体选项会根据当前字体发生变化。图10-9~图10-12所示为常规、斜体、粗体和粗斜体的不同效果。

图10-9

图10-10

图10-11

图10-12

● "字号"下拉列表框：用于选择所需字体大小，也支持直接输入字体大小的数值。当输入数值较大时，文字显示就会较大。

● 设置消除锯齿的方法：用于设置消除文字锯齿，主要方法包括"无""锐利""犀利""浑厚""平滑"等。图10-13所示为选择"无"选项的效果；图10-14所示为选择"锐利"选项的效果。

图10-13　　　　图10-14

● 对齐文本：用于设置文字对齐方式，工具属性栏上从左至右分别为"左对齐"按钮 **≣**、"居中对齐"按钮 **≣** 和"右对齐"按钮 **≣**。当选择"直排文字工具" **IT.** 时，将显示"顶对齐"按钮 **㎜**、"居中对齐"按钮 **㎜**、"底对齐"按钮 **㎜**。

● 设置文本颜色：用于设置文字的颜色。单击色块可打开"（拾色器）文本颜色"对话框，在对话框中可设置字体的颜色。

● 创建文字变形：选择具有变形属性的字体后，单击"创建文字变形"按钮 **工.**，打开"变形文字"对话框，在其中设置变形参数，单击 确定 按钮，如图10-15所示。

图10-15

● 切换字符和段落面板：单击"切换字符和段落面板"按钮 **⊟**，可以显示（或隐藏）"字符"面板和"段落"面板，在面板中调整输入文字的文字格式和段落格式，如图10-16所示。

图10-16

10.2 输入与编辑文字

根据需要选择文字工具，然后在图像编辑区中输入文字，以提高图像的美观度。输入文字后，还可根据实际需要编辑文字。

10.2.1 输入点文本

创建点文本时，先选择"直排文字工具" IT. 或"横排文字工具" T.，然后在图像编辑区中需要添加文字处单击，就可以直接输入文字，如图10-17所示。

图10-17

10.2.2 输入段落文本

创建段落文本的方法与创建点文本的方法大致相同。不同的是，在创建段落文本前，需要先绘制定界框以定义段落文本的边界，此时输入的文本将位于定界框指定的大小区域内。

选择"横排文字工具" T.（或"直排文字工具" IT.），在图像编辑区中单击鼠标左键并拖曳鼠标，绘制大小合适的定界框，在工具属性栏中设置字体属性，然后将鼠标指针定位到定界框中输入文本，如图10-18所示。

图10-18

知识要点 点文本、段落文本的使用

配套资源 素材文件\第10章\背景素材.psd
效果文件\第10章\企业宣传册内页.psd

扫码看视频

范例说明

企业宣传册主要用于介绍企业的基本信息、企业文化、主要技术、主要产品、基础设施情况、资质荣誉、团队建设等内容。本例将为"明亮灯具设计有限公司"制作企业宣传册内页，该内页主要包含公司简介和主要产品介绍。制作时，字体可以选择思源黑体，使宣传册内容易于快速阅读；字体大小可根据具体内容调整；字体颜色可使用企业宣传册主色调，使内页效果和谐、统一。

操作步骤

1 打开"背景素材.psd"素材文件，选择"横排文字工具" T.，在图像编辑区中绘制定界框，设置"字体""文字大小""颜色"分别为"思源黑体CN Regular""12""#ffffff"，输入介绍文字，按【Enter】键完成输入，如图10-19所示。

图10-19

2 使用"横排文字工具" T，单击图像左下空白处创建点文本，设置"字体""文字大小""颜色"分别为"思源黑体CN Bold""12""#cfa972"，输入"吊灯"文字。使用相同的方法创建两个点文本，分别输入"落地灯""台灯"文字，调整文字位置，效果如图10-20所示。

图10-20

3 使用"横排文字工具" T在图像中绘制定界框，设置"字体""文字大小""颜色"分别为"思源黑体CN Light""11""#cfa972"，输入吊灯介绍文字。使用相同的方法再创建两个定界框，分别输入落地灯和台灯的介绍文字，调整文字位置，效果如图10-21所示。

图10-21

4 使用"横排文字工具" T，设置"字体""文字大小""颜色"分别为"思源黑体CN Regular""18""#ffffff"，绘制定界框，输入公司简介文字，调整文字位置，效果如图10-22所示。

图10-22

5 使用"横排文字工具" T，设置"字体""文字大小""颜色"分别为"思源黑体CN Bold""18""#ffffff"，输入"公司简介"文字，调整文字位置。

6 选择"直排文字工具" T，设置"字体""文字大小""颜色"分别为"思源黑体CN Bold""18""#cfa972"，输入"产品简介"文字，调整文字位置，效果如图10-23所示。保存文件，并设置"文件名"为"企业宣传册内页"，完成本例的制作。

图10-23

10.2.3 路径文字

在Photoshop CC中创建路径文字需结合"钢笔工具" ⌀来完成。选择"钢笔工具" ⌀，在工具属性栏中选择"路径"选项，在图像编辑区中需要输入文字的位置绘制路径，然后选择"横排文字工具" T，将鼠标指针移动到路径上，当鼠标指针变为 形状时，单击鼠标左键确定文字插入点，并输入文本。此时，输入的文本沿着绘制的路径排列。

创建路径文字后，还可移动和翻转路径文字，使路径文字更加适应图像。

● 移动路径文字：选择"直接选择工具" 或"路径选择工具" ，将鼠标指针移动到路径文字上，当鼠标指针变为 形状时（见图10-24），单击鼠标左键并沿着路径拖曳文字，可移动文字，效果如图10-25所示。

图10-24

图10-25

● 翻转路径文字：选择"直接选择工具" ▶ 或"路径选择工具" ▶，将鼠标指针定位于路径文字上，单击鼠标左键，然后朝路径的另一侧拖曳鼠标，可翻转文字，如图10-26所示。

图10-26

制作路径文字时，发现路径文字的路径效果不符合需求，可以进行编辑。选择路径文字，选择"直接选择工具" ▶，显示锚点，移动锚点或调整控制柄，可修改路径形状。此时，文字的路径效果也会改变，如图10-27所示。

图10-27

10.2.4　变形文字

为了使制作出的文字效果更加精美且更具个性化，设计人员可使用Photoshop CC提供的"文字变形"功能来完成。该功能可将文字变形为扇形、弧形、拱形和旗帜等，以使其具有特殊效果。选择文字工具后，在工具属性栏中单击"创建文字变形"按钮 ∠，打开图10-28所示"变形文字"对话框，在其中可设置具体的变形参数。

● 样式：用于设置变形样式，该下拉列表框中预设了14种变形样式。

● 水平：选中"水平"单选按钮，设置文字扭曲的方向为水平方向。

● 垂直：选中"垂直"单选按钮，设置文字扭曲的方向为垂直方向。

● 弯曲：用于设置文本的弯曲程度。

● 水平扭曲/垂直扭曲：用于使文本产生透视扭曲效果。

图10-28

如果需要修改文字变形，可以在"横排文字工具" T.（或"直排文字工具" ⬛ ）的工具属性栏中单击"创建文字变形"按钮 ∠，或者直接选择【文字】/【文字变形】菜单命令，打开"变形文字"对话框，在其中修改文字变形的参数；如果在"变形文字"对话框的"样式"下拉列表框中选择"无"选项，然后单击 确定 按钮，即可取消文字变形。

10.3　设置字符与段落

"字符"面板集成了所有的字符属性，设计人员在输入文字前可通过"字符"面板来设置输入的文字样式。在图像编辑区中添加一段或几段文字后，也可根据需要在"段落"面板中设置段落属性。

10.3.1　认识"字符"面板

在文字工具的工具属性栏中单击"切换字符和段落面板"按钮 ⬛ 或选择【窗口】/【字符】菜单命令，可打开图10-29所示"字符"面板。在"字符"面板中，可设置字体、字体大小、字距微调、比例间距、垂直缩放等属性。设置时，只需在相应的下拉列表框或文本框中输入所需数值即可。

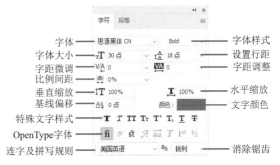

图10-29

169

● 字体大小：用于设置文字的字体大小。设置时，可在下拉列表框中选择或输入需要的数值。

● 字距微调：用于微调两个文字之间的距离。设置前，可将鼠标指针定位到需要调整字距的两个字符之间，然后输入需要调整的数值。

● 比例间距：用于设置文字周围的间距。设置比例间距后，文字本身不会被挤压或伸展，文字的间距会被挤压或伸展。

● 垂直缩放：用于设置文字的垂直缩放比例，以调整文字的高度。

● 基线偏移：用于设置文字与文字基线之间的距离。当其数值为正值时，文字上移；当其数值为负值时，文字下移。

● 特殊文字样式：用于设置"仿粗体" **T**、"仿斜体" *T*、"全部大写字母" **TT**、"小型大写字母"、"上标" **T¹**、"下标" **T₁**、"下画线" **T** 和"删除线" **T** 8种文字样式，单击对应的按钮将应用不同的样式。当应用一种样式后，若再应用另一种样式，会在前一种样式上叠加效果，但"全部大写字母" **TT**、"小型大写字母" **Tr** 除外。

● 设置行距：用于设置上一行文字与下一行文字之间的距离。选择文字图层后，可在该下拉列表框中输入或选择需要的数值。

● 字距调整：用于设置所有文字之间的距离。输入正值，字距将变大；输入负值，字距将缩小。

● 水平缩放：用于设置文字的水平缩放比例，以调整文字的宽度。

● 文字颜色：用于设置文字的颜色。单击颜色色块，可打开"拾色器（文本颜色）"对话框，在该对话框中可修改文字颜色。

● 消除锯齿：与文字工具的消除锯齿效果完全一致，其包括"无""锐利""犀利""浑厚""平滑"5种效果。

10.3.2 认识"段落"面板

"段落"面板可用于设置对齐方式、缩进方式、避头尾法则和间距组合等属性。选择【窗口】/【段落】菜单命令，即可打开图10-30所示"段落"面板。

● 左对齐文本：单击"左对齐文本"按钮 **■**，会强制将所有文字左侧对齐。

● 居中对齐文本：单击"居中对齐文本"按钮 **■**，会强制将所有文字居中对齐。

● 右对齐文本：单击"右对齐文本"按钮 **■**，会强制将所有文字右侧对齐。

● 最后一行左对齐：创建段落文本后，单击"最后一行左对齐"按钮 **■**，最后一行文字将左对齐，文字两端将与文本框强制对齐。

● 最后一行居中对齐：创建段落文本后，单击"最后一行居中对齐"按钮 **■**，最后一行文字将居中对齐，其他行文字两端将强制对齐。

● 最后一行右对齐：创建段落文本后，单击"最后一行右对齐"按钮 **■**，最后一行文字将右对齐，其他行文字两端将强制对齐。

● 全部对齐：创建段落文本后，单击 **■** 按钮，将强制对齐文字两端。

● 左缩进：用于设置"横排文字工具" **T** 左缩进值或设置"直排文字工具" **IT** 顶端的缩进。

● 右缩进：用于设置"横排文字工具" **T** 右缩进值或设置"直排文字工具" **IT** 底端的缩进。

● 首行缩进：用于设置文字首行缩进值。

● 段前添加空格：用于设置选中段与上一段之间的距离。

● 段后添加空格：用于设置选中段与下一段之间的距离。

● 避头尾法则设置：用于设置避免第一行显示标点符号的规则。

● 间距组合设置：用于设置自动调整字间距时的规则。

● "连字"复选框：勾选"连字"复选框可将文字的最后一个外文单词拆开，形成连字符号，使剩余的部分自动换行到下一行。

10.3.3 创建字符样式与段落样式

选择【窗口】/【字符样式】菜单命令，可打开"字符样式"面板，如图10-31所示。单击该面板中的"创建新的字符样式"按钮 **▣**，将创建新的字符样式；双击新建的字符样式，打开"字符样式选项"对话框，在该对话框中可以设置字符属性，如图10-32所示。应用字符样式时，选择文字图层，再单击"字符样式"面板中需要的字符样式，完成应用。

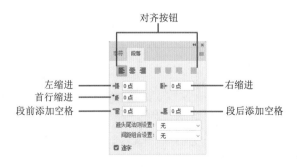

对齐按钮

左缩进 —— 右缩进
首行缩进
段前添加空格 —— 段后添加空格

图10-30

图10-31　　　　　　　图10-32

图10-33

创建和使用段落样式的方法与创建和使用字符样式的方法相同。打开"段落样式"面板，单击该面板中的"创建新的段落样式"按钮，将创建新的段落样式，双击新建的段落样式，在打开的"段落样式选项"对话框中可设置段落属性。应用段落样式时，选择文字图层，再单击"段落样式"面板中需要的段落样式，完成应用。

10.3.4　存储和载入文字样式

当前设置的字符样式和段落样式可以存储为默认的文字样式，以自动应用于新的文件。存储时，选择【文字】/【存储默认文字样式】菜单命令，可将文字样式加以存储；应用时，选择【文字】/【载入默认文字样式】菜单命令，可载入默认的文字样式。

10.4　编辑文字与文字图层

在图像中输入文字后，为了使文字更加符合设计要求，设计人员可通过查找和替换文本、无格式粘贴文字、转换文本类型、栅格化文字、基于文字创建工作路径等方式编辑文字与文字图层。

10.4.1　查找和替换文本

若是当前文字内容中有需要修改的文字、单词或标点，可通过Photoshop CC的"查找和替换文本"功能来完成。打开要查找和替换文本的图像文件，选择【编辑】/【查找和替换文本】菜单命令，打开"查找和替换文本"对话框，如图10-33所示。在"查找内容"和"更改为"文本框中分别输入需查找和替换的文本，然后单击 更改(H) 按钮或 更改全部(A) 按钮，完成文字的查找和替换操作。

● 完成(D) 按钮：单击该按钮，将关闭"查找和替换文本"对话框。

● 查找内容：用于输入要查找的内容。

● 更改为：用于输入要更改的内容。

● 查找下一个(I) 按钮：单击该按钮，可查找下一个需要更改的内容。

● 更改(H) 按钮：单击该按钮，可将当前查找到的内容更改为指定的文字内容。

● 更改全部(A) 按钮：单击该按钮，可将所有查找到的内容都更改为指定的文字内容。

● 搜索所有图层：勾选"搜索所有图层"复选框，将搜索该图像中的所有图层。

● 向前：勾选"向前"复选框，可从文本插入点向前搜索。若取消勾选，则不管文本插入点在何处，都将搜索图层中的所有文本。

● 区分大小写：勾选"区分大小写"复选框，可搜索与"查找内容"文本框中的文本大小写完全匹配的一个或多个文字。

● 全字匹配：勾选"全字匹配"复选框，可忽略嵌入在更长字中的搜索文本。

● 忽略重音：勾选"忽略重音"复选框，用于忽略搜索文字中的重音字。

10.4.2　无格式粘贴文字

复制文字后，若需要使文字适应目标文字图层的样式，可选择【编辑】/【选择性粘贴】/【粘贴且不使用任何格式】菜单命令。

10.4.3　转换文本类型

在图像编辑区中输入点文本或段落文本后，若发现当前文字类型并不适合该图像，可转换文本类型。选择点文本的文字图层后，选择【文字】/【转换为段落文本】菜单命令，可将点文本转换为段落文本。图10-34和图10-35所示为转换点文本为段落文本前后的效果。此外，选择段落文本图层后，选择【文字】/【转换为点文本】菜单命令，可将段落文本转换为点文本。

图10-34

图10-35

10.4.4 栅格化文字

若想要对图层中的文字使用滤镜或者进行涂抹绘画，需要先将文字图层转换为普通图层。在"图层"面板中选择文字图层，在其上单击鼠标右键，在弹出的快捷菜单中选择【栅格化文字】命令，可将文字图层转换为普通图层。

10.4.5 基于文字创建工作路径

若想要更加细致地调整文字的形状，可基于文字创建工作路径。选择【文字】/【创建工作路径】菜单命令，或在文字图层上单击鼠标右键，在弹出的快捷菜单中选择【创建工作路径】命令，可将文字转换为工作路径，如图10-36所示。然后为生成的路径添加描边、填充等效果，或通过编辑锚点变形文字。

图10-36

10.4.6 将文字转换为形状

选择【文字】/【转换为形状】菜单命令，或在文字图层上单击鼠标右键，在弹出的快捷菜单中选择【转换为形状】命令，将文字图层转换为形状图层，如图10-37所示。

图10-37

范例 制作科技峰会招贴

知识要点 编辑文字与文字图层

配套资源 素材文件\第10章\科技产品.jpg、装饰.psd
效果文件\第10章\科技峰会招贴.psd

扫码看视频

 范例说明

本例要求以一张冷色调的科技产品图像为基础，为近期要举行的科技峰会制作一张招贴，并要求将峰会信息展现在招贴中，对不同的信息进行分级、分区块排版，并进行创意性的文字设计，以突出视觉效果。

操作步骤

1 新建“大小”为“60厘米×80厘米”、“分辨率”为“100像素/英寸”、“背景内容”为“黑色”、“名称”为“科技峰会招贴”的图像文件。

2 置入“科技产品.jpg”素材文件，调整其大小和位置，单击“图层”面板底部的“添加图层蒙版”按钮，为“科技产品”图层创建图层蒙版，使用“橡皮擦工具”擦除图像边缘的部分明亮图像，使图像与黑色背景更为融合，如图10-38所示。

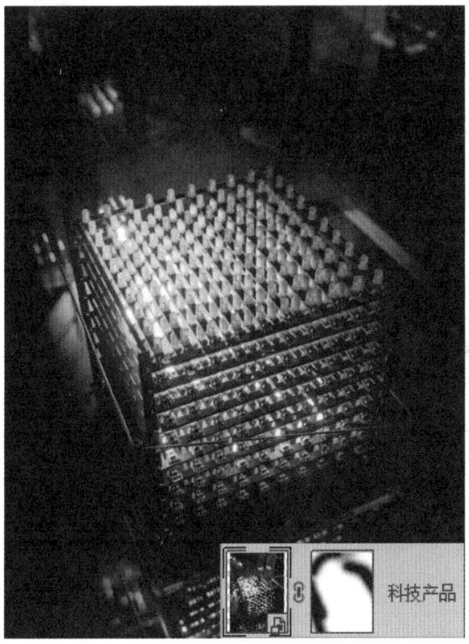

图10-38

3 选择“横排文字工具”，单击图像左上方空白处创建点文本，输入“未来的世界”文字。选择【窗口】/【字符】菜单命令，打开“字符”面板，设置“字体”“文字大小”“字距”“颜色”分别为“方正兰亭准黑_GBK”“190点”“100”“#ffffff”，如图10-39所示。

4 选择【文字】/【转换为形状】菜单命令，将文字图层转换为形状图层，效果如图10-40所示。

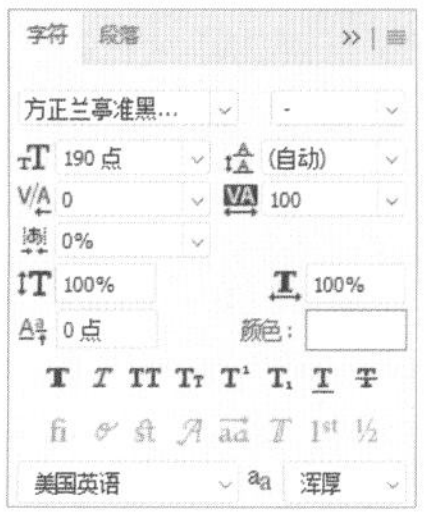

图10-39

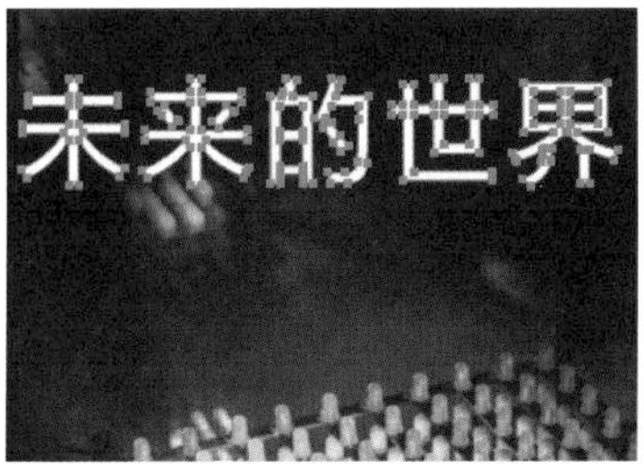

图10-40

5 选择“钢笔工具”，按住【Ctrl】键不放并在图像编辑区中单击“未”字，将鼠标指针移至“未”字左下方一撇的末端轮廓上，可以发现鼠标指针变成形状，如图10-41所示。此时单击鼠标左键添加锚点，并将锚点调整为图10-42所示形状。

6 使用“钢笔工具”，按住【Ctrl】键不放，单击并向右拖曳“未”字右下方一捺末端轮廓上的锚点；按住【Ctrl】键不放，单击并向左拖曳“来”字右下方一撇末端轮廓上的锚点，直至两个笔画相连接，如图10-43所示。使用与步骤5相同的方法，调整“来”字右下方一捺的末端轮廓，并将其中一个锚点拖曳到右侧“的”字上，效果如图10-44所示。

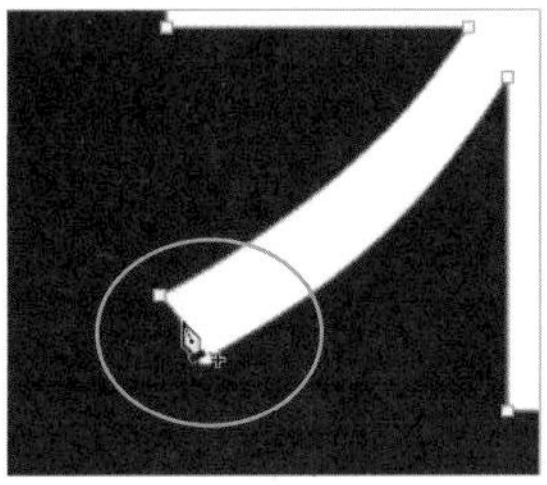

图10-41

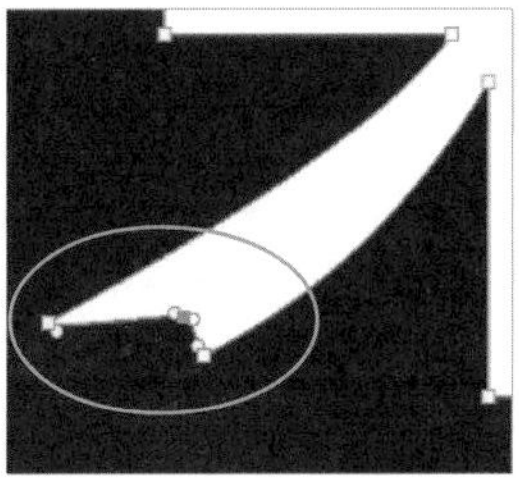

图10-42

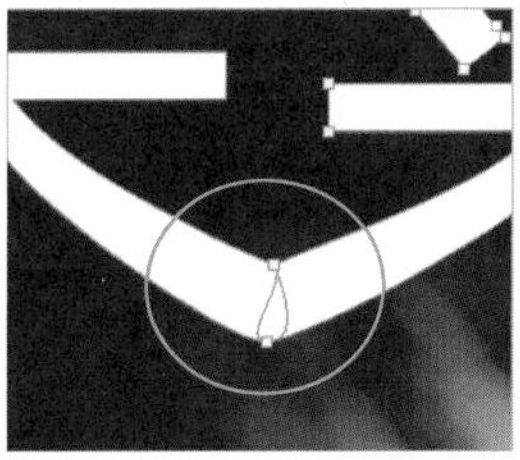

图10-43

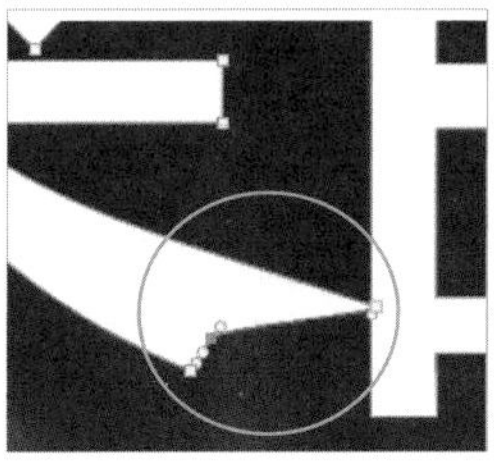

图10-44

7 按住【Ctrl】键不放，同时使用“钢笔工具”单击“的”字右半边的一点，将鼠标指针移至锚点上，当其呈形状时，单击锚点将其删除，如图10-45所示。按住【Alt】键不放，将鼠标指针移至锚点上，当其呈形状时，单击锚点将平滑点转换为角点，然后按住【Ctrl】键不放并使用鼠标移动锚点，将形状调整为图10-46所示形状。

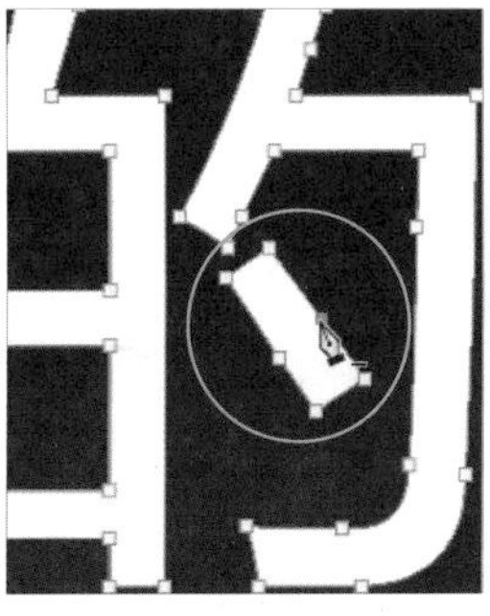

图10-45

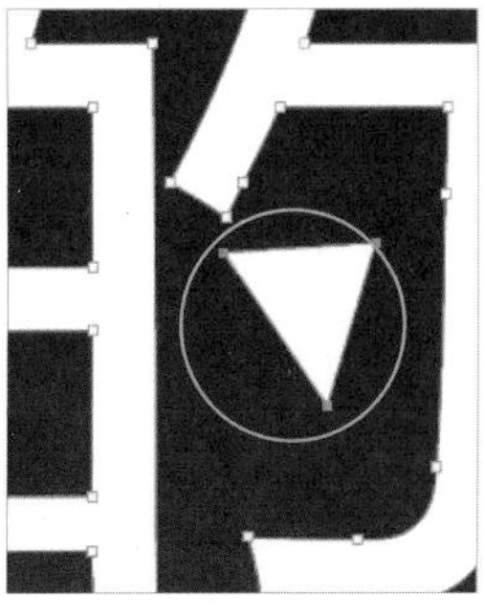

图10-46

Photoshop CC平面设计核心技能一本通（移动学习版）

8 继续使用"钢笔工具" ✍，删除、转换和调整"世""界"文字上的锚点，效果如图10-47所示。

图10-47

9 选择"横排文字工具" T，输入"2027"文字，在"字符"面板中设置"字体""字距""颜色"分别为"汉仪双线体""50""#ffffff"，调整文字的大小和位置，效果如图10-48所示。

10 在"图层"面板中双击"2027"文字图层右侧的空白区域，打开"图层样式"对话框，勾选"描边"复选框，设置"大小""位置""颜色"分别为"4""居中""#ffffff"；勾选"颜色叠加"复选框，设置"叠加颜色"为"#000000"，然后单击 确定 按钮。

11 在"图层"面板中选择"2027"文字图层，在其上单击鼠标右键，在弹出的快捷菜单中选择【栅格化文字】命令，再次在"2027"文字图层上单击鼠标右键，在弹出的快捷菜单中选择【栅格化图层样式】命令，然后使用"魔棒工具" ✦ 单击"2027"图像中所有黑色的部分，将黑色区域删除，打造镂空文字，效果如图10-49所示。

图10-48　　　　　　　　图10-49

12 选择"横排文字工具" T，在"未来的世界"右侧输入图10-50所示文字，设置"字体""颜色"分别为"方正兰亭准黑_GBK""#ffffff"，调整文字至合适的大小和位置。

图10-50

13 打开"装饰.psd"素材文件，将其中所有内容拖入"科技峰会招贴.psd"图像文件中，调整至合适的大小和位置，效果如图10-51所示。

14 选择"直排文字工具" IT，在图像左下方矩形上输入图10-52所示文字，设置"字体""颜色"分别为"方正兰亭准黑_GBK""#ffffff"，调整文字的大小和位置。在"字符"面板中设置左侧文字的"字距"为"1000"，设置右侧文字的"字距"为"180"。

图10-51　　　　　　　　图10-52

15 继续使用"直排文字工具" IT，在靠近图像右边缘处输入"EXPLORE"文字，设置"字体""文字大小""字距""颜色"分别为"Arial""250""230""#ffffff"，在工具属性栏的"字体样式"下拉列表框中选择"Black"（粗黑体）选项，调整文字的大小和位置。

16 在"EXPLORE"文字图层上单击鼠标右键，在弹出的快捷菜单中选择【创建工作路径】命令，将文字转换为工作路径，效果如图10-53所示。

17 选择【窗口】/【路径】菜单命令，打开"路径"面板，单击右上角的▤按钮，在弹出的下拉菜单中选择【存储路径】命令，得到"路径1"路径，如图10-54所示。

18 在"图层"面板中隐藏"EXPLORE"文字图层，选择"横排文字工具" T，设置"字体""文字大小""字距""颜色"分别为"方正兰亭准黑_GBK""36""50""#ffffff"，将鼠标指针移动到图像编辑区中的"路径1"路径上，当鼠标指针变为⌁形状时，单击鼠标左键设置文字插入点，重复输入由"0""1"组合而成的文本，以此表示以计算机二进制为基础的未来世界。输入的文字将沿着绘制的路径排列，效果如图10-55所示。

图10-53　　　　图10-54　　　　图10-55

19 在"图层"面板中显示"EXPLORE"文字图层，效果如图10-56所示。按【Ctrl+S】组合键保存文件，完成本例的制作。

图10-56

10.5　综合实训：制作招聘宣传单

在版式设计中，文字是不可忽视的因素。如果文字信息过多，设计人员可使用不同的字体、字号、文字颜色、文字排列方式来划分不同的信息层级。需要注意的是，文字数量越多越应使用简洁的字体，以增强易读性。

宣传单主要是指由四色印刷机印刷的彩页，或是由单色印刷机印刷的单色宣传单。从功能和作用上来说，宣传单可分为两大类：一类宣传单的主要作用是推销产品、发布一些商业信息和寻人启事等；另一类宣传单属于义务宣传，如宣传文明素养、公益健康等。宣传单材质既有传统的铜版纸，也有现在流行的餐巾纸等。

设计素养

10.5.1　实训要求

"童慧"母婴店即将招聘店长和门店导购，现需要制作A4大小的宣传单进行派发。整个设计以该店提供的招聘信息为基础，版式设计要求招聘信息醒目，排版具有创意性，且能将该店信息完整地展示出来。尺寸要求为21厘米×29.7厘米。

10.5.2　实训思路

（1）通过分析提供的素材和资料，可以发现"童慧"母婴店的风格比较活泼、可爱，所以制作招聘宣传单时需要注意把握和统一风格。

（2）该招聘宣传单的设计目的是准确地传达该店信息和招聘信息，快速吸引求职者浏览。文案需简明扼要，每一类文案可视为整体与其他设计元素的搭配、布局。设计时，"招聘"主题可作为焦点放大，尽量选用粗型字体及与背景有较高对比度的文字颜色。

（3）在排版招聘宣传单时，需要包含对招聘岗位的职责描述，清晰地表达出招聘需求，体现出"招聘"主题。设计时可通过创建不同形式的文字来构成活泼的版式，并考虑选用较可爱的字体，以表现童趣感。

（4）宣传单中的色彩搭配影响着人们对该店的第一印象。本例招聘宣传单可以选用较鲜明的文字颜色，搭配明亮的图像颜色，营造出温暖、活泼的店铺氛围。

（5）结合本章所学的文字与版式设计知识，通过创建点文本、路径文字和变形文字等方式，再结合装饰元素进行创意性版式设计。

本例完成后的参考效果如图10-57所示。

图10-57

10.5.3 制作要点

知识要点　创建文字、"字符"面板、"段落"面板、转换文字

配套资源　素材文件\第10章\宣传单背景.jpg、信息.txt、宣传单装饰.psd
效果文件\第10章\招聘宣传单.psd

扫码看视频

完成本例主要包括添加文字、布局装饰元素两个部分，主要操作步骤如下。

1 新建"大小"为"827像素×1169像素"、"分辨率"为"300像素/英寸"、"颜色模式"为"CMYK"、"名称"为"招聘宣传单"的图像文件。置入"宣传单背景.jpg"素材文件，调整其大小和位置。

2 使用"横排文字工具" T.输入"童慧招募""新人计划"文字，打开"字符"面板，设置文字的参数，并为这两个文字图层添加"颜色""描边""投影"等图层样式，以使标题更加醒目。

3 继续在海报左上角输入"Join us"文字，设置合适的参数，并为该文字添加变形效果。

4 使用"钢笔工具" Ø.并结合"横排文字工具" T.，输入"筑梦路上 童慧助力"的路径文字。

5 在"筑梦路上 童慧助力"文字的下方绘制一个矩形，并按照路径的弧度对矩形变形。

6 在下方的白色方框中输入"店长 2名"文字，在其下方绘制图10-58所示段落文本定界框，输入"信息.txt"素材文件中的对应内容，设置不同的文字参数，以区分岗位名称和岗位职责信息。使用相同的文字参数输入"门店导购 数名"文字以及"信息.txt"素材文件中对应的内容。

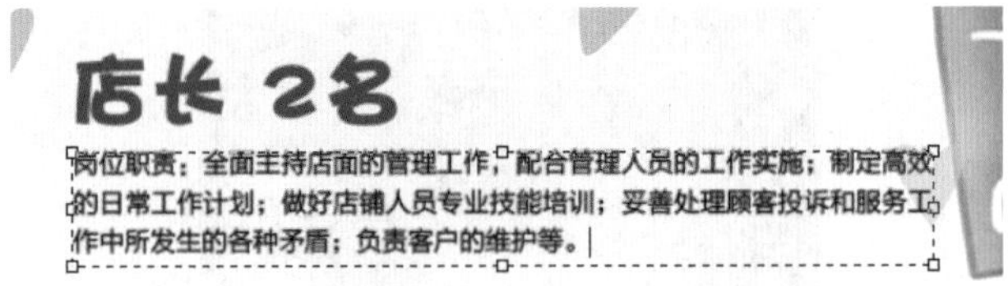

图10-58

7 在白色方框顶部绘制一个装饰性文本框，在其下层绘制两个圆角矩形和一个飘带形状进行组合，并设置描边颜色和填充颜色。在绘制的形状中输入"招聘岗位"文字，并设置合适的文字参数，效果如图10-59所示。

图10-59

8 打开"宣传单装饰.psd"素材文件，将其中的装饰元素拖入"招聘宣传单.psd"图像文件中，调整大小和位置，然后按【Ctrl+S】组合键保存文件。

1. 设计标志文字

标志一般由品牌的名称、缩写或者图形设计而成。本练习将设计字母型的"盛夏集团"标志。设计时先绘制倾斜的形状，然后输入英文字母并对其进行变形，使完成后的效果更具设计感，参考效果如图10-60所示。

配套资源 效果文件\第10章\巩固练习\标志文字.psd

图10-60

2. 制作房地产广告

本练习需制作一则房地产广告，在设计上以房地产图像为背景，广告文案和商业信息分层级排版，从而使广告效果大气、美观，参考效果如图10-61所示。

配套资源 素材文件\第10章\巩固练习\房地产.psd
效果文件\第10章\巩固练习\房地产广告.psd

图10-61

3. 制作公众号封面

本练习将制作主题为"面试为何一直被拒？"的公众号封面，在文字的设计上主要通过放大的文字和缩小的文字进行对比，层次明确，达到吸引用户浏览的目的，参考效果如图10-62所示。

配套资源 素材文件\第10章\巩固练习\封面背景.jpg
效果文件\第10章\巩固练习\公众号封面.psd

图10-62

4. 制作电台焦点图

本练习将在旅行照片的基础上制作电台焦点图，主要需设计标题文字。这里可巧妙利用形状进行错落有致的文字排版，参考效果如图10-63所示。

配套资源 素材文件\第10章\巩固练习\旅行.jpg
效果文件\第10章\巩固练习\电台焦点图.psd

图10-63

在设计文字与版式时，可将文字与图框结合使用，以提升文字整体的排版效果。若需要使用英文字体，可使用OpenType字体来完成。

OpenType字体是一种可缩放的、由Microsoft公司与Adobe公司联合开发的用来替代TrueType字型的新字型。OpenType字体图标为 O ，如图10-64所示。

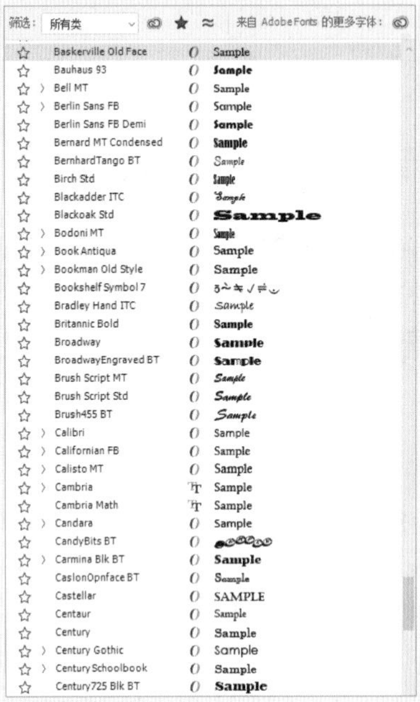

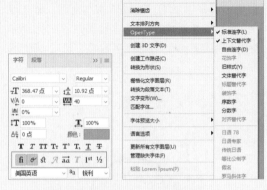

图10-65　　　　　　图10-66

字形由字体支持的OpenType功能组织，如替代字、花饰字、装饰字、序数字等。选择【窗口】/【字形】菜单命令，打开图10-67所示"字形"面板，设计人员可以通过该面板在文本中插入标点、上标和下标字符、货币符号、数字、特殊字符以及其他语言的字形。

图10-64

选择OpenType字体后，可通过"字符"面板设置字体属性，如图10-65所示。或选择【文字】/【OpenType】菜单命令，在弹出的子菜单中设置OpenType字体格式，如图10-66所示。

图10-67

第 11 章

使用滤镜

11.1 滤镜基础

使用滤镜能在短时间内制作出很多奇特的效果。滤镜的种类很多，如可以使用滤镜将图像制作成油画、水墨画的效果，或者为图像添加扭曲效果、马赛克效果和浮雕效果等。

11.1.1 滤镜和滤镜的种类

选择"滤镜"菜单命令，可打开图11-1所示所有滤镜。在Photoshop CC中，滤镜被分为特殊滤镜、滤镜组和外挂滤镜三大种类。

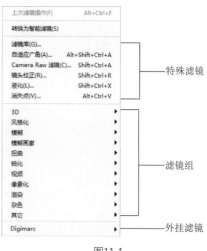

图11-1

Photoshop CC预设的滤镜主要有两种用途：一种用于创建具体的图像效果，如素描、粉笔画、纹理等，该类滤镜数量众多，部分滤镜被放置在"滤镜库"中供用户使用，如"风格化""画笔描边""扭曲""素描"等滤镜组；另一种则用于减少图像杂色、提高清晰度等，如"模糊""锐化""杂色"等滤镜组。

11.1.2 滤镜的使用规则和技巧

滤镜只能作用于当前正在编辑的可见图层或图层中的选区。图11-2所示为在选区中应用滤镜的效果；图11-3所示为在可见图层中应用滤镜的效果。

需要注意的是，滤镜可以反复应用，但一次只能应用于一个目标区域。要对图像应用滤镜，必须先了解图像的色彩模式与滤镜的关系。RGB颜色模式的图像可以应用Photoshop CC中的所有滤镜，位图模式、16位灰度图模式、索引模式不能应用滤镜。有的色彩模式下的图像只能应用部分滤镜，如在CMYK模式下的图像不能应用"画笔描边""素描""纹理""艺术效果""视频"等滤镜。

图11-2

图11-3

11.2 智能滤镜

滤镜可以修改图像的外观，而智能滤镜是非破坏性的滤镜。也就是说，应用智能滤镜后可以轻松还原应用滤镜前的图层效果，无须担心滤镜会影响图层内容。

11.2.1 创建智能滤镜

选择【滤镜】/【转换为智能滤镜】菜单命令，在打开的提示对话框中单击 确定 按钮，可创建智能滤镜，如图11-4所示。此时，可以看到"图层"面板中的图层缩览图右下角将出现一个 图标，表示该图层已转换为智能滤镜图层。需要注意的是，"液化"和"消失点"等少数

滤镜无法使用智能滤镜，其余大部分滤镜都能使用智能滤镜。

图11-4

11.2.2 编辑智能滤镜

将普通图层转换为智能滤镜图层后，就可以为智能滤镜图层添加智能滤镜。例如，选择【滤镜】/【滤镜库】菜单命令，打开"滤镜库"对话框，在中间的列表框中选择"艺术效果"栏下的"胶片颗粒"选项，单击 确定 按钮，完成智能滤镜的编辑，如图11-5所示。

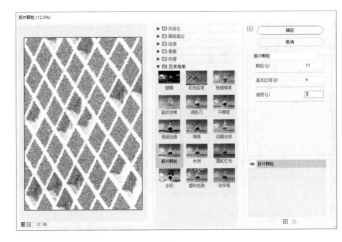

图11-5

11.2.3 编辑智能滤镜蒙版

添加智能滤镜后，智能滤镜中将会出现一个图层蒙版。通过编辑图层蒙版，可以设置智能滤镜在图像中的影响范围。图11-6所示为使用图层蒙版前后的对比效果。需要注意的是，该图层蒙版不会单独遮盖某个智能滤镜，而会作用于图层中的所有智能滤镜。选择【图层】/【智能滤镜】/【停用滤镜蒙版】菜单命令，或者在按住【Shift】键的同时单击图层蒙版，可停用滤镜蒙版。选择【图层】/【智能滤镜】/【删除滤镜蒙版】菜单命令，可删除滤镜蒙版。

使用前

使用后

图11-6

11.2.4　显示与隐藏滤镜

　　与普通滤镜相比，智能滤镜更像是一种图层样式。在"图层"面板中单击滤镜前的 ● 按钮，可隐藏智能滤镜效果，如图11-7所示。再次单击该位置，将显示智能滤镜效果，如图11-8所示。

图11-7

图11-8

11.2.5　删除智能滤镜

　　一个智能滤镜图层可以包含多个智能滤镜。当需要删除单个智能滤镜时，在"图层"面板中选中需要删除的智能滤镜，并将其拖曳至"删除图层"按钮 ● 上即可。若想将一个智能滤镜图层中的所有智能滤镜删除，可选择【图层】/【智能滤镜】/【清除智能滤镜】菜单命令。

11.3　特殊滤镜

　　"滤镜"菜单中包含了7个特殊滤镜，这些滤镜主要是一些不便于分类的独立滤镜，且由于这些滤镜的使用频率较高，所以Photoshop CC将这些滤镜单独放置在"滤镜"菜单命令中。

11.3.1　滤镜库

　　Photoshop CC中的滤镜库整合了"风格化""画笔描边""扭曲""素描""纹理""艺术效果"6个滤镜组。其使用方法为：打开一个图像文件后，选择【滤镜】/【滤镜库】菜单命令，打开"滤镜库"对话框，在其中可对图像应用以上6种滤镜组中的滤镜效果，如图11-9所示。

　　● "风格化"滤镜组：用于生成印象派风格的图像效果。在滤镜库中只有"照亮边缘"一种风格化滤镜效果，使用该滤镜可以照亮图像边缘轮廓。

　　● "画笔描边"滤镜组：用于模拟使用不同的画笔或油墨笔刷来勾画图像，使图像产生绘画效果。

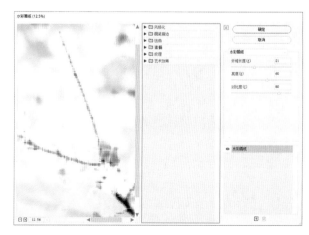

图11-9

● "扭曲"滤镜组：用于扭曲变形图像。

● "素描"滤镜组：用于在图像中添加纹理，使图像产生素描、速写、三维等艺术绘画效果。

● "纹理"滤镜组：用于为图像应用多种纹理效果，产生材质感。

● "艺术效果"滤镜组：用于模仿传统绘画手法，为图像添加绘画效果或艺术特效。

11.3.2　自适应广角

若想为图像制作具有视觉冲击力的效果，如增强图像的透视关系，可选择使用"自适应广角"滤镜来处理图像。选择【滤镜】/【自适应广角】菜单命令，打开"自适应广角"对话框，如图11-10所示。

图11-10

● 校正：用于选择校正的类型。

● 缩放：用于设置图像的缩放情况。

● 焦距：用于设置图像的焦距情况。

● 裁剪因子：用于设置需要裁剪的像素。

● 约束工具：单击"约束工具" ，再使用鼠标在图像上单击或拖曳，可以设置线性约束。

● 多边形约束工具：单击"多边形约束工具" ，再使用鼠标单击，可以设置多边形约束。

● 移动工具：单击"移动工具" ，拖曳鼠标可移动图像内容。

● 抓手工具：单击"抓手工具" ，放大图像后可使用该工具移动显示区域。

● 缩放工具：单击"缩放工具" ，可缩放显示比例。

11.3.3　Camera Raw滤镜

单反相机和高端卡片机都会提供Raw格式，用于拍摄无损照片。Raw格式是未处理和压缩的格式，它便于在后期设置图像的ISO、快门速度、光圈值、白平衡等。而在Photoshop CC 2020中，设计人员可使用"Camera Raw滤镜"对普通图像设置ISO、快门速度、光圈值、白平衡等（该滤镜的参数设置将在第14章进行详细讲解）。其使用方法为：选择【滤镜】/【Camera Raw滤镜】菜单命令，打开图11-11所示"Camera Raw 13.0"对话框，即可根据需要设置图像。

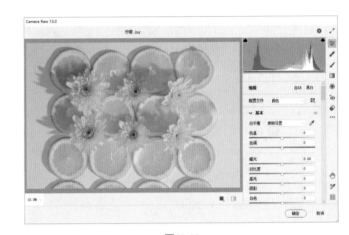

图11-11

11.3.4　镜头校正

使用相机拍摄照片时，可能会由于一些客观因素出现镜头失真、晕影、色差等情况。此时可通过Photoshop CC中的"镜头校正"滤镜校正图像，以修复因镜头出现的问题。选择【滤镜】/【镜头校正】菜单命令，打开图11-12所示"镜头校正"对话框。

图11-12

● 移去扭曲工具：单击"移动扭曲工具" ，使用鼠标拖曳图像可校正镜头的失真。

● 拉直工具：单击"拉直工具" ，使用鼠标拖动绘制直线，可将图像拉直到新的横轴或纵轴。

● 移动网格工具：单击"移动网格工具" ，使用鼠标可移动网格，使网格与图像对齐。

● 几何扭曲：用于校正镜头失真。当"移去扭曲"文本框中的数值为负值时，图像将向外扭曲，如图11-13所示；当"移去扭曲"文本框中的数值为正值时，图像将向内扭曲，如图11-14所示。

图11-13　　　　　　　　图11-14

● 色差：用于校正图像的颜色差别。

● 晕影：用于校正由拍摄导致的边缘较暗的图像。其中，"数量"文本框用于设置沿图像边缘变亮或变暗的程度，"中点"文本框用于控制校正的范围区域。图11-15所示为将晕影变亮的效果；图11-16所示为将晕影变暗的效果。

图11-15　　　　　　　　图11-16

● 变换：用于校正因相机位置向上或向下而出现的透

视问题。设置"垂直透视"为"-100"时图像将变为俯视效果；设置"水平透视"为"100"时图像将变为仰视效果；"角度"文本框用于旋转图像，以校正由相机倾斜造成的图像倾斜；"比例"文本框用于控制镜头校正的比例。

11.3.5　液化

"液化"滤镜可以随意变形图像的任意区域，它常被用于人像处理和创意广告设计中。选择【滤镜】/【液化】菜单命令，将打开图11-17所示"液化"对话框。下面对"液化"对话框的常用选项进行介绍。

图11-17

● 向前变形工具：单击"向前变形工具" ，可向前推动像素，效果如图11-18所示。

● 重建工具：单击"重建工具" ，可将液化的图像恢复为之前的效果，如图11-19所示。

● 平滑工具：单击"平滑工具" ，可将轻微扭曲的边缘抚平。

图11-18　　　　　　　　图11-19

● 顺时针旋转扭曲工具：单击"顺时针旋转扭曲工具"，在左侧图像中单击鼠标左键或拖曳鼠标可顺时针旋转图像，如图11-20所示。在按住【Alt】键的同时单击鼠标左键或拖曳鼠标可逆时针旋转图像，如图11-21所示。

图11-20　　　　　图11-21

● 褶皱工具：单击"褶皱工具"，可使图像向画笔中心移动，产生收缩效果。

● 膨胀工具：单击"膨胀工具"，图像将向画笔中心外移动，产生膨胀效果。

● 左推工具：单击"左推工具"，向上拖曳鼠标，图像将向左移动；向下拖曳鼠标，图像将向右移动。按【Alt】住键并向上拖曳鼠标，图像将向右移动；按住【Alt】键并向下拖曳鼠标，图像将向左移动。

● 冻结蒙版工具：单击"冻结蒙版工具"，使用鼠标涂抹不需要编辑的图像区域，这样被涂抹的图像将不能被编辑，如图11-22所示。

图11-22

● 解冻蒙版工具：单击"解冻蒙版工具"，涂抹冻结的区域，可解除冻结。

● 脸部工具：单击"脸部工具"，Photoshop CC会自动识别图像中的人脸以及眼睛、鼻子、嘴唇和其他面部特征，以便快捷地修饰、调整人脸，如图11-23所示。

图11-23

● 抓手工具：单击"抓手工具"，当图像在"液化"对话框的预览中没有显示完整图像时，按住鼠标左键并拖曳，可显示出未显示的图像。

● 缩放工具：单击"缩放工具"，使用鼠标单击可放大预览图，按住【Alt】键使用鼠标单击可缩小预览图。

● 画笔工具选项："大小"栏用于设置扭曲图像的画笔宽度；"密度"栏用于设置画笔边缘的羽化范围；"压力"栏用于设置画笔在图像中产生的扭曲速度，若想使调整的效果更细腻，可将压力设小，再调整图像；"速率"栏用于设置"顺时针旋转扭曲工具"等在预览图像中保持静止时扭曲所应用的速度。勾选"光笔压力"复选框，Photoshop CC将根据压感笔的实时压力控制图像；勾选"固定边缘"复选框，将锁定图像边缘。

● 蒙版选项："替换选区"下拉列表框用于显示图像中的选区、蒙版或透明度；"添加到选区"下拉列表框用于显示原图像中的蒙版，并可使用冻结工具添加选区；"从选区减去"下拉列表框用于从冻结区域中减去通道中的像素；"与选区交叉"下拉列表框只能用于处于冻结状态的选定像素；"反相选区"下拉列表框用于将当前冻结的区域反向。单击　无　按钮，将解冻所有的区域；单击　全部蒙住　按钮，将冻结图像的所有区域；单击　全部反相　按钮，将使冻结和解冻区域反相。

● 视图选项：勾选"显示图像"复选框，将在预览区显示图像；勾选"显示网格"复选框，将在预览区显示网格，如图11-24所示。图11-25所示为编辑后的网格。显示网格后，可在"网格大小"选项中设置网格大小；在"网格颜色"选项中设置网格显示颜色。勾选"显示蒙版"复选框，将显示被蒙版颜色覆盖的冻结区域。在"蒙版颜色"下拉列表框中可设置蒙版颜色。勾选"显示背景"复选框，可将图像中的其他图层作为背景显示。在"模式"下拉列表框中可选择是将背景放在当前图层的前面还是后面。"不透明度"栏用于设置背景图层的不透明度。

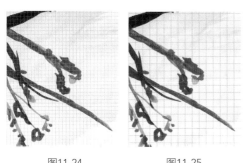

图11-24　　　　　　　图11-25

11.3.6　消失点

当图像中包含了如建筑侧面、墙壁、地面等透视平面，且出现透视错误时，可以使用"消失点"滤镜校正。选择【滤镜】/【消失点】菜单命令，可以打开图11-26所示"消失点"对话框。

图11-26

范例　制作融化的水果图像

知识要点　"液化"滤镜、滤镜库

配套资源　素材文件\第11章\草莓.psd
效果文件\第11章\草莓.psd

扫码看视频

范例说明

本例需制作融化的水果图像效果，设计时可以选择使用"液化"滤镜制作融化效果，然后为图像填充背景颜色，并添加滤镜，以使图像效果更美观。

操作步骤

1 打开"草莓.psd"素材文件，按住【Ctrl】键不放并单击"图层1"的图层缩览图，选中草莓图像，如图11-27所示。按两次【Ctrl+J】组合键，复制两个草莓图层，如图11-28所示。

图11-27　　　　　　　图11-28

2 选择"图层2"图层，再选择【滤镜】/【液化】菜单命令，打开"液化"对话框，单击"向前变形工具"，设置"大小"为"208"，涂抹草莓底部，使草莓底部变形，如图11-29所示。

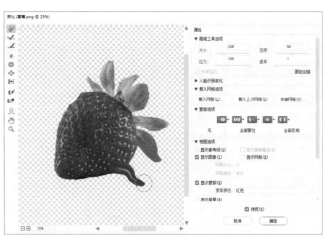

图11-29

3 使用相同的方法，继续制作草莓融化的效果，然后单击 确定 按钮，完成液化，效果如图11-30所示。

4 选择"图层2拷贝"图层，再选择"橡皮擦工具"，设置"不透明度""流量"分别为"40%""40%"，涂抹草莓底部阴影，使草莓边缘的融化效果更加自然，如图11-31所示。

图11-30　　　　　　　　　　图11-31

5 选择"背景"图层，然后设置"前景色"为"#7ecef4"，按【Alt+Delete】组合键使用前景色填充图层。

6 按【Ctrl+Alt+Shift+E】组合键盖印图层，选择【滤镜】/【滤镜库】菜单命令，在该对话框中选择"胶片颗粒"滤镜，设置"强度""对比度""颗粒类型"分别为"40""50""柔和"，以增加图像质感。完成后单击 <u>确定</u> 按钮，效果如图11-32所示。按【Ctrl+S】组合键保存文件，完成本例的制作。

图11-32

小测 制作欧洲风情海报

配套资源：素材文件\第11章\欧洲风景.jpg、欧洲海报.psd
配套资源：效果文件\第11章\欧洲风情海报.psd

　　本例将根据提供的欧洲风景图像和欧洲海报素材，制作旅行海报。制作时可使用滤镜库调整图像效果，再将图像移动到欧洲海报中，完成后的效果如图11-33所示。

图11-33

11.4 滤镜组

除特殊滤镜外，还有很多能够制作特效的滤镜，如"3D"滤镜组、"风格化"滤镜组、"模糊"滤镜组、"模糊画廊"滤镜组，可用于快速制作图像效果。

11.4.1 "3D"滤镜组

"3D"滤镜组常用于制作3D模型的贴图。贴图可为3D模型增加细节，使3D模型的视觉效果更加逼真。选择【滤镜】/【3D】菜单命令，在弹出的子菜单中选择需要的命令。

1. 生成凹凸（高度）图

凹凸（高度）图是通过颜色深浅形成凹凸错觉效果，本质是8位色的灰度图，可包含256种灰度，适用于制作小细节的贴图。凹凸贴图并不会使模型产生真正的凹凸，仅仅是凹凸视觉效果。选择【滤镜】/【3D】/【生成凹凸（高度）图】菜单命令，打开图11-34所示"生成凹凸（高度）图"对话框。应用"生成凹凸（高度）图"滤镜前后的对比效果如图11-35所示。

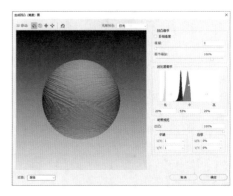

图11-34

应用前　　　　　　　　　　应用后

图11-35

● 3D移动：用于设置在预览图查看模型时移动相机的方式。单击 按钮，可使用鼠标随意旋转相机角度；单击 按钮，可按顺时针或逆时针方向滚动相机角度；单击 按钮，可上、下、左、右平移相机；单击 按钮，可前、后、左、右滑动相机；单击 按钮，可复位相机至初始位置。

● 光照预设：用于设置预览图中的光照模式，Photoshop CC提供了16种光照预设。

● 反相高度：勾选"反相高度"复选框，可反相图像原本的凹凸方式。

● 模糊：用于模糊原始图像。其数值越大，原始图像越模糊。

● 细节缩放：用于调整"对比度细节"的整体强度。

● 对比度细节：用于调整原始图像中的对比度细节。

● 凹凸：用于调整凹凸强度。其数值越大，图像越凸出。

● 平铺、位移：用于调整图像的位置。

● 对象：用于设置预览图中的模型样式。

2. 生成法线图

法线图可以使用RGB信息表示每条法线的精准朝向，其效果优于凹凸（高度）图，但法线图的细节也只是形成凹凸的错觉。选择【滤镜】/【3D】/【生成法线图】菜单命令，打开"生成法线图"对话框。"生成法线图"对话框的使用方法与"生成凹凸（高度）图"对话框相同。应用"生成法线图"滤镜前后的效果如图11-36所示。

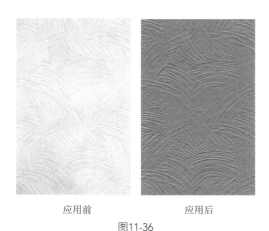

应用前　　　　　　　　应用后

图11-36

11.4.2 "风格化"滤镜组

"风格化"滤镜组包含9种滤镜效果，除使用"照亮边缘"滤镜需要在滤镜库中打开外，使用其他滤镜时只需选择【滤镜】/【风格化】菜单命令，在弹出的子菜单中选择需要的命令即可。

1. 查找边缘

"查找边缘"滤镜可查找图像中主色块颜色变化的区域，并为查找到的边缘轮廓描边，使图像产生用笔刷勾勒轮廓的效果。"查找边缘"滤镜无参数设置对话框。图11-37所示为应用"查找边缘"滤镜前后的对比效果。

应用前　　　　　　　　应用后

图11-37

2. 等高线

"等高线"滤镜可沿图像亮部区域和暗部区域的边界绘制出颜色较浅的线条效果。图11-38所示为"等高线"对话框和应用"等高线"滤镜后的效果。

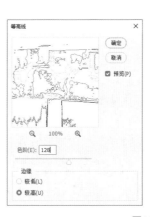

图11-38

● 色阶：用于设置描绘轮廓的亮度级别。色阶的数值过大或过小，都会使图像的等高线效果不明显。

● 边缘：用于选择描绘轮廓的区域。选中"较低"单选按钮表示描绘较暗的区域；选中"较高"单选按钮表示描绘较亮的区域。

3. 风

"风"滤镜对文字图层产生的效果比较明显。它可以将图像的边缘以一个方向为准向外移动远近不同的距离，实现类似风吹的效果。图11-39所示为"风"对话框和应用"风"滤镜后的效果。

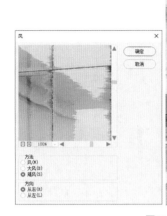 

图11-39

● 方法：用于设置风吹的效果样式。

● 方向：用于设置风吹的方向。选中"从右"单选按钮表示风将从右向左吹；选中"从左"单选按钮表示风将从左向右吹。

4. 浮雕效果

"浮雕效果"滤镜可以分离出图像中颜色较亮的图像，再将周围颜色降低以生成浮雕效果。图11-40所示为"浮雕效果"对话框和应用"浮雕效果"滤镜后的效果。

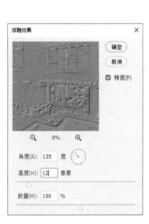 

图11-40

● 角度：用于设置浮雕效果光源的方向。

● 高度：用于设置图像凸起的高度。

● 数量：用于设置源图像细节和颜色的保留范围。

5. 扩散

"扩散"滤镜可以使图像产生透过磨砂玻璃显示的模糊效果。图11-41所示为"扩散"对话框和应用"扩散"滤镜后的效果。

图11-41

● 正常：选中"正常"单选按钮，可以通过像素点的随机移动来实现图像的扩散，不改变图像的亮度。

● 变暗优先：选中"变暗优先"单选按钮，将用较暗颜色替换较亮颜色，产生扩散效果。

● 变亮优先：选中"变亮优先"单选按钮，将用较亮颜色替换较暗颜色，产生扩散效果。

● 各向异性：选中"各向异性"单选按钮，将用图像中较暗和较亮的像素，产生扩散效果。

6. 拼贴

"拼贴"滤镜可以根据对话框中设定的参数，将图像分成许多小贴块，使整幅图像产生由方块瓷砖拼贴而成的效果。图11-42所示为"拼贴"对话框和应用"拼贴"滤镜后的效果。

图11-42

● 拼贴数：用于设置在图像每行和每列中要显示的贴块数。

● 最大位移：用于设置允许贴块偏移原始位置的最大距离。

● 填充空白区域用：用于设置贴块间空白区域的填充方式。

7. 曝光过度

"曝光过度"滤镜可以混合图像的正片和负片，产生类似摄影中增加光线强度所形成的过度曝光效果。"曝光过度"滤镜无参数设置对话框。图11-43所示为应用"曝光过度"滤镜前后的对比效果。

应用前　　　　　　　　　应用后
图11-43

8. 凸出

"凸出"滤镜可以将图像分成数量不等，但大小相同并有序叠放的立体方块，形成三维效果。图11-44所示为"凸出"对话框和应用"凸出"滤镜后的效果。

图11-44

● 类型：用于设置三维块的形状，分为"块"和"金字塔"两种类型。

● 大小：用于设置三维块的大小。其数值越大，三维块越大。

● 深度：用于设置三维块的凸出深度。

● 立方体正面：勾选"立方体正面"复选框，只会为立方体的表面填充物体的平均色，而不会为整个图案填充。

● 蒙版不完整块：勾选"蒙版不完整块"复选框，将使所有的图像都包括在凸出范围之内。

9. 油画

"油画"滤镜可以使图像模拟出油画效果。图11-45所示为"油画"对话框和应用"油画"滤镜后的效果。

图11-45

● 描边样式：用于调整画笔笔触之间的衔接程度。该值越大，画笔涂抹效果越平滑。

● 描边清洁度：用于调整描边长度。该值越大，描边长度越长，描边效果越流畅。

● 缩放：用于调整绘画的凸现或表面粗细。该值越大，绘画图层越厚，越能实现具有强烈视觉效果的印象派绘画品质。

● 硬毛刷细节：用于调整毛刷画笔刷痕的明显程度。该值越大，画笔笔刷越硬，刷痕越明显。

● 角度：用于调整光照（而非画笔描边）的入射角。

● 闪亮：用于调整光源的亮度和油画表面的反射量。

11.4.3 "模糊"滤镜组

在处理图像时，往往需要模糊非主体以外的物体以突出主体。"模糊"滤镜组中包括11种滤镜，使用时只需选择【滤镜】/【模糊】菜单命令，在弹出的子菜单中选择需要的命令。

1. 表面模糊

"表面模糊"滤镜在模糊图像时可保留图像边缘，它常用于创建特殊效果以及去除杂点和颗粒。图11-46所示为"表面模糊"对话框和应用"表面模糊"滤镜后的效果。

图11-46

● 半径：用于指定模糊取样区域的大小。

● 阈值：用于控制被模糊的像素范围。相邻像素与中心像素之间的色调值差值小于阈值的像素，将被排除在模糊范围之外。

2. 动感模糊

"动感模糊"滤镜可通过线性位移图像中某一方向上的像素产生运动的模糊效果。图11-47所示为"动感模糊"对话框和应用"动感模糊"滤镜后的效果。

图11-47

● 角度：用于控制动感模糊的方向。该角度可以通过改变文本框中的数值或直接拖曳右侧圆形中直径的方向调整。

● 距离：用于控制像素移动的距离，即模糊的强度。

3. 方框模糊

"方框模糊"滤镜以邻近像素颜色平均值的颜色为基准值模糊图像。图11-48所示为"方框模糊"对话框和应用"方框模糊"滤镜后的效果。"方框模糊"滤镜可以调整用于计算给定像素平均值的区域大小，设置的"半径"数值越大，产生的模糊效果越好。

图11-48

4. 高斯模糊

"高斯模糊"滤镜是比较常用的模糊滤镜。该滤镜会根据高斯曲线对图像进行有选择性的模糊，使图像产生强烈的模糊效果。在"高斯模糊"对话框中，通过"半径"文本框可以调节图像的模糊程度，该值越大，模糊效果越明显。图11-49所示为"高斯模糊"对话框和应用"高斯模糊"滤镜后的效果。

图11-49

5. 进一步模糊

"进一步模糊"滤镜可以使图像产生一定程度的模糊效果。它与"模糊"滤镜效果类似，但没有参数设置对话框。

6. 径向模糊

"径向模糊"滤镜可以使图像产生旋转或放射状模糊效果。图11-50所示为"径向模糊"对话框和应用"径向模糊"滤镜后的效果。

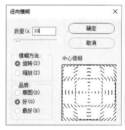

图11-50

● 数量：用于调节模糊效果的强度。其数值越大，模糊效果越强。

● 中心模糊：用于设置模糊开始扩散的位置，使用鼠标拖曳预览图像框中的图案可设置该选项。

● 旋转：选中"旋转"单选按钮，将产生旋转模糊效果。

● 缩放：选中"缩放"单选按钮，将产生放射模糊效果。被模糊的图像将从模糊中心处开始放大。

● "品质"栏：用于调节模糊的质量。

7. 镜头模糊

"镜头模糊"滤镜是图像模拟镜头抖动时产生的模糊效果。图11-51所示为"镜头模糊"对话框，在该对话框中可设置镜头模糊参数。

● 更快：选中"更快"单选按钮，可以快速预览调整参数后的效果。

● 更加准确：选中"更加准确"单选按钮，可以精确计算模糊效果，但也会增加预览时间。

● "深度映射"栏：用于调整镜头模糊的远近。通过拖曳"模糊焦距"文本框下方的滑块，可改变模糊镜头的焦距。

图11-51

- ●"光圈"栏：用于调整光圈的形状和模糊范围的大小。
- ●"镜面高光"栏：用于调整模糊镜面亮度的强弱。
- ●"杂色"栏：用于设置模糊过程中添加杂点的多少和分布方式。分布方式包括"平均"和"高斯分布"两种。若勾选"单色"复选框，将设置添加的杂色均为灰色。

8．模糊

"模糊"滤镜将模糊处理图像中边缘过于清晰的颜色，以达到模糊效果。"模糊"滤镜无参数设置对话框。使用一次该滤镜命令，效果不太明显，所以一般需重复使用多次该滤镜命令。

9．平均

"平均"滤镜是通过柔化处理图像中的平均颜色值，而产生模糊效果。"平均"滤镜无参数设置对话框。图11-52所示为应用"平均"滤镜前后的对比效果。

应用前　　　　　　　应用后

图11-52

10．特殊模糊

"特殊模糊"滤镜可以找出图像的边缘并模糊边缘以内的区域，从而产生一种边界清晰、中心模糊的效果。图11-53所示为"特殊模糊"对话框和应用"特殊模糊"滤镜后的效果。需要注意的是，如果在"特殊模糊"对话框的"模式"下拉列表框中选择"仅限边缘"选项，模糊后的图像将以黑白效果显示。

图11-53

11．形状模糊

"形状模糊"滤镜可以使图形按照指定的形状作为模糊中心进行模糊。图11-54所示为"形状模糊"对话框和应用"形状模糊"滤镜后的效果。

图11-54

- ●半径：用于设置形状的大小。其数值较大时，模糊效果较明显。
- ●形状列表：用于选择可产生模糊效果的形状。单击形状列表框右侧的 ⊙ 按钮，在弹出的下拉菜单中可选择其他形状。

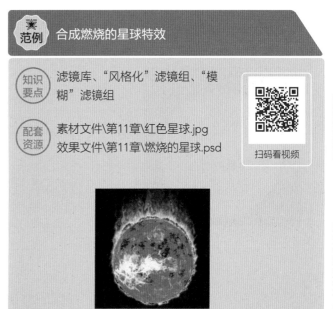

范例 合成燃烧的星球特效

知识要点 滤镜库、"风格化"滤镜组、"模糊"滤镜组

配套资源 素材文件\第11章\红色星球.jpg
效果文件\第11章\燃烧的星球.psd

扫码看视频

191

范例说明

在设计各种特效时，设计人员会采用为图像添加火焰特效的方法来增强图像的感染力和震撼力，这种效果可以在Photoshop CC中通过滤镜来实现。本例将在Photoshop CC的滤镜库、"风格化"滤镜组、"模糊"滤镜组中选用合适的滤镜，制作燃烧的星球特效。

操作步骤

1 打开"红色星球.jpg"素材文件，选择"魔棒工具" ，在黑色图像区域单击鼠标左键创建选区，然后按【Ctrl+Shift+I】组合键反选选区，按【Ctrl+J】组合键复制选区内容并新建图层。隐藏"背景"图层，按住【Ctrl】键不放，同时单击"图层1"图层缩览图载入选区，如图11-55所示。

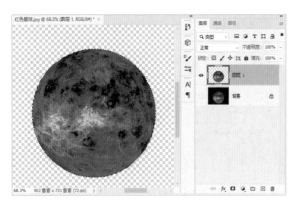

图11-55

2 切换到"通道"面板，单击"通道"面板底部的"将选区存储为通道"按钮 将选区存储为通道，得到"Alpha 1"通道，按【Ctrl+D】组合键取消选区，显示并选择"Alpha 1"通道，隐藏其他通道，如图11-56所示。

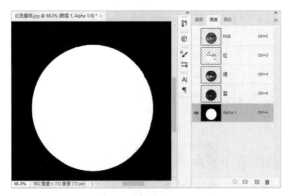

图11-56

3 选择【滤镜】/【风格化】/【扩散】菜单命令，打开"扩散"对话框，选中"正常"单选按钮，单击 确定 按钮应用设置，然后按3次【Ctrl+Alt+F】组合键，重复应用

"扩散"滤镜，如图11-57所示。

4 选择【滤镜】/【滤镜库】菜单命令，打开"滤镜库"对话框，在"扭曲"栏中选择"海洋波纹"选项，在右侧设置"波纹大小""波纹幅度"分别为"5""8"，然后单击 确定 按钮，如图11-58所示。

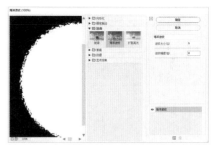

图11-57　　　　　　　　图11-58

5 选择【滤镜】/【风格化】/【风】菜单命令，打开"风"对话框，在"方法"栏中选中"风"单选按钮，在"方向"栏中选中"从右"单选按钮，单击 确定 按钮，如图11-59所示。使用相同的方法，打开"风"对话框，选中"从左"单选按钮，单击 确定 按钮。

6 选择【图像】/【图像旋转】/【顺时针90度】菜单命令，旋转画布，按两次【Ctrl+Alt+F】组合键，重复应用"风"滤镜。将"Alpha 1"通道拖曳到"通道"面板底部的"创建新通道"按钮 上，复制通道得到"Alpha 1拷贝"通道，按【Ctrl+Alt+F】组合键重复应用"风"滤镜，再选择【图像】/【图像旋转】/【逆时针90度】菜单命令，旋转画布，如图11-60所示。

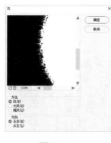

图11-59　　　　　　　　图11-60

7 选择"Alpha 1拷贝"通道，选择【滤镜】/【滤镜库】菜单命令，打开"滤镜库"对话框，在"扭曲"栏中选择"玻璃"选项，在"纹理"下拉列表框中选择"磨砂"选项，设置"扭曲度""平滑度""缩放"分别为"20""14""105%"；单击"滤镜库"对话框右下方的"新建效果图层"按钮 新建滤镜效果图层，在"扭曲"栏中选择"扩散亮光"选项，设置"粒度""发光量""清除数量"分别为"6""10""15"，然后单击 确定 按钮，如图11-61所示。

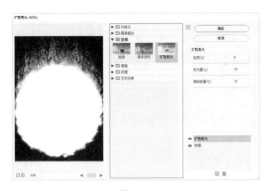

图11-61

8 选择"魔棒工具" ，在星球图像上单击鼠标左键载入选区，按【Ctrl+Shift+I】组合键反选选区，选择【选择】/【修改】/【羽化】菜单命令，打开"羽化选区"对话框，设置"羽化半径"为"6"，单击 确定 按钮，如图11-62所示。选择【滤镜】/【模糊】/【高斯模糊】菜单命令，打开"高斯模糊"对话框，设置"半径"为"1"，单击 确定 按钮，如图11-63所示。

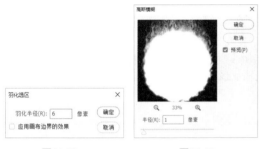

图11-62   图11-63

9 按【Ctrl+D】组合键取消选区，按住【Ctrl】键不放并单击"Alpha 1 拷贝"通道，载入星球的选区。切换到"图层"面板，新建图层得到"图层 2"图层，使用"油漆桶工具" 将选区填充为"#ffffff"；再次新建一个图层得到"图层 3"图层，将其移动到"图层 2"图层的下方，取消选区，使用"油漆桶工具" 将选区填充为"#000000"，如图11-64所示。

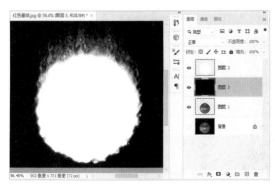

图11-64

10 选择"图层 2"图层，选择【窗口】/【调整】菜单命令打开"调整"面板，单击其中的"色相/饱和度"按钮 ，打开"色相/饱和度"属性面板，在其中设置"色相""饱和度"分别为"+40""100"，勾选"着色"复选框，如图11-65所示。

11 在"调整"面板中单击"色彩平衡"按钮 ，打开"色彩平衡"属性面板，在"色调"下拉列表框中选择"中间调"选项，设置"青色—红色"为"+100"；在"色调"下拉列表框中选择"高光"选项，设置"青色—红色"为"+100"，如图11-66所示。

图11-65   图11-66

12 按【Ctrl+Alt+Shift+E】组合键盖印图层，设置盖印后"图层的混合模式"为"线性减淡（添加）"，如图11-67所示。

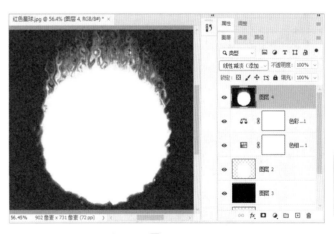

图11-67

13 使用"魔棒工具" 选择星球图像，设置前景色为"#000000"，按【Alt+Delete】组合键为选区填充前景色；再使用"魔棒工具" 选择背景区域，按【Alt+Delete】组合键为选区填充前景色。取消选区，删除"图层 2"图层，此时将显示出填充的黑色星球，并与黑色背景融为一体，得到的火环效果如图11-68所示。

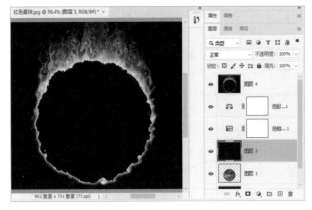

图11-68

14 选择"图层4"图层，切换到"通道"面板，选择"Alpha 1拷贝"通道，选择【滤镜】/【滤镜库】菜单命令，打开"滤镜库"对话框，在"扭曲"栏中选择"玻璃"选项，设置"扭曲度""平滑度""缩放"分别为"20""15""52%"，然后单击 确定 按钮，如图11-69所示。

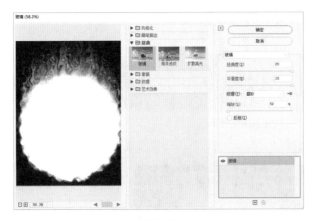

图11-69

15 切换到"图层"面板，使用"魔棒工具" 选择星球图像，按【Ctrl+Shift+I】组合键反选选区，按【Shift+F6】组合键打开"羽化选区"对话框，设置羽化半径为"6像素"，单击 确定 按钮，如图11-70所示。

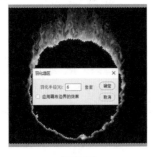

图11-70

16 选择【滤镜】/【模糊】/【高斯模糊】菜单命令，打开"高斯模糊"对话框，设置"半径"为"2"，单击 确定 按钮，返回图像编辑区，取消选区。

17 切换到"通道"面板，选择"Alpha 1"通道，单击面板底部的"将通道作为选区载入"按钮，将"Alpha 1"通道中的图像载入选区。切换到"图层"面板，隐藏"图层4"图层，然后新建一个"图层5"图层，填充选区为"#ffffff"，并在"图层"面板中将"图层5"图层移动到"色相/饱和度1"图层的下方。

18 按【Ctrl+Alt+Shift+E】组合键盖印图层，得到"图层6"图层，设置"图层的混合模式"为"变亮"，并将其移动到"图层"面板最上方，如图11-71所示。

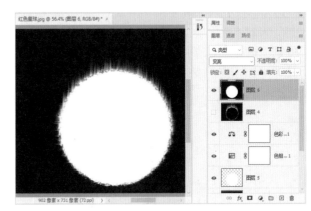

图11-71

19 显示"图层4"图层，选择"图层6"图层，按【Ctrl+E】组合键使"图层6"图层向下与"图层4"图层合并。将"图层1"图层移动到"图层4"图层上方，按【Ctrl+J】组合键复制"图层1"图层，设置"图层1拷贝"图层"图层的混合模式"为"线性减淡（添加）"，按【Ctrl+E】组合键向下合并图层。

20 按【Ctrl+T】组合键自由变换星球图像，遮盖住下方图层的白色星球边缘，如图11-72所示。按【Ctrl+S】组合键保存图像，并设置"文件名"为"燃烧的星球"，完成本例的制作。

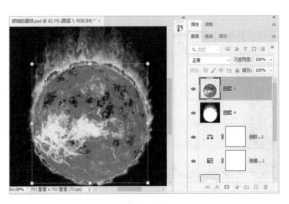

图11-72

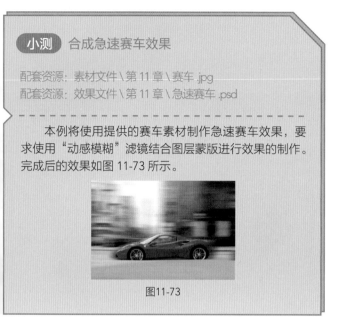
11.4.4 "模糊画廊"滤镜组

使用"模糊画廊"滤镜组可以创建并设置图像整体的模糊效果。选择【滤镜】/【模糊画廊】菜单命令，弹出的子菜单中包括5种滤镜命令。

1. 场景模糊

使用"场景模糊"滤镜可以创建大范围的渐变模糊效果。在图像中添加图钉，每个图钉用于调整模糊效果，如图11-74所示。需要对边角应用模糊效果时，还可以在图像外添加图钉。

2. 光圈模糊

使用"光圈模糊"滤镜可在图像中添加一个圆形控制框，设置圆形内外的模糊程度以模拟浅景深的效果，如图11-75所示。此外，也可定义多个焦点，实现传统相机难以达到的图像效果。

图11-74　　　　　　　图11-75

3. 移轴模糊

使用"移轴模糊"滤镜可通过两条轴向外设置模糊，以模仿倾斜偏移镜头拍摄出的图像。该滤镜可用于模拟微距拍摄的效果，如图11-76所示。使用时，还可调整两条轴的距离和角度。

4. 路径模糊

使用"路径模糊"滤镜可以自由设置路径并沿路径创建运动模糊效果，还可以控制形状和模糊量，如图11-77所示。

图11-76　　　　　　　图11-77

5. 旋转模糊

使用"旋转模糊"滤镜可以在一点或多点旋转和模糊图像，如图11-78所示。

图11-78

11.4.5 "扭曲"滤镜组

使用"扭曲"滤镜组可扭曲图像，其中"扩散亮光""海洋波纹""玻璃"滤镜位于滤镜库中，其他滤镜可以通过选择【滤镜】/【扭曲】菜单命令，在弹出的子菜单中调用。

1. 波浪

"波浪"滤镜可以通过设置波长使图像产生波浪涌动的效果。选择【滤镜】/【扭曲】/【波浪】菜单命令，打开"波浪"对话框，如图11-79所示。图11-80所示为应用"波浪"滤镜后的效果。

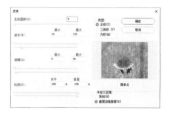 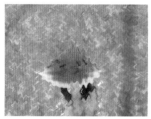

图11-79　　　　　　　图11-80

● 生成器数：用于设置产生波浪的数量，其可设置1～999的数值。

● 波长：包括"最小""最大"两个文本框，用于设置波峰间距，其可设置1～999的整数。

● 波幅：包括"最小""最大"两个文本框，用于设置波动幅度，其可设置1～999的整数。

● 比例：包括"水平""垂直"两个文本框，用于调整水平和垂直方向的波动幅度，其可设置1%～100%的整数。

● "类型"栏：用于设置波动的类型。图11-81所示为设置三角形波动后的效果；图11-82所示为设置方形波动后的效果。

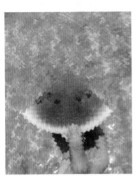

图11-81　　　　　　　图11-82

2. 波纹

"波纹"滤镜可以使图像产生水波荡漾的效果。图11-83所示为"波纹"对话框。

● 数量：用于设置波纹的数量，其可设置–999～999的整数。

● 大小：用于设置波纹的大小。

3. 极坐标

"极坐标"滤镜可以通过改变图像的坐标方式，使图像产生极端的变形。图11-84所示为"极坐标"对话框。

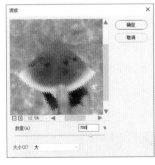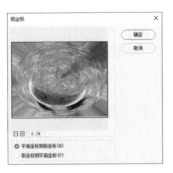

图11-83　　　　　　　图11-84

● 平面坐标到极坐标：选中"平面坐标到极坐标"单选按钮，图像会将平面坐标改为极坐标。

● 极坐标到平面坐标：选中"极坐标到平面坐标"单选按钮，图像会将极坐标改为平面坐标。

4. 挤压

"挤压"滤镜可使图像产生向内或向外挤压变形的效果。选择【滤镜】/【扭曲】/【挤压】菜单命令，打开"挤压"对话框，在"数量"文本框中输入数值来控制挤压效果，如

图11-85所示。当数值为负时，图像将向外凸出；当数值为正时，图像将向内凹陷。

5. 切变

"切变"滤镜可使图像在竖直方向产生弯曲效果。在图11-86所示"切变"对话框左上方的曲线调整框中单击鼠标左键可创建切变点，拖曳切变点可切出变形图像。

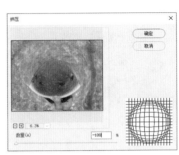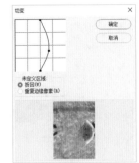

图11-85　　　　　　　图11-86

● 曲线调整框：用于控制曲线的弧度，以控制图像的变换效果。

● 折回：选中"折回"单选按钮，可在图像的空白区域填充溢出图像之外的图像内容，效果如图11-87所示。

● 重复边缘像素：选中"重复边缘像素"单选按钮，可在图像边界不完整的空白区域填充扭曲边缘的像素颜色，效果如图11-88所示。

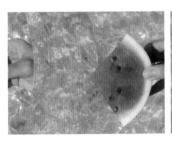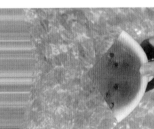

图11-87　　　　　　　图11-88

6. 球面化

"球面化"滤镜用于模拟将图像包在球面上并伸展图像来适应球面的效果。图11-89所示为"球面化"对话框。

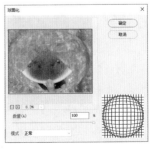

图11-89

● 数量：用于设置挤压程度。当数值为负时，图像将向内收缩，如图11-90所示；当数值为正时，图像将向外凸出，如图11-91所示。

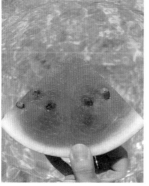

图11-90　　　　　　　　图11-91

● 模式：用于设置挤压方式，其包括"正常""水平优先""垂直优先"等选项。

7. 水波

"水波"滤镜可使图像产生起伏状的波纹和旋转效果。图11-92所示为"水波"对话框。

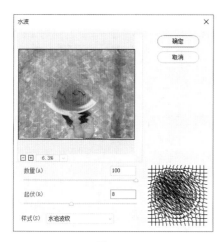

图11-92

● 数量：用于设置水波的数量。其数值为负时，产生凹陷的波纹；其数值为正时，产生凸出的波纹。

● 起伏：用于设置波纹的起伏幅度。其数值较大时，波纹起伏较大。

● 样式：用于设置生成波纹的方式。

8. 旋转扭曲

"旋转扭曲"滤镜可产生旋转扭曲效果，且旋转中心为物体的中心。打开"旋转扭曲"对话框，"角度"文本框用于设置旋转方向。其数值为正时，图像将顺时针扭曲；其数值为负时，图像将逆时针扭曲。图11-93所示为"旋转扭曲"对话框。

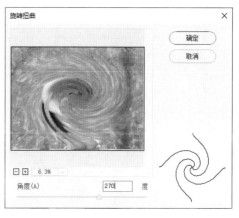

图11-93

9. 置换

"置换"滤镜可使图像产生位移效果。位移的方向不仅跟参数设置有关，还跟置换图有密切关系。使用该滤镜需要有两个图像文件才能完成：一个是要编辑的图像文件；另一个是图像图文件，该图像图文件充当位移模板，用于控制位移的方向。图11-94所示为"置换"对话框。

图11-94

● 水平比例/垂直比例：用于设置水平方向和垂直方向产生移动的距离。

● "置换图"栏：用于设置置换的方式。选中"伸展以适合"单选按钮，置换图像的尺寸将自动调整到与当前图像一样的大小；选中"拼贴"单选按钮，将会以拼贴的方式填补空白区域。

● "未定义区域"栏：用于设置图像边界不完整的空白区域的填充方式。

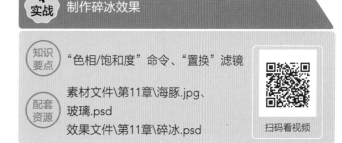

实战 制作碎冰效果

知识要点　"色相/饱和度"命令、"置换"滤镜

配套资源　素材文件\第11章\海豚.jpg、玻璃.psd
效果文件\第11章\碎冰.psd

扫码看视频

1 打开"海豚.jpg"素材文件，选择【图像】/【调整】/【色相/饱和度】菜单命令，打开"色相/饱和度"对话框，设置"色相""饱和度"分别为"+16""11"，单击 确定 按钮，如图11-95所示。

图11-95

2 选择【滤镜】/【扭曲】/【置换】菜单命令，打开"置换"对话框，设置"水平比例""垂直比例"分别为"8""8"，单击 确定 按钮，如图11-96所示。

图11-96

3 在打开的"选取一个置换图"对话框中，选择"玻璃.psd"素材文件，单击 打开(O) 按钮，如图11-97所示。

图11-97

4 按【Ctrl+J】组合键复制图层，设置"图层1"图层"图层的混合模式"为"强光"，"不透明度"为"90%"，如图11-98所示。按【Ctrl+S】组合键保存文件，并设置"文件名"为"碎冰"，完成本例的制作。

图11-98

11.4.6 "锐化"滤镜组

处理较模糊的图像时，一般会使用"锐化"滤镜组增强图像轮廓。但需要注意的是，过度使用锐化会造成图像失真。"锐化"滤镜组包括"USM锐化""防抖""进一步锐化""锐化""锐化边缘""智能锐化"6种滤镜效果。使用时只需选择【滤镜】/【锐化】菜单命令，在弹出的子菜单中选择需要的命令。

1. USM锐化

"USM锐化"滤镜可以在图像边缘的两侧分别制作一条明线或暗线来调整边缘细节的对比度，使图像边缘轮廓锐化。图11-99所示为"USM锐化"对话框；图11-100所示为应用"USM锐化"滤镜前后的对比效果。

图11-99

应用前　　　　　　　　　应用后

图11-100

● **数量**：用于调节图像锐化的程度。其数值越大，锐化效果越明显。

● **半径**：用于设置图像轮廓周围的锐化范围。其数值越大，锐化范围越广。

● **阈值**：用于设置锐化相邻像素的差值。只有对比度差值高于此数值的像素才会得到锐化处理。

2. 防抖

拍摄时，快门可能会造成照片模糊。使用"防抖"滤镜能提高图像边缘细节的对比度，提高图像整体的清晰度。图11-101所示为"防抖"对话框。

图11-101

● **模糊描摹边界**：用于设置图像轮廓的清晰度。其数值越大，锐化效果越明显。图像边缘对比度会明显提高，并会产生一定的晕影。

● **源杂色**：用于设置去除杂色的强度。

● **平滑**：用于设置图像的去噪程度。其数值越大，去噪效果越明显。

● **伪像抑制**：用于控制锐化程度。其数值越小，锐化效果越明显。

3. 进一步锐化

"进一步锐化"滤镜可以提高像素之间的对比度，使图像更加清晰。"进一步锐化"滤镜没有参数设置对话框，其锐化效果较微弱。图11-102所示为应用"进一步锐化"滤镜前后对比的效果。

应用前　　　　　　应用后

图11-102

4. 锐化

"锐化"滤镜与"进一步锐化"滤镜相同，都是通过提高像素之间的对比度来提高图像的清晰度的。不过，"锐化"滤镜的效果比"进一步锐化"滤镜的效果明显。

5. 锐化边缘

"锐化边缘"滤镜用于锐化图像边缘，并保留图像整体的平滑度。"锐化边缘"滤镜没有参数设置对话框。

6. 智能锐化

"智能锐化"滤镜的功能十分强大，用户可以设置锐化参数、阴影和高光的锐化量。图11-103所示为"智能锐化"对话框。

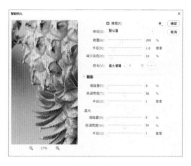

图11-103

● **预设**：用于选择Photoshop CC已经设置好的锐化方案。

● **数量**：用于设置锐化的精细程度。其数值较大时，边缘对比度较高。

● **半径**：用于设置受锐化影响的边缘像素数量。其数值较大时，受影响面积较大，锐化效果较明显。

● **减少杂色**：用于设置锐化后出现的杂色量。其数量较高时，杂色较少，图像较平滑。

● **移去**：用于设置锐化图像的算法。当选择"动感模糊"选项时，将激活"角度"选项，设置"角度"选项后可减少因相机或拍摄对象移动而产生的模糊效果。

● **渐隐量**：用于设置阴影或高光中的锐化程度。

● **色调宽度**：用于设置阴影和高光中色调的修改范围。

● **半径**：用于设置每个像素周围的区域大小。

11.4.7 "视频"滤镜组

"视频"滤镜组主要用于为视频处理颜色。

1. NTSC颜色

"NTSC颜色"滤镜可将视频的色域限制在电视机色域的范围内，以防止颜色过于饱和。

2. 逐行

"逐行"滤镜可以移去视频中的奇数或偶数隔行线，以平滑视频中的运动图像。图11-104所示为"逐行"对话框。

图11-104

● 消除：用于控制消除逐行的方式。

● 创建新场方式：用于设置填充空白区域的方式。选中"复制"单选按钮，可以通过复制被删除部分周围的像素来填充空白区域；选中"插值"单选按钮，可以利用被删除部分周围的像素，通过插值的方法进行填充。

11.4.8 "像素化"滤镜组

"像素化"滤镜组用于将图像中颜色值相似的像素转换为单元格，以使图像分块化或平面化，它常用于制作需强化图像边缘或者纹理的特殊效果。使用时，只需选择【滤镜】/【像素化】菜单命令，在弹出的子菜单中选择需要的命令。

1. 彩块化

"彩块化"滤镜可使图像中纯色或相似颜色凝结为彩色块，从而产生类似宝石刻画般的效果。"彩块化"滤镜没有参数设置对话框。

2. 彩色半调

"彩色半调"滤镜用于模拟在图像的每个通道上应用彩色半调效果。图11-105所示为"彩色半调"对话框和应用"彩色半调"滤镜后的效果。

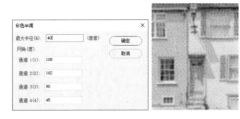

图11-105

● 最大半径：用于设置网点的大小，其数值必须为4～127的整数。图11-106所示为"最大半径"为20的彩色半调效果；图11-107所示为"最大半径"为40的彩色半调效果。

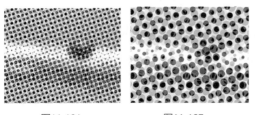

图11-106　　　　　　图11-107

● "网角（度）"栏：用于设置每个颜色通道的网屏角度，其数值必须为-360～360的整数。

3. 点状化

"点状化"滤镜用于在图像中随机产生彩色斑点，点与点之间的空隙将用背景色填充。在"点状化"对话框中，"单元格大小"文本框用于设置点状网格的大小，如图11-108所示。图11-109所示为应用"点状化"滤镜后的效果。

图11-108　　　　　　图11-109

4. 晶格化

"晶格化"滤镜用于集中图像中相近的像素到一个像素的多角形网格中，从而使图像清晰化。在"晶格化"对话框中，"单元格大小"文本框用于设置多角形网格的大小，如图11-110所示。图11-111所示为应用"晶格化"滤镜后的效果。

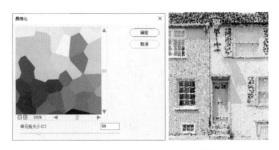

图11-110　　　　　　图11-111

5. 马赛克

"马赛克"滤镜用于将图像中具有相似彩色的像素统一合成为更大的方块，从而产生类似马赛克般的效果。在"马赛克"对话框中，"单元格大小"文本框用于设置马赛克的大小，如图11-112所示。图11-113所示为应用"马赛克"滤镜后的效果。

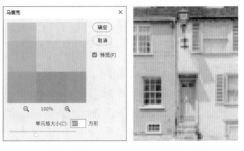

图11-112　　　　　　图11-113

6. 碎片

"碎片"滤镜会将图像的像素复制4遍，然后将复制的像素平均移位并降低不透明度，从而形成一种不聚焦的"四重视"效果，如图11-114所示。"碎片"滤镜没有参数设置对话框。

图11-114

7. 铜板雕刻

"铜板雕刻"滤镜在图像中随机分布各种不规则的线条和虫孔斑点，以产生镂刻的版画效果。在"铜板雕刻"对话框中，"类型"下拉列表框用于设置铜板雕刻的样式，如图11-115所示。图11-116所示为设置"类型"为"短直线"的效果；图11-117所示为设置"类型"为"粗网点"的效果。

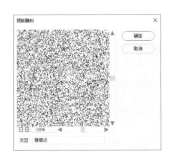

图11-115

图11-116　　　　　图11-117

11.4.9 "渲染"滤镜组

选择【滤镜】/【渲染】菜单命令，在弹出的子菜单中选择需要的命令，可渲染图像得到特殊效果。

1. 火焰

使用"火焰"滤镜前，首先需要在制作火焰的位置绘制路径，然后选择【滤镜】/【渲染】/【火焰】菜单命令，使用"火焰"滤镜后的效果如图11-118所示。"火焰"对话框的"基本"选项卡如图11-119所示；"火焰"对话框的"高级"选项卡如图11-120所示，它可用于设置具体的火焰效果。

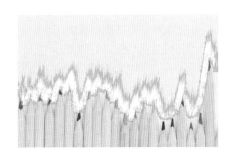

图11-118

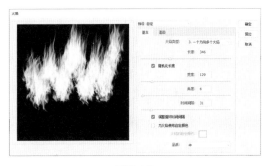

图11-119

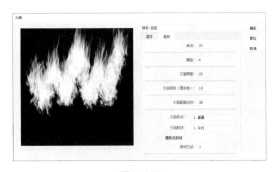

图11-120

- 火焰类型：用于设置火焰的形状类型，Photoshop CC中提供了6种类型。
- 长度：用于设置火焰中火苗的长度。
- 随机化长度：勾选"随机化长度"复选框，可随机调整火焰的长度。

● 宽度：用于设置火焰的宽度。

● 角度：用于设置火焰的角度。

● 时间间隔：用于调整火焰的密度。其数值较小时，火焰密度较大。

● 调整循环时间间隔：用于调整火焰的循环时间间隔。

● 为火焰使用自定颜色：勾选"为火焰使用自定颜色"复选框，可自主设置火焰的颜色。

● 火焰的自定颜色：单击色块，打开"颜色"对话框，可设置火焰的颜色。

● 品质：用于设置火焰的品质。品质较精细时，渲染速度较慢。

● 湍流：用于调整火苗的波动程度。

● 锯齿：用于设置火焰锯齿的数量。

● 不透明度：用于设置火焰的不透明度。其数值较小时，火焰的纹路较清晰。

● 火焰线条（复杂性）：用于设置火焰线条的复杂程度。

● 火焰底部对齐：用于设置火焰的底部对齐程度。其数值较小时，火焰底部较整齐。

● 火焰样式：其包括"普通""猛烈""扁平"3种样式，用户可根据需要选择。

● 火焰形状：其包括"平行""集中""散开""椭圆""定向"5种形状，用户可根据需要选择。

● 随机化形状：勾选"随机化形状"复选框，可随机变换火焰形状。

● 排列方式：用于设置火焰的排列方式。设置前，需取消勾选"随机化形状"复选框。

2. 图片框

选择【滤镜】/【渲染】/【图片框】菜单命令，使用"图片框"滤镜后的效果如图11-121所示。"图案"对话框的"基本"选项卡如图11-122所示；"图案"对话框的"高级"选项卡如图11-123所示，它可用于设置具体的图片框效果。

图11-121

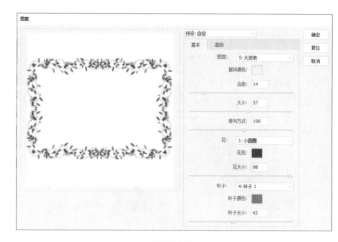

图11-122

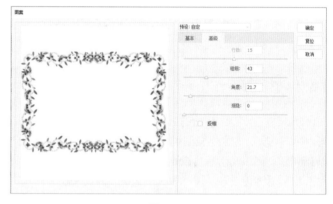

图11-123

● 图案：用于设置图片框的样式。

● 藤饰颜色：用于设置图案中藤饰的颜色。

● 边距：用于设置藤饰花纹的边距。

● 大小：用于设置藤饰的大小。

● 排列方式：用于设置藤饰的排列方式。

● 花：用于设置藤饰上的花型。选择"无"选项时，藤饰上没有花。

● 花色：用于设置花的颜色。

● 花大小：用于设置花的大小。

● 叶子：用于设置藤饰上叶子的形状，部分藤饰无法设置叶子。

● 叶子颜色：用于设置叶子的颜色。

● 叶子大小：用于设置叶子的大小。

● 粗细：用于设置藤饰的粗细。

● 角度：用于设置藤饰的角度。

● 渐隐：用于设置图片框的透明度。

● 反相：用于反相图片框。

3. 树

选择【滤镜】/【渲染】/【树】菜单命令，使用"树"

滤镜后的效果如图11-124所示。"树"对话框的"基本"选项卡如图11-125所示;"树"对话框的"高级"选项卡如图11-126所示,它可用于设置"树"滤镜的具体参数。

图11-124

图11-125

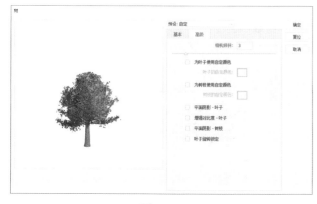

图11-126

4. 分层云彩

"分层云彩"滤镜会在图像中添加一个分层云彩效果,而产生的效果与原图像的颜色有关。该滤镜无参数设置对话框。图11-127所示为应用"分层云彩"滤镜前后的对比效果。

应用前　　　　　　　　　　应用后

图11-127

5. 光照效果

"光照效果"滤镜的功能十分强大,可设置光源、光色、物体的反射特性,并根据这些设置产生光照效果。图11-128所示为"光照效果"滤镜的属性面板。

使用"光照效果"滤镜时,只需使用鼠标拖曳出现的白色框线调整光源大小,再调整白色圈线中间的强度环,最后按【Enter】键,即可完成调整。

图11-128

"光照效果"滤镜的属性面板中的选项介绍如下。

● 灯光类型:在"灯光类型"下拉列表框中可以选择"点光""聚光灯""无限光"3种灯光样式。

● 颜色:单击色块,打开"拾色器(光照颜色)"对话框,可设置灯光颜色。

● 强度：用于设置灯光的光照强度。

● 聚光：设置"灯光类型"为"聚光灯"时可被激活，用于控制灯光的光照范围。

● 着色：用于设置填充整体光照。

● 曝光度：用于控制光照的曝光效果。其数值为正时，可以添加光照。

● 光泽：用于设置灯光的反射强度。

● 金属质感：用于设置反射的光线是光源颜色还是本身的颜色。

● 环境：用于设置漫射光效果。其数值为100时只用此光源；数值为–100时移去此光源。

● 纹理：用于设置纹理的通道。

● 高度：用于设置应用纹理后图像产生凸起的高度。

"光照效果"滤镜的工具属性栏（见图11-128）介绍如下。

● 预设："预设"下拉列表框中预设了多种灯光效果，用户可根据需要选择。图11-129所示为选择"五处上射光"的效果；图11-130所示为选择"RGB光"的效果。

图11-129　　　　　　　图11-130

● 聚光灯：单击"聚光灯"按钮，可为图像新建一个聚光灯光源。

● 点光：单击"点光"按钮，可为图像新建一个点光光源。

● 无限光：单击"无限光"按钮，可为图像新建一个无限光光源。

● 重置：单击"重置"按钮，可重置已添加的光源。

6. 镜头光晕

"镜头光晕"滤镜通过为图像添加不同的镜头类型来模拟镜头产生的光晕效果。图11-131所示为"镜头光晕"对话框；图11-132所示为应用"镜头光晕"滤镜前后的对比效果。

图11-131

● 光晕中心：在预览图像中单击或拖曳光晕中心，可用于设置光晕位置。

● 亮度：用于控制光晕的强度，其变化范围为10%~300%。

● 镜头类型：用于模拟不同镜头产生的光晕。

应用前　　　　　　　　应用后

图11-132

7. 纤维

"纤维"滤镜可根据当前设置的前景色和背景色生成纤维效果。图11-133所示为"纤维"对话框。

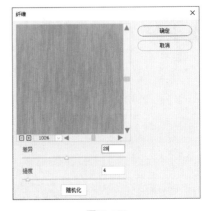

图11-133

- **差异**：用于调整纤维的变化纹理形状。
- **强度**：用于设置纤维的密度。
- **随机化**：单击 随机化 按钮，可随机产生纤维效果。

8. 云彩

"云彩"滤镜通过在前景色和背景色之间随机抽取像素并完全覆盖图像，从而产生类似云彩的效果。"云彩"滤镜无参数设置对话框。图11-134所示为应用"云彩"滤镜前后的对比效果。

图11-134

11.4.10 "杂色"滤镜组

在阴天或者夜晚拍摄的照片一般会存在杂色现象，此时可使用"杂色"滤镜组中的滤镜处理杂点。选择【滤镜】/【杂色】菜单命令，在弹出的子菜单中选择需要的命令。

1. 减少杂色

"减少杂色"滤镜用于消除图像中的杂色。图11-135所示为"减少杂色"对话框。

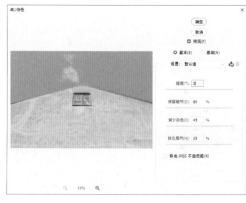

图11-135

- **强度**：用于控制所有图像通道的亮度杂色减少量。
- **保留细节**：用于控制保留边缘和图像细节的程度。

当其数值为100%时，会保留大多数图像细节，但亮度杂色将减到最少。

- **减少杂色**：用于移去随机的颜色像素。其数值越大，减少的颜色越多。
- **锐化细节**：用于锐化图像。
- **移去JPEG不自然感**：勾选"移去JPEG不自然感"复选框，可减少由使用低JPEG品质设置存储图像而导致的图像不够美观。

2. 蒙尘与划痕

"蒙尘与划痕"滤镜通过将图像中有缺陷的像素融入周围像素中，以达到除尘和涂抹的效果。图11-136所示为"蒙尘与划痕"对话框。

图11-136

- **半径**：用于调整清除缺陷的范围。
- **阈值**：用于确定像素处理的阈值。其数值越大，图像能容许的杂色就越多，去除杂色的效果则越弱。

3. 去斑

"去斑"滤镜可以轻微地模糊、柔化图像，以达到掩饰图像中细小斑点并消除轻微折痕的效果。"去斑"滤镜无参数设置对话框。连续多次使用该滤镜，其应用效果会更加明显。图11-137所示为应用"去斑"滤镜前后的对比效果。

应用前　　　　　应用后

图11-137

4. 添加杂色

"添加杂色"滤镜可以向图像随机混合杂点，使图像表面形成细小的颗粒状像素。图11-138所示为"添加杂色"对话框和应用"添加杂色"滤镜后的效果。

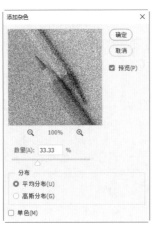
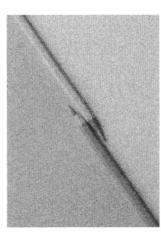

图11-138

● 数量：用于调整杂点的数量。其数值较大时，效果较明显。

● 平均分布：选中"平均分布"单选按钮，颜色杂点可统一、平均分布。

● 高斯分布：选中"高斯分布"单选按钮，颜色杂点按高斯曲线分布。

● 单色：用于设置添加的杂点是彩色或灰色。勾选"单色"复选框，杂点只影响原图像的亮度而不改变图像的颜色。

5. 中间值

"中间值"滤镜可以采用杂点和其周围像素的折中颜色来平滑图像。"中间值"对话框如图11-139所示，其中"半径"文本框用于设置中间值效果的平滑距离。图11-140所示为应用"中间值"滤镜后的效果。

图11-139 　　　　　图11-140

实战　制作云彩效果

知识要点　"添加杂色"滤镜、"云彩"滤镜

配套资源　素材文件\第11章\天空.jpg
　　　　　效果文件\第11章\云彩.psd

扫码看视频

操作步骤

1 打开"天空.jpg"素材文件，如图11-141所示。新建"图层1"图层，选择"渐变工具" ，打开"渐变编辑器"对话框，在其中选择"蓝色_16"渐变效果，在图像编辑区中单击，从上至下拖曳鼠标填充渐变颜色。

2 新建"图层2"图层并填充为"#000000"，选择【滤镜】/【杂色】/【添加杂色】菜单命令，打开"添加杂色"对话框，设置"数量"为"30"，选中"高斯分布"单选按钮并勾选"单色"复选框，然后单击 确定 按钮，如图11-142所示。

图11-141 　　　　　图11-142

3 选择【滤镜】/【渲染】/【云彩】菜单命令，在"图层"面板中设置"图层2"图层"图层的混合模式"为"滤色"，在"图层2"图层上单击鼠标右键，在弹出的快捷菜单中选择【创建剪贴蒙版】命令，如图11-143所示。

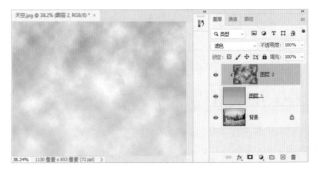

图11-143

4 按【Ctrl+J】组合键复制"图层2"图层，得到"图层
2 拷贝"图层。选择【滤镜】/【渲染】/【分层云彩】
菜单命令，生成更丰富的云彩效果，然后向下创建剪贴蒙版。

5 选择"图层1"图层，单击"图层"面板底部的"添
加图层蒙版"按钮■创建图层蒙版。隐藏"图层1"
图层，选择"背景"图层，使用"快速选择工具"■选取
图像中的天空区域。显示"图层1"图层，单击图层蒙版缩
览图，按【Ctrl+Shift+I】组合键反向选择，按【Delete】键
删除选区内容，如图11-144所示。

图11-144

6 按【Ctrl+S】组合键保存文件，并设置"文件名"为
"云彩"，完成本例的制作。

11.4.11 "其他"滤镜组

"其他"滤镜组主要用于修饰图像的细节部分，以及自
主创建特殊效果滤镜。选择【滤镜】/【其他】菜单命令，
在弹出的子菜单中选择需要的命令。

1. HSB/HSL

"HSB/HSL"滤镜可以快速选择出图像中饱和度偏高或
偏低的区域。"HSB/HSL参数"对话框如图11-145所示。

图11-145

2. 高反差保留

"高反差保留"滤镜可以删除图像中色调变化平缓的部
分，保留色彩变化最大的部分，使图像的阴影消失而亮点突
出。图11-146所示为应用"高反差保留"滤镜前后的对比效
果。"高反差保留"对话框如图11-147所示，其中"半径"文
本框用于设置高反差保留的像素范围，其数值越大，保留原
图像的像素越多。

3. 位移

"位移"对话框如图11-148所示。在该对话框中可设置
"水平"和"垂直"的数值来偏移图像，偏移后留下的空白
可以使用当前的背景色填充、重复边缘像素填充或是折回边
缘像素填充。

图11-146

图11-147　　　　　　　图11-148

● 水平：用于设置图像像素在水平方向移动的距离。
其数值越大，图像的像素在水平方向上移动的距离越大。图
11-149所示为"水平"数值为正的效果；图11-150所示为"水
平"数值为负的效果。

图11-149　　　　　　　图11-150

● 垂直：用于设置图像像素在垂直方向移动的距离。其数值越大，图像的像素在垂直方向移动的距离越大。图11-151所示为"垂直"数值为正的效果；图11-152所示为"垂直"数值为负的效果。

图11-151　　　　　　　　图11-152

● 未定义区域：用于设置偏移后空白处的填充方式。选中"设置为背景"单选项，将以背景色填充空缺部分，效果如图11-153所示；选中"重复边缘像素"单选项，可在图像边界不完整的空缺部分填充扭曲边缘的像素颜色，效果如图11-154所示；选中"折回"单选项，可在空缺部分填充图像另一侧边缘溢出的图像内容。

图11-153　　　　　　　　图11-154

4. 自定

"自定"滤镜可以创建自定义滤镜效果，如创建锐化、模糊和浮雕等滤镜效果。图11-155所示为"自定"对话框。"自定"对话框中有一个5×5的文本框矩阵，最中间的方格代表目标像素，其余的方格代表目标像素周围相对应位置上的像素；在"缩放"文本框中输入一个值后，将以该值去除计算中包含像素的亮度部分；在"位移"文本框中输入的值则与缩放计算结果相加。

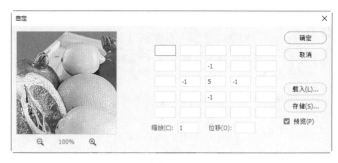

图11-155

5. 最大值

"最大值"滤镜可用于强化图像中的亮部色调，消减暗部色调。"最大值"对话框如图11-156所示，其中"半径"文本框用于设置图像中亮部的明暗程度。图11-157所示为应用"最大值"滤镜前后的对比效果。

图11-156

应用前　　　　　　　　　　应用后

图11-157

6. 最小值

"最小值"滤镜的功能与"最大值"滤镜的功能相反，它用于减弱图像中的亮部色调。"最小值"对话框如图11-158所示，其中"半径"文本框用于设置图像暗部区域的范围。图11-159所示为应用"最小值"滤镜前后的对比效果。

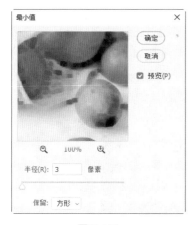

图11-158

应用前　　　　　　　　应用后

图11-159

写实风格的动漫场景是动漫制作中常见和流行的方式之一。这种风格的绘制原则是在遵循特定时间、环境、透视角度及光照情况等物体自然属性的基础上，对客观现实进行记录、重现，设计时通过合理的、不夸张的场景效果给大众带来身临其境的感受。

设计素养

11.5.2　实训思路

（1）通过分析提供的素材，可以发现原照片颜色清新自然，画面构图合理，因此在制作动漫场景时无须对画面结构进行大幅调整，只需对色块、景物轮廓等进行动漫效果的转换。

（2）动漫场景通常由画笔绘制，并且具有笔触感，而摄影照片通常边缘锐利、清晰，因此制作动漫场景的第一步就是削弱图像中相邻像素的对比度。在这里，考虑使用"模糊"和"艺术效果"滤镜组使相邻像素平滑过渡，从而产生柔和边缘的效果。

（3）制作动漫场景时，除了需要进行简单的模糊处理外，还需要使用调色命令和图层的混合模式调整色彩，以使整体色调偏向清新风格。

（4）本例照片中展示的为户外风景，制作动漫场景时可为其添加光晕，以增强光晕效果。在这里，考虑使用"渲染"滤镜组模拟在不同的光源下产生的不同光晕效果。

（5）结合本章所学的滤镜知识，在滤镜组、滤镜库中选用合适的滤镜，并结合调色命令、图层混合模式等，将风景照片合成为清新、日系风格的动漫场景效果。

本例完成后的参考效果如图11-160所示。

11.5　综合实训：制作动漫场景

了解并熟悉滤镜的使用方法后，设计人员可以尝试将不同的滤镜组合使用，这样有助于实现更多的效果，如灵活使用滤镜组、滤镜库并结合相关调色命令等可以将摄影照片转换为动漫场景效果。

11.5.1　实训要求

本实训需要将一张风景照片转换为动漫场景图，要求在光感方面表现出阳光、明快的氛围，在远近处理方面可以增加近处图像的亮度和颜色饱和度、淡化和提亮远处的图像。尺寸要求为1024像素×711像素。

图11-160

11.5.3　制作要点

 知识
要点　综合运用滤镜

 配套
资源　素材文件\第11章\风景.jpg
效果文件\第11章\动漫场景.psd

扫码看视频

　　完成本例主要包括柔化边缘、调整动漫场景色调、添加镜头光晕3个部分，主要操作步骤如下。

1 打开"风景.jpg"素材文件，复制图层，对复制后的图层使用"特殊模糊"滤镜。再使用"滤镜库"的"艺术效果"栏中的"干画笔"滤镜制作初步的绘画效果，如图11-161所示。

2 复制"背景"图层，将复制后的图层置于"图层"面板最上方，使用"滤镜库"的"艺术效果"栏中的"绘画涂抹"滤镜继续加强图像的绘画效果。然后设置"图层的混合模式"为"线性减淡（添加）"，降低其图层"不透明度"。

3 复制"背景"图层，将复制后的图层置于"图层"面板最上方，对该图层进行去色处理。

4 复制上一步去色后的图层，复制后设置"图层的混合模式"为"线性减淡（添加）"，并使图像反相，然后使用"最小值"滤镜提取原照片细节。

5 向下合并图层，更改合并后"图层的混合模式"为"正片叠底"，使图像细节更加清晰，效果如图11-162所示。

图11-161　　　　　　　　　图11-162

6 使用调色相关命令校正偏黄图像，将图像调整为自然、清新的色调，并增加阴影区域的亮度。

7 选中所有可见图层，然后盖印图层，使用"镜头光晕"滤镜制作光晕效果，最后适当提高图像的饱和度。按【Ctrl+S】组合键保存文件，并设置"文件名"为"动漫场景"。

 巩固练习

1. 制作风景油画

　　本练习要求将一张风景照片制作成油画效果。制作时可使用"油画"滤镜、"浮雕效果"滤镜、"查找边缘"滤镜来完成，参考效果如图11-163所示。

 配套
资源　素材文件\第11章\巩固练习\风景.jpg
效果文件\第11章\巩固练习\风景油画.psd

2. 制作艺术相框效果

　　本练习要求为动物照片添加相框效果。制作时可先使用"风格化"滤镜组的"拼贴"和"凸出"滤镜、滤镜库中的"玻璃""绘画涂抹"等滤镜来完成，参考效果如图11-164所示。

配套
资源　素材文件\第11章\巩固练习\兔子.psd
效果文件\第11章\巩固练习\相框.psd

图11-163　　　　　　　　　图11-164

除了Photoshop CC内置的滤镜外，设计时还可安装外挂滤镜制作特殊效果，或使用Digimarc滤镜组读取与嵌入水印。

1. 安装外挂滤镜

外挂滤镜种类繁多且应用广泛。安装外挂滤镜主要有以下两种方法：如果外挂滤镜以安装包的形式存在，则双击该安装包即可安装外挂滤镜；如果没有安装包，则需将滤镜文件夹复制到Photoshop CC安装目录下的"Plug-in"文件夹中。安装完成后，重启Photoshop CC，选择"滤镜"菜单命令，在弹出的子菜单中可以选择外挂滤镜。

2. Digimarc滤镜组

Digimarc滤镜组的功能主要是让用户添加或查看图像中的版权信息。

●"读取水印"滤镜：用于阅读图像中的数字水印内容。当图像中含有数字水印效果时，图像编辑区的标题栏和状态栏上会显示©符号。选择【滤镜】/【Digimarc】/【读取水印】菜单命令，系统会对图像内容进行分析，并找出内含的数字水印数据。如果找到了ID及相关数据，用户就可以连接到Digimarc公司的Web站点，依据ID号码找到作者的联络资料以及租片（租用这个拥有著作权的图像）费用等。如果在图像中找不到数字水印效果，或者数字水印已因过度地编辑而损坏，则会出现提示性对话框，告诉用户该图像中没有数字水印或是水印已经遭受破坏的信息。

●"嵌入水印"滤镜：可在图像中产生水印加入著作权信息。这种水印将以杂纹的形式被添加到图像中，肉眼不易察觉，但它可以在计算机中或在印刷出版物上被永久性地保存。"嵌入水印"滤镜只适用于CMYK模式、RGB模式、Lab模式或灰度模式的图像。选择【滤镜】/【Digimarc】/【嵌入水印】菜单命令，打开"嵌入水印"对话框。如果是第一次使用嵌入水印滤镜，可以先进行个人Digimarc标识号的注册，然后设置图像创建的年度标识，以便将其以水印方式嵌入图像中。

第 **12** 章　应用抠图技术

本章导读

抠图主要是将所要抠取的对象从原背景中分离出来。学习抠图技术，其实就是学习选区的创建与编辑技术。在Photoshop CC中可通过各种形式来创建选区进行抠图。根据图像的特点，设计人员可以选用合适的抠图技术对图像进行灵活处理。

知识目标

◁ 掌握抠取轮廓清晰、边缘光滑图像的方法
◁ 掌握抠取毛发与羽毛图像的方法
◁ 掌握抠取轮廓复杂图像的方法
◁ 掌握抠取透明图像的方法

能力目标

◁ 制作励志灯箱海报
◁ 制作上新Banner
◁ 使用"选择并遮住"命令抠取动物图像
◁ 制作宠物网站登录页
◁ 制作植树节海报
◁ 制作梦幻婚纱照

情感目标

◁ 提升对不同类型图像的抠图分析能力
◁ 培养抠图技术的综合应用能力

12.1　抠取轮廓清晰、边缘光滑的图像

在抠取轮廓清晰、边缘光滑的图像时，常使用选区工具和钢笔工具来完成。除此之外，还可配合通道、蒙版等来抠取轮廓清晰但与背景颜色对比度较小的图像。

12.1.1　使用选区工具抠取图像

使用选区工具可以直接在图像中创建选区，这是一种方便、快捷的抠图方法。针对轮廓清晰、边缘光滑的图像，可以根据图12-1所示图像特点选择抠取方式。

轮廓清晰、边缘光滑且对比度高　　轮廓清晰、边缘光滑但对比度低

图12-1

"矩形选框工具" 适用于抠取任意大小的、矩形轮廓的图像；"椭圆选框工具" 适用于抠取任意大小的、椭圆轮廓的图像；"套索工具" 适用于需要快速抠取不规则图像且对抠取边缘精度要求不高的图像；"磁性套索工具" 适用于快速抠取与周围颜色对比强烈且边缘形状复杂的图像；"多边形套索工具" 适用于抠取轮廓为直线的图像；"对象选择工具" 适用

于抠取与背景对比或反差比较强烈的图像；"魔棒工具" 和"快速选择工具" 则适用于抠取边缘光滑且与背景反差较大的图像。

实战 抠取光盘制作节目专辑封面

知识要点 使用选区工具抠取图像

配套资源 素材文件\第12章\光盘.jpg、节目专辑背景.psd
效果文件\第12章\节目专辑封面.psd

扫码看视频

📋 操作步骤

1 打开"光碟.jpg"素材文件，可发现光碟图像呈圆形，且轮廓清晰、边缘光滑，因此选择"椭圆选框工具" ，将鼠标指针移至图像中心，按住【Alt+Shift】组合键不放，同时单击鼠标左键并拖曳鼠标绘制圆形选区，效果如图12-2所示。

2 选取光碟图像后，按【Ctrl+C】组合键复制选区内的图像。然后打开"专辑节目背景.psd"素材文件，按【Ctrl+V】组合键粘贴选区内的图像，效果如图12-3所示。

图12-2　　　　图12-3

3 此时可发现"图层"面板中自动新建图层，图层内容即为刚刚抠取的图像。将该图层移至"光效"图层下方，然后按【Ctrl+T】组合键自由变换图像，在画面最下方保留一半光碟图像，效果如图12-4所示。

4 复制图层，按【Ctrl+T】组合键使图像呈变形状态，缩小图像，并将其移至"心理学"文本右侧，效果如图12-5所示。

图12-4　　　　图12-5

5 按【Ctrl+S】组合键保存文件，完成本例的制作。

12.1.2　使用钢笔工具抠取图像

"钢笔工具" 除了可以绘制矢量图形外，在抠图中的应用也比较广泛，它常用于精确抠图。

在抠图时，若锚点偏离了轮廓，可按住【Ctrl】键将"钢笔工具" 切换为"直接选择工具" ，然后选择锚点，将其拖曳到图像轮廓上。

范例 制作励志灯箱海报

知识要点 使用钢笔工具抠取图像

配套资源 素材文件\第12章\男士侧颜.jpg、城市.jpg
效果文件\第12章\灯箱海报.psd

扫码看视频

📖 范例说明

灯箱海报常出现在户外的街道、公交站和地铁站台中。不同位置的灯箱海报，其尺寸会有所差别。本例将制作一则励志灯箱海报，主题为"拼搏——不达成功誓不休"，要求体现宣传主题，效果简洁、直观。制作时，为了更好地体现效果，设计人员可在"城市"背景中添加年轻人物，并将其制作成剪影效果，以提高海报的美观度。

📋 操作步骤

1 打开"男士侧颜.jpg"素材文件，选择"钢笔工具" ，设置绘图模式为"路径"，在人物后颈处单击鼠标左键创建锚点，沿着人物的头部单击鼠标左键创建另一个锚点，拖曳控制柄绘制一条曲线路径。

2 使用同样的方法沿人物轮廓绘制路径，绘制时注意将背景同衣服区分开来，如图12-6所示。

3 完成后闭合路径，再使用"添加锚点工具" 与"删除锚点工具"调整路径细节部分，拖曳控制柄调整路径的弧度，使路径形状与人物轮廓紧密贴合。

4 在"路径"面板中选择工作路径后单击鼠标右键，在弹出的快捷菜单中选择【建立选区】命令，在打开的"建立选区"对话框中设置"羽化半径"为"2"，单击 确定 按钮，可以使抠取的人物图像边缘变得柔和、不生硬，如图12-7所示。

图12-6　　　　　　图12-7

5 打开"城市.jpg"素材文件，使用"移动工具" ✛ 将建立选区后的人物图像拖曳到城市图像右侧，调整人物的大小和位置，效果如图12-8所示。

图12-8

6 此时可看到"城市"背景图像太亮，不能与人物图像很好地融合。新建一个白色填充图层，设置"不透明度"为"80%"，使城市图像产生一种朦胧的视觉效果，然后将新建的图层移动到"图层1"图层下方，复制"背景"图层，并将"背景　副本"图层移动到最上方，如图12-9所示。按【Ctrl+Alt+G】组合键创建剪贴蒙版，效果如图12-10所示。

图12-9　　　　　　图12-10

7 在图像中分别输入文字"拼搏""——不达成功誓不休"，设置"字体"为"汉仪长宋简"，调整文字大小并分别创建剪贴蒙版，使画面效果和谐、统一，效果如图12-11所示。

8 此时可发现海报整体颜色过于明亮，需稍调整图像暗度。在"调整"面板中单击"曲线"按钮，打开"曲线"属性面板，在中间编辑区的斜线上单击鼠标左键创建控制点，并向下拖曳控制点，如图12-12所示。

图12-11　　　　　　图12-12

9 返回图像编辑区，即可发现图像整体的色调变暗了，更加符合海报展示的需要。按【Ctrl+S】组合键保存文件，并设置"文件名"为"灯箱海报"。完成本例的制作，效果如图12-13所示。

图12-13

> **技巧**
>
> 在抠图过程中，设计人员可根据实际需要，按【Ctrl++】组合键放大图像、按【Ctrl+-】组合键缩小图像、按住空格键移动图像以便于观察图像的细节部分。

12.2 抠取毛发与羽毛图像

毛发与羽毛边缘复杂，抠图时不便于直接精准地创建图像选区，因此设计人员往往需要先调整图像的对比度，直至抠取对象易于选取时再进行抠图。除此之外，Photoshop CC 2020也提供了一些有助于抠取毛发与羽毛图像的智能命令。

12.2.1 使用通道抠取图像

通道抠图的方法为：先复制对比度最强的一个颜色通道，然后通过"色阶""曲线"等命令继续提高对比度，最后载入选区进行抠图。图12-14所示毛发、羽毛等复杂图像都能使用通道抠图方法来完成。该方法不仅操作简便，抠图的精确程度也较高。

图12-14

上新Banner需要具备较强的视觉吸引力，通常以活泼的版式设计、夸张的图像来体现。本例将制作早春上新Banner，制作时主要需抠取长发女孩图像作为Banner主体；在设计构图时可采用左右构图的方式，使Banner图像显得对称；在配色上可以浅蓝和黄色为主色，以深蓝、白色为点缀色，使效果简约且美观；在文字上可采用斜切的展现方式，使整个Banner视觉效果生动活泼。

操作步骤

1 打开"女孩.jpg"素材文件，按【Ctrl+J】组合键复制"背景"图层，得到"图层1"图层，然后隐藏"背景"图层，如图12-15所示。

2 打开"通道"面板，查看各个颜色通道，可发现"蓝"通道中图像对比度更强。在"蓝"通道上单击鼠标右键，在弹出的快捷菜单中选择【复制通道】命令，得到"蓝拷贝"通道。显示"蓝拷贝"通道，隐藏其他通道。

图12-15

3 选择"蓝 拷贝"通道，按【Ctrl+I】组合键使图像反相，如图12-16所示。

图12-16

4 选择【图像】/【调整】/【色阶】菜单命令，打开"色阶"对话框，设置"输入色阶"分别为"30""13""190"，然后单击 确定 按钮，如图12-17所示。返回图像编辑区，发现头发区域与背景区域的对比度明显提高，效果如图12-18所示。

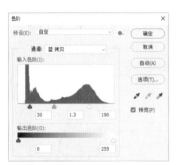

图12-17　　　　　　　　图12-18

5 使用"钢笔工具" 绘制女孩腿部路径时，需要注意路径轮廓应尽量在腿部边缘内侧，如图12-19所示。绘制完成后，按【Ctrl+Enter】组合键将路径转换为选区，按【Alt+Delete】组合键把选区部分填充成白色，效果如图12-20所示。

图12-19　　　　　　　　图12-20

6 选择"画笔工具" ，将前景色设置为白色，涂抹身体、脸等需要显示的区域，效果如图12-21所示；再将前景色设置为黑色，涂抹人物外侧的黑色区域，隐藏人物外的区域，效果如图12-22所示。在涂抹头发边缘时，应尽量避开发丝。

图12-21　　　　　　　　图12-22

7 设置完成后，选择"蓝 副本"通道，显示"RGB"通道。在"通道"面板底部单击"将通道作为选区载入"按钮 ，载入人物选区，效果如图12-23所示。

8 切换到"图层"面板，选择"图层 1"图层 ，然后按【Shift+F6】组合键打开"羽化选区"对话框，设置"羽化半径"为"1"，然后单击 确定 按钮，如图12-24所示。

图12-23　　　　　　　　图12-24

9 按【Ctrl+J】组合键复制通道选区中的图像，得到"图层 2"图层。隐藏"图层 1"图层，查看女孩的抠图效果，如图12-25所示。

10 抠图后，发现女孩鞋子上残留有绿草图像，此时选择"仿制图章工具" ，设置"画笔大小"为"20"，在按住【Alt】键的同时单击草附近的鞋子图像区域，释放鼠标左键，继续单击鞋子上的草，移除鞋子上的绿草图像以修复鞋子，效果如图12-26所示。

图12-25　　　　　　　　图12-26

11 打开"Banner.psd"素材文件，使用"移动工具" 将抠取的女孩图像拖入素材文件中，按【Ctrl+T】组合键调整女孩图像的大小和位置。

12 此时女孩图像较暗，与背景效果搭配不和谐，设计人员需稍微提高女孩图像的亮度。在"图层"面板底部单击"创建新的填充或调整图层"按钮 ●，在弹出的快捷菜单中选择【曲线】命令，打开"曲线"属性面板，在中间编辑区的斜线上单击鼠标左键获取一点并向下拖曳，然后向下创建剪贴蒙版，表示该调整图层仅用于调整女孩图像，如图12-27所示。

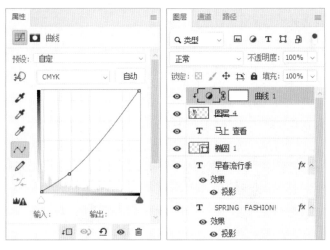

图12-27

13 返回图像编辑区，可以发现图像整体的明暗度更加和谐。按【Ctrl+Shift+S】组合键保存文件，并设置"文件名"为"上新Banner"。完成本例的制作，效果如图12-28所示。

图12-28

12.2.2 使用"选择并遮住"命令抠取图像

使用【选择】/【选择并遮住】菜单命令可以有效识别毛发、羽毛等细微对象，还可以在创建选区时对选区进行羽化、平滑、扩展和收缩等处理，如图12-29所示。

图12-29

在使用该命令之前，可以先使用"魔棒工具" 或"快速选择工具" 创建一个大致选区，然后使用该命令进行精细调整，以便更加精准地抠取图像。

● 半径：用于确定调整边缘选区边界的半径大小。若选区边缘较锐利，可设置较小的半径；若选区边缘较柔和，则可设置较大的半径。

● 平滑：用于减少选区中不规则的、凹凸不平的区域，创造更为平滑的选区边缘。

● 羽化：用于柔和、模糊选区边缘，使选区边缘呈现出较透明的羽化效果，以便与周围像素产生过渡。

● 对比度：用于锐化选区边缘，并减少羽化模糊后的不自然感。

● 移动边缘：用于设置向内或向外移动选区边缘。当该值为负时，可以向内收缩选区边缘；当该值为正时，可以向外扩展选区边缘。

● 净化颜色：用于将彩色杂边替换为附近完全选中的像素颜色。勾选该复选框后，可设置"数量"参数，该参数决定了净化彩色杂边的替换程度，替换程度与选区边缘的羽化程度成正比。

范例 制作宠物网站登录页

知识要点 使用"选择并遮住"命令抠取图像

配套资源 素材文件\第12章\登录页.psd、宠物.jpg
效果文件\第12章\宠物网站登录页.psd

扫码看视频

范例说明

本例要求为某动物保护网站制作登录页，用于展示网站信息，并号召更多人保护动物。在制作登录页前，需要先抠取出单独的宠物图像，再应用到网站登录页制作中。

操作步骤

1 打开"宠物.jpg"素材文件，按【Ctrl+J】组合键复制"背景"图层，得到"图层1"图层，然后隐藏"背景"图层。

2 选择"魔棒工具" ，在图像编辑区中单击空白区域，然后按【Ctrl+Shift+I】组合键反向选择，得到一个大致的宠物图像选区，如图12-30所示。

图12-30

3 因为选区中仍包含许多白边，若此时抠图会导致效果不佳。这里选择【选择】/【选择并遮住】菜单命令，进入"选择并遮住"编辑模式。

4 在"视图"下拉列表中选择"叠加"选项，设置"半径"为"26"，"移动边缘"为"25"，如图12-31所示。此时，图像中宠物轮廓边缘的白边已经消失，但右下方仍有大面积白色投影需要选择并消除。

5 在左侧选择"快速选择工具" ，在其工具属性栏中单击"从选区减去"按钮 ，设置合适的画笔大小，然后在图像中不断单击白色投影，直至白色投影完全消失。打开右侧"输出设置"栏，在"输出到"下拉列表中选择"新建图层"选项，然后单击 确定 按钮，如图12-32所示。

图12-31 图12-32

6 返回工作界面，发现"图层"面板中已新建"图层1拷贝"图层，该图层即为所抠取的透明背景宠物图像，按【Ctrl+C】组合键复制图层。

7 打开"登录页.psd"素材文件，按【Ctrl+V】组合键在"图层"面板中粘贴图层，然后将宠物图像调整至合适的大小和位置，效果如图12-33所示。按【Ctrl+Shift+S】组合键保存文件，并设置"文件名"为"宠物网站登录页"，完成本例的制作。

图12-33

12.2.3 使用"焦点区域"命令抠取图像

"焦点区域"命令能自动识别位于焦点区域内的对象，并快速将其选取，同时自动消除虚化的背景区域。针对大光圈镜头拍摄的主体对象、背景虚化的照片，使用"焦点区域"命令抠取图像能节省更多时间。

选择【选择】/【焦点区域】菜单命令，打开"焦点区域"对话框，如图12-34所示。

图12-34

● 焦点对准范围：用于扩大或缩小选区。如果将滑块移动到最左侧，则会选择整个图像；如果将滑块移动到最右侧，则只选择图像中位于最清晰焦点内的区域。

● 图像杂色级别：如果选区中存在杂色，则可以通过设置图像杂色级别控制杂色程度，同时勾选"柔化边缘"复选框，将不会有杂色边缘的残留。

实战　抠取毛绒玩具

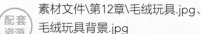

知识要点　使用"焦点区域"命令抠取图像

配套资源　素材文件\第12章\毛绒玩具.jpg、毛绒玩具背景.jpg　　效果文件\第12章\毛绒玩具.psd

扫码看视频

 操作步骤

1 打开"毛绒玩具.jpg"素材文件，发现图像背景模糊，但处于焦点区域的毛绒玩具很清晰，如图12-35所示。因此可考虑使用"焦点区域"命令抠取图像。

图12-35

2 选择【选择】/【焦点区域】菜单命令，打开"焦点区域"对话框，勾选两个"自动"复选框，如图12-36所示。

图12-36

3 在左侧选择"焦点区域减去工具"，在上方工具属性栏中设置合适的画笔大小，然后在图像中不断涂抹地面和椅背中间的深绿背景，直至背景完全消失。在"输出到"下拉列表中选择"新建图层"选项，然后单击 确定 按钮，如图12-37所示。

图12-37

4 置入"毛绒玩具背景.jpg"素材文件，使用"裁剪工具" 按照"毛绒玩具背景.jpg"素材文件的尺寸裁剪图像，如图12-38所示。

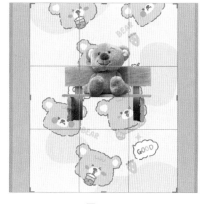

图12-38

5 在"图层"面板底部单击"创建新的填充或调整图层"按钮，在弹出的下拉菜单中选择【亮度/对比度】命令，设置"亮度""对比度"分别为"17""-50"，如图

12-39所示；再次单击"创建新的填充或调整图层"按钮●，，在弹出的下拉菜单中选择【自然饱和度】命令，设置"自然饱和度"为"-70"，如图12-40所示。然后将两个调整图层移至抠取的毛绒玩具所在图层的上方，并向下创建剪贴蒙版，使画面整体颜色更和谐。

图12-39　　　　　图12-40

6 按【Ctrl+S】组合键保存文件。完成本例的制作，效果如图12-41所示。

图12-41

12.2.4　使用"主体"命令抠取图像

"主体"命令是基于机器学习技术的智能命令，其自动识别能力随着使用次数的增多而增强。

选择【选择】/【主体】菜单命令，等待1~2秒后，Photoshop CC便会自动识别图像中的主体，并为主体创建选区。当需要编辑时，只需复制选区内容，新建图层并粘贴选区内容，即可快速得到抠取的图像效果，如图12-42所示。

"主体"选区　　　　抠取图像

图12-42

12.2.5　使用背景橡皮擦工具抠取图像

"背景橡皮擦工具"██是一种智能橡皮擦工具，它可将背景像素更改为透明，同时保留前景中对象的边缘。"背景橡皮擦工具"██通过指定不同的取样和容差选项，可以控制透明度的范围和边界的锐化程度，其工具属性栏如图12-43所示。

图12-43

● 取样连续：单击"取样连续"按钮██后，在图像编辑区中拖曳鼠标，可以对颜色连续取样，此时凡出现在鼠标指针十字线内且符合"容差"要求的像素都会被擦除。

● 取样一次：单击"取样一次"按钮██后，在图像编辑区中单击鼠标左键，可以对颜色取样一次，之后将只擦除颜色与之类似的像素。

● 取样背景色板：单击"取样背景色板"按钮██并设置背景色后，将只擦除颜色与背景色相似的像素。

● 限制：用于设置拖曳鼠标擦除的模式。若选择"不连续"选项，可擦除鼠标指针十字线内任何属于样本颜色的像素；若选择"连续"选项，将只擦除包含样本颜色且相互连接的像素；若选择"查找边缘"选项，可擦除包含样本颜色且相互连接的像素，同时能够保留图像的锐利边缘。

● 容差：用于设置所擦除像素颜色与样本颜色的相似程度。低容差仅擦除与样本颜色非常相似的像素；高容差可擦除范围更广的颜色区域。

● 保护前景色：勾选"保护前景色"复选框，可防止擦除鼠标指针十字线内与前景色相匹配的像素。

技巧

"魔术橡皮擦工具"██的功能与"背景橡皮擦工具"██的功能相似，也可通过擦除与样本颜色相似的像素，从而抠取图像。但"魔术橡皮擦工具"██的工具属性栏可设置的参数较少，抠图更为简单，设计人员只需在图像中单击，即可擦除符合"容差"要求的像素，而不必拖曳鼠标。

实战　抠取人像

 知识要点　使用背景橡皮擦工具抠取图像

 配套资源　素材文件\第12章\人像.jpg
效果文件\第12章\人像.png

扫码看视频

1 打开"人像.jpg"素材文件,将"前景色"设置为与头发相近的颜色,这里可设置为"#907061";将"背景色"设置为需要擦除的图像背景颜色,这里可设置为"#86858b"。

2 选择"背景橡皮擦工具" ,在工具属性栏中设置"大小""硬度""间距"分别为"500""100%""25%",单击"取样背景色板"按钮 ,在"限制"下拉列表框中选择"连续"选项,设置"容差"为"30%",勾选"保护前景色"复选框,如图12-44所示。

图12-44

3 在灰色背景处单击鼠标左键,然后按住鼠标左键不放,持续在灰色背景中拖曳鼠标(注意不要使鼠标指针中央的小十字线接触到人像),效果如图12-45所示。

图12-45

4 按【Ctrl+S】组合键保存文件,完成本例的制作。

12.3 抠取轮廓复杂的图像

当图像轮廓复杂、细节部分较多时,使用钢笔工具抠图不仅会加大工作量,还得不到较好的效果。此时,建议使用混合颜色带、通道以及色彩范围进行抠图。

12.3.1 使用混合颜色带抠取图像

混合颜色带位于"图层样式"对话框的"混合选项"面板中,如图12-46所示。

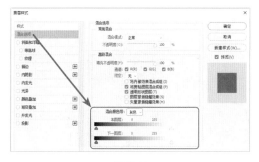

图12-46

混合颜色带可以看作一种高级蒙版,它用于隐藏/显示当前图层或下一图层中的像素。如果图像背景简单,且背景与抠图对象之间色调差异较大,则可使用混合颜色带快速抠图。

范例 制作植树节海报

知识要点 使用混合颜色带抠取图像

配套资源 素材文件\第12章\树木.jpg、装饰和文案.psd
效果文件\第12章\植树节海报.psd

扫码看视频

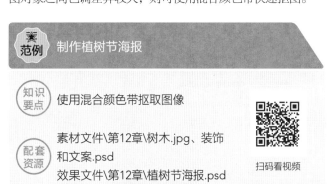

221

范例说明

　　植树节是以宣传保护树木为主的节日。本例对提供的树木照片进行抠取，然后结合装饰元素和文案对海报进行排版，制作一张简约风格的植树节海报，以宣传植树活动，提升人们的环保意识。

操作步骤

1 打开"树木.jpg"素材文件，单击"背景"图层右侧的🔒图标，将"背景"图层转换为"图层 0"普通图层，如图12-47所示。双击"图层 0"图层右侧的空白区域，打开"图层样式"对话框。

图12-47

2 在"混合颜色带"下拉列表框中选择"蓝"选项（"蓝"通道），然后向左拖曳"本图层"下方的白色滑块，即可隐藏蓝天，如图12-48所示。

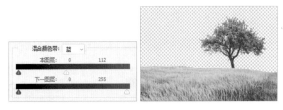

图12-48

3 为了防止枝叶边缘太过琐碎，设计人员可按住【Alt】键不放，单击白色滑块将滑块分开，然后向右拖曳右半边白色滑块，建立过渡区域，如图12-49所示。单击 ⬭确定 按钮，确认设置。

图12-49

4 新建"大小"为"60厘米×80厘米"、"分辨率"为"100像素/英寸"、"名称"为"植树节海报"的图像文件。打开"装饰和文案.psd"素材文件，将所有内容拖入新建的图像文件中，调整大小和位置。

5 将抠取的树木图像拖入新建的图像文件中，调整其大小和位置。然后为树木所在图层添加图层蒙版，擦掉多余的草坪图像。

6 为使海报整体色调更加和谐，在"图层"面板底部单击"创建新的填充或调整图层"按钮 ◐，在弹出的下拉菜单中选择【色阶】命令，设置"输入色阶"分别为"0""1.00""206"，如图12-50所示；再次单击"创建新的填充或调整图层"按钮 ◐，在弹出的下拉菜单中选择"自然饱和度"命令，设置"自然饱和度"为"+63"，如图12-51所示。然后将这两个调整图层移至"图层"面板最上方，用于调整全局图像。

图12-50　　　　　　　　　图12-51

7 按【Ctrl+S】组合键保存文件，完成本例的制作。效果如图12-52所示。

图12-52

12.3.2 使用"应用图像"命令抠取图像

使用"应用图像"命令抠取图像的原理是通过混合通道来创建和编辑选区。选择【图像】/【应用图像】菜单命令，即可打开"应用图像"对话框，如图12-53所示。

图12-53

在设置混合参数后，其目标通道的明暗度将发生改变，使所要抠取的图像与背景图像的对比度提高，便于建立选区进行抠图。

实战 抠取中式建筑

知识要点 使用"应用图像"命令抠取图像

配套资源 素材文件\第12章\中式建筑.psd
效果文件\第12章\中式建筑.psd

扫码看视频

操作步骤

1 打开"中式建筑.psd"素材文件，发现建筑轮廓较为复杂，如图12-54所示。

2 在"通道"面板中发现"蓝"通道中建筑与背景的对比度较大，效果如图12-55所示。在"蓝"通道上单击鼠标右键，在弹出的快捷菜单中选择【复制通道】命令，得到"蓝 拷贝"通道。

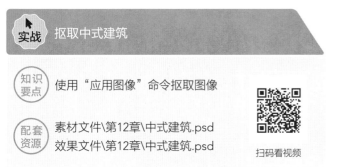

图12-54　　　　　图12-55

3 本例需要将天空背景处理为白色，将所要抠取的建筑图像处理为黑色，我们可选择【图像】/【应用图像】菜单命令，打开"应用图像"对话框，在"混合"下拉列表框中选择"线性加深"选项，然后单击 确定 按钮，如图12-56所示。重复一次应用图像操作，可以发现天空背景更白，建筑图像更深，效果如图12-57所示。

图12-56　　　　　图12-57

4 按【Ctrl+L】组合键打开"色阶"对话框，设置"输入色阶"分别为"137""1.00""157"，然后单击 确定 按钮，如图12-58所示。返回图像编辑区，效果如图12-59所示。

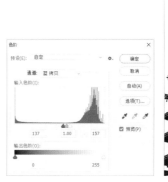

图12-58　　　　　图12-59

5 此时发现建筑内部还有一些白色存在，图像右上角天空背景还残留一些黑点，我们可使用"画笔工具"✏️

将建筑完全涂黑，将天空背景完全涂白，效果如图12-60所示。

6 单击"通道"面板底部的"将通道作为选区载入"按钮⊙，从"蓝 拷贝"通道中载入选区，然后单击"RGB"通道并隐藏"蓝 拷贝"通道。

7 切换到"图层"面板，按住【Alt】键不放并单击"图层"面板底部的"添加图层蒙版"按钮▣，基于选区创建一个反相的图层蒙版，效果如图12-61所示。

| 图12-60 | 图12-61 |

8 按【Ctrl+S】组合键保存文件，完成本例的制作。

12.3.3 使用"色彩范围"命令抠取图像

"色彩范围"命令可通过设置色彩范围抠取图像。如果已经使用其他工具在图像中创建了选区，那么使用"色彩范围"命令作用于图像中的选区可以进行更精准的选取。

选择【选择】/【色彩范围】菜单命令，打开图12-62所示"色彩范围"对话框。该对话框中的相关选项已在第3章中详细讲解，这里不再赘述。

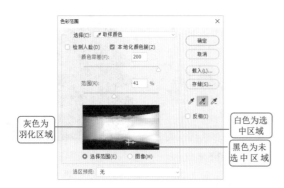

图12-62

操作步骤

1 打开"红苹果.jpg"素材文件，按【Ctrl+J】组合键复制"背景"图层，得到"图层1"图层。

2 选择【选择】/【色彩范围】菜单命令，打开"色彩范围"对话框，勾选"本地化颜色簇"复选框，然后单击图像编辑区中的红色区域进行取样，设置"颜色容差""范围"分别为"200""41%"。为了将苹果的红色区域全部选中，可单击对话框右侧的 ✎ 按钮添加取样颜色。红色区域全部选中后，单击 确定 按钮，如图12-63所示。

图12-63

3 返回图像编辑区，可查看创建的颜色选区，效果如图12-64所示。

图12-64

4 按【Ctrl+U】组合键打开"色相/饱和度"对话框，设置"色相"为"+100"，然后单击 确定 按钮，如图12-65所示。

图12-65

5 返回图像编辑区，可查看调整后的图像，效果如图12-66所示。按【Ctrl+S】组合键保存文件，并设置"文件名"为"青苹果"，完成本例的制作。

图12-66

12.4 抠取透明图像

透明图像主要是指半透明、边缘模糊或内部有透明区域的对象，如婚纱、水、玻璃、水晶等。这类透明图像使用基本抠图工具无法实现精准选取，此时设计人员可结合混合颜色带、钢笔工具以及通道的"计算"命令对其进行抠图。

12.4.1 使用混合颜色带抠取透明图像

混合颜色带除了可以抠取背景简单、色差较大、轮廓复杂的图像之外，还可以结合其他选区工具，通过隐藏像素来抠取透明图像，以获得透明效果。

知识要点 使用"应用图像"命令抠取图像

配套资源 素材文件\第12章\玻璃杯.psd
效果文件\第12章\玻璃杯.psd

扫码看视频

操作步骤

1 打开"玻璃杯.psd"素材文件，选择"对象选择工具" ，在工具属性栏中单击 选择主体 按钮，将自动生成玻璃杯选区。此时发现玻璃杯上还有部分区域未被选中，我们可以按住【Shift】键不放，同时拖曳鼠标框选未被选中的玻璃杯区域，系统将自动选择对象，效果如图12-67所示。

2 单击"图层"面板底部的按钮 ，基于选区创建图层蒙版，然后选择"橡皮擦工具" 擦除多余的水流部分，效果如图12-68所示。

图12-67　　　　　　　图12-68

3 双击"玻璃杯"图层右侧的空白区域，打开"图层样式"对话框，在"混合颜色带"下拉列表框中选择"灰色"选项，然后向右拖曳"本图层"下方的黑色滑块，按住【Alt】键不放，单击黑色滑块将其分开，接着继续向右拖曳右半边黑色滑块，建立一个过渡区域，如图12-69所示。单击 确定 按钮，确认设置，效果如图12-70所示。

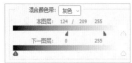

图12-69　　　　　　　　图12-70

4 此时发现柠檬颜色略有失真,我们可以选择【图像】/
【调整】/【可选颜色】菜单命令,打开"可选颜色"
对话框,在"颜色"下拉列表框中选择"黄色"选项,设置
"黄色"为"+100%",如图12-71所示;在"颜色"下拉列
表框中选择"白色"选项,设置"黑色"为"66%",如图
12-72所示,然后单击 确定 按钮。

图12-71　　　　　　　　图12-72

5 按【Ctrl+U】组合键打开"色相/饱和度"对话框,
设置"饱和度"为"+11",然后单击 确定 按钮,如图
12-73所示。

6 按【Ctrl+S】组合键保存文件,完成本例的制作。效
果如图12-74所示。

图12-73　　　　　　　　图12-74

12.4.2　使用钢笔工具与"计算"命令抠取透明图像

"计算"命令可以混合多个图像中的多个通道,然后生
成一个新的通道、选区或黑白图像。在抠取透明图像时,一
般先用钢笔工具为图像轮廓创建选区,然后通过计算通道得
出较为准确的半透明选区,附带羽化过渡效果,从而抠取透
明图像。

 范例　制作梦幻婚纱照

 知识要点　使用钢笔工具与"计算"命令抠取透明图像

 配套资源　素材文件\第12章\婚纱照.jpg、
背景.psd
效果文件\第12章\梦幻婚纱照.psd

扫码看视频

范例说明

婚纱照处理是摄影中常见的操作。婚纱是半透明的,
使用普通的抠图方法无法精准地得到半透明效果,设计人
员可结合"计算"命令进行抠图。本例需要将婚纱照素材
中的新娘抠出,并放置于提供的背景素材中,使整体照片
具有梦幻氛围。

操作步骤

1 打开"婚纱照.jpg"素材文件,按【Ctrl+J】组合键复
制"背景"图层,得到"图层1"图层。

2 选择"钢笔工具" ✐，沿着人物轮廓绘制路径，注意绘制的路径应不包括半透明的婚纱，打开"路径"面板，将路径保存为"路径1"。

3 按【Ctrl+Enter】组合键将路径转换为选区，单击"通道"面板中的"将选区存储为通道"按钮 ▢，将选区存储为"Alpha 1"通道，效果如图12-75所示。

4 复制"蓝"通道，得到"蓝 拷贝"通道。为背景创建选区，并填充为黑色，然后取消选区，效果如图12-76所示。

图12-75　　　　　　　　　图12-76

5 选择【图像】/【计算】菜单命令，打开"计算"对话框，设置"源2"栏的"通道"为"Alpha 1"，在"混合"下拉列表框中选择"相加"选项，然后单击 确定 按钮，如图12-77所示。

```
计算                                    ×
源 1:  婚纱照.jpg           ∨
  图层:  合并图层             ∨          确定
  通道:  蓝 拷贝      ∨  □ 反相(I)     取消
源 2:  婚纱照.jpg           ∨          ☑ 预览(P)
  图层:  图层 1               ∨
  通道:  Alpha 1     ∨  □ 反相(V)
混合:  相加             ∨
不透明度(O): 100  %  补偿值(F): 0    缩放(E): 1
□ 蒙版(K)...
结果:  新建通道            ∨
```

图12-77

6 在"通道"面板底部单击"将通道作为选区载入"按钮 ○，载入通道的人物选区。切换到"图层"面板，选择"图层1"图层，按【Ctrl+J】组合键复制选区内容到"图层2"图层上，然后隐藏其他图层，查看抠取的婚纱效果，如图12-78所示。

7 打开"背景.psd"素材文件，将抠取的婚纱拖入背景中，调整至合适的大小与位置，最终效果如图12-79所示。

图12-78　　　　　　　　　图12-79

8 按【Ctrl+Shift+S】组合键保存文件，并设置"文件名"为"梦幻婚纱照"，完成本例的制作。

12.5 综合实训：制作公路旅行海报

掌握了本章所有抠图技术应用后，便可抠取更加复杂的人物及带阴影的汽车来练习抠图操作，提升处理素材的能力，为制作一张公路旅行海报做好准备。

12.5.1 实训要求

近期，某自驾游胜地需要宣传当地美景，以吸引更多游客前往旅行。现要求以"公路旅行"为主题制作一张宣传海报，设计人员需要根据提供的旅行照片抠取其中的汽车和人群来表现自驾游场景，使最终呈现效果和谐、美观。尺寸要求为50厘米×73厘米。

12.5.2 实训思路

（1）公路旅行海报的文案可以结合"公路旅行"的主题进行排列展示，其内容主要包括旅行地名称、旅行时间、旅行标语等。整体文案力求直接明了、符合主题，有较强的感染力。

（2）公路旅行海报的设计目的是吸引更多游客通过自驾游的形式来一场公路旅行。如果海报设计中只有少量文字，那么尽可能选用粗型字体，以突出文字内容。

（3）色彩在公路旅行海报设计中具有很强的装饰性，使海报具有视觉冲击力，有利于吸引游客。本例的公路旅行海报色调应以自然色为主，展现出自驾游胜地的美丽景色。

（4）结合本章所学的抠图技术，抠取人群和汽车图像，并按照透视原理将抠取的图像置于背景中，然后在版面左右空白处进行旅行文案排版。

本例完成后的参考效果如图12-80所示。

图12-80

12.5.3 制作要点

 知识要点　应用抠图技术

 配套资源　素材文件\第12章\旅行文案.psd、公路.jpg、汽车.jpg、人群.jpg
效果文件\第12章\公路旅行海报.psd

扫码看视频

完成本例主要包括抠取汽车、抠取人群、图文排版3个部分，主要操作步骤如下。

1 打开"汽车.jpg"素材文件，发现汽车轮廓清晰，其阴影为半透明，因汽车与背景对比度较强，故可先使用"选择并遮住"命令抠取汽车。

2 将抠取后的汽车置于新图层中，原"背景"图层可通过"色阶"命令提高对比度，然后在"通道"面板中选择一个阴影更深、更完整的颜色通道，利用该通道创建阴影选区进行抠图，效果如图12-81所示。

图12-81

3 打开"人群.jpg"素材文件，因背景与人群色差较大，所以可先应用"主体"命令抠取大致轮廓；又因人群轮廓复杂、细节较多，因此需再使用"钢笔工具" 📖 、"橡皮擦工具" 🖺 抠取和完善细节部分，效果如图12-82所示。

图12-82

4 新建"大小"为"50厘米×73厘米"、"分辨率"为"100像素/英寸"、"名称"为"公路旅行海报"的图像文件。置入"公路.jpg"素材文件，调整其大小和位置。

5 打开"旅行文案.psd"素材文件，将所有内容拖入"公路旅行海报.psd"图像文件中，调整大小和位置。

6 将抠取的汽车和人群所在图层拖入"公路旅行海报.psd"图像文件中，重命名两个图层为"汽车""人群"，并将图像调整到合适的大小和位置。

7 新建图层，使用"画笔工具" 绘制人群在汽车和地面上的投影。在"图层"面板中将"投影"图层移至"人群"图层下方，设置"图层的混合模式"为"正片叠底"，调整图层的"不透明度"，并按【Ctrl+S】组合键保存文件。

巩固练习

1. 抠取动物和云朵制作计算机壁纸

本练习将制作一张梦幻计算机壁纸，要求云朵与动物融合。制作时，先抠取动物图像，再使用相同的抠图方法抠取云朵图像，然后将动物图像与云朵图像融合，调整色彩平衡和自然饱和度，并为动物图像添加合适的图层样式，参考效果如图12-83所示。

(配套资源) 素材文件\第12章\巩固练习\动物.jpg、云朵.jpg
效果文件\第12章\巩固练习\计算机壁纸.psd

图12-83

2. 制作护肤品主图

本练习将为某护肤品制作一张主图，以便上传至电商平台进行宣传。制作时，先将护肤品从摄影照片中抠取出来，然后结合提供的自然背景，添加木板、树叶、水珠、芦荟等装饰元素，合成一张清新风格的护肤品主图，参考效果如图12-84所示。

(配套资源) 素材文件\第12章\巩固练习\护肤品.jpg、主图.jpg
效果文件\第12章\巩固练习\护肤品主图.psd

图12-84

第12章

应用抠图技术

229

选区边缘的常见处理有"消除锯齿"和"羽化"功能可供选用，如图12-85所示。由于放大图像后可以看到位图图像是由多个正方形像素点组成的，所以选区边缘通常锐利而清晰。"消除锯齿"和"羽化"功能能够平滑锐利的像素边缘，但二者的工作原理和实用性不完全相同。

图12-85

在工作原理方面，"消除锯齿"功能是通过软化选区边缘像素与周围像素之间的颜色转换，使边缘颜色与背景颜色中和，从而产生平滑过渡效果；"羽化"功能是通过为选区与周围像素建立过渡选区，从而平滑选区边缘。

在实用性方面，"消除锯齿"功能只能在选区边缘1像素的宽度内添加与周围像素相近的颜色，无法设置过渡范围；"羽化"功能可以设置0.2～250像素的过渡范围，羽化数值越大，选区边缘被模糊处理的区域越多，过渡效果越柔和。因此，用户可根据需要的过渡效果，为"消除锯齿"和"羽化"功能设置合适的参数。

第13章

编辑与修饰数码照片

本章导读

摄影是创意和灵感的艺术结晶。由于摄影的技术影响和镜头构造的特殊性，拍摄出来的数码照片一般都要经过后期编辑与修饰。Photoshop CC作为一款专业的图像处理软件，包含许多关于编辑与修饰数码照片的工具和命令，掌握这些功能可以提高处理照片的效率。

知识目标

- 掌握画面修正与透视变换技术
- 掌握模拟高品质镜头效果的方法
- 掌握降噪和锐化细节的方法
- 掌握修饰图像和人像照片的方法

能力目标

- 运用画面修正技术制作LOMO风格照片
- 使用"Photomerge"命令合成全景图像
- 使用"消失点"滤镜在透视空间中修片
- 使用修复工具制作人物杂志封面

情感目标

- 培养对摄影画面的判断能力和校正能力
- 提高对不同照片效果的处理能力
- 提升商业级人像修图的审美能力

13.1 画面修正与反向应用

由于拍摄设备、拍摄技术、光照等条件限制，数码照片可能存在画面扭曲、色差和暗角等问题。这些问题在Photoshop CC中都可以得到解决，甚至可以反向应用，即利用照片的特点来合成特效等。

13.1.1 透视裁剪工具

拍摄较高的建筑时，由于视角较低，竖直的线条会向消失点集中，从而产生透视变形，形成画面倾斜的照片。此时，在工具箱中选择"透视裁剪工具" ，在图像编辑区中单击并拖曳鼠标绘制一个裁剪框，然后调整裁剪框的四角，将其移至正确的透视方向上后单击✔按钮，确认裁剪，即可修正倾斜的图像，如图13-1所示。

透视裁剪前　　　　　　　　透视裁剪后

图13-1

图13-2所示为"透视裁剪工具" 的工具属性栏，其中各选项的含义如下。

图13-2

● "W""H"和"分辨率"文本框：用于设置裁剪框的宽度、高度和分辨率。

● 前面的图像 按钮：单击该按钮，可在"W""H"文本框和"分辨率"文本框中显示当前文档的尺寸和分辨率。

● 清除 按钮：单击该按钮，可一次性清除已设置的"W""H"和"分辨率"数值。

● 显示网格：勾选该复选框后，裁剪框内会均匀划分出网格，便于确定裁剪位置。

13.1.2 校正超广角镜头引起的弯曲

使用超广角镜头（鱼眼镜头）拍摄照片，有时会出现画面向中心弯曲的现象。

画面向中心弯曲的校正方法为：选择【滤镜】/【自适应广角】菜单命令，打开"自适应广角"对话框，在"校正"下拉列表框中选择"自动"选项即可进行自动校正；若未检测到相机和镜头型号，选择"鱼眼"选项，结合左侧的"约束工具" ▶ 和"多边形约束工具" ◆ 则可进行手动校正，如图13-3所示。

图13-3

13.1.3 校正桶形失真和枕形失真

使用广角镜头或变焦镜头拍摄照片时易出现桶形失真现象，即画面向水平线四周膨胀；而使用长焦镜头或变焦镜头拍摄照片时易出现枕形失真现象，即画面向中心收缩。

桶形失真和枕形失真的校正方法为：选择【滤镜】/【镜头校正】菜单命令，打开"镜头校正"对话框，在"自动校正"选项卡中选择相机和镜头型号即可进行自动校正；在"自定"选项卡中设置"移去扭曲"参数则可进行手动校正，如图13-4所示。

图13-4

> **技巧**
>
> 使用"移去扭曲工具" ▣ 在画面中单击鼠标左键并拖曳鼠标校正时，向画面边缘拖曳可校正桶形失真现象，向画面中心拖曳可校正枕形失真现象。

13.1.4 校正色差

色差现象主要是由色彩空间不一样所导致的，如相机白平衡和光线色温不一致，具体表现为照片背景与拍摄主体相接的边缘出现红色、绿色或蓝色杂边。

色差校正方法为：选择【滤镜】/【镜头校正】菜单命令，打开"镜头校正"对话框，在"自定"选项卡的"色差"栏中设置相关参数，即可修复杂边、校正色差，如图13-5所示。

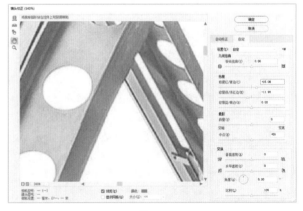

图13-5

13.1.5 校正暗角

暗角又称内部渐晕，其通常表现为从照片中心到四周边角略微变暗。它主要是由镜头或者机身内部引起的,如使用变焦镜头拍摄时很容易产生暗角。

校正暗角意味着需要将照片的边角调亮。其校正方法为:选择【滤镜】/【镜头校正】菜单命令,打开"镜头校正"对话框,在"自定"选项卡的"晕影"栏中设置相关参数,即可提亮边角,解决暗角问题,如图13-6所示。其中,向右拖曳"数量"滑块可将边角调亮,向右拖曳"中点"滑块表明"数量"参数的影响范围在向画面边缘靠近。

图13-6

★ 范例 **制作 LOMO 风格照片**

| 知识要点 | 画面修正与反向应用 |

| 配套资源 | 素材文件\第13章\照片.jpg
效果文件\第13章\LOMO照片.psd |

扫码看视频

📷 **范例说明**

LOMO风格是一种个性、时尚的流行风格,其原指使用LOMO相机拍摄的照片具有色泽异常鲜艳、存在暗角和颗粒感等特征。本例提供了一张普通照片,设计人员需要先校正照片和制作暗角,然后添加杂色和渐变效果,最终使照片呈现出艺术、个性的LOMO风格。

📋 **操作步骤**

1 打开"照片.jpg"素材文件,选择【滤镜】/【镜头校正】菜单命令,打开"镜头校正"对话框,单击"自定"选项卡,设置"移去扭曲""数量""中点"分别为"+28.00""−61""+40",然后单击 确定 按钮,如图13-7所示。

图13-7

2 选择【滤镜】/【杂色】/【添加杂色】菜单命令,打开"添加杂色"对话框,设置"数量"为"4%",选中"平均分布"单选按钮并勾选"单色"复选框,然后单击 确定 按钮,如图13-8所示。

3 按【Ctrl+J】键复制图层,选择【滤镜】/【模糊】/【高斯模糊】菜单命令,打开"高斯模糊"对话框,设置"半径"为"3.0",然后单击 确定 按钮,如图13-9所示。

图13-8 图13-9

第13章

编辑与修饰数码照片

233

4 在"图层"面板底部单击■按钮添加图层蒙版，使用"橡皮擦工具"■沿倾斜公路方向擦除人物区域，如图13-10所示。

图13-10

5 单击"图层"面板底部的■按钮，在弹出的下拉菜单中选择【渐变】命令，打开"渐变填充"对话框，在"渐变"下拉列表框中选择"彩虹色_14"选项，设置"角度"为"−148"度，然后单击 确定 按钮，如图13-11所示。

6 在"图层"面板中设置"渐变填充1"图层"图层的混合模式"为"叠加"，"不透明度"为"70%"，效果如图13-12所示。

图13-11　　　　　　图13-12

7 按【Ctrl+S】组合键保存文件，并设置"文件名"为"LOMO照片"，完成本例的制作。

13.1.6　应用透视变换

拍摄时，由于相机垂直或水平倾斜可能会导致照片出现透视问题。选择【滤镜】/【镜头校正】菜单命令，打开"镜头校正"对话框，在"自定"选项卡的"变换"栏中设置"垂直透视""水平透视""角度""比例"参数，然后单击 确定 按钮即可校正透视问题，如图13-13所示。

- 垂直透视：可使图像中的垂直线平行。
- 水平透视：可使图像中的水平线平行。
- 比例：用于向上、向下、向左或向右调整图像的缩放比例。其实质是裁剪图像，但并不会改变图像像素和画布尺寸。

图13-13

技巧

除了通过设置"角度"数值对画面进行精细旋转外，还可使用"拉直工具"■调整图像角度。

13.2　数码照片的简单修饰

在数码照片的后期处理中，设计人员可通过Photoshop CC对照片进行简单的修饰，如拼接、模糊与锐化等处理，以提高数码照片的质量。

13.2.1　拼接照片

当用广角镜头也无法拍摄完整画面时，可以多拍几张不同角度的照片，然后在Photoshop CC中使用"Photomerge"命令将多张照片拼接成一张全景照片。全景照片的应用非常广泛，如旅游风景区的360°全景图、环境设计中的全景展示效果图等都能给观者以身临其境的感受。

选择【文件】/【自动】/【Photomerge】菜单命令，打开"Photomerge"对话框，如图13-14所示。

- 自动：Photoshop CC会自动分析源图像，在"透视"和"圆柱"中选择一个更合适的版面来拼接图像。
- 透视：将源图像中的一个图像（默认情况下为中间的图像）指定为参考图像，创建一致的复合图像，然后变换其他图像（必要时通过移位、伸展或斜切调整），以便于匹配图像中重叠的内容。

图13-14

● 圆柱：通过在展开的圆柱上显示各个图像，以减少在"透视"版面中会出现的"领结"扭曲现象。该选项仍然会匹配图像的重叠内容，将参考图像居中放置，适用于创建宽屏全景图。

● 球面：将图像在垂直和水平方向对齐，并转换图像，使其映射在球体内部。如果是360°全景拍摄的照片可选择该选项，以模拟360°全景图场景。

● 拼贴：对齐图像并匹配重叠内容，但不会修改图像中对象的形状（如圆形将仍保持圆形）。

● 调整位置：对齐图像并匹配重叠内容，但不会变换（包括伸展和斜切）任何源图像。

● 浏览(B)... 按钮：单击该按钮，可浏览计算机中的文件，并将选择的文件添加到"源文件"列表框中。

● 移去(R) 按钮：单击该按钮，可删除"源文件"列表框中选中的文件。

● 添加打开的文件(F) 按钮：单击该按钮，将自动检测在Photoshop CC中打开的所有图像文件，并将它们添加到"源文件"列表框中。

● 混合图像：勾选该复选框，可找出图像间的最佳边界并根据这些边界创建接缝，以匹配图像的颜色；取消勾选该复选框，则将执行简单的矩形混合。

● 晕影去除：勾选该复选框，可优化由镜头瑕疵或镜头遮光处理不当而导致的边缘较暗问题，并进行曝光度补偿。

● 几何扭曲校正：勾选该复选框，可校正桶形失真、枕形失真或鱼眼失真。

● 内容识别填充透明区域：勾选该复选框，可使用附近的相似图像内容无缝填充透明区域。

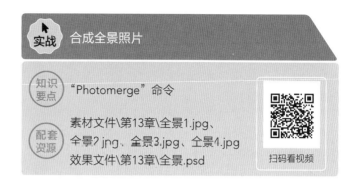

实战 合成全景照片

知识要点 "Photomerge"命令

配套资源 素材文件\第13章\全景1.jpg、全景2.jpg、全景3.jpg、全景4.jpg 效果文件\第13章\全景.psd

扫码看视频

操作步骤

1 打开"全景1.jpg""全景2.jpg""全景3.jpg""全景4.jpg"素材文件，选择【文件】/【自动】/【Photomerge】菜单命令，打开"Photomerge"对话框。

2 单击 添加打开的文件(F) 按钮，"源文件"列表框中将新增"全景1.jpg""全景2.jpg""全景3.jpg""全景4.jpg"，选中"自动"单选按钮并勾选"混合图像"复选框，然后单击 确定 按钮，如图13-15所示。

3 Photoshop CC会自动新建一个图像文件，在"图层"面板中可看到图像合并后的图层，如图13-16所示。

图13-15   图13-16

4 使用"裁剪工具"🔲将多余的空白区域裁剪掉，效果如图13-17所示。按【Ctrl+S】组合键保存文件，并设置"文件名"为"全景"，完成本例的制作。

图13-17

技巧

源图像在合成全景照片中起着至关重要的作用，为了提升合成全景照片的成功率，源图像应符合 5 个特点：尽量保证 40% 左右的重叠区域、使用同一焦距拍摄、拍摄时的水平位置尽量相同、避免使用扭曲镜头、保持相同的曝光度。

13.2.2 模糊与锐化照片

在数码照片的处理过程中，可能会因为背景太杂需要对背景进行模糊处理，或需要对单个图像进行轮廓的锐化。"模糊工具" ◊.与"锐化工具" △.则是常用的图像修饰工具，它们可以起到突出画面主体的作用。

1. 模糊工具

"模糊工具" ◊.可柔化数码照片中相邻图像像素之间的对比度，减少细节，从而产生模糊效果。该工具对应的工具属性栏如图13-18所示。

图13-18

● 画笔预设：用于设置笔尖形状、硬度和样式。

● 模式：用于设置模糊后的混合模式，其包括"正常""变暗""变亮""色相""饱和度""颜色""明度"选项。

● 强度：用于设置模糊强度。其数值越大，被涂抹的图像区域模糊强度越强。

● 对所有图层取样：勾选该复选框，模糊操作将对所有图层生效；若取消勾选该复选框，将只对选中的图层生效。

2. 锐化工具

"锐化工具" △.能使模糊的数码照片变得清晰，使其更具质感。但使用时需要注意的是，若反复涂抹数码照片中的某一区域，则会造成数码照片失真。该工具对应的工具属性栏如图13-19所示。

图13-19

● 保护细节：勾选该复选框，可保护被涂抹图像区域细节的最小化像素。

学习笔记

范例 制作植物手机壁纸

知识要点 模糊工具与锐化工具

配套资源
素材文件\第13章\植物.psd
效果文件\第13章\植物手机壁纸.psd

扫码看视频

范例说明

制作手机壁纸时，首先应根据手机屏幕大小确定壁纸尺寸，其次应根据不同的应用位置设计版式。本例需要将一张数码照片制作成以"绿色生活"为主题的手机壁纸。由于照片中的植物轮廓较为模糊，所以设计人员先要对植物进行锐化处理并模糊周围背景，以让植物主体更加突出，最终呈现效果更清新、简约。

操作步骤

1 打开"植物.psd"素材文件，选择"锐化工具" △.，设置锐化画笔"大小"为"450"，"模式"为"正常"，"强度"为"100%"，勾选"保护细节"复选框，然后在枝叶图像上涂抹，会发现植物轮廓变得清晰；对细微部分还可缩小画笔再进行涂抹。

2 选择"模糊工具" ◊.，设置模糊画笔"大小"为"250"，"模式"为"正常"，"强度"为"100%"，然后在包装纸图像上涂抹，模糊不重要的背景部分，效果如图13-20所示。

3 在"图层"面板底部单击 ● 按钮，在弹出的下拉菜单中选择【曲线】命令，打开"曲线"属性面板，调整其曲线如图13-21所示。

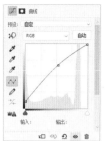

图13-20　　　　　　图13-21

4 在"图层"面板底部单击 ● 按钮，在弹出的下拉菜单中选择【曝光度】命令，打开"曝光度"属性面板，调整其参数如图13-22所示。

5 按【Ctrl+Alt+Shift+E】组合键盖印图层，效果如图13-23所示。

图13-22　　　　　　图13-23

6 新建"大小"为"1080像素×1920像素"、"分辨率"为"72像素/英寸"、"名称"为"植物手机壁纸"的图像文件，将"植物.psd"素材文件中的"背景"图层组复制到"植物手机壁纸.psd"图像文件中，并调整大小和位置。

7 选择"矩形工具" □，设置填充颜色为"#e5e5e5"，取消描边，在图像文本上方绘制一个小于白色长方形的灰色矩形，如图13-24所示。

8 将"植物.psd"素材文件中的植物所在图层复制到"植物手机壁纸.psd"图像文件中，调整其大小和位置。选择植物所在图层，在图层上单击鼠标右键，在弹出的快捷菜单中选择【创建剪贴蒙版】命令，为灰色矩形创建剪贴蒙版，如图13-25所示。

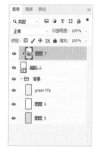

图13-24　　　　　　图13-25

9 按【Ctrl+S】组合键保存文件，完成本例的制作。效果如图13-26所示。

图13-26

13.3 控制景深范围

景深主要由拍摄照片的相机镜头决定，光圈、镜头及拍摄距离都是影响景深的重要因素。使用Photoshop CC可以改变景深的视觉效果，如通过模糊一定范围的图像改变焦距，或使用多张对焦于同一场景中不同物体的数码照片合成全景深效果等。

13.3.1 改变图像景深

景深主要控制画面主体和背景的清晰度。扩大景深可使数码照片中更多细节清晰可见；缩小景深则可虚化次要内容，突出主要对象。图13-27所示"小红车.jpg"图像即通过控制景深范围虚化背景来突出汽车主体，整体画面更有氛围感。

景深范围

焦点

图13-27

虽然景深在拍摄时已由相机镜头决定，但在Photoshop CC中结合创建和羽化选区、"镜头模糊"滤镜功能可以改变景深的视觉呈现范围。

实战 改变圣诞节图像景深

 知识要点 选区的创建与编辑、"镜头模糊"滤镜

 配套资源 素材文件\第13章\圣诞节.jpg
效果文件\第13章\圣诞节.psd

 扫码看视频

操作步骤

1 打开"圣诞节.jpg"素材文件，发现图像景深极大，因此可缩小景深以突出主体。

2 选择"快速选择工具" ，在图像编辑区中单击鼠标左键并拖曳鼠标，选取背景，如图13-28所示。

3 在图像编辑区中单击鼠标右键，在弹出的快捷菜单中选择【羽化】命令，打开"羽化选区"对话框，设置"羽化半径"为"80"，然后单击 按钮，如图13-29所示。

图13-28 图13-29

4 按【Ctrl+J】组合键复制"背景"图层中的选区内容，得到"图层1"图层。

5 选择【滤镜】/【模糊】/【镜头模糊】菜单命令，打开"镜头模糊"对话框，选中"更加准确"单选按钮，在"源"下拉列表框中选择"透明度"选项，设置"模糊焦距"为"82"；在"形状"下拉列表框中选择"八边形（8）"选项，设置"半径""亮度""阈值"分别为"100""90""205"，选中"平均"单选按钮，如图13-30所示。

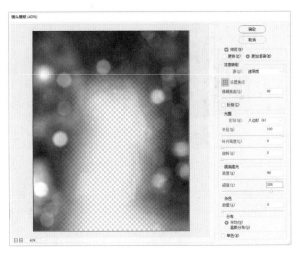

图13-30

6 单击 按钮，返回图像编辑区，镜头模糊效果如图13-31所示。

7 设置"图层1"图层的"不透明度"为"80%"，如图13-32所示。按【Ctrl+J】组合键复制"图层1"图层，得到"图层1拷贝"图层，设置"图层1拷贝"图层的"图层的混合模式"为"滤色"，"不透明度"为"80%"，如图13-33所示。

8 按【Ctrl+S】组合键保存文件，完成本例的制作。效果如图13-34所示。

图13-31 图13-32

图13-33 图13-34

13.3.2 制作全景深照片

景物都在景深范围之内的照片可称为"全景深照片"，这种照片中几乎所有景物都十分清晰。但由于拍摄器材的限制可能无法拍摄出全景深效果，此时可用多张对焦于同一场景中不同物体的数码照片在Photoshop CC中合成全景深照片。

实战 利用 3 张图像制作全景深照片

知识 要点　"将文件载入堆栈"命令、"自动混合图层"命令

配套 资源　素材文件\第13章\景深1.jpg、景深2.jpg、景深3.jpg
效果文件\第13章\全景深.psd

扫码看视频

操作步骤

1 打开"景深1.jpg""景深2.jpg""景深3.jpg"素材文件，发现这3张照片分别对焦于笔记本、计算机、绿叶，如图13-35所示。在合成全景深照片时，需要让笔记本、计算机、绿叶都清晰地显示出来。

图13-35

2 选择【文件】/【脚本】/【将文件载入堆栈】菜单命令，打开"载入图层"对话框，单击 添加打开的文件(F) 按钮，"源文件"的列表框中将出现"景深1.jpg""景深2.jpg""景深3.jpg"，勾选"尝试自动对齐源图像"复选框，单击 确定 按钮，如图13-36所示。

3 Photoshop CC会自动新建一个图像文件，在"图层"面板中可看到新载入的3个图层，如图13-37所示。

图13-36　　　　　图13-37

4 选择【编辑】/【自动混合图层】菜单命令，打开"自动混合图层"对话框，选中"堆叠图像"单选按钮，勾选"无缝色调和颜色""内容识别填充透明区域"复选框，如图13-38所示。

5 单击 确定 按钮，Photoshop CC将在3个图层上自动创建图层蒙版，遮盖有差异的模糊区域，显露出每个图层中清晰的图像区域，且会将混合结果合并在新的图层中，如图13-39所示。混合后的全景深照片效果如图13-40所示。

6 按【Ctrl+S】组合键保存文件，并设置"文件名"为"全景深"，完成本例的制作。

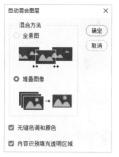　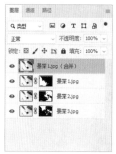

图13-38　　　　　图13-39

图13-40

13.4 模拟高品质镜头效果

Photoshop CC提供了大量的模糊滤镜，如"场景模糊""光圈模糊""旋转模糊""路径模糊""移轴模糊"等滤镜，它们按模糊方式不同可对图像产生不同的效果。

13.4.1 散景效果

散景效果是指在景深以外的画面逐渐产生松散模糊

的效果。"场景模糊"滤镜可以通过一个或多个图钉对数码照片中的不同区域进行模糊，使画面不同区域呈现出不同的模糊程度，所以使用该滤镜能制作出较好的散景效果。

选择【滤镜】/【模糊画廊】/【场景模糊】菜单命令，将打开图13-41所示"场景模糊"工作窗口。

图13-41

● 模糊：用于设置模糊强度。
● 光源散景：用于控制模糊的高光量。
● 散景颜色：用于控制散景的色彩。其数值越大，颜色饱和度越高。
● 光照范围：用于控制散景出现的光照范围。

13.4.2 光斑效果

相机镜头的光圈越大，景深越小，焦点之外的虚化效果就越强。因此，有亮光的背景会在被虚化后形成光斑。"光圈模糊"滤镜可以锐化单个焦点，从而模仿出调整相机光圈产生的不同虚化程度。用户可以使用"光圈模糊"滤镜在数码照片中设置焦点及其大小、形状，并设置焦点区域外的模糊数量和清晰度等参数，从而制作出散景虚化的光斑效果。

选择【滤镜】/【模糊画廊】/【光圈模糊】菜单命令，将打开"光圈模糊"工作窗口，其参数与"场景模糊"滤镜相同。

实战 制作光斑效果

知识要点 "光圈模糊"滤镜

配套资源 素材文件\第13章\礼物.jpg
效果文件\第13章\光斑效果.psd

扫码看视频

操作步骤

1 打开"礼物.jpg"素材文件，选择【滤镜】/【模糊画廊】/【光圈模糊】菜单命令，打开"光圈模糊"工作窗口，将鼠标指针移动到光圈内，会显示一个图钉状的圆环，如图13-42所示。

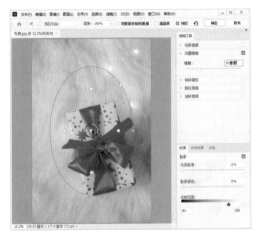

图13-42

2 将圆环拖曳到礼物中央，并旋转圆环，使其中轴线与礼物中轴线对准同一方向，如图13-43所示。

3 在工作窗口右侧设置"模糊""光源散景""散景颜色""光照范围"分别为"48""22%""0%""151~255"，如图13-44所示。

4 单击 确定 按钮，返回图像编辑区，查看效果如图13-45所示。

5 新建图层，设置"图层的混合模式"为"滤色"。

6 设置"前景色"为"#eb9f5f"，"背景色"为"#fffdd1"，选择"画笔工具" ，选择"柔边圆"画笔样式，设置画笔"大小""硬度"分别为"900""60%"。单击其工具属性栏中的 按钮，打开"画笔设置"面板，单击"形状动态"选项卡，设置"大小抖动"为"50%"；再单击"颜色动态"选项卡，勾选"应用每笔尖"复选框，设置"前景/背景抖动"为"100%"。

图13-43　　　　　　　图13-44

7 使用"画笔工具" ✐，沿着图像边缘绘制一个边框，选择【滤镜】/【模糊】/【高斯模糊】菜单命令，打开"高斯模糊"对话框，设置"半径"为"190"，然后单击（确定）按钮。返回图像编辑区，查看效果如图13-46所示。

图13-45　　　　　　　图13-46

8 新建图层，设置其"图层的混合模式"为"滤色"，使用"画笔工具" ✐，在礼物周围较亮的区域绘制光斑，效果如图13-47所示。

9 新建图层，设置其"图层的混合模式"为"柔光"，使用"画笔工具" ✐，在礼物右侧较暗的区域绘制光斑，效果如图13-48所示。

图13-47　　　　　　　图13-48

10 按【Ctrl+S】组合键保存文件，并设置"文件名"为"光斑效果"，完成本例的制作。

13.4.3　高速旋转效果

高速旋转效果是指数码照片虚化背景中产生的朝某一方向旋转、扭曲的效果，该效果可通过360°旋转镜头或多方位镜头长时间曝光拍摄形成。Photoshop CC中提供的"旋转模糊"滤镜可以在一个或更多点旋转和模糊图像，从而很好地模拟高速旋转效果。

选择【滤镜】/【模糊画廊】/【旋转模糊】菜单命令，打开图13-49所示"旋转模糊"工作窗口。

图13-49

● 模糊角度：用于设置旋转模糊的角度。

● 闪光灯强度：用于设置闪光灯闪光、曝光之间的模糊量，控制环境光与虚拟闪光灯之间的平衡。当"闪光灯强度"数值为"0%"时，则不显示任何闪光灯效果，只显示连续的模糊；当数值为"100%"时，则会产生最大强度的闪光灯闪光，但在闪光与曝光之间不会显示连续的模糊；处于中间的"闪光灯强度"数值，则会产生单个闪光灯闪光与持续模糊混合在一起的效果。

● 闪光灯闪光：用于设置虚拟闪光灯的闪光、曝光次数。

● 闪光灯闪光持续时间：用于设置闪光灯闪光、曝光的度数和时长。闪光灯闪光持续时间可根据圆周的角距对每次闪光、曝光模糊的长度进行控制。

13.4.4　摇摄效果

摇摄是指摇动相机来追随拍摄对象的特殊拍摄方法，其拍摄出的照片中既包含模糊、动感的背景，又包含清晰的对象。Photoshop CC中提供的"路径模糊"滤镜可以沿路径创建运动模糊，还可以控制形状和模糊量，从而制作出摇摄效果。

选择【滤镜】/【模糊画廊】/【路径模糊】菜单命令，打开图13-50所示"路径模糊"工作窗口。

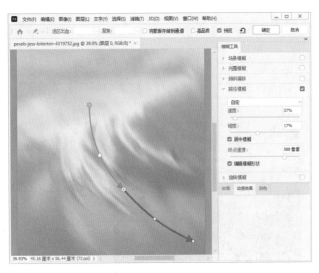

图13-50

● 速度：用于设置应用于图像中所有路径的模糊量。
● 锥度：调整滑块指定锥度值。较大的值会使模糊逐渐减弱。
● 居中模糊：勾选该复选框，可以以任何像素的模糊形状为中心创建居中模糊。
● 终点速度：单击位于路径上的一个端点，可设置"终点速度"调整该点的模糊量。
● 编辑模糊形状：勾选该复选框，可以编辑模糊的形状。

13.4.5 移轴摄影效果

移轴摄影是指利用移轴镜头进行拍摄，照片效果类似于微缩模型。Photoshop CC中提供的"移轴模糊"滤镜模拟使用倾斜偏移镜头拍摄的图像，用户可定义锐化区域，图像将在锐化区域边缘处开始逐渐变得模糊。"移轴模糊"滤镜可用于模拟拍摄微型对象的图像。

选择【滤镜】/【模糊画廊】/【移轴模糊】菜单命令，打开图13-51所示"移轴模糊"工作窗口。

● 模糊：用于设置模糊的强度。
● 扭曲度：用于控制模糊区域扭曲的程度。
● 对称扭曲：勾选该复选框，可在轴线两侧的区域对称应用扭曲效果。

图13-51

13.5 在透视空间中修片

当数码照片中包含了如建筑侧面、墙壁、地面等矩形透视图像时，设计人员可以通过"消失点"滤镜在透视空间中对图像进行修复、粘贴和变换等编辑操作，从而确保以正确的透视角度修片。

13.5.1 在消失点中修复图像

修复数码照片中的透视图像时，在消失点中修复图像可使修复结果更加逼真。这是因为消失点可以正确地确定这些编辑操作的方向，并且将它们缩放到透视平面。

选择【滤镜】/【消失点】菜单命令，打开"消失点"对话框，如图13-52所示。

图13-52

"消失点"对话框左侧包含分别用于定义透视平面、编辑图像、测量对象大小、调整图像预览窗口的工具，其中部分工具与Photoshop主工具箱中的对应工具较为相似。

● 编辑平面工具▶：用于选择、编辑、移动平面和调整平面大小。

● 创建平面工具⊞：用于定义平面的4个角点，调整平面的大小和形状，以及拖出新的平面。

● 选框工具□：用于建立矩形选区，同时移动或仿制选区。

● 仿制图章工具▲：用于在图像中取样并进行仿制，且只能在创建的平面内取样。

● 画笔工具✎：用于在创建的平面内绘画。

● 变换工具⬚：可通过移动外框手柄来缩放、旋转和移动浮动选区。它的效果类似于在矩形选区上使用"自由变换"命令。

● 吸管工具✒：用于在图像中吸取绘画的颜色。

● 测量工具▭：用于测量对象的距离和角度。

● 抓手工具✋：用于在预览窗口中移动图像的视图。

● 缩放工具🔍：用于在预览窗口中放大或缩小图像的视图。

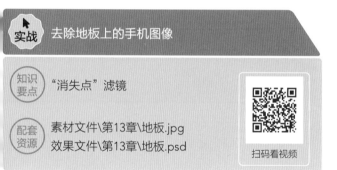

操作步骤

1 打开"地板.jpg"素材文件，选择【滤镜】/【消失点】菜单命令，打开"消失点"对话框。

2 选择"创建平面工具"⊞，在图像上单击鼠标左键，分别确定平面的4个角点创建透视平面，如图13-53所示。一般情况下，透视平面最好将需要编辑的图像区域覆盖在内。

3 选择"仿制图章工具"▣，在对话框顶部设置"直径""硬度""不透明度"分别为"320""50""100%"，在"修复"下拉列表框中选择"开"选项，勾选"对齐"复选框。将鼠标指针移动到同一透视方向上的木板图像上，按住【Alt】键不放，并单击鼠标左键进行取样，如图13-54所示。

图13-53

4 在手机图像上单击鼠标左键并拖曳鼠标进行修复，Photoshop CC会自动按照正确的透视角度匹配图像，然后单击 确定 按钮，修复效果如图13-55所示。

图13-54　　　　　　　　　图13-55

5 按【Ctrl+S】组合键保存文件，完成本例的制作。

技巧

"消失点"对话框内的操作支持撤销和恢复，按【Ctrl+Z】组合键可撤销前一步操作；按【Ctrl+Shift+Z】组合键可恢复被撤销的操作。

13.5.2　在消失点中粘贴和变换图像

在"消失点"对话框中创建透视平面后可以使用"选框工具"□选取图像，然后移动、复制或粘贴选区。不论跨越几个透视平面，选区都会按照当前透视平面的透视方向变形。

选择"选框工具"□后，"消失点"对话框顶部会显示图13-56所示工具属性栏。

图13-56

● 羽化：用于设置选区边缘的模糊程度。

● 不透明度：用于确定移动的选区遮盖或显示下方图像的程度。如果打算使用选区来移动图像内容，可设置"不透明度"数值。当其数值为"100%"时，所选图像会完全遮盖下层图像；当其数值低于"100%"时，所选图像会呈现出透明效果。

● 修复：用于设置移动的选区与周围图像的混合方式。当选择"关"选项时，选区将不会与周围像素的颜色、阴影和纹理混合；当选择"明亮度"选项时，可将选区与周围像素的光照混合；当选择"开"选项时，可将选区与周围像素的颜色、光照和阴影混合。

● 移动模式：用于设置选区内容与拖曳鼠标到达区域的图像关系。若要将选区内容移动到新的区域，可选择"目标"选项；若要使用拖曳鼠标到达区域的像素填充选区，可选择"源"选项。

实战 替换屏幕图像

知识要点：“消失点”滤镜

配套资源：素材文件\第13章\屏幕.jpg、艺术照.jpg
效果文件\第13章\替换屏幕.psd

扫码看视频

操作步骤

1 打开"艺术照.jpg"素材文件，按【Ctrl+A】组合键全选图像，再按【Ctrl+C】组合键复制图像。

2 打开"屏幕.jpg"素材文件，选择【滤镜】/【消失点】菜单命令，打开"消失点"对话框，使用"创建平面工具"在图像中沿着屏幕四边创建网格，如图13-57所示。

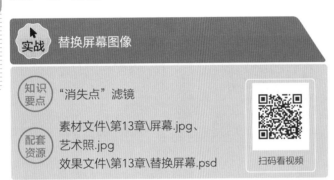

图13-57

3 按【Ctrl+V】组合键粘贴图像，使用"选框工具"将粘贴的图像拖曳到网格中替换，并调整其位置，完成后单击 确定 按钮，效果如图13-58所示。

图13-58

4 按【Ctrl+S】组合键保存文件，并设置"文件名"为"替换屏幕"，完成本例的制作。

技巧

若想快速调整"消失点"对话框中的预览图像，可按【Ctrl++】组合键放大预览窗口的图像显示比例，按【Ctrl+-】组合键缩小预览窗口的图像显示比例；按住【空格】键不放并拖曳鼠标，可以移动画面。

13.6 人像修饰

Photoshop作为一款功能强大的图像处理软件，不仅可以修复人像瑕疵，还可以进行美白、磨皮、瘦身等美化处理，以及制作眼影、唇彩等美妆效果。

13.6.1 修复面部瑕疵

面部瑕疵主要包括人像本身的暗疮、黑眼圈、眼袋等，以及拍摄时受客观因素影响而产生红色、白色或绿色反光斑点的红眼现象。Photoshop CC提供了多种工具，可对这些面部瑕疵进行修复。

1. 污点修复画笔工具

"污点修复画笔工具" 主要用于快速修复斑点或小块杂物，其工具属性栏如图13-59所示。

图13-59

● "画笔预设"选取器 ：用于设置画笔笔尖的大小、硬度、间距、角度、圆度等参数。

● 模式：用于选择修复后生成图像与原图之间的混合模式，该模式与图层混合模式相似。

● 类型：用于设置修复图像过程中所采用的修复类型。

2. 修复画笔工具

"修复画笔工具" ✐ 可以用图像中与被修复区域相似的颜色去修复有瑕疵的图像，其工具属性栏如图13-60所示。它与"污点修复画笔工具" ✐ 的作用和原理基本相同，只是"修复画笔工具" ✐ 更便于控制，不易产生人工修复的痕迹。

图13-60

● 源：用于设置修复图像的像素来源。

● 对齐：勾选该复选框，可对像素进行连续取样，即取样点将跟随修复位置的移动而变化。

● 样本：用于选择进行取样和修复的图层范围。

3. 修补工具

"修补工具" ✿ 可将目标区域中的图像复制到需修复的区域，常用于修复较复杂的纹理和瑕疵。其工具属性栏如图13-61所示。

图13-61

● 选区创建方式：单击"新选区"按钮 □，可以创建一个新的选区；单击"添加到选区"按钮 □，可以在原选区中添加新创建的选区；单击"从选区减去"按钮 □，可以在原选区中减去新创建的选区；单击"与选区交叉"按钮 □，可以得到原选区与新创建的选区之间相交的部分。

● 透明：勾选该复选框，修补后的图像与原图像是叠加融合的效果；反之，则是完全覆盖的效果。

● 使用图案 按钮：单击该按钮，可在右侧下拉面板中选择图案样式，用于修补图像。

4. 内容感知移动工具

"内容感知移动工具" ✕ 可以在修复图像时移动或扩展图像，使新图像与原图像融合得更加自然。其工具属性栏如图13-62所示。

图13-62

● 模式：可选择"移动"或"扩展"选区中的图像。

● 结构：用于设置选区内的图像结构的保留程度。其数值越大，选区内的图像移至其他位置后边缘保留越清晰；

其数值越小，边缘融合得越自然。

● 颜色：用于设置选区内图像颜色的可修改程度。其数值越大，选区内的图像移至其他位置后颜色变化越大；其数值越小，颜色变化越小。

● 投影时变换：勾选该复选框，将选区内的图像移至其他位置时，可对其进行缩放或旋转。

5. 红眼工具

"红眼工具" ✎ 主要用于修复红眼，让眼睛恢复原色并变得有神。其工具属性栏如图13-63所示。

图13-63

● 瞳孔大小：用于设置修复瞳孔区域的大小。

● 变暗量：用于设置修复区域颜色的变暗程度。

6. 仿制图章工具

"仿制图章工具" ▲ 用于快速复制取样点的图像及颜色，并将复制的图像和颜色运用于其他区域。其工具属性栏如图13-64所示。

图13-64

● 不透明度：用于调整仿制图像的不透明度。其数值越小，透明度越高。

● 对齐：勾选该复选框，可以多次仿制图像，且所仿制的图像仍是取样点周围的连续性图像；取消勾选该复选框，则仿制的图像是多幅以取样点为起点的非连续性图像。

范例　制作人物杂志封面

知识要点　综合运用修复面部瑕疵的多种工具

配套资源　素材文件\第13章\人物.jpg、杂志信息.psd
效果文件\第13章\杂志封面.psd

扫码看视频

范例说明

　　杂志封面作为杂志的第一视觉区，能起到突出杂志内容和特性的作用，具有清晰明了、视觉效果好、感染力强等特征。本例将制作清新风格的人物杂志封面，需要一张视觉效果美观的人物照片素材作为杂志封面的主体；设计时先美化人物照片，然后结合文字设计封面布局，以使最终效果美观、大方。

操作步骤

1 打开"人物.jpg"素材文件，选择"污点修复画笔工具" *∅*，设置污点修复画笔的"大小"为"40"，选择"内容识别"选项，勾选"对所有图层取样"复选框。修复时，单个斑点可用直接单击鼠标左键的方法进行修复；斑点密集部分可用拖曳鼠标的方法进行修复，如图13-65所示。

2 选择"修复画笔工具" *∅*，设置修复画笔的"大小"为"70"，在"模式"下拉列表框中选择"滤色"选项，选中"取样"选项，完成后将右侧眼部放大，在按住【Alt】键的同时单击眼角相对平滑的区域进行取样，再将鼠标指针移动到需要修复的上眼皮处单击并拖曳鼠标以修复黑眼圈和细纹，如图13-66所示。

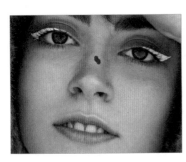

图13-65　　　　　　　　　　图13-66

3 在使用"修复画笔工具" *∅*时，为了使修复效果更加完美，在修复过程中需要不断修改取样点和画笔大小。使用相同的方法修复左侧眼部的黑眼圈和细纹，让眼睛周围的颜色更加统一，修复效果如图13-67所示。

4 选择"修补工具" *∅*，在工具属性栏中单击"新选区"按钮□，在"修补"下拉列表框中选择"正常"选项，选中"源"选项。在手臂上的稻草处单击鼠标左键并拖曳鼠标，绘制一个闭合的形状将需要修补的位置圈住；当鼠标指针变为 *形状时，向左上方拖曳鼠标，以手其他部分的颜色为主体进行修补，如图13-68所示。注意，修补时不要拖曳鼠标太远，否则容易造成颜色不统一。

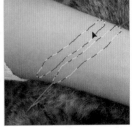

图13-67　　　　　　　　　　图13-68

5 此时，还需要修补绒帽上多余的稻草。使用"修补工具" *∅*，沿着稻草的轮廓绘制一个闭合的选区，并将鼠标指针移动到选区的中间，当鼠标指针呈 *形状后，向旁边拖曳鼠标修补绒帽，如图13-69所示。在绘制修补选区时，所绘制的选区应稍微大于瑕疵区域，使修补后照片的边缘与原图能更好地融合。修补完成后的效果如图13-70所示。

图13-69　　　　　　　　　　图13-70

6 使用"修补工具" *∅*，修复皮肤后，发现人像还有些暗淡。按【Ctrl+M】组合键打开"曲线"对话框，在曲线上单击鼠标左键创建一个控制点，再向上方拖曳控制点，调亮暗部和适当磨皮，然后单击 确定 按钮，如图13-71所示。

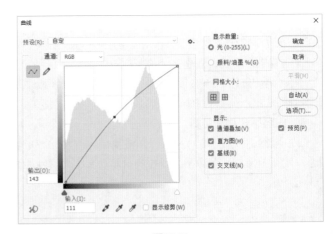

图13-71

7 按【Ctrl+L】组合键打开"色阶"对话框，设置"输入色阶"为"0、1.00、245"，然后单击 确定 按钮，如图13-72所示。

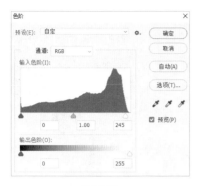

图13-72

13.6.2　美化牙齿

人像照片中的牙齿问题主要有3个，即发黄、不整齐、有缺口。使用Photoshop CC中的"色相/饱和度"命令和"液化"滤镜可以很好地美白与整形牙齿，以达到齿如齐贝的效果。

实战　美白与整形牙齿

知识要点	"色相/饱和度"命令、"液化"滤镜
配套资源	素材文件\第13章\微笑.jpg 效果文件\第13章\微笑.psd

扫码看视频

8 返回图像编辑区，查看效果如图13-73所示。选择"红眼工具"，设置"瞳孔大小"为"80%"，"变暗量"为"30%"。完成后将左侧眼部放大，并在眼部的红色区域单击，直至红色的眼球完全呈黑色显示。使用相同的方法修复右眼，完成后的效果如图13-74所示。

操作步骤

1 打开"微笑.jpg"素材文件，单击"图层"面板底部的 ◎.按钮，在弹出的下拉菜单中选择【色相/饱和度】命令，打开"色相/饱和度"属性面板。单击面板中的 ☝按钮，在图像编辑区中牙齿最黄的区域单击取样，如图13-76所示。

图13-73

图13-74

2 在"色相/饱和度"属性面板中设置"饱和度""明度"分别为"-97""+51"，降低牙齿黄色的饱和度，提高牙齿的明亮程度，达到牙齿晶莹剔透的效果，如图13-77所示。

9 新建"大小"为"21厘米×28.5厘米"、"分辨率"为"100像素/英寸"、"名称"为"杂志封面"的图像文件，将修复好的人像拖入"杂志封面.psd"图像文件中。

10 现需添加文字信息，打开"杂志信息.psd"素材文件，将其中所有图层复制到"杂志封面.psd"图像文件中，调整其大小和位置，效果如图13-75所示。

图13-76　　　　　　　图13-77

3 单击"图层"面板底部的 ■按钮，为"色相/饱和度"调整图层添加图层蒙版，按【Ctrl+I】组合键使蒙版反相；设置前景色为"#ffffff"，使用"画笔工具" ✔涂抹照片中的牙齿区域，使调整图层的效果仅应用于牙齿区域，如图13-78所示。

图13-75

11 按【Ctrl+S】组合键保存文件，完成本例的制作。

4 单击"图层"面板底部的 ◎.按钮，在弹出的下拉菜单中选择【可选颜色】命令，打开"可选颜色"属性面板，在"颜色"下拉列表框中选择"白色"选项，设置"黄色"为"-90"，如图13-79所示。

第13章　编辑与修饰数码照片

图13-78　　　　　图13-79

5 按住【Alt】键不放，单击"色相/饱和度"调整图层的图层蒙版缩览图，将其拖曳到"选取颜色"调整图层上，复制并应用图层蒙版，如图13-80所示。

6 按【Alt+Ctrl+Shift+E】组合键盖印图层，得到"图层1"图层，效果如图13-81所示。

图13-80　　　　　图13-81

7 选择【滤镜】/【液化】菜单命令，打开"液化"对话框，在该对话框左侧选择"向前变形工具"，在牙齿凸起的地方单击鼠标左键并向上拖曳鼠标，收回凸起部分；在牙齿缺口上单击鼠标左键并向下拖曳鼠标，填补牙齿缺口，如图13-82所示。在变形过程中，按【[】键或【]】键可随时调整画笔大小。

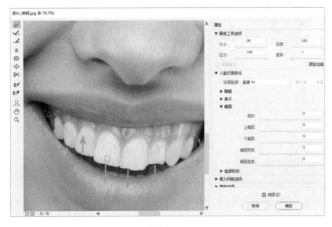

图13-82

8 待牙齿平整后，单击（确定）按钮应用"液化"滤镜，返回图像编辑区，查看效果如图13-83所示。

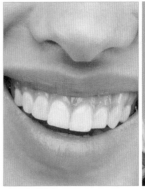

图13-83

9 按【Ctrl+S】组合键保存文件，完成本例的制作。

13.6.3　绘制彩妆

通过绘制彩妆可以对人像脸部的缺陷进行矫正和修饰，并结合图层的混合模式使用画笔绘制眼影、唇彩、腮红等元素，让人像更加生动、美丽。

 实战　制作商业级时尚彩妆

| 知识要点 | 画笔工具、图层混合模式 | |
| 配套资源 | 素材文件\第13章\彩妆\时尚背景.jpg、模特.jpg、钻石.png、睫毛笔刷.abr
效果文件\第13章\时尚彩妆.psd | 扫码看视频 |

操作步骤

1 新建"大小"为"768像素×463像素"、"分辨率"为"72像素/英寸"、"名称"为"时尚彩妆"的图像文件。

2 置入"时尚背景.jpg"素材文件，调整至合适的大小和位置；置入"模特.jpg"素材文件，调整至合适的大小和位置。查看模特和背景的组合效果，确定彩妆的主色调，此处选择紫粉色作为彩妆的主色调。

3 选择模特所在图层，选择【选择】/【主体】菜单命令，为模特创建选区，效果如图13-84所示。

4 单击"图层"面板底部的按钮，从选区中生成图层蒙版，如图13-85所示。

图13-84

图13-85

5 在"图层"面板中选择"时尚背景"图层,选择"魔棒工具" ,在图像编辑区中央的小圆上单击创建选区,如图13-86所示。

6 按【Shift+Ctrl+I】组合键进行反向选择,选区效果如图13-87所示。

图13-86　　　　　　图13-87

7 在"图层"面板中选择"模特"图层中的图层蒙版,选择"橡皮擦工具" ,设置样式为"硬边圆",在图像编辑区中擦除选区内多余的手和肩颈图像,显露出背景,如图13-88所示。

图13-88

8 设置前景色为"#e2326e",新建图层并重命名图层为"唇彩"。使用"钢笔工具" 绘制嘴唇形状的路径,并以"1像素"的羽化半径创建嘴唇形状的选区,将选区填充为前景色,效果如图13-89所示。

图13-89

9 选择"唇彩"图层,设置其"图层的混合模式"为"柔光",如图13-90所示。

图13-90

10 设置前景色为"#e87d77",新建图层并重命名图层"腮红与眼影"。选择"画笔工具" ,设置画笔样式为"柔边圆",在脸颊和眼睛周围绘制腮红和眼影底色。选择"涂抹工具" ,涂抹腮红与眼角,效果如图13-91所示。

图13-91

11 选择"腮红与眼影"图层,设置其"图层的混合模式"为"柔光",如图13-92所示。

图13-92

12 设置前景色为"#fa84a2"，新建图层并重命名图层为"眼影叠加"。使用与步骤8相同的方法在上眼皮的位置绘制粉红色眼影，效果如图13-93所示。

图13-93

13 选择"眼影叠加"图层，设置其"图层的混合模式"为"颜色"，如图13-94所示。

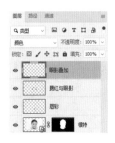

图13-94

14 设置前景色为"#a9714c"，新建图层并重命名图层为"眼线"。使用与步骤8相同的方法在上眼皮的位置绘制较细的眼线，效果如图13-95所示。

图13-95

15 选择"眼线"图层，设置其"图层的混合模式"为"线性光"，如图13-96所示。

图13-96

16 设置前景色为"#412c21"，新建图层并重命名图层为"假睫毛"。选择"画笔工具" ✎，在工具

属性栏中单击 ✓ 按钮，在弹出的下拉面板中单击 ✿ 按钮，在弹出的下拉菜单中选择【导入画笔】命令，导入"睫毛笔刷.abr"素材文件，如图13-97所示。

图13-97

17 选择"open3-left"画笔样式，设置"大小"为"35"，如图13-98所示。在图像编辑区中单击鼠标绘制右睫毛，按【Ctrl+T】组合键调整睫毛的角度、位置与大小，使其与眼睛弧度相匹配。按【Ctrl+J】组合键复制"假睫毛"图层并进行调整以制作左睫毛，效果如图13-99所示。

图13-98　　　　　　　图13-99

18 置入"钻石.png"素材文件，将钻石图像移至模特左眼下方合适的位置，调整至合适的大小，效果如图13-100所示。

图13-100

19 按【Ctrl+S】组合键保存文件，完成本例的制作。

13.6.4　磨皮并保留细节

磨皮是人像修饰处理中的重要环节之一。它主要是指对人像的皮肤进行美化处理，去除皱纹、痘痘、色斑，使皮肤变得更加细腻、光滑。

使用Photoshop CC磨皮并保留皮肤细节的基本原理为：先通过模糊的方法将凹凸不平的瑕疵磨掉，同时改善肤色，再运用技术手段找回皮肤的纹理细节。

 实战　人像磨皮

 知识要点　智能滤镜、"高斯模糊"滤镜、"高反差保留"滤镜

 配套资源　素材文件\第13章\老人.jpg
效果文件\第13章\老人.psd

扫码看视频

📋 操作步骤

1 打开"老人.jpg"素材文件，按【Ctrl+J】组合键复制"背景"图层。选择【滤镜】/【转换为智能滤镜】菜单命令，将"图层1"图层转换为智能对象，以便于后续添加滤镜后再次修改滤镜参数，如图13-101所示。

图13-101

2 按【Ctrl+I】组合键使图像反相，并设置"图层的混合模式"为"亮光"，如图13-102所示。

3 选择【滤镜】/【其他】/【高反差保留】菜单命令，打开"高反差保留"对话框，设置"半径"为"4.5"，然后单击　确定　按钮，如图13-103所示。

4 选择【滤镜】/【模糊】/【高斯模糊】菜单命令，打开"高斯模糊"对话框，设置"半径"为"1.2"，然后单击　确定　按钮，如图13-104所示。返回图像编辑区，查看效果如图13-105所示。

图13-102　　　　　　　　图13-103

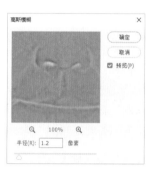

图13-104　　　　　　　　图13-105

5 按住【Alt】键不放并单击 ■ 按钮，为"图层1"图层添加一个反相的图层蒙版。选择"画笔工具" ✎，设置前景色为"#ffffff"，在老人的皮肤上涂抹，使磨皮效果只应用于皮肤，如图13-106所示。

图13-106

6 按【Ctrl+S】组合键保存文件，完成本例的制作。效果如图13-107所示。

图13-107

图13-108

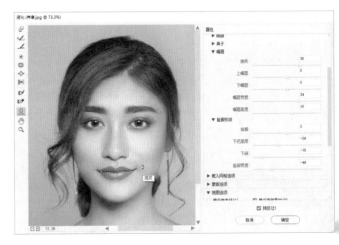

图13-109

13.6.5 人像塑形

人像塑形主要包括修饰脸型和体态。在Photoshop CC中，人像塑形主要由"液化"滤镜中的各种变形工具来完成。"液化"滤镜可以智能识别人脸，并单独对眼睛、鼻子、嘴唇进行调整，通过推拉、扭曲、旋转、收缩等变形处理可修改手臂、肩、颈、腰、腹、腿型等的体态。

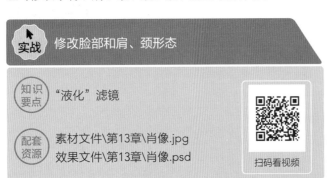

实战 修改脸部和肩、颈形态

知识要点 "液化"滤镜

配套资源 素材文件\第13章\肖像.jpg
效果文件\第13章\肖像.psd

扫码看视频

操作步骤

1 打开"肖像.jpg"素材文件，选择【滤镜】/【转换为智能滤镜】菜单命令，将"背景"图层转换为智能对象，便于添加滤镜后再次修改滤镜参数。

2 选择【滤镜】/【液化】菜单命令，打开"液化"对话框，在该对话框左侧选择"脸部工具" 🧑，然后将鼠标指针移到肖像上，可以看到Photoshop已自动识别出脸型，如图13-108所示。

3 在"脸部形状"栏中拖曳滑块可修改脸型，这里可设置"下巴高度""下颌""脸部宽度"分别为"-26""-75""-46"，以达到瓜子脸效果；将鼠标指针移至嘴角处，当鼠标指针变为 形状时，可向上旋转嘴角，以展现微笑表情，然后在"嘴唇"栏中设置"嘴唇宽度""嘴唇高度"分别为"34""15"，如图13-109所示。

4 在"眼睛"栏中设置"眼睛大小""眼睛高度"分别为"40""18"，然后单击 按钮可将设置的数值同时应用于双眼，设置"眼睛距离"为"-12"，在"鼻子"栏中设置"鼻子高度""鼻子宽度"分别为"70""-47"，如图13-110所示。

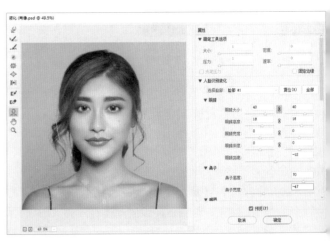

图13-110

5 在中对话框左侧选择"左推工具" ![icon]，在左肩单击鼠标左键并向下拖曳鼠标，使左肩肌肉向下移动；在右肩单击鼠标左键并向右拖曳鼠标，使右肩肌肉向下移动；在脖颈右侧单击鼠标左键并向上拖曳鼠标，使脖颈右轮廓向左移动。完成后单击 ⬭确定 按钮，如图13-111所示。在变形过程中，按【[】键或【]】键可随时调整画笔大小。

图13-111

6 按【Ctrl+S】组合键保存文件，完成本例的制作。

13.7 降噪与锐化

噪点和模糊是影响照片细节、破坏照片画质的两大因素。在Photoshop CC中使用滤镜或其他方法可使噪点不再明显，通过锐化处理可使照片细节更加清晰、丰富，从而最大限度地提高照片画质。

13.7.1 降低噪点

照片中的噪点分为颜色噪点和明度噪点。颜色噪点是指照片中出现五颜六色的、不属于原本照片色彩的杂色，图13-112所示照片中原本纯色的天空和水面上有大量的红、绿、蓝色斑；明度噪点是指照片中本来亮度一致的地方出现斑斑点点、亮度不一的灰色，图13-113所示为照片中的不同明度颗粒。

由于照片的颜色信息均保存在颜色通道中，所以设计人员可对噪点较多的颜色通道进行大幅度的模糊和减少杂色处理，对噪点较少的颜色通道进行轻微处理或不做处理，这样就能在确保照片清晰度的情况下最大限度地消除噪点。

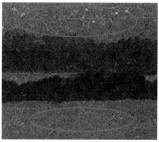

图13-112   图13-113

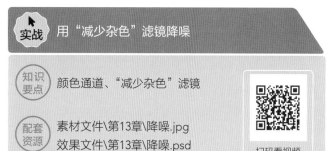

实战 用"减少杂色"滤镜降噪

知识要点 颜色通道、"减少杂色"滤镜

配套资源 素材文件\第13章\降噪.jpg
效果文件\第13章\降噪.psd

扫码看视频

📋 **操作步骤**

1 打开"降噪.jpg"素材文件，按【Ctrl++】组合键放大照片后，发现照片有许多颜色噪点，如图13-114所示。

图13-114

2 依次按【Ctrl+3】【Ctrl+4】【Ctrl+5】组合键分别查看"红""绿""蓝"通道，发现"蓝"通道中噪点最多，"绿"通道其次，"红"通道最少，如图13-115所示。

"红"通道   "绿"通道   "蓝"通道

图13-115

3 按【Ctrl+2】组合键显示彩色图像，选择【滤镜】/【杂色】/【减少杂色】菜单命令，打开"减少杂色"对话框，选中"高级"单选按钮，然后单击"每通道"选项卡，在"通道"下拉列表框中选择"红"选项，设置"强度""保留细节"分别为"5""10%"，如图13-116所示；在"通道"下拉列表框中选择"绿"选项，设置"强度""保留细节"分别为"10""10%"，如图13-117所示；在"通道"下拉列表框中选择"蓝"选项，设置"强度""保留细节"分别为"10""10%"，如图13-118所示。

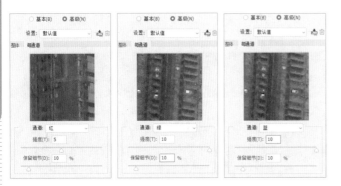

图13-116   图13-117   图13-118

4 单击"整体"选项卡，设置"强度""保留细节""减少杂色""锐化细节"分别为"10""50%""80%""50%"，勾选"移去JPEG不自然感"复选框，如图13-119所示。

图13-119

5 单击 确定 按钮，返回图像编辑区，查看效果如图13-120所示。若仍觉得照片噪点明显，可重复使用"减少杂色"滤镜，但注意使用过多会造成照片细节模糊。按【Ctrl+S】组合键保存文件，完成本例的制作。

图13-120

13.7.2 锐化细节

锐化可以提高相邻像素之间的对比度，使像素更易于识别，从而使照片更加清晰。Photoshop CC中提供了"锐化"滤镜组，该滤镜组包括USM锐化、防抖、进一步锐化、锐化、锐化边缘和智能锐化6种滤镜效果，本书已在第11章对它们进行了详细讲解，此处不再赘述。除此之外，使用"高反差保留"滤镜也可以达到很好的锐化效果。

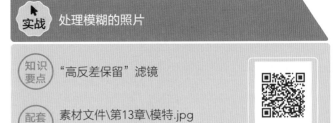

实战 处理模糊的照片

知识要点	"高反差保留"滤镜
配套资源	素材文件\第13章\模特.jpg 效果文件\第13章\模特.psd

扫码看视频

操作步骤

1 打开"模特.jpg"素材文件，发现照片有些模糊，如图13-121所示。按【Ctrl+J】组合键复制"背景"图层，得到"图层1"图层，设置"图层1"的"图层的混合模式"为"叠加"，如图13-122所示。

图13-121   图13-122

2 选择【滤镜】/【其他】/【高反差保留】菜单命令，
打开"高反差保留"对话框，设置"半径"为"15"，
然后单击 确定 按钮，如图13-123所示。

3 使用"高反差保留"滤镜锐化照片时往往会在颜色中
融入一些中性灰，易使照片色彩饱和度变低。此时可
以单击"图层"面板底部的 ◉ 按钮，在弹出的下拉菜单中选
择【色相/饱和度】命令，打开"色相/饱和度"属性面板，
设置"饱和度"为"+15"，如图13-124所示。

图13-123　　　　　图13-124

4 为了对暗淡颜色适当提升明度，我们可以在"全图"
下拉列表框中选择"红色"选项，设置"明度"为
"+11"，如图13-125所示。

5 按【Ctrl+S】组合键保存文件，完成本例的制作。效
果如图13-126所示。

图13-125　　　　　图13-126

13.7.3　锐化肌理

Photoshop CC中的"3D"滤镜能通过生成法线图来锐化
照片。该滤镜能增强人物五官的立体感，使皮肤肌理更加清
晰，从而增强照片的质感。它尤其适合表现人物沧桑的岁月
痕迹和成熟的魅力。

📋 操作步骤

1 打开"老板.jpg"素材文件，按【Ctrl+J】组合键复
制"背景"图层，得到"图层1"图层，如图13-127所
示。选择【滤镜】/【3D】/【生成法线图】菜单命令，打
开"生成法线图"对话框，设置"模糊""细节缩放"分别
为"0.2""120%"，如图13-128所示。

　　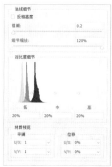

图13-127　　　　　图13-128

2 单击 确定 按钮，返回图像编辑区，查看效果如
图13-129所示。按【Ctrl+Shift+U】组合键去色，再按
【Ctrl+I】组合键反相，修改"图层的混合模式"为"柔光"，
效果如图13-130所示。

图13-129　　　　　图13-130

3 此时照片整体变暗，为还原原本的亮度细节，添加
"曲线"调整图层并向上拖曳曲线，然后向下为"图
层1"图层创建剪贴蒙版。单击"曲线"调整图层上的图层

蒙版缩览图，使用灰色画笔涂抹人物皮肤区域，稍微降低面部明度，如图13-131所示。

图13-131

4 按住【Ctrl】键不放并选择"曲线""图层 1"图层，再按【Ctrl+G】组合键创建图层组。按【Ctrl+J】组合键复制图层组，进一步增强锐化效果，如图13-132所示。按【Ctrl+S】组合键保存文件，完成本例的制作。

图13-132

13.8 综合实训：制作彩妆创意地铁广告

地铁作为一种现代的交通类广告载体，兼有普通户外交通媒体与室内POP、灯箱媒体的传播特性，且具有人流集中、受注目程度高的特点；其优势非常明显，能够有效提高产品的认知度。

13.8.1 实训要求

近期，某电商平台将开展"彩妆嗨购节"活动。现需制作彩妆创意地铁广告以将活动宣传给更多人，注意已提供模特、彩妆照片及活动相关信息。设计时要求广告整体需体现出促销氛围，视觉效果突出，并在广告下方添加活动优惠信息、活动服务信息和活动参与渠道，以吸引浏览者参与到活动中。广告尺寸要求为46厘米×100厘米。

13.8.2 实训思路

（1）本例彩妆创意地铁广告的文案可以结合"彩妆嗨购节"的活动主题进行排列展示，文案内容主要包括活动名称、宣传标语、促销信息、购买方式等。其整体力求文案简洁、字体清晰，能体现较大的活动促销力度。

（2）彩妆创意地铁广告的设计目的是使更多浏览者了解促销活动，并且能参与到活动中，所以画面布局应尽量活泼，尽可能突出对促销信息和彩妆产品的表达。彩妆模特应和谐融入画面，且能为画面增彩。

（3）色彩在彩妆创意地铁广告设计中具有很强的装饰性，能使广告具有视觉冲击力。本例彩妆创意地铁广告色调应以红色为主，既能吸引视线，又符合彩妆带给人的感受。

（4）结合本章所学的编辑与修饰数码照片的技术，对模特照片和产品照片进行修饰，并进行活泼的版式设计，再添加符合活动主题的文案。

本例完成后的参考效果如图13-133所示。

图13-133

13.8.3 制作要点

知识要点　编辑与修饰数码照片

配套资源　素材文件\第13章\地铁广告\模特.png、彩妆.jpg、背景.psd、信息.psd
效果文件\第13章\地铁广告.psd

扫码看视频

完成本例主要包括修饰照片、设计版式、添加文案3个部分，主要操作步骤如下。

1 打开“模特.png”素材文件，发现存在皮肤不光滑、拍摄光线较暗、妆容不明显等问题，设计人员应考虑使用智能滤镜、“高斯模糊”滤镜、“高反差保留”滤镜进行磨皮，通过调整“曝光度”“色相/饱和度”达到美白肤色的目的，使用“污点修复画笔工具”修复模特右侧脸颊的红色斑点，使用“模糊工具”对修复的皮肤区域进行轻微模糊，使肤色更均匀。此外，考虑使用“液化”滤镜进行瘦脸和瘦身，然后适当调整模特图像的整体明度；再使用“画笔工具”结合图层的混合模式绘制眼影、口红等妆容。其前后对比效果如图13-134所示。

调整前

调整后

图13-134

2 打开“彩妆.jpg”素材文件，发现照片四周有暗角，且中央的边框、口红和粉墨影响视觉效果，所以应考虑先使用“镜头校正”滤镜校正暗角，再使用“仿制图章工具”、“修补工具”等去除图像中央的瑕疵。其前后对比效果如图13-135所示。

调整前

调整后

图13-135

3 新建“大小”为“100厘米×46厘米”、“分辨率”为“100像素/英寸”、“名称”为“地铁广告”的图像文件。打开“背景.psd”素材文件，将其中所有内容拖入“地铁广告.psd”图像文件中，调整至合适的大小和位置。

4 将修复后的彩妆图像拖入“地铁广告.psd”图像文件中，移动至右上角灰色背景处，重命名图层为“彩妆”；单击按钮为“彩妆”图层添加图层蒙版，擦除超出左侧边框的彩妆图像。使用相同的方法添加并处理修复后的模特图像，如图13-136所示。

图13-136

5 打开"信息.psd"素材文件，将其中所有内容拖入"地铁广告.psd"图像文件中，调整至合适的大小和位置。

6 现还需输入活动标语、活动名称、具体折扣信息和购买渠道。使用"横排文字工具" **T.** 在标题框中输入

"时尚潮流色"和"彩妆嗨购节"文字，在折扣信息中输入"3"文字，在购买渠道中输入"彩妆嗨购节"文字（见图13-133右下角），分别设置合适的文字参数，调整至合适的大小和位置，然后按【Ctrl+S】组合键保存文件。

 巩固练习

1. 校正画面

本练习要求为一张由超广角镜头拍摄的"城市.jpg"照片校正画面。校正时可先通过透视裁剪将画面摆正，然后使用"镜头校正"滤镜校正暗角和扭曲画面，再减少杂色进行降噪处理，并适当调整画面亮度。校正画面的前后对比效果如图13-137所示。

> **配套资源**
> 素材文件\第13章\巩固练习\城市.jpg
> 效果文件\第13章\巩固练习\校正.jpg

校正前

校正后
图13-137

2. 修复老照片

本练习将修复老照片，设计人员可以先使用"修复画笔工具" ✎.去除照片中的折痕及污点，再使用调色命令调整照片颜色，使照片更具复古效果。修复老照片的前后对比效果如图13-138所示。

> **配套资源**
> 素材文件\第13章\巩固练习\老照片.jpg
> 效果文件\第13章\巩固练习\修复老照片.psd

修复前

修复后
图13-138

3. 制作光斑和景深效果

本练习将为"玩偶"照片制作光斑和景深效果，设计人员可以先使用"光圈模糊"滤镜和画笔制作光斑效果，然后使用"场景模糊"滤镜制作景深效果，最后添加"曝光度"调整图层，调整照片整体光亮。制作光斑和景深效果的前后对比效果如图13-139所示。

 配套资源 素材文件\第13章\巩固练习\玩偶.jpg
效果文件\第13章\巩固练习\玩偶.psd

制作前　　　　　　　　　　制作后

图13-139

4. 替换照片

本练习将使用"消失点"滤镜将"花朵"图像置入照片中，替换照片内容进行展示。替换照片的前后对比效果如图13-140所示。

配套资源 素材文件\第13章\巩固练习\照片.jpg、
替换花朵.jpg
效果文件\第13章\巩固练习\替换照片.psd

5. 精修人像

本练习将对"人像"照片进行精修处理，使照片效果更加美观。设计人员可以先使用修复相关工具去除斑点、皱纹和眼袋，再使用"高反差保留"和"高斯模糊"

滤镜进行磨皮，并使用"液化"滤镜调整鼻子、眉毛、脸型和肩、颈线条，然后使用"钢笔工具" ⌀ 绘制口红，最后调整曲线以提高照片明度。精修人像的前后对比效果如图13-141所示。

替换前　　　　　　　　　　替换后

图13-140

配套资源 素材文件\第13章\巩固练习\人像.jpg
效果文件\第13章\巩固练习\精修人像.psd

精修前　　　　　　　　　　精修后

图13-141

第13章　编辑与修饰数码照片

259

1. 冻结图像

使用"液化"滤镜修饰数码照片时，如果想要保护图像中某个区域不被修改，可使用"液化"对话框左侧的"冻结蒙版工具" 涂抹需要保护的区域，将该处图像冻结，如图13-142所示。默认状态下，被冻结的区域会被覆盖一层半透明红色。创建冻结区域后，在进行变形处理时，即拖曳鼠标经过该区域时，该区域的图像也不会发生任何变化，如图13-143所示。

图13-142　　　　　图13-143

如果想解除冻结，可在"液化"对话框左侧选择"解冻蒙版工具" ，将红色蒙版区域擦除，即可重新编辑该区域图像。

2. 使用网格观察变形效果

使用"液化"滤镜时，如果想要了解图像的变形情况（如哪些区域未发生变形、哪些区域发生细微变形等），可在"液化"对话框右侧的"视图选项"栏中勾选"显示网格"复选框，还可以设置"网格大小"和"网格颜色"参数，使网格更加清晰、易于识别，如图13-144所示。

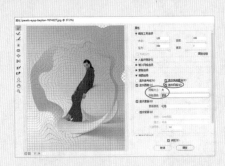

图13-144

第14章 应用 Camera Raw

本章导读

Camera Raw是专门用于解析和编辑Raw格式文件的程序，它既可以被看作Photoshop中的一个滤镜，也可以脱离Photoshop作为一款独立软件来使用。在处理曝光、色温、高光、阴影及颜色的细分调整等方面，Camera Raw比Photoshop中的调色命令更专业、效果更好。

知识目标

- 了解Camera Raw的基础知识
- 掌握使用Camera Raw调整和修饰图像的方法
- 掌握校正镜头和校准相机的方法
- 掌握快速应用与对比图像效果的方法

能力目标

- 使用"基本"面板改善照片氛围
- 使用调整画笔工具改善逆光照片
- 使用"混色器"面板修改指定颜色
- 使用"颜色分级"面板调整阴影和高光
- 使用Camera Raw制作风景明信片

情感目标

- 培养对摄影照片的审美
- 提升对图像问题的分析能力
- 提高摄影后期处理能力

14.1 Camera Raw基础

Photoshop CC 2020中自带Camera Raw增效工具，通过该工具可以调整图像的颜色（包括白平衡、色调及饱和度等），对图像进行锐化处理、减少杂色、重新修饰及校正镜头缺陷等。

14.1.1 Camera Raw界面

Camera Raw界面中包含图像信息、工具栏、工具面板和按钮等。图14-1所示为打开Raw格式文件后的Camera Raw界面。

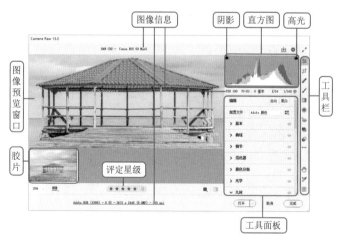

图14-1

● 图像信息：非Raw格式文件在顶部仅显示图像名称和图像格式；Raw格式文件则会在顶部增加相机型号的信息，还会在底部显示颜色配置、位深度、图像尺寸和分辨率，以及在右侧直方图下方显示光圈、快门速度等原始拍摄信息。

● 直方图：位于Camera Raw界面右上方，其从左至右被划分为黑色、阴影、曝光、高光、白色区域。峰状图形代表着不同颜色在每个区域的分布比例。

● 阴影/高光：显示阴影和高光的修剪警告。

● 转换并存储图像：单击右上角的↥按钮，将打开"存储选项"对话框，在其中可设置文件名称、存储位置、存储格式等参数。按住【Alt】键不放，同时单击↥按钮，可跳过"存储选项"对话框直接进行存储。

● 首选项：单击右上角的✿按钮，将打开"Camera Raw首选项"对话框，在其中可对面板布局、性能、快捷键等进行设置。

● 切换全屏模式：单击右上角的↗按钮，可全屏显示"Camera Raw 13.0"对话框。

● 评定星级：单击✩按钮，可用于给Raw格式的照片评定星级，再次单击★可取消星级。

● 隐藏/显示胶片：单击▦按钮将隐藏胶片窗口，再次单击该按钮将显示胶片窗口。在▦按钮上单击并按住鼠标左键不放，将弹出图14-2所示菜单，在其中可进行胶片方向的设置。

● 切换视图：在▬按钮上单击并按住鼠标左键不放，将弹出图14-3所示下拉菜单，在其中选择不同的选项可切换不同的视图模式。例如，图14-4所示为"原图/效果图 左/右分离"选项效果；图14-5所示为"原图/效果图 左/右"选项效果。

● 打开：单击 打开 按钮，将打开为普通图像。单击"打开"右侧的✓按钮，可在弹出的下拉菜单中选择"打开""以对象形式打开""以副本形式打开"选项。如果选择"以对象形式打开"选项，则将图像打开为智能对象；如果选择"以副本形式打开"选项，则将在不更新图像元数据的情况下打开图像。

● 完成：单击 完成 按钮，可在不打开Photoshop CC基本工作界面的情况下，对Raw格式文件应用"Camera Raw 13.0"对话框中的调整设置，并关闭该对话框。

14.1.2 Camera Raw工具

在"Camera Raw 13.0"对话框右侧排列着Camera Raw的所有工具，现对它们具体介绍如下。

● "编辑工具" ✦：选择该工具后，工具面板中会显示"基本""曲线""细节""混色器""颜色分级""光学""几何""效果""校准"共9个折叠面板，利用它们可对图像的色温、曝光度、色调、明暗度、饱和度、晕影、透视等进行调整。

● "裁剪和旋转工具" ☐：与Photoshop CC工具箱中的"裁剪工具" ☐相同。

● "污点去除工具" ✐：与Photoshop CC工具箱中的"修补工具" ⬚和"仿制图章工具" ♨类似。

● "调整画笔工具" ✐和"渐变滤镜工具" ▭：主要用于处理图像局部区域的曝光度、亮度、对比度、饱和度、清晰度、杂色和锐化等。这两种工具的使用方法分别与Photoshop CC工具箱中的"画笔工具" ✐和"渐变工具" ▭相同。

● "径向滤镜工具" ◉：主要用于调整图像局部区域的色温、色调、对比度、饱和度、清晰度、杂色和锐化等，常用于突出图像主体。

● "消除红眼工具" ◉：与Photoshop CC工具箱中的"红眼工具" ◉相同。

● "快照工具" ▣：选择该工具后，可在其工具面板中单击◻按钮，创建当前状态图像的临时副本。

● "预设工具" ◉：选择该工具后，工具面板中将提供"颜色""创意""黑白""默认值""光学""颗粒""曲线""锐化""晕影"共9组预设，选择每组预设中的具体预设值，可直接为图像应用相应的预设效果。

● "抓手工具" ✋：该工具可与其他工具同时使用，其使用方法与Photoshop CC工具箱中的"抓手工具" ✋相同。

● "切换取样器叠加工具" ✐：选择该工具后，在图像中单击鼠标左键，对话框顶部会出现颜色取样信息，如图14-6所示。在图像中可单击鼠标左键多次进行取样，每次单击获得的颜色取样信息都会在对话框顶部显示。在图像中，

图14-2 　　　　　　　 图14-3

图14-4

图14-5

将保留取样点的位置信息，将鼠标指针移至取样点上，当指针变为▶形状时，可单击鼠标左键并拖曳鼠标来移动取样点，重新取样颜色信息。该工具也可与其他工具同时使用。

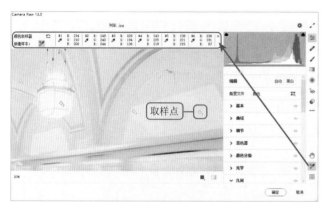

图14-6

● "切换网格覆盖图工具" ▦：选择该工具后，图像视图上会覆盖一层大小均匀的网格。该工具也可与其他工具同时使用。

14.1.3 打开Raw格式文件

Raw格式是一种灵活的文件格式。当使用Raw格式相机拍摄照片时，它可直接记录从相机感光元件上获取的ISO、快门、光圈值、曝光度、白平衡等信息，而不会调节和压缩原始拍摄信息。

1. 在Photoshop CC中打开Raw格式文件

在Photoshop CC中，选择【文件】/【打开】菜单命令打开图像文件时，若选择打开的是Raw格式文件，Photoshop会自动运行Camera Raw。

2. 在Bridge中直接打开Raw格式文件

在未启动Photoshop CC的情况下，可在Bridge中选择Raw格式文件后，选择【文件】/【在Camera Raw中打开】菜单命令，直接在Camera Raw中将文件打开。这表明，在编辑Raw格式文件时，Camera Raw是一款独立软件。

14.1.4 打开其他格式文件

在Photoshop CC中打开TIFF或JPEG格式的图像文件后，选择【滤镜】/【Camera Raw滤镜】菜单命令，即可使用Camera Raw进行编辑。

14.1.5 调整Raw格式文件的大小和分辨率

Raw格式文件一般都很大，如果想要调整Raw文件的大小和分辨率，可单击"Camera Raw 13.0"对话框顶部的文件信息文字，在打开的"Camera Raw 首选项"对话框的"工作流程"选项卡中修改图像大小，如图14-7所示。

图14-7

● 色彩空间：用于指定目标颜色的配置文件。如果图像中未嵌入配置文件，或其配置文件与当前系统不匹配，则图像无法按照其创建（或获取）时的颜色显示，此时需要为图像指定配置文件，使其颜色得以正常显示。

● 色彩深度：用于设置指定目标颜色的位深度（本书第2章已详细讲解关于位深度的知识）。

● 调整图像大小：用于设置导入图像的尺寸和分辨率。默认图像大小为拍摄图像时的原始大小。

● 输出锐化：用于对"滤色""光面纸""粗面纸"应用输出时设置锐化参数。

● 在Photoshop中打开为智能对象：勾选该复选框，单击"Camera Raw 13.0"对话框中的"打开"按钮时，文件将在Photoshop中作为智能对象打开，而不是"背景"图层。

14.1.6 以DNG格式存储Raw格式文件

由于在Camera Raw中编辑Raw格式文件后，无法将其以原有格式存储，所以Adobe公司开发了一种DNG格式（也称"数字负片"）专门用于存储Raw格式文件。DNG格式可将Raw格式文件的副本保存起来，使原始文件不会被修改，而用户的编辑操作则存储在Camera Raw的数据库中、作为元数据嵌入DNG格式的副本文件中或存储在附属的XMP文件（相机原始数据文件所附带的元数据文件）中。

DNG格式可以像图层样式、蒙版、智能滤镜等非破坏性编辑功能一样，具备可再次修改和可复原的特点，即用户任何时候打开DNG文件都可对其中的编辑参数进行重新调整，也可使文件恢复到原始状态。

以DNG格式存储Raw格式文件的方法为：单击"Camera Raw 13.0"对话框右上角的凸按钮，将打开图14-8所示"存储选项"对话框，在"格式"下拉列表框中选择"数字负片"选项，即可使用DNG格式存储Raw格式文件。

图14-8

● 嵌入快速载入数据：勾选该复选框，可在DNG文件中嵌入数据，以便在调整设置时更快地载入DNG文件。

● 使用有损压缩：勾选该复选框，可显著减小DNG文件的大小，但会导致图像质量降低。

● 嵌入原始Raw文件：勾选该复选框，可在DNG文件中嵌入整个原始Raw文件。

14.2 调整照片

使用Photoshop CC中的调色命令调整的照片效果较为极端、夸张，而使用Camera Raw调整照片能将调整强度控制得十分合理，且调整参数更为细化，因此Camera Raw更适用于处理摄影照片。另外，Camera Raw也提供了调整画笔、渐变滤镜和径向滤镜等工具，可对照片的局部曝光、影调和色彩进行优化。

14.2.1 Camera Raw中的直方图

直方图位于"Camera Raw 13.0"对话框的右上角，红、绿、蓝3种颜色分别表示"红""绿""蓝"通道的直方图，如图14-9所示。其中，"红""蓝"通道重叠处显示为洋红色；"绿""蓝"通道重叠处显示为青色；"红""绿"通道重叠处显示为黄色；"红""绿""蓝"3种通道重叠处则显示为白色。

图14-9

调整图像时，直方图能够直观地反馈很多信息，以及时提醒用户，从而减少或避免图像受到损害。如直方图的左、右端突然出现图14-10所示竖线，表明图像出现阴影缺失或高光溢出现象，从而造成阴影或高光区域的图像细节减少。

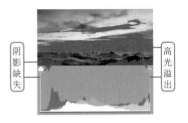

图14-10

单击直方图左上角的"阴影"图标或按【U】键，可使图像中阴影缺失的区域被覆盖为蓝色；单击直方图右上角的"高光"图标或按【O】键，可使图像中高光溢出的区域被覆盖为红色，以便于查看。再次单击相应的图标，可取消颜色覆盖。

14.2.2 "基本"面板

"基本"面板可用于图像的全局调整。在"Camera Raw 13.0"对话框右侧选择"编辑工具" 后，可在工具面板中看到"基本"面板，单击 按钮可展开"基本"面板，如图14-11所示。下面将以图14-12所示的"户外.jpg"图像为例，对"基本"面板中的参数进行详细介绍。

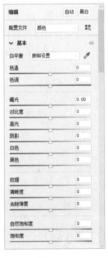

图14-11

图14-12

● 白平衡：默认选择"原照设置"选项，显示图像的原始白平衡。若在"白平衡"下拉列表框中选择"自动"选项，则可以自动校正白平衡。如果打开的是Raw格式照片，则还可以选择"日光""阴天""阴影""白炽灯""荧光灯""闪光灯"选项并进行调整。

● 色温：可调整色温，如图14-13所示。它常用于校正偏色照片，如果拍摄时光线色温较高导致照片颜色发黄，可降低"色温"数值，使图像色温偏蓝以补偿拍摄光线的低色温；如果色温较低导致照片颜色偏蓝，则可提高"色温"数值。

● 色调：可补偿绿色或洋红色调，如图14-14所示。当"色调"数值为负时，将为图像添加绿色；当"色调"数值为正时，将为图像添加洋红色。

| 高光−100 | 高光+100 | 阴影−100 | 阴影+100 |
| 图14-15 | | 图14-16 | |

● 纹理：可影响纹理的清晰程度，如图14-19所示。当"纹理"数值为负时，将提高纹理的清晰度；当"纹理"数值为正时，将降低纹理的清晰度。其效果类似于磨皮效果。

| 降低色温 | 提高色温 | 降低色调 | 提高色调 |
| 图14-13 | | 图14-14 | |

| 白色+100 | 黑色−100 | 纹理−100 | 纹理+100 |
| 图14-17 | 图14-18 | 图14-19 | |

● 曝光：可调整图像的曝光程度。降低"曝光"数值可使图像变暗，提高"曝光"数值可使图像变亮。该值相当于相机的光圈大小，调整该值为"+1.00"类似于将光圈打开"1"挡，调整该值为"−1.00"类似于将光圈关闭"1"挡。

● 对比度：可调整图像色调的对比程度，主要影响中间色调。当提高"对比度"数值时，亮调至中间调的区域将会更亮，中间调至暗调的区域将会更暗；当降低"对比度"数值时，影响效果则相反。

● 高光：可调整图像中的明亮区域，如图14-15所示。降低"高光"数值可使高光区域变暗，并恢复高光细节；提高"高光"数值可在高光区域细节损失最小化的情况下，使高光区域变亮。

● 阴影：可调整图像中的灰暗区域，如图14-16所示。降低"阴影"数值可在阴影区域细节损失最小化的情况下，使阴影区域变暗；提高"阴影"数值可使阴影区域变亮，并恢复阴影细节。

● 白色：可指定将哪些区域的像素映射为白色。向右拖曳滑块，可使更多高光区域的像素变为白色，如图14-17所示。

● 黑色：可指定将哪些区域的像素映射为黑色。向左拖曳滑块，可使更多阴影区域的像素变为黑色，如图14-18所示。

● 清晰度：可通过提高局部区域的对比度来提高图像的清晰度，该参数对中色调区域影响较大。提高清晰度的效果类似于大半径USM锐化效果，降低清晰度的效果类似于模糊效果，如图14-20所示。

● 去除薄雾：适当提高"去除薄雾"数值可减少图像中的雾气，使其更通透、清晰，如图14-21所示。

● 自然饱和度：与Photoshop CC中的"自然饱和度"命令相同，可调整所有低饱和度颜色的饱和度，对高饱和度颜色的影响较小。当自然饱和度降到最低时，图像仍可显示为彩色，如图14-22所示。

● 饱和度：与Photoshop CC中的"饱和度"命令相同，可均匀地调整所有颜色的饱和度。

| 降低清晰度 | 提高清晰度 | 去除薄雾+30 | 自然饱和度−100 |
| 图14-20 | 图14-21 | 图14-22 | |

范例 改善照片氛围

 知识要点　"基本"面板

 配套资源
素材文件\第14章\海边别墅.jpg
效果文件\第14章\海边别墅.psd

扫码看视频

范例说明

海边照片的氛围通常以阳光、清新、蔚蓝等为主，本例照片素材亮度较低，蓝色天空不明显，且彩色别墅的颜色冲击力不够大，设计人员可通过调整照片色温、曝光度和饱和度等来改善照片氛围。

操作步骤

1 打开"海边别墅.jpg"素材文件，选择【滤镜】/【转换为智能滤镜】菜单命令，将"背景"图层转换为智能对象，以便于后续修改滤镜参数。

2 选择【滤镜】/【Camera Raw滤镜】菜单命令，打开"Camera Raw 13.0"对话框，单击▶按钮展开"基本"面板，设置"色温"为"-10"，可发现图像色温已偏蓝，如图14-23所示。

3 继续设置"曝光""阴影""白色"分别为"+0.75""+50""+50"，可发现图像的阴影亮度和整体亮度都得到了提升，如图14-24所示。

图14-23

图14-24

4 继续设置"清晰度""自然饱和度"分别为"+17""+40"，可发现图像更加清晰，且低饱和度颜色的饱和度得到提升，如图14-25所示。

图14-25

5 单击 确定 按钮，应用滤镜。可以看到，"图层"面板中增加了"智能滤镜"图层，如图14-26所示。

图14-26

技巧

若需修改之前调整的参数，双击"图层"面板中的"Camera Raw 滤镜"名称即可打开"Camera Raw"对话框，然后在其中修改参数。

6 按【Ctrl+S】组合键保存文件，完成本例的制作。

14.2.3 调整画笔工具

"调整画笔工具" 可用于改善照片的局部曝光，其操作方法为：先使用该工具绘制出需要调整的区域，即用蒙版覆盖区域，然后隐藏蒙版，再调整蒙版覆盖区域的色调、饱和度、锐化程度等。在"Camera Raw 13.0"对话框右侧选择"调整画笔工具" 后，可看到图14-27所示工具面板。

图14-27

● 创建新调整：单击 ⊕ 按钮后，可在图像中单击并拖曳鼠标绘制蒙版。

● 添加到选定调整：单击 ✐ 按钮后，可在图像中其他区域添加新绘制的蒙版。

● 从选定调整中清除：单击 ⬙ 按钮后，可在图像中的蒙版区域单击并拖曳鼠标擦除蒙版。创建多个调整区域后，如果想要将其中一个调整区域完全清除，可单击该区域上的定位图钉 ⚲，使其呈选中状态 ⬩，然后按【Delete】键删除该调整区域。

● 大小/羽化：用于设置画笔的大小和硬度，以像素为单位进行调整。

● 流动/浓度：用于控制画笔的应用速率和笔触的透明程度。

● 自动蒙版：勾选该复选框，可将画笔描边限制到颜色相似的区域。

● 叠加：勾选该复选框，可显示调整区域的定位图钉 ⚲，便于预览调整区域。

● 蒙版选项：勾选该复选框，在图像中绘制的蒙版会显示蒙版叠加颜色，便于预览调整区域。

● 蒙版叠加颜色：单击 "蒙版选项" 复选框右侧的色块，将打开图14-28所示 "拾色器" 对话框，在其中可设置蒙版叠加颜色、亮度、不透明度和颜色表示区域。

图14-28

● 锐化程度：该值为正时，可提高像素边缘清晰度；该值为负时，可模糊细节。

● 减少杂色：可减少阴影区域中明显的明度杂色。

● 波纹去除：可消除彩色的、不规则的摩尔纹。摩尔纹是一种在数码相机或者扫描仪等设备上，由于感光元件问题呈现在图像上的高频干扰条纹。

● 去边：可消除调整区域的色边，如镜头色差带来的紫边、绿边，以及高反差区域的白色亮边等。

● 颜色：可为调整区域叠加所选颜色。单击 "颜色" 色块，将打开图14-29所示 "拾色器" 对话框，在其中可设置颜色、色相和饱和度。

图14-29

范例 改善逆光照片

知识要点：调整画笔工具

配套资源：素材文件\第14章\逆光.jpg
效果文件\第14章\逆光.psd

扫码看视频

📷 范例说明

当光线不佳或逆光拍摄时，照片可能会出现曝光过度或曝光不足的情况，导致照片视觉效果不美观、暗部细节不清晰等。本例提供了一张逆光人像照片，该照片存在暗部阴影过重、细节不清晰的问题，设计人员可使用Camera Raw进行局部调整，使照片暗部细节变得清晰。

操作步骤

1 打开"逆光.jpg"素材文件，选择【滤镜】/【转换为智能滤镜】菜单命令，将"背景"图层转换为智能对象。

2 选择【滤镜】/【Camera Raw滤镜】菜单命令，打开"Camera Raw 13.0"对话框，选择"调整画笔工具"，勾选"叠加"复选框和"蒙版选项"复选框，在图像中单击鼠标左键并拖曳鼠标绘制蒙版，效果如图14-30所示。绘制过程中可以不断调整"大小""羽化""浓度"数值，在最暗处调高浓度，在较暗处调低浓度。若涂抹区域错误，可单击 ◆ 按钮，在图像中的蒙版区域单击鼠标左键并拖曳鼠标擦除蒙版。

图14-30

3 取消勾选"蒙版选项"复选框以隐藏蒙版叠加颜色，设置"曝光""高光""阴影""白色""饱和度""减少杂色"分别为"+2.60""−27""+64""+18""−27""+50"，然后单击 确定 按钮，如图14-31所示。

图14-31

4 按【Ctrl+S】组合键保存文件，完成本例的制作。

14.2.4 使用目标调整工具与渐变滤镜工具调整照片

相较于旧版本，新版本Camera Raw的"目标调整工具" 较为特殊，因为它不在Camera Raw对话框的工具栏中，而是在选择"编辑工具" 后展开的"曲线"面板和"混色器"面板中，如图14-32所示。

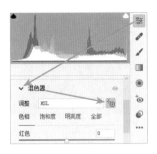

图14-32

选择"目标调整工具" ，在图像上单击鼠标左键并拖曳鼠标，鼠标指针下方像素的颜色和饱和度将直接发生改变。因"渐变滤镜工具" 的工具面板类似于"调整画笔工具" 的工具面板，所以此处不再赘述。

实战 调整风景照片

知识要点 目标调整工具、渐变滤镜工具

配套资源 素材文件\第14章\风景.jpg
效果文件\第14章\风景.psd

扫码看视频

操作步骤

1 打开"风景.jpg"素材文件，将"背景"图层转换为"图层0"智能对象，如图14-33所示。

图14-33

2 选择【滤镜】/【Camera Raw 滤镜】菜单命令，打开"Camera Raw 13.0"对话框，已默认选择"编辑工具" ，单击 按钮展开"混色器"面板，选择"目标调整工具" ，在图像中的植物上单击鼠标左键并向右拖曳鼠标，直到植物变绿后释放鼠标左键，如图14-34所示。

图14-34

3 单击"混色器"面板中的"饱和度"选项卡，在图像中的植物上单击鼠标左键并向右拖曳鼠标，直到绿色植物的饱和度提高后释放鼠标左键，如图14-35所示。

图14-35

4 在该对话框右侧工具栏上选择"渐变滤镜工具" ，在工具面板中勾选"叠加"复选框，按住【Shift】键以锁定垂直方向，在图像顶部天空上边缘处单击鼠标左键并向下拖曳鼠标添加渐变滤镜，如图14-36所示。

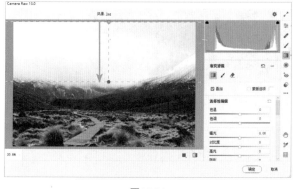

图14-36

5 设置"色温""曝光"分别为"-100""-1"，单击"颜色"色块，在打开的"拾色器"对话框中设置"色相""饱和度"分别为"209""100"，单击 确定 按钮，关闭"拾色器"对话框，如图14-37所示。

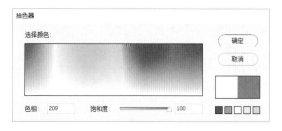

图14-37

6 单击 确定 按钮，应用"Camera Raw 13.0"对话框中的设置，返回图像编辑区，如图14-38所示。按【Ctrl+S】组合键保存文件，完成本例的制作。

图14-38

14.2.5 使用"曲线"面板与"去除薄雾"选项调整照片

"曲线"面板可用于调整色调和明暗度。在"Camera Raw 13.0"对话框右侧选择"编辑工具" 后，可在工具面板中看到"曲线"面板，单击 按钮可展开"曲线"面板。

Camera Raw中的曲线通常有两种调整方法：一种是通过参数调整曲线，即单击"调整"栏中的 按钮，通过调整"高光""亮调""暗调""阴影"参数来调整曲线，如图14-39所示；另一种是类似于Photoshop中的通过点调整曲线，即单击"调整"栏中的 按钮，通过调整"点"的"输出"和"输入"数值来调整曲线，如图14-40所示。

此外，Camera Raw中的曲线也可以像Photoshop中的曲线一样通过通道调整，即单击"调整"栏中的 按钮、 按钮、 按钮可分别调整"红""绿""蓝"通道曲线，如图14-41所示。

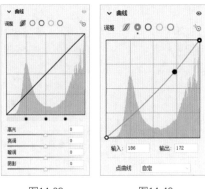

图14-39　　　　　图14-40

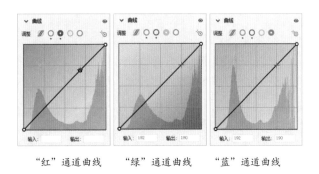

"红"通道曲线　　"绿"通道曲线　　"蓝"通道曲线

图14-41

　　与Photoshop中通道曲线不同的是，Camera Raw中的通道曲线会显示颜色范围，如"红"通道曲线沿对角线划分为红色和青色，更加直观地表明：向左上方拖曳曲线会使红色比例增加，导致图像偏红；向右下方拖曳曲线会使青色比例增加，导致图像偏青。另外，"绿"通道曲线划分为绿色和洋红色，"蓝"通道曲线划分为蓝色和黄色，更便于用户理解和调整通道曲线。

实战　去除照片中的雾气

知识要点：　"曲线"面板、"去除薄雾"选项

配套资源：　素材文件\第14章\山雾.jpg
　　　　　　效果文件\第14章\山雾.psd

扫码看视频

操作步骤

1　打开"山雾.jpg"素材文件，将"背景"图层转换为"图层0"智能对象，如图14-42所示。

2　选择【滤镜】/【Camera Raw 滤镜】菜单命令，打开"Camera Raw 13.0"对话框，已默认选择"编辑工具"，单击按钮展开"基本"面板，下滑找到"去除薄雾"选项，

向右拖曳滑块去除薄雾，这里设置"去除薄雾"为"68"，可发现画面清晰度得到提高，色彩和图像细节也得到改善，如图14-43所示。

图14-42

图14-43

3　单击按钮展开"曲线"面板，默认为调整参数曲线，在亮调和暗调区域分别单击鼠标左键并向上拖曳曲线，有针对性地提高图像明度，这里设置"亮调""暗调"分别为"+25""+23"，然后单击确定按钮，如图14-44所示。

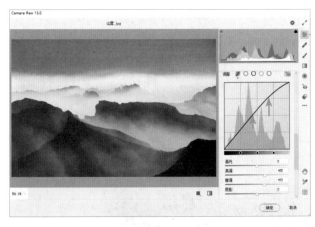

图14-44

4　按【Ctrl+S】组合键保存文件，完成本例的制作。

14.2.6 使用"混色器"面板与径向滤镜工具调整照片

"混色器"面板可用于单独调整某种颜色的色相、饱和度和明亮度。在"Camera Raw 13.0"对话框右侧选择"编辑工具" 后，可在工具面板中看到"混色器"面板。单击 ▸ 按钮展开该面板，在"调整"下拉列表框中可以选择以下两种调整方式。

● HSL：在"调整"下拉列表框中选择"HSL"选项，可按照色彩的三要素来调整每个要素中的8种颜色，即在"色相""饱和度""明亮度"选项卡中调整红色、橙色、黄色、绿色、浅绿色、蓝色、紫色和洋红色，如图14-45所示。若单击"全部"选项卡，则"色相""饱和度""明亮度"选项卡中的所有内容将依次纵向排列在"全部"选项卡中。

● 颜色：在"调整"下拉列表框中选择"颜色"选项，可按照8种颜色来单独调整每种颜色的色彩三要素，如图14-46所示。

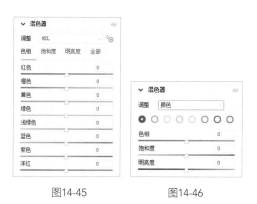

图14-45　　　　　图14-46

使用这两种调整方式可以得到相同的调整效果，用户可视具体情况选择合适的方式，以提高调整效率。因"径向滤镜工具"的工具面板类似于"调整画笔工具"的工具面板，所以此处不再赘述。

 实战 调整照片的色彩与光效

 知识要点 "混色器"面板、径向滤镜工具

 配套资源 素材文件\第14章\树木.jpg
效果文件\第14章\树木.psd

扫码看视频

 操作步骤

1 打开"树木.jpg"素材文件，将"背景"图层转换为"图层 0"智能对象，如图14-47所示。

图14-47

2 选择【滤镜】/【Camera Raw 滤镜】菜单命令，打开"Camera Raw 13.0"对话框，已默认选择"编辑工具" ，单击 ▸ 按钮展开"混色器"面板，已默认选择"色相"选项卡，设置"黄色"为"38"，如图14-48所示；单击"明亮度"选项卡，设置"黄色""绿色""蓝色"分别为"+23""+46""+34"，如图14-49所示。

图14-48　　　　　图14-49

3 在该对话框右侧的工具栏中选择"径向滤镜工具" ，在工具面板中勾选"叠加"复选框，在天空左上角单击并向下拖曳鼠标绘制椭圆，然后将鼠标指针移至椭圆边缘，当鼠标指针变为 形状时单击鼠标左键并旋转椭圆，如图14-50所示。

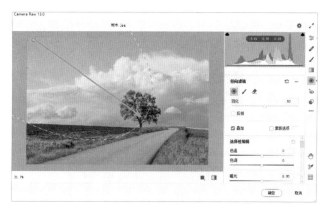

图14-50

4 设置径向滤镜叠加区域的"色温""曝光"分别为"+26""+0.6"，然后单击 确定 按钮，返回图像编辑区，如图14-51所示。

图14-51

5 选择【滤镜】/【渲染】/【镜头光晕】菜单命令，打开"镜头光晕"对话框，选中"105 毫米聚焦"单选按钮，设置"亮度"为"100%"，然后在预览窗口中单击鼠标左键选中光晕，并将其移至图14-52所示位置。

图14-52

6 按 确定 按钮应用滤镜，返回图像编辑区，查看效果如图14-53所示。按【Ctrl+S】组合键保存文件，完成本例的制作。

图14-53

14.2.7 使用"颜色分级"面板调整照片

"颜色分级"面板将画面划分为高光、中间调、阴影区域，可在指定的区域中添加特定的颜色。在"Camera Raw

13.0"对话框右侧选择"编辑工具" 后，可在工具面板中看到"颜色分级"面板，单击 按钮可展开"颜色分级"面板，默认显示三项模式，如图14-54所示。

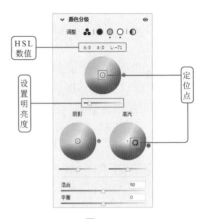

图14-54

● 三项模式：单击 按钮可显示三项模式，分别是"中间调""阴影""高光"3个区域的色相环。在某个区域的色相环中，用户可通过拖曳定位点设置颜色的色相、饱和度，从而为图像中的对应区域叠加设置的颜色。

● HSL数值：当拖曳某个色相环中的定位点或色相环下方对应的"明亮度"滑块时，色相环上方将显示此刻的HSL数值，即色相（H）、饱和度（S）、明亮度（L）数值。

● 设置明亮度：通过拖曳每个色环下方的滑块，可设置当前颜色的明亮度。

● 混合/平衡：可混合并平衡阴影、中间调和高光之间的影响。正值将增加"阴影"叠加颜色的影响；负值将增加"高光"叠加颜色的影响。

● 阴影/中间调/高光：单击 按钮、 按钮、 按钮可分别切换至阴影模式、中间调模式和高光模式，在其中可分别为"阴影""中间调""高光"区域设置叠加颜色的"色相""饱和度""明亮度"，以及"混合"和"平衡"参数。

● 全局：单击 按钮可切换至全局模式，如图14-55所示。在其中可设置颜色的色相、饱和度和明亮度，设置的颜色将叠加至图像所有区域。

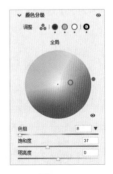

图14-55

实战 调整阴影和高光颜色

 知识要点 "颜色分级"面板

 配套资源
素材文件\第14章\雪景.jpg
效果文件\第14章\雪景.psd

扫码看视频

操作步骤

1 打开"雪景.jpg"素材文件,将"背景"图层转换为"图层 0"智能对象,此时发现照片整体较暗且阴影和高光都较为偏黄,我们可通过有针对性地叠加冷色调,使照片效果符合冬日氛围。

2 选择【滤镜】/【Camera Raw 滤镜】菜单命令,打开"Camera Raw 13.0"对话框,单击■按钮切换至"原图/效果图"预览窗口。展开"颜色分级"面板,设置"中间调"区域的"明亮度"为"100","混合"为"63",如图14-56所示。

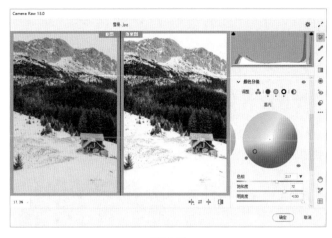

图14-57

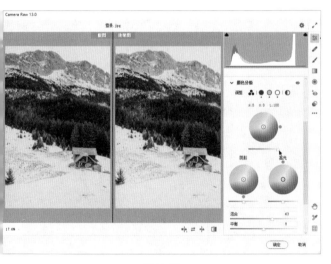

图14-56

3 单击●按钮切换至阴影模式,将色相环中的定位点拖曳至蓝色区域,设置"色相""饱和度""明亮度"分别为"226""70""0",为阴影区域叠加深蓝色调。

4 单击○按钮切换至高光模式,将色相环中的定位点拖曳至蓝色区域,设置"色相""饱和度""明亮度"分别为"217""72""+100",为高光区域叠加浅蓝色调,然后单击 确定 按钮,如图14-57所示。按【Ctrl+S】组合键保存文件,完成本例的制作。

14.3 修饰图像

Camera Raw提供了一些用于修图、锐化、降噪的工具和选项,能够满足修饰图像的基本要求。它们适用于修饰瑕疵较少的图像或进行简单的局部修饰处理。

14.3.1 污点去除工具

"污点去除工具" 🖊️ 可用于修复瑕疵和仿制图像。在"Camera Raw 13.0"对话框右侧选择"污点去除工具" 🖊️ 后,可看到图14-58所示工具面板。

图14-58

● 文字:用于选择修复方法。若在"文字"下拉列表框中选择"修复"选项,可对纹理、光线进行智能匹配,使修复后的图像区域与周围图像能较好地融合;若在该下拉列表框中选择"仿制"选项,则可直接将图像复制到需要修复的区域。

● 大小/羽化/不透明度：用于设置修复画笔的大小、硬度和不透明度。

● 可视化污点：勾选该复选框，Camera Raw会自动对主色块颜色变化的区域边缘进行描边，使图像中元素的轮廓清晰可见。拖动该复选框右侧的滑块还可以调整阈值，便于识别灰尘、斑点等细小瑕疵。

● 叠加：勾选该复选框，可显示修复区域和修复源区域的定位，便于预览和调节。

实战　修复图像瑕疵

知识要点	污点去除工具
配套资源	素材文件\第14章\水果.jpg 效果文件\第14章\水果.psd

扫码看视频

操作步骤

1 打开"水果.jpg"素材文件，将"背景"图层转换为"图层 0"智能对象，此时发现图像明度和饱和度较低，且图像背景中有许多细小碎屑。

2 选择【滤镜】/【Camera Raw 滤镜】菜单命令，打开"Camera Raw 13.0"对话框，在"文字"下拉列表框中选择"修复"选项，设置"大小""羽化""不透明度"分别为"20""42""100"，勾选"可视化污点"复选框和"叠加"复选框，如图14-59所示。

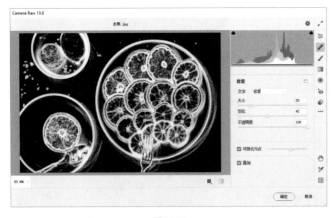

图14-59

3 在图像瑕疵处单击鼠标左键形成红色选框，将对应的绿色选框拖曳到修复源位置，用以修复瑕疵，如图14-60所示。使用相同的方法修复图像背景中的所有瑕疵，如图14-61所示。

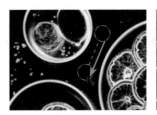 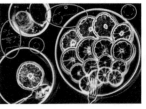

图14-60　　　　　　　图14-61

4 选择"编辑工具"，打开"混色器"面板，在"调整"下拉列表框中选择"颜色"选项，单击 按钮，设置红色的"色相""饱和度""明亮度"分别为"0""0""+14"，如图14-62所示；单击 按钮，设置黄色的"色相""饱和度""明亮度"分别为"0""+17""+37"，如图14-63所示。

 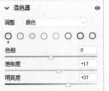

图14-62　　　　　　　图14-63

5 打开"曲线"面板，向上拖曳曲线使图像变亮，这里设置"高光""亮调""暗调""阴影"分别为"-9""+39""+51""+24"，如图14-64所示。

图14-64

6 单击 确定 按钮应用滤镜，然后按【Ctrl+S】组合键保存文件，完成本例的制作。

14.3.2　"细节"面板

"细节"面板用于对图像进行锐化或减少杂色处理。在"Camera Raw 13.0"对话框右侧选择"编辑工具" 后，可在工具面板中看到"细节"面板，单击 按钮可展开"细节"面板，如图14-65所示。

1. 锐化

"锐化"选项组可以增强画面质感，使图像更清晰。单击"锐化"选项组右侧的◀按钮可展开该选项组，如图14-66所示。

图14-65　　　　　图14-66

● 锐化：用于设置锐化强度。

● 半径：用于调整应用锐化时的细节大小。具有微小细节的图像可设置较低的"半径"数值，过大的"半径"数值会导致画面生硬、不自然。

● 细节：用于调整在图像中锐化多少高频信息和锐化过程强调边缘的程度。若需锐化图像以消除模糊，可设置较小的"细节"数值；若需使图像中的纹理更清晰，可设置较大的"细节"数值。

● 蒙版：用于确定锐化应用的图像范围。当"蒙版"数值为"0"时，图像中的所有部分均获得等量的锐化效果；当该值为"100"时，锐化效果可限制在饱和度最高的图像边缘附近，避免非边缘区域被锐化。

2. 减少杂色

"减少杂色"选项组可以减少图像中的明度杂色，即降低明度噪点。单击"减少杂色"选项右侧的◀按钮可展开该选项组，如图14-67所示。

● 减少杂色：用于设置减少明度杂色的数量。

● 细节：用于控制明度杂色的阈值。该值越大，图像保留的细节越多，但保留的杂色也较多；该值越小，减少杂色后的图像越干净，但也会损失某些细节。

● 对比度：用于控制明度的对比。该值越大，保留的对比度就越高，但可能会产生新的杂色，如花纹或色斑；该值越小，产生的结果就越平滑，但可能会降低对比度。

3. 杂色深度减低

"杂色深度减低"选项组可以减少图像中的彩色杂色，即降低颜色噪点。单击"杂色深度减低"选项右侧的◀按钮可展开该选项组，如图14-68所示。

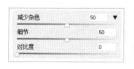

图14-67　　　　　图14-68

● 杂色深度减低：用于设置减少彩色杂色的数量。

● 细节：用于控制彩色杂色的阈值。该值越大，边缘

保持得越细，色彩细节也越多，但可能会产生彩色颗粒；该值越小，越能更好地消除色斑，但可能会使颜色溢出。

● 平滑度：用于控制颜色的平滑效果。它可使彩色像素边缘变得平滑。

14.3.3　"效果"面板

通过"效果"面板可以增加颗粒效果和暗角效果。在"Camera Raw 13.0"对话框右侧选择"编辑工具" 后，可在工具面板中看到"效果"面板，单击▶按钮可展开"效果"面板，如图14-69所示。

1. 颗粒

"颗粒"选项组可以将颗粒随机应用于图像中，模拟在高速胶片上拍照的效果。单击"颗粒"选项组右侧的◀按钮可展开该选项组，如图14-70所示。

图14-69　　　　　图14-70

● 颗粒：用于设置在图像中添加颗粒的强度。

● 大小：用于控制颗粒的大小。若该值大于或等于25，则可能导致图像模糊。

● 粗糙度：用于控制颗粒的匀称性。

2. 晕影

"晕影"选项组可以通过添加晕影（将图像四周调暗）来突出视觉焦点，也可以模拟出LOMO风格照片特有的暗角效果。单击"晕影"选项组右侧的◀按钮可展开该选项组，如图14-71所示。

图14-71

● 晕影：用于控制晕影的颜色和强度。当该值为负时，添加半透明黑色晕影，且滑块越向左，黑色晕影强度越强；当该值为正时，添加半透明白色晕影，且滑块越向右，白色晕影强度越强。

● 样式：用于选择添加晕影的样式。

● 中点/圆度/羽化：分别用于控制晕影与图像中心的半径距离、四角的平滑程度、过渡的羽化效果。

● 高光：当"晕影"数值为负时，可通过设置"高光"数值提亮晕影。

14.4 镜头校正与相机校准

Camera Raw可以解析相机原始数据文件，使用有关相机的信息以及图像元数据来构建和处理彩色图像。通过版本升级和补充配置文件，Camera Raw可以支持更多新型的相机和镜头，以及对应的Raw格式文件，以便于解决镜头或相机缺陷所产生的图像问题。

14.4.1 "光学"面板

"光学"面板用于解决由镜头缺陷而导致的色差、几何扭曲和晕影问题。在"Camera Raw 13.0"对话框右侧选择"编辑工具" 后，可在工具面板中看到"光学"面板，单击 按钮可展开"光学"面板。

校正Raw格式文件时可以使用相机厂商或Adobe公司提供的配置文件进行自动校正。单击"配置文件"选项卡，切换至图14-72所示界面；如果想要手动校正，可单击"手动"选项卡，切换至图14-73所示界面。

图14-72　　　　图14-73

● 删除色差：勾选该复选框，可修复红色、绿色或蓝色杂边，从而校正色差。

● 使用配置文件校正：勾选该复选框，可继续选择相机、镜头型号，Camera Raw会启用相应的镜头配置文件来校正照片。

● 扭曲度：用于校正桶形失真和枕形失真。

● 晕影：用于校正暗角。该值为正时，照片边角变亮；该值为负时，照片边角变暗。

● 中点：用于调整晕影的校正范围。向左拖曳滑块可以

使晕影区域向画面中心扩展，向右拖曳滑块可收缩晕影区域。

14.4.2 "校准"面板

"校准"面板用于处理由于相机型号问题拍摄出的色偏照片。在"Camera Raw 13.0"对话框右侧选择"编辑工具" 后，可在工具面板中看到"校准"面板，单击 按钮可展开"校准"面板，如图14-74所示。

图14-74

● 阴影：用于校正阴影区域的色偏。

● 红原色/绿原色/蓝原色：如果是各种原色出现色偏问题，则可单独调整红、绿和蓝原色。这3个选项也可用于模拟不同类型的胶卷。

技巧

校正色偏后，可单击右侧工具栏中的 ••• 按钮，在弹出的下拉菜单中选择【存储设置】命令，将这一设置保存。以后使用Camera Raw调整由同一型号相机拍摄的照片时，可直接使用该设置。

14.5 快速应用与对比图像效果

Camera Raw中除了有可供手动调节的参数以外，还有许多预设的图像效果可以直接应用。另外，调整效果时，它不仅可以像快照一样记录图像的编辑状态，还可以快速对比不同参数设置的图像效果。

14.5.1 预设工具

"预设工具" ⬤可为图像直接应用相应的预设效果。在"Camera Raw 13.0"对话框右侧选择"预设工具" ⬤后，可看到图14-75所示工具面板。

图14-75

如果某种效果需要经常应用，可在效果名称左侧单击✿按钮，Camera Raw将自动在"预设工具" ⬤的工具面板顶部创建"收藏夹"，以便于查找。

14.5.2 快照工具

"快照工具" 🖼类似于Photoshop中的"历史记录"面板，它可以创建当前状态图像的临时副本，能在后续调整中回到快照的图像状态。此外，也可以为图像调整多种不同参数以达到不同的效果，并创建每种效果的快照，在快照中记录着当前状态图像的各种调整参数，以便于进行快速对比。

在"Camera Raw 13.0"对话框右侧选择"快照工具" 🖼后，单击工具面板中的🗔按钮，在打开的"创建快照"对话框中设置"名称"，单击 确定 按钮，即可为当前图像状态创建快照，如图14-76所示。

图14-76

14.6 综合实训：制作风景明信片

明信片是一种新型的广告媒体，它用以展示品牌的形象、理念，或者展现地方特色和人文风情等。风景明信片一般通过图像展示出当地的地理、历史、人文、建筑和风景名胜等，文字内容要与图像相契合。

14.6.1 实训要求

本例将制作一张风景明信片，因此需要一张优美的风景照片作为明信片的主体。制作时，先美化和修饰风景照片，然后对明信片版式进行创意设计，使最终效果简约、美观。尺寸要求为16.8厘米×10.5厘米。

14.6.2 实训思路

（1）本例风景明信片的文案可以结合风景进行简单介绍，文案应简洁，字体应美观。

（2）风景明信片的设计目的是宣传优美的风景胜地。它可作为景区纪念品吸引游客购买，所以画面布局应简约、大方。

（3）色彩在风景明信片中是传递美丽风光的关键视觉信息。本例风景明信片的色彩应在自然、和谐的基础上，适当提高饱和度，以增强视觉吸引力。

（4）结合本章所学的Camera Raw相关知识，对风景照片进行调整，并进行创意版式设计，再添加风景介绍文案。

本例完成后的参考效果如图14-77所示。

图14-77

14.6.3　制作要点

Photoshop CC平面设计核心技能一本通（移动学习版）

 知识
要点　Camera Raw滤镜

 配套
资源
素材文件\第14章\湖畔.jpg、
网格.png、介绍.psd
效果文件\第14章\风景明信片.psd

扫码看视频

完成本例主要包括调整照片和设计版式两个部分，主要操作步骤如下。

1 打开"湖畔.jpg"素材文件，发现照片色调偏黄、明暗度不平衡、曝光度不足，造成整体氛围较低沉、压抑，如图14-78所示。此时，考虑使用"Camera Raw滤镜"命令对照片进行全方位调整。

图14-78

2 将"背景"图层转换为智能对象，打开"Camera Raw 13.0"对话框，选择"编辑工具" ，在"细节"面板中设置参数对照片降噪；在"效果"面板中设置参数以校正照片暗角；在"基本"面板中设置参数以校正偏黄的照片色调，平衡照片的明暗度，提高照片细节的清晰程度；在"混色器"面板中调整"橙色""浅绿色"的色相，调整"黄色""绿色"的饱和度，使植物中偏红的部分恢复黄色、植物和水面的颜色更加饱和，效果如图14-79所示。

图14-79

3 为了让天空变得更蓝，我们可以使用"渐变滤镜工具" 在天空处添加渐变滤镜，降低色温，提高饱

度，并叠加宝蓝色。

4 增加湖面对阳光的反射。使用"径向滤镜工具" 在湖面中心绘制一个椭圆，适当增加"曝光""对比度""高光"。

5 使用"调整画笔工具" 在颜色不协调的植物颜色区域绘制蒙版，通过调整或叠加颜色，使照片效果更自然，如图14-80所示。

图14-80

6 新建"大小"为"16.8厘米×10.5厘米"、"分辨率"为"300像素/英寸"、"名称"为"风景明信片"的图像文件。将调整后的照片拖入"风景明信片.psd"图像文件中，置入"网格.png"素材文件。打开"介绍.psd"素材文件，将其中所有内容拖入"风景明信片.psd"图像文件中，调整素材的大小和位置，按【Ctrl+S】组合键保存文件。

学习笔记

1. 改善照片的曝光和颜色

本练习要求改善一张曝光不足的照片，并结合"混色器"和"颜色分级"面板调整照片中的颜色。改善照片的前后对比效果如图14-81所示。

 配套资源　素材文件\第14章\巩固练习\风景.jpg
效果文件\第14章\巩固练习\风景.psd

改善前　　　　　改善后

图14-81

2. 修饰图像细节

本练习将修饰人物图像，修饰时可先去除人物脸上的斑点，再通过减少杂色对图像降噪，并调亮肤色。修饰图像的前后对比效果如图14-82所示。

 配套资源　素材文件\第14章\巩固练习\人物.jpg
效果文件\第14章\巩固练习\人物.psd

修饰前　　　　　修饰后

图14-82

技能提升

Camera Raw支持同时调整多张照片，这样可极大地提高工作效率。其操作方法为：按【Ctrl+O】组合键打开"打开"对话框，按住【Shift】键不放，一次性选择多张照片，然后单击 打开(O) 按钮。打开"Camera Raw 13.0"对话框后，选择的照片将自动以列表的形式排列在对话框底部，如图14-83所示。

按住【Shift】键不放，在列表中选择所有照片，然后对照片进行任意的调整操作，这些调整操作将同时应用于所有打开的照片，如图14-84所示。

图14-83

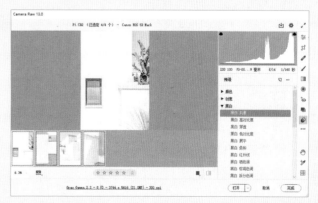

图14-84

第15章

处理 Web 图形与切片

15.1 Web图形

在Photoshop CC中可以将图像输出为网页可使用的格式，以提高网页开发的效率。在输出网页图像前，设计人员需要先了解Web安全色，为后面的操作奠定基础。

15.1.1 Web图形与安全色

简单来说，Web图形是指为了用于网页传输而经过优化后的图像，通常为JPG、GIF、SVG、PNG等格式。当用户通过其他途径展示自己制作的图像时，可能会因为计算机系统设置、浏览器等不同而呈现出不同的效果，造成色差。为了避免这种情况，在制作Web图形时用户应优先使用Web安全色，它是浏览器使用的216种颜色，当在8位屏幕上显示颜色时，浏览器会将图像中所有颜色更改为Web安全色。

15.1.2 使用Web安全色

为了尽量让网页浏览者看到相同颜色的网页，制作Web图形时就需要尽可能地使用Web安全色。

1. 将非Web安全色转换为Web安全色

在"拾色器"对话框或者"颜色"面板中选取颜色时，若出现了图标，表示该图像已经超出Web安全色的范围，如图15-1所示。此时，单击图标可将新的颜色替换为最接近的Web安全颜色，如图15-2所示。

本章导读

完成图像的基本处理后，如果需要将图像应用于网页，则需使用Web支持的格式，以便在网络上进行传输。本章主要介绍Photoshop CC中与网页制作相关的功能，如创建与编辑切片以及从画板中导出PDF文档、导出PNG资源、复制SVG等。

知识目标

- 了解Web图形与安全色的基础知识
- 掌握编辑和优化切片的操作
- 掌握画板的使用和导出方法
- 掌握导出图层和文件的方法

能力目标

- 使用多种方式创建切片
- 对店铺首页图像进行切片
- 生成多种格式的图像资源
- 运用切片、画板、文件导出知识制作家居网站首页

情感目标

- 熟悉网页制作的基本流程
- 提升Web设计能力

图15-1　　　　图15-2

2. 在拾色器中选择Web安全色

当通过"拾色器"对话框选择颜色时，设计人员可勾选"只有Web颜色"复选框，此时对话框中将只显示Web安全色，如图15-3所示。

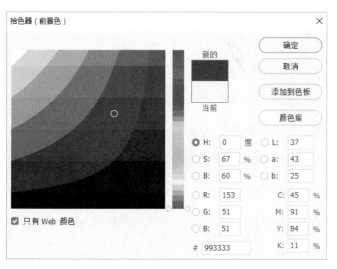

图15-3

3. 在"颜色"面板中设置Web安全色

按【F6】键打开"颜色"面板，单击面板右上方的☰按钮，在弹出的下拉菜单中选择【建立Web安全曲线】命令，之后在"颜色"面板中设置的任何颜色都是Web安全色。

单击面板右上方的☰按钮，在弹出的下拉菜单中选择【Web颜色滑块】命令，切换至图15-4所示"颜色"面板通过拖曳颜色滑块来设置颜色时，所设置的均为Web安全色。

若选择了非Web安全色，"颜色"面板左下方将出现 ⊕ 图标，单击该图标即可将当前颜色替换为最接近的Web安全颜色，如图15-5所示。

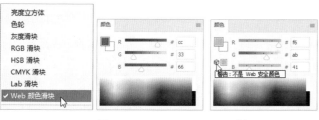

图15-4　　　　图15-5

15.2　切片

对图像进行切片的工作原理是将图像切割为若干个小块，以确保网页图像的下载速度稳定，再通过网页设计器的编辑将切割后的小图像组合为一个完整的图像，最后在浏览器中显示。这样既保证了图像的显示效果，又提高了用户体验。

15.2.1　切片类型

Photoshop CC中有两种切片类型，即用户切片和自动切片。用户切片是指用户通过切片工具手动创建的切片；自动切片是指Photoshop自动生成的切片。

手动创建新切片或编辑切片时，图像中都会生成自动切片来占据图像区域，自动切片可以填充图像中的用户切片或图层切片中未定义的空间。图15-6所示蓝底白字的图像区域即为用户切片，灰底白字的图像区域即为自动切片。

图15-6

15.2.2　创建切片

在Photoshop CC中可以通过两种方式创建切片。

1. 使用工具创建切片

"切片工具" 🔪 用于创建切片。设计人员选择该工具后，直接拖曳鼠标在图像上绘制需要切片的区域即可创建切片。该工具的工具属性栏如图15-7所示。

图15-7

● 样式：在"样式"下拉列表框中可以选择切片区域的绘制模式，其包括"正常""固定长宽比""固定大小"3个选项。当选择"固定长宽比"或"固定大小"选项时，可在右侧设置切片的"宽度"和"高度"。

● 基于参考线的切片：若图像中已设置参考线，则单击 基于参考线的切片 按钮将基于参考线划分图像区域，为每个划分后的图像局部区域创建切片。

2. 通过菜单命令创建切片

在"图层"面板中选择某个图层后，选择【图层】/【新建基于图层的切片】菜单命令将基于该图层创建切片，该切片会包含所选图层中的所有像素。

 实战 使用多种方式创建切片

 知识要点：切片工具、"新建基于图层的切片"命令

 配套资源：素材文件\第15章\网站首页.psd 效果文件\第15章\首页切片.psd

扫码看视频

操作步骤

1 打开"网站首页.psd"素材文件，选择【视图】/【标尺】菜单命令显示标尺，再从标尺上拖曳参考线，如图15-8所示。

图15-8

2 选择"切片工具" ，在其工具属性栏中单击 基于参考线的切片 按钮，从参考线划分的区域创建切片，效果如图15-9所示。

图15-9

3 在"切片工具" 属性栏的"样式"下拉列表框中选择"正常"选项，在左上角标志、右上角菜单栏、下方介绍板块分别拖曳鼠标绘制切片，效果如图15-10所示。

图15-10

4 在"图层"面板中选择"宠物"图层，选择【图层】/【新建基于图层的切片】菜单命令，将所选图层创建为切片，效果如图15-11所示。

图15-11

5 按【Ctrl+Shift+S】组合键保存文件，并设置文件名为"首页切片"，完成本例的制作。

15.3 编辑切片

若对绘制的切片不满意，可以对切片进行编辑。切片的常用编辑方法有选择切片、移动与调整切片、划分与组合切片、转换切片、设置切片选项、复制与删除切片、优化与输出切片等。

15.3.1 选择、移动与调整切片

在完成切片绘制后，设计人员可使用"切片选择工具" 对切片进行选择，进一步进行移动或调整。

"切片选择工具" 主要用于选择切片、调整切片堆叠顺序、对齐与分布切片等，其工具属性栏如图15-12所示。

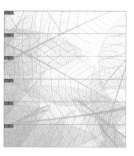 图15-12

● 调整切片堆叠顺序：创建切片后，最后创建的切片将处于堆叠顺序的最高层。若想调整切片的位置，可单击 、 、 、 这4个按钮。

● 提升：单击 按钮，可以将所选的自动切片或图层切片提升为用户切片。

● 划分：单击 按钮，将打开"划分切片"对话框，在该对话框中可对所选的切片进行划分。

● 对齐与分布切片：选择多个切片后，可单击相应按钮来对齐或分布切片。

● 隐藏自动切片：单击 隐藏自动切片 按钮，将隐藏自动切片。

● 为当前切片设置选项：单击 按钮，将打开"切片选项"对话框，在其中可设置名称、类型和URL等。

在工具箱中选择"切片选择工具" 后，可以使用以下方法对切片进行选择、移动与调整。

● 选择切片。在图像中单击需要选择的切片，即可将单击的切片选中。按住【Shift】键不放，同时单击多个切片可将它们一并选中。

● 移动切片。选择切片后，按住鼠标左键不放进行拖曳，即可移动所选的切片。

● 调整切片。选择切片后，将鼠标指针移动到切片四周，此时鼠标指针变为 形状，按住鼠标左键不放进行拖动，可调整切片的大小。其原理与调整选区大小相同。

15.3.2 划分与组合切片

当网页中的图像平均分布时，设计人员可以通过划分切片的方法来均匀划分切片。

1. 划分切片

选择需要被划分的切片，在"切片选择工具" 属性栏中单击 按钮，或者单击鼠标右键，在弹出的快捷菜单中选择【划分切片】命令，打开图15-13所示"划分切片"对话框。

图15-13

● 水平划分为：用于设置水平方向的划分切片。图15-14所示即为均匀分隔的6个纵向切片。

● 垂直划分为：用于设置垂直方向的划分切片。图15-15所示即为均匀分隔的4个横向切片。

图15-14   图15-15

● 设置划分数量：选中"××个纵向切片，均匀划分"单选按钮或"××个横向切片，均匀划分"单选按钮，并在文本框中输入一定的数值，可将所选切片划分为该数值个数的切片；选中"××像素/切片"单选按钮，并在文本框中输入一定的数值，可基于指定数值划分切片，若按该数值无法均匀划分，则会自动将剩余部分划分为另一个切片。

2. 组合切片

组合切片可以通过连接切片的边缘来创建矩形切片，在创建时还可确定所生成切片的尺寸和位置。先选择两个或两个以上的切片，再单击鼠标右键，在弹出的快捷菜单中选择【组合切片】命令，即可将多个切片组合为一个切片，如图15-16所示。

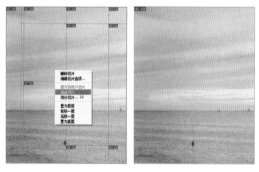

图15-16

15.3.3 转换切片

要对自动切片进行更加细致的设置，就必须先将自动切片转换为用户切片。转换切片的方法主要有以下两种。

● 通过按钮转换。选择需要转换的切片，在"切片选择工具" 的工具属性栏中单击 按钮，可将所选的自动切片转换为用户切片。

● 通过命令转换。在需要转换的切片上单击鼠标右键，在弹出的快捷菜单中选择【提升到用户切片】命令，即可将自动切片转换为用户切片。

15.3.4 设置切片选项

将自动切片转换为用户切片后，可以进行切片选项的设置。在"切片选择工具" ![icon]的工具属性栏中单击▤按钮，或者在需要设置的切片上单击鼠标右键，在弹出的快捷菜单中选择【编辑切片选项】命令，即可打开"切片选项"对话框，如图15-17所示。

图15-17

● 切片类型：用于指定在与HTML文件一起导出时，切片数据在浏览器中的显示方式。"图像"类型切片包含图像数据，该类型是默认的类型；"无图像"类型切片允许创建可在其中填充文本或纯色的空白单元格，可以在"无图像"切片中输入HTML文本，但不会被导出为图像，且无法在浏览器中预览；"表"类型切片导出时将作为嵌套表写入HTML文本文件中。

● 名称：用于设置切片的名称。

● URL：用于设置切片链接的Web地址。单击该切片时，浏览器会导航到指定的URL和目标框架。

● 目标：用于设置目标框架的名称。

● 信息文本：用于指定哪些信息出现在浏览器中。

● Alt 标记：用于指定选定切片的Alt标记。Alt文本的出现将取代非图形浏览器中的切片图像。Alt文本还会在图像下载过程中取代图像，并在一些浏览器中作为工具提示出现。

● 尺寸："X"和"Y"文本框用于设置切片的位置，"W"和"H"文本框用于设置切片的大小。

● 切片背景类型：用于选择背景色来填充透明区域（适

用于"图像"类型切片）或整个区域（适用于"无图像"类型切片）。

15.3.5 复制切片

使用"切片选择工具" ![icon]选择切片，再按【Alt】键，当鼠标指针变为![icon]形状时单击鼠标左键并拖曳鼠标，即可复制并粘贴切片，如图15-18所示。

图15-18

15.3.6 删除切片

若绘制过程中出现了多余的切片，可以将它们删除。在Photoshop CC中有以下3种删除切片的方法。

● 使用快捷键删除。选择切片后，按【Delete】键或【Backspace】键，即可删除所选的切片。

● 使用命令删除。选择切片后，选择【视图】/【清除切片】菜单命令，即可删除所有的用户切片和图层切片。

● 使用鼠标右键删除。选择切片后，在其上单击鼠标右键，在弹出的快捷菜单中选择【删除切片】命令，即可删除所选的切片。

15.3.7 优化与输出切片

当创建并完成切片的编辑后，还需对切片后的图像进行优化操作。网页中图片的格式一般为GIF、JPEG或PNG格式，设计人员可根据不同的需求对切片后的图像进行优化和输出操作。

1. 存储为Web所用格式

将图像优化变小后可以让网页浏览者更快地下载图像。选择【文件】/【导出】/【存储为Web所用格式】菜单命令，打开"存储为Web所用格式"对话框，如图15-19所示。

● 显示选项：单击"原稿"选项卡，可在窗口中显示没有优化的图像；单击"优化"选项卡，可在窗口中显示优化后的图像；单击"双联"选项卡，可并排显示优化前和优化后的图像；单击"四联"选项卡，可并排显示图像的4个版本，每个图像下面都提供了优化信息，如优化格式、文件大小、图像估计下载时间等，以方便进行比较。

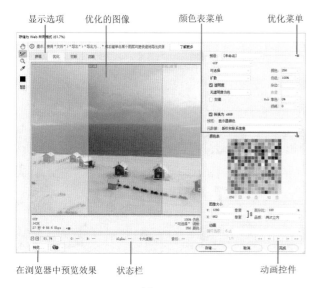

图15-19

● "抓手工具"🖐：选择该工具后，使用鼠标拖曳图像可移动并查看图像。

● "切片选择工具"🔪：当图像中包含多个切片时，可使用该工具选择切片，并对其进行优化。

● "缩放工具"🔍：选择该工具后，单击可放大图像显示比例。按【Alt】键单击则可缩小显示比例。

● "吸管工具"🖊：选择该工具后，可吸取单击处的颜色。

● 吸管颜色：用于显示吸管工具吸取的颜色。

● 切换切片可视性：单击▣按钮，可显示或隐藏切片的定界框。

● 优化菜单：在其中可进行如存储设置、链接切片、编辑输出设置等操作。

● 颜色表菜单：在其中可进行与颜色相关的操作，如新建颜色、删除颜色和对颜色进行排序等。

● 颜色表：在对图像格式进行优化时，可在"颜色表"中对图像颜色进行优化设置。

● 图像大小：将图像大小调整为指定的像素尺寸或原稿大小的百分比。

● 状态栏：显示鼠标指针所在位置的颜色信息。

● 在浏览器中预览菜单：单击💿按钮，将在打开的浏览器中显示图像的题注。

2. Web图形优化选项

在"存储为Web所用格式"对话框中选择需要优化的切片后，在右侧的"文件格式"下拉列表框 `GIF` 中可以选择一种文件格式，然后更加细致地对切片进行优化。

● GIF和PNG-8格式：GIF常用于压缩具有单色调或细节清晰的图像，它是一种无损压缩格式；PNG-8格式与GIF格式的特点相同，选项也基本相同，如图15-20所示。

图15-20

● JPEG格式：JPEG格式可以压缩颜色丰富的图像，将图像优化为JPEG格式时会使用有损压缩。图15-21所示为JPEG格式的优化选项。

图15-21

● PNG-24格式：PNG-24格式适合压缩连续色调的图像，它可以保留多达256个透明度级别，但文件体积超过JPEG格式。图15-22所示为PNG-24格式的优化选项，其优化选项的作用和前面几种格式相同。

图15-22

● WBMP格式：WBMP格式适合优化移动设备的图像。

3. Web图形的输出设置

在"存储为Web所用格式"对话框中单击"优化菜单"按钮▾☰，在弹出的下拉菜单中选择【编辑输出设置】命令，打开"输出设置"对话框，在其中可设置HTML文件的格式、命令文件和切片等属性，如图15-23所示。

设置完成后，返回"存储为Web所用格式"对话框，单击 `存储…` 按钮，打开"将优化结果存储为"对话框，在"格式"下拉列表框中选择一种格式，如"HTML和图像""仅限图像""仅限 HTML"，并设置存储的文件名和位置，然后单击 保存(S) 按钮，如图15-24所示。

图15-23

图15-24

范例 对店铺首页进行切片

知识要点 创建切片、编辑切片

配套资源 素材文件\第15章\坚果首页.jpg
效果文件\第15章\坚果首页.html、images

扫码看视频

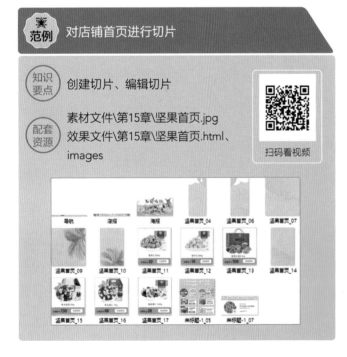

范例说明

本例将对店铺首页图像进行切片处理，以方便后期装修店铺时使用。在切片过程中，设计人员需要掌握不同尺寸图像的切片方法，以及切片命名的方法；完成后还要对切片进行存储输出。

操作步骤

1 打开"坚果首页.jpg"素材文件，选择【视图】/【标尺】菜单命令（或按【Ctrl+R】组合键）显示标尺，然后从标尺左侧和顶端拖曳创建参考线，设置切片区域，如图15-25所示。

图15-25

2 选择"切片工具" ，在店招的左上角单击鼠标左键，然后按住鼠标左键不放，沿着参考线拖曳到右侧的目标位置后释放鼠标左键，创建的切片将以黄色线框显示，并在左上角显示蓝色的切片序号"01"，如图15-26所示。

图15-26

3 在切片区域单击鼠标右键，在弹出的快捷菜单中选择【编辑切片选项】命令，如图15-27所示。

图15-27

4 打开"切片选项"对话框，在"名称"文本框中设置切片名称，这里输入"店招"，在"尺寸"栏中可查看切片的尺寸，然后单击 确定 按钮，如图15-28所示。

图15-28

5 对下方的导航条进行切片，切片完成后调整切片的位置，并将其"名称"设置为"导航"，如图15-29所示。

图15-31

8 在图像最下方的商品展示栏上单击鼠标右键，在弹出的快捷菜单中选择【划分切片】命令，打开"划分切片"对话框，勾选"水平划分为"和"垂直划分为"复选框，并分别在其下方的文本框中输入"2"和"3"，然后单击 确定 按钮，如图15-32所示。

图15-29

图15-32

9 返回图像编辑区，可发现切片的区域已平均切分为6份，效果如图15-33所示。

6 对图像中的海报进行切片，并命名为"海报"。注意切片时应尽可能保证图像的完整，不要使图像断开，切片效果如图15-30所示。

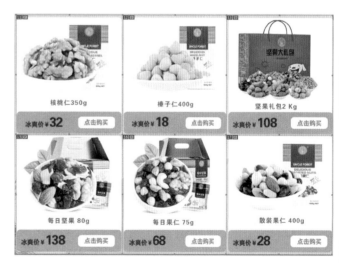

图15-33

图15-30

7 使用"切片工具" ，沿着参考线对其他区域进行切片，切片效果如图15-31所示。

10 选择"切片选择工具" ，在其工具属性栏中单击 隐藏自动切片 按钮，隐藏自动切片的显示，再按【Ctrl+;】组合键隐藏参考线。此时，图像中只显示了蓝色和红色的切片线。可查看切片是否对齐，若没对齐则拖曳切片边框线进行调整，效果如图15-34所示。

图15-34

11 选择【文件】/【导出】/【存储为 Web 所用格式】菜单命令，打开"存储为Web所用格式"对话框，单击 存储... 按钮，打开"将优化结果存储为"对话框，选择文件的存储位置，并在"格式"下拉列表框中选择"HTML和图像"选项，然后单击 保存(S) 按钮，如图15-35所示。

图15-35

12 打开存储文件的文件夹，可看到"坚果首页.html"网页和"images"文件夹，双击"images"文件夹，在打开的窗口中可查看切片后的效果，如图15-36所示。

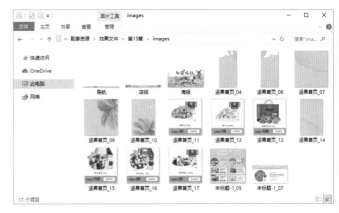

图15-36

15.4 画板

在设计工作中，Web或UX设计人员常常需要设计适合多种设备的网站或应用程序页面，使用Photoshop CC中的画板功能有助于简化这一设计过程。该画板提供了一个无限画布，设计人员可以在此画布上进行适合不同设备和屏幕的页面设计。创建画板时可从各种预设大小中进行选取，也可自定义画板尺寸。

15.4.1 画板的用途

在进行网页设计或移动设备界面设计时，设计人员一般需要为不同的显示屏幕提供不同尺寸的设计稿。而在Photoshop CC的图像窗口中，只有画布区域能够显示图像。位于画布之外的区域为暂存区域，无法显示和打印图像，并且在存储不支持图层的文件格式时（如JPEG格式），暂存区域的图像还会被删除，这就造成一个图像文件只能存储一个设计稿的情况。图15-37所示即为存放于3个图像文件中针对同一个App的界面设计。

画板可以突破上述这种限制，它能在原有画布之外创建出新的画布。图15-38所示为在一个图像文件中创建了3个画布，同时进行App界面设计。

53.81%　　　　　　53.81%　　　　　　53.37%

图15-37

图15-38

画板可以将任何所含元素的内容剪切到其边界中，它相当于一种特殊类型的图层组。画板中元素的层次结构显示在"图层"面板中，其中还有图层和图层组，如图15-39所示。一个画板下可以包含图层和图层组，但不能包含其他画板。

图15-39

从外观上看，画板可充当文档中的单个画布。文档中未包含在画板中的任何图层会在"图层"顶部进行编组，并保持未被任何画板剪切的状态。

15.4.2　创建画板

在Photoshop CC中，设计人员可以在未打开图像文件的情况下创建画板，也可以基于所打开图像文件中的图层和图层组创建画板，还可以在已有的画板旁边添加新的画板。

1．新建包含画板的图像文件

启动Photoshop CC 2020，选择【文件】/【新建】菜单命令，打开"新建"对话框，在其中设置文件的名称和大小，并勾选"画板"复选框，如图15-40所示。单击 创建 按钮后，将直接创建包含画板的图像文件，如图15-41所示。

图15-40　　　　　　　　　图15-41

在新建图像文件时，还可以单击"Web"选项卡或"移动设备"选项卡，其中拥有37个画板大小的预设，如图15-42所示。

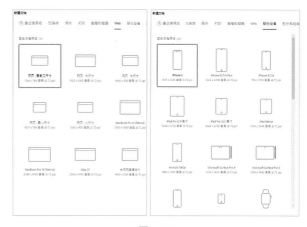

图15-42

2．在图像文件中添加画板

如果已经存在图像文件，则可以将图像文件中的图层和图层组快速转换为画板或添加空白画板。

● 新建画板。选择【图层】/【新建】/【画板】菜单命令，打开图15-43所示"新建画板"对话框，"将画板设置为预设"下拉列表框中提供了iPhone、Android、iPad、Mac、网页、应用程序图标等多种常用尺寸，设置好画板的名称和大小后，单击 确定 按钮，即可创建画板。

图15-43

技巧

通过【图层】/【新建】/【画板】菜单命令新建画板时，若未选中任何图层或图层组，则创建的画板默认将包含所有图层和图层组；若选择了图层或图层组，则创建的画板默认将包含所选内容及其下方的所有图层和图层组。

● 新建来自图层的画板。选择所有需要创建为画板的图层，选择【图层】/【新建】/【来自图层的画板】菜单命令，即可基于所选图层创建画板，如图15-44所示。

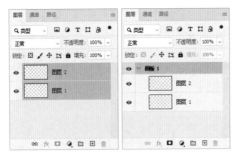

图15-44

● 新建来自图层组的画板。选择一个需要创建为画板的图层组，选择【图层】/【新建】/【来自图层组的画板】菜单命令，即可基于所选图层组创建画板，如图15-45所示。默认情况下，通过这种方式创建的画板名称与图层组名称相同。

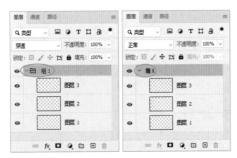

图15-45

● 添加新画板。选择"画板工具" ，在其工具属性栏中单击"添加新画板"按钮 即可创建画板。当已存在画

板时，在"图层"面板中选择该画板后，再选择"画板工具" ，画板四周将出现4个 图标，单击某一方向的 图标，即可在相应位置添加新画板，如图15-46所示。

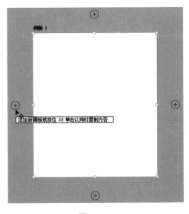

图15-46

技巧

按住【Alt】键不放，同时单击 图标，可复制并粘贴原画板的内容，从而添加新画板。

15.4.3 调整画板位置与大小

在"图层"面板中选择需要调整的画板后，选择"画板工具" ，在图像编辑区中单击画板并拖曳鼠标，可自由移动画板。

如果想要精确定位画板的位置，可选中画板，选择【窗口】/【属性】菜单命令，打开图15-47所示"画板"属性面板，在其中设置"X"和"Y"参数调整画板的水平位置和垂直位置，设置"W"和"H"参数修改画板的宽度和高度。

图15-47

15.4.4 删除画板

画板可以像图层组一样被解散或删除。在"图层"面板中选择需要删除的画板后，可以通过以下方式将其删除。

● 删除画板及其包含的内容。在"图层"面板中使用鼠标右键单击画板，在弹出的快捷菜单中选择【删除画板】命令。

● 仅删除画板。选择【图层】/【取消画板编组】菜单命令，按【Ctrl+Shift+G】组合键，或者在"图层"面板中使用鼠标右键单击画板，在弹出的快捷菜单中选择【取消画板编组】命令，即可删除画板，同时解散并保留其中的图层和图层组。

15.4.5　导出画板为单独的文件

在"图层"面板中选择画板后，选择【文件】/【导出】/【画板至文件】菜单命令，打开图15-48所示"画板至文件"对话框，在其中进行相应的设置后，单击 运行 按钮，即可导出画板为单独的文件。

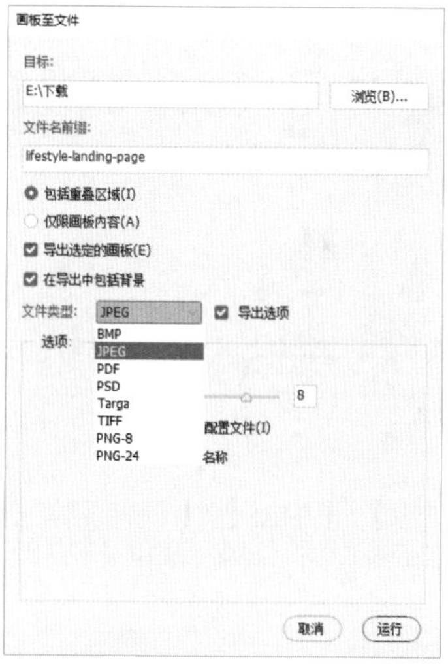

图15-48

● 包括重叠区域/仅限画板内容：它们决定了导出画板为文件时，是包括重叠区域还是只导出画板内容。

● 导出选定的画板：勾选该复选框，将只导出所选画板；取消勾选该复选框，将导出所有画板。

● 在导出中包括背景：用于指定是否要随画板一起导出画板背景。

● 文件类型：用于选择要导出的文件类型，其包括BMP、JPEG、PDF、PSD、Targa、TIFF、PNG-8和PNG-24这8种文件类型。

● 导出选项：勾选该复选框，可在下方"选项"栏中进行更多的格式设置。例如，若在"文件类型"下拉列表框中选择"JPEG"选项，则可设置图像品质；若选择"TIFF"选项，则可设置文件是否进行压缩等。

15.4.6　导出画板为PDF文档

在"图层"面板中选择画板后，选择【文件】/【导出】/【将画板导出到PDF】菜单命令，打开图15-49所示"将画板导出到PDF"对话框，在其中进行相应的设置后，单击 运行 按钮，即可导出画板为PDF文档。

图15-49

● 多页面文档/依照画板的文档：指定是否要为当前文档中的所有画板生成单个PDF文档，还是为每个画板生成一个PDF文档。若选中"多页面文档"单选按钮，则所有这些文档都将使用之前指定的文件名前缀。

● 编码：为导出的PDF文档指定ZIP或JPEG的编码方式。若选中"JPEG"单选按钮，则还要设置"品质"参数（0~12）。

● 包含ICC配置文件：用于指定是否要在导出的PDF文档中包含国际色彩联盟（ICC）配置文件。ICC配置文件包含能够区分色彩输入或输出设备的数据。

● 包含画板名称：用于指定是否要随导出的画板一起导出画板名称。勾选该复选框，设计人员可以自定义字体、字体大小、字体颜色和画布扩展颜色。

● 反转页面顺序：勾选该复选框，可以反转调整页面的排列顺序。

学习笔记

15.5 导出图层与文件

Photoshop CC支持大部分常见格式，可以将PSD文件、画板、图层和图层组导出为JPEG、PNG、GIF或SVG等格式的图像资源，这些图像资源适用范围涵盖平面设计、包装设计、三维设计、Web设计、摄影等领域。

15.5.1 从PSD文件中生成图像资源

从PSD文件中生成图像资源对多设备Web设计来说尤其有用。JPEG、PNG或GIF图像资源可以从PSD文件中生成，将受支持的图像格式扩展添加到图层名称或图层组名称时，会自动生成资源。

1. 从一个图层或图层组生成多个资源

如果要从一个图层或图层组生成多个资源，可用半角逗号"，"分隔资源名称。例如，以"图层_3.jpg，图层_3b.png，图层_3c.png"这一名称重命名图层，可以生成3个资源。

2. 指定品质大小和参数

默认情况下，JPEG资源会以90%品质生成，PNG资源会以32位图像生成，GIF资源会以基本Alpha透明度生成。当重命名图层或图层组以便为资源生成做准备时，可以自定品质和大小。

● JPEG资源的参数。添加所需的输出品质作为该资源名称后缀，其格式为.jpg1 ~ .jpg10或.jpg1% ~ .jpg100%，如"图层.jpg5""图层.jpg50%"。添加所需的输出图像大小（相对大小或以支持的格式：px、in、cm 和 mm）作为该资源名称前缀，Photoshop 会相应地缩放图像，如"200% 图层.jpg""300×200 图层.jpg"。

● PNG资源的参数。添加所需的输出品质作为该资源名称后缀，其格式为.png8、.png24 或 .png32，如"图层.png24"。添加所需的输出图像大小（相对大小或以支持的格式：px、in、cm 和 mm）作为该资源名称前缀，Photoshop 会相应地缩放图像，如"42% 图层.png""300mm×20cm 图层.png"。

● GIF资源的参数。添加所需的输出图像大小（相对大小或以支持的格式：px、in、cm 和 mm）作为该资源名称前缀，如"42% 图层.gif""300mm×20cm 图层.gif"。

需要注意的是，一定要在前缀和资源名称之间添加一个空格字符。

3. 构建复杂图层名称

生成图像资源时，可使用参数指定多个资源名称。例如，若重命名为"100×100 图层_2.jpg90%，42% 图层.png24，250% 图层.gif"这一名称，Photoshop将从该图层生成以下3个资源：图层.jpg（100像素×100像素绝对大小的90%品质JPG图像）、图层.png（缩放42%的24位PNG图像）、图层.gif（缩放250%的GIF图像）。

实战 生成多种格式的图像资源

知识要点 从PSD文件中生成图像资源

配套资源 素材文件\第15章\生成图像资源.psd
效果文件\第15章\生成图像资源.psd、
生成图像资源-assets

扫码看视频

📋 操作步骤

1 打开"生成图像资源.psd"素材文件，如图15-50所示。

图15-50

2 选择【文件】/【生成】/【图像资源】菜单命令，使该命令呈选中状态，如图15-51所示。

图15-51

3 在"图层"面板中修改需要生成图像资源的图层和图层组的名称，对其添加文件格式扩展名。这里可双击"场景1"图层组名称，将其重命名为"场景1.jpg"，继续重命名"树2"图层为"树2.gif"、重命名"女2"图层为"女2.png"、重命名"男2"图层为"男2.png"，如图15-52所示。需要注意的是，图层名称不支持特殊字符"/""、"":"""*"。

图15-52

4 完成添加文件格式扩展名的操作后，将生成"生成图像资源-assets"文件夹，Photoshop CC会将该文件夹与源PSD文件保存在同一个子文件夹中，如图15-53所示。"生成图像资源-assets"文件夹中将包含与上一步设置的文件格式扩展名相对应格式的文件，如图15-54所示。需要注意的是，若源PSD文件尚未保存，则生成的图像资源会保存在计算机系统桌面上的新文件夹中。

图15-53　　　　　图15-54

15.5.2　导出并微调图像资源

在将PSD文件、画板、图层和图层组导出为图像资源时，如果需要微调设置，可以选择【文件】/【导出】/【导出为】菜单命令，打开图15-55所示"导出为"对话框。

图15-55

● 文件设置：用于选择将文件导出为PNG、JPG、GIF或SVG格式。

● 图像大小：用于设置图像的宽度、高度和缩放比例以及重新采样的方式。

● 画布大小：用于设置图像所占据的画布大小。

● 元数据：用于指定是否要将元数据（版权和联系信息）嵌入导出的文件中。

● 色彩空间：用于设置是否要将导出的文件转换为sRGB色彩空间，以及是否要将颜色配置文件嵌入所导出的文件中。

15.5.3　快速导出PNG

PNG文件格式具有体积小、传输速度快、支持透明背景的特点，并且该格式采用无损压缩方式，不会降低导出后的图像质量。

选择【文件】/【导出】/【快速导出为PNG】菜单命令或【图层】/【快速导出为PNG】菜单命令，可将图像文件或其中所有的画板导出为PNG文件。

15.5.4　复制CSS

复制CSS是指从形状或文字图层中生成级联样式表（CSS）属性。这是一种用于表现HTML（标准通用标记语言的应用）或XML（标准通用标记语言的子集）等文件样式的计算机语言，它会捕获图像的大小、位置、填充颜色、描边颜色和投影等参数。

选择【图层】/【复制CSS】菜单命令，或者在"图层"面板中使用鼠标右键单击图层，在弹出的快捷菜单中选择【复制CSS】命令，即可复制CSS。

15.5.5　复制SVG

SVG是一种用XML定义的语言，它用来描述矢量图形，是可交互的和动态的。SVG图形在放大或改变尺寸的情况下，其图形质量不会有所损失。复制SVG是指直接将复杂的图形生成代码显示，便于添加到HTML中通过浏览器来观看。

选择【图层】/【复制SVG】菜单命令，或者在"图层"面板中使用鼠标右键单击图层，在弹出的快捷菜单中选择【复制SVG】命令，即可复制SVG。

15.6　综合实训：制作家居网站首页

网站首页的视觉效果在很大程度上决定着浏览者对网站的整体印象，一个优秀的首页界面更容易赢得浏览者的好感。一般来说，完整的首页界面主要分为Logo、导航、Banner、相关版块和页尾5个部分。

15.6.1　实训要求

"梦想家"家居网站是一个时尚家居平台，其倡导创意家居设计，目标用户为二线及二线以上城市的众多年轻人，这些用户往往习惯享受快捷、方便的服务。现需制作"梦想家"家居网站的首页界面，要求不但要体现家居网站的特色，还要展现展品的美观度和实用性，首页整体效果应简洁、美观，符合年轻人的审美喜好。尺寸要求为1920像素×3200像素。

15.6.2　实训思路

（1）本例家居网站首页中的文案主要需对企业相关信息进行介绍，如公司介绍、业务介绍、精选展品介绍等，字体风格应干净、利落。

（2）设计时可采用顶部Banner+栅格布局，将首页界面分为导航、Banner、相关版块和页尾4个部分，将Logo置于导航栏，然后分别对各个部分的内容进行设计。

（3）家居网站主要针对年轻用户，其色彩以灰色为主色、以蓝色和黄色为辅助色，整个效果简洁、自然。

（4）结合本章所学的切片、画板、文件的导出等相关知识，在符合网页尺寸的画板中进行制作，并导出文件，生成Web图像切片。

本例完成后的参考效果如图15-56所示。

图15-56

15.6.3　制作要点

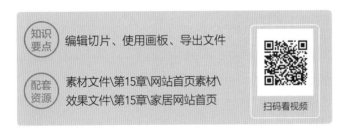

| 知识要点 | 编辑切片、使用画板、导出文件 |
| 配套资源 | 素材文件\第15章\网站首页素材\ 效果文件\第15章\家居网站首页 |

扫码看视频

完成本例主要包括制作界面、导出界面、生成切片3个部分，主要操作步骤如下。

1 新建Photoshop预设的"网页-大尺寸"文档，设置"名称"为"家居网站首页界面"，显示标尺并添加参考线，划分出导航栏板块。

2 使用"矩形工具" ▭ 在图像编辑区顶部绘制一个灰色矩形和一个白色矩形，可为白色矩形添加"投影"图层样式。置入"家居网站Logo.png"素材文件，将其拖曳到白色矩形上，使用"横排文字工具" T 输入图15-57所示文字，设置字体和颜色，调整其大小和位置。然后在"梦想家家居"文字下方绘制灰色矩形作为装饰。

图15-57

3 打开"图像素材.psd"素材文件，将其中的图标拖曳到"家居网站首页界面.psd"图像文件中的右上方，输入"介绍.txt"素材文件中对应的内容，设置字体和颜色，调整其大小和位置，效果如图15-58所示。

图15-58

4 使用"矩形工具" ▭ 绘制1920像素×800像素的矩形，作为Banner版块。打开"图像素材.psd"素材文件，将素材图片拖曳到绘制的矩形中，创建剪贴蒙版，复制矩形并将其移动到素材图片的上方，然后设置复制后矩形的不透明度为"40%"，创建剪贴蒙版。

5 输入"介绍.txt"素材文件中对应的内容，设置字体和颜色，调整其大小和位置。在"点击查看"文字下方绘制灰色矩形作为按钮，效果如图15-59所示。

图15-59

6 若发现画板尺寸不足，可使用"画板工具" 加长画板尺寸。准备制作"精选展现"版块，分别绘制1300像素×700像素、1100像素×700像素、210像素×700像素的矩形。将"图像素材.psd"素材文件中的素材图片拖曳到矩形上方，调整其大小和位置，创建剪贴蒙版。

7 输入"ELEGANT ART"文字，设置字体和颜色，调整其大小和位置，使其穿插在版面中作为装饰，效果如图15-60所示。输入"介绍.txt"素材文件中对应的内容，设置字体和颜色，调整其大小和位置。

图15-60

8 在图像编辑区底部绘制1920像素×500像素的矩形，作为页尾版块。输入"介绍.txt"素材文件中对应的内容，设置字体和颜色，调整其大小和位置。再使用"直线工具" 在文字之间绘制4条竖线，效果如图15-61所示。

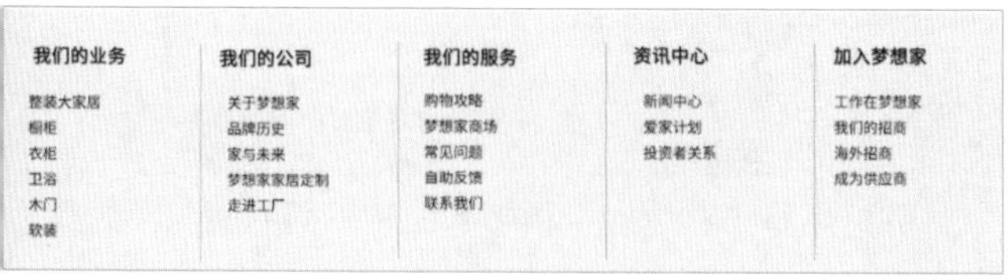

图15-61

9 拖曳参考线划分出导航栏、Banner、"精选展现"版块和页尾，基于参考线创建切片。

10 隐藏参考线，使用"切片工具" 将导航栏区域垂直划分为4个切片，将Banner区域垂直划分为3个切片。使用"划分切片"命令，对"精选展现"版块和页尾进行合理的均匀划分，效果如图15-62所示。

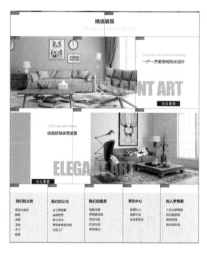

图15-62

11 使用"存储为Web所用格式"命令将切片存储为JPEG格式文件，生成"家居网站首页界面.html"网页和图15-63所示"images"文件夹。

图15-63

12 将导航栏、Banner、"精选展现"和页尾版块的所有图层分别编为"导航栏""Banner""精选展现""页尾"图层组。使用"图像资源"命令，添加文件扩展名，将每个图层组转换为JPG图像资源，将生成"生成图像资源-assets"文件夹，如图15-64所示。然后按【Ctrl+S】组合键保存文件。

图15-64

巩固练习

1. 为料理机海报切片

由于料理机海报主要在店铺首页以小横屏的方式展示，因此本练习要求为料理机海报进行横向切片，保证每张切片图像都是完整的整体，参考效果如图15-65所示。

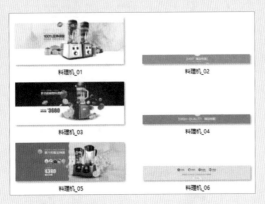

图15-65

> 配套资源　素材文件\第15章\巩固练习\料理机.gif
> 效果文件\第15章\巩固练习\料理机

2. 生成图像资源

本练习将打开"配色网页.psd"素材文件，为其中的所有"色卡"图层生成品质为100%的JPEG格式图像资源，为"图标"图层和"联系"图层生成32位品质的PNG格式图像资源，为网页底部的水花图像生成GIF格式的图像资源，参考效果如图15-66所示。

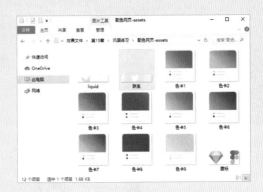

图15-66

> 配套资源　素材文件\第15章\巩固练习\配色网页.psd
> 效果文件\第15章\巩固练习\配色网页.psd、
> 配色网页-assets

技能提升

网页设计中的色彩搭配并不是随心所欲的，而是需要遵循一定的方式。下面介绍网页设计中常见的4种色彩搭配。

1. 冷暖色搭配

冷暖色是指色彩心理上的冷暖感觉，而色彩的冷暖感觉是人们在生活体验中由联想而形成的。如暖色（红、橙、黄、棕）一般会让人联想到火焰、太阳等事物，因而会给人一种温暖、阳光和活力的感觉；而冷色（绿、青、蓝、紫）一般会让人联想到冰雪、蓝天等事物，因而会给人一种凉爽、开阔和静谧的感觉。冷暖色搭配可使界面更加有层次感，能表达不同的意境和情绪。

2. 邻近色搭配

邻近色是指在色环上相邻的两种不同的颜色，如红色和橙色、紫色和红色等都属于邻近色。邻近色搭配可以让整个色彩氛围变得舒适、平稳、和谐。

3. 对比色搭配

对比色是指色相环中夹角在120°～180°之间的两种颜色，如蓝色和红色、绿色和蓝色等。对比色搭配可以使整个色彩氛围更加鲜明，给用户留下深刻的印象。

4. 中间色搭配

中间色多指黑、白、灰。黑、白、灰的搭配不但可以使设计效果简洁、美观，还可以使色彩氛围更具时尚感。

自动化处理与
输出图像

📖 本章导读

在Photoshop CC中，自动化处理是指使用动作或批处理功能快速对多个图像执行重复的操作，从而提高图像处理效率的一种技术手段。完成图像的处理与编辑后，若计算机连接了打印机，还可按照需求将图层、选区或文件输出到纸张上，以便于传阅、装订成册或张贴。

🎯 知识目标

＜ 掌握动作和批处理的方法
＜ 了解脚本和数据驱动图形
＜ 掌握图像的印刷与打印

🏆 能力目标

＜ 录制与应用滤镜动作组
＜ 使用批处理为图像统一添加边框
＜ 使用变量和数据组创建多版本图像
＜ 打印在Photoshop中设计的个人名片

💟 情感目标

＜ 提升图像批处理能力
＜ 熟悉图像印刷流程

16.1　动作

动作是Photoshop CC中的一大特色功能，它会将不同的操作、命令及命令参数记录下来，以一个可执行文件的形式存在，供用户对其他图像执行相同操作时使用。通过动作功能可以快速地对不同的图像进行相同的处理，极大地简化了重复性操作。

16.1.1　认识"动作"面板

"动作"面板可以用于创建、播放、修改和删除动作。选择【窗口】/【动作】菜单命令（或按【Alt+F9】组合键），打开图16-1所示"动作"面板。在处理图像的过程中，每一步操作都可视为一个动作，如果将若干操作放到一起，就形成了一个动作组。单击 》 按钮可以展开动作组或动作，同时该按钮将变为向下的 ∨ 按钮，再次单击该按钮即可恢复原状。

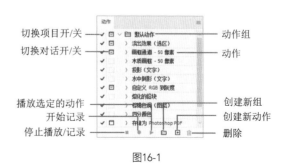

图16-1

● 切换项目开/关：当动作组、动作和命令前显示✔图标时，表示这些动作可以执行。若没有该图标，则不可被执行。

● 切换对话开/关：若显示🗂图标，表示执行到开关命令时，将暂停并打开对应的对话框，用户可在该对话框中进行设置。单击 确定 按钮，动作将继续往后执行。

● 播放选定的动作：单击▶按钮，将播放当前动作或动作组。

● 开始记录：单击●按钮，开始记录新动作。

● 停止播放/记录：单击■按钮，将停止播放动作或停止记录动作。

● 动作组：动作组是一系列动作的集合。

● 动作：动作是一系列命令的集合。

● 创建新组：单击▢按钮，可创建新的动作组。

● 创建新动作：单击⊞按钮，可创建一个新动作。

● 删除：单击🗑按钮，可删除当前动作或动作组。

16.1.2　录制与应用动作

Photoshop CC的"动作"面板中预置了命令、图像效果和任务处理等若干动作和动作组，用户可直接使用它们，也可根据需要创建新的动作。录制后的动作会被存储在系统中，用户在"动作"面板中可以查看到。

打开准备处理的图像文件，在"动作"面板中选择需要的动作或动作组，然后单击▶按钮即可应用动作或动作组。

实战　录制与应用滤镜动作组

知识要点　"动作"面板

配套资源
素材文件\第16章\花朵.jpg、树叶.jpg
效果文件\第16章\花朵绘画.jpg、树叶绘画.jpg

扫码看视频

操作步骤

1 打开"花朵.jpg"素材文件，按【Alt+F9】组合键，打开"动作"面板。单击▢按钮，打开"新建组"对话框，设置"名称"为"滤镜"，如图16-2所示。

图16-2

2 单击 确定 按钮，此时可发现"动作"面板中增加了"滤镜"动作组。单击⊞按钮，打开"新建动作"对话框，设置"名称"为"滤镜库"，如图16-3所示。

3 单击 记录 按钮，开始录制动作，此时"动作"面板中的●按钮会变为红色●，如图16-4所示。

图16-3

图16-4

4 开始录制后，可以依次执行动作需要的操作，这里选择【滤镜】/【滤镜库】菜单命令，打开"滤镜库"对话框，在"艺术效果"选项中选择"绘画涂抹"选项，设置"画笔大小""锐化程度"分别为"4""24"，如图16-5所示。

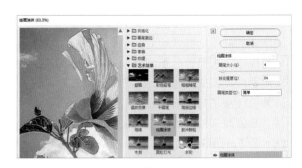

图16-5

5 单击 确定 按钮，此时可发现"动作"面板中的"滤镜库"动作下方增加了动作记录，如图16-6所示。

6 选择【滤镜】/【风格化】/【油画】菜单命令，打开"油画"对话框，设置"描边样式""描边清洁度""缩放""硬毛刷细节"分别为"7.0""4.0""8.0""9.0"，然后单击 确定 按钮，如图16-7所示。

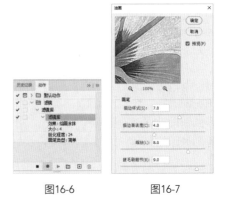

图16-6　　　　　图16-7

7 按【Ctrl+Shift+S】组合键另存文件，然后关闭该文件窗口。单击"动作"面板中的■按钮，完成动作的录制，如图16-8所示。

8 打开"树叶.jpg"素材文件，打开"动作"面板，单击"滤镜"动作组，使"滤镜"动作组下方的动作均显示□图标，如图16-9所示。

图16-8　　　　图16-9

9 单击▶按钮，将播放当前动作组，为"树叶.jpg"素材文件执行所有的滤镜、存储和关闭操作。经过动作处理后的图像效果如图16-10所示。

图16-10

技巧

执行很多动作后，在"历史记录"面板中将生成"快照"，单击快照名称可回到播放动作前的图像效果。

16.1.3　插入菜单项目、路径、命令与停止

在录制动作的过程中可能会遇到菜单命令、路径无法添加的情况，或者动作录制完后想要在某个动作后添加命令或停止，此时可采取插入菜单项目、路径、命令与停止的方式来解决。

1. 插入菜单项目

有些命令无法用动作录制下来，如使用绘画和调色工具、"视图"菜单和"窗口"菜单中的命令等。此时可以在"动作"面板中单击右上角的■■按钮，在弹出的下拉菜单中选择【插入菜单项目】命令，打开图16-11所示"插入菜单项目"对话框，并进行相应的操作，如选择【视图】/【显示】/【网格】菜单命令后，"插入菜单项目"对话框中的"菜单项"右侧将出现"显示：网格"文字，然后单击 确定 按钮可将菜单项目插入动作中，如图6-12所示。

图16-11

图16-12

2. 插入路径

路径虽然无法用动作录制，但可以插入动作中。选取或绘制路径后，单击某个动作命令，再单击右上角的■■按钮，在弹出的下拉菜单中选择【插入路径】命令，即可在所选动作命令之后插入路径；播放动作时会自动创建该路径。图16-13所示为在"羽化"命令后添加工作路径。

图16-13

3. 插入命令

录制动作的过程中，若用户进行了一些误操作造成动作不正确，可通过在动作中插入命令的方法来编辑不正确的动作。选择需要插入命令的动作命令，单击●按钮开始记录动作，再执行需要插入的命令，完成插入命令后，单击■按钮停止录制。图16-14所示为在"填充"命令后再添加一个"黑白"命令。

图16-14

4. 插入停止

插入停止可使动作在播放时自动停止，以便有足够时间手动执行无法录制的动作。选择需要插入停止的命令，在"动作"面板中单击右上角的■■按钮，在弹出的下拉菜单中选择【插入停止】命令，打开"记录停止"对话框，在其中输入提示信息，并勾选"允许继续"复选框，如图16-15所示。然后单击 确定 按钮，即可将"停止"命令插入动作中。

图16-15

16.1.4 修改动作

录制完的动作可能会存在错误，此时无须重新录制，只需对已录制完成的动作进行修改。

1. 修改动作名称

如果需要对动作或动作组的名称进行修改，可在"动作"面板中将其选中后，单击面板右上角的▤按钮，在弹出的下拉菜单中选择【动作选项】或【组选项】命令，在打开的对应选项对话框中进行设置，如图16-16所示。

2. 修改动作参数

在打开某个图像文件的情况下，如果需要修改动作中某个命令的参数，可以双击该命令，在打开的对应命令对话框中修改参数，如图16-17所示。

图16-16   图16-17

3. 修改动作播放速度

有的动作时间太长会导致不能正常播放，这时可为其设置播放速度。单击"动作"面板右上角的▤按钮，在弹出的下拉菜单中选择【回放选项】命令，打开图16-18所示"回放选项"对话框。

图16-18

● 加速：选中"加速"单选按钮，Photoshop CC将以正常速度播放动作。

● 逐步：选中"逐步"单选按钮，动作将完成每条命令并重绘图像，然后进入下一条命令。

● 暂停：选中"暂停"单选按钮，可在其后的文本框中输入Photoshop CC中执行多个命令之间的暂停时间。

16.1.5 修改条件模式

如果动作中有某个操作是将源模式为RGB的图像转换为CMYK模式的图像，而当前处理的图像非RGB模式（如灰度模式等），动作就会出现错误。

为了避免发生这种情况，用户可以在记录动作时，选择【文件】/【自动】/【条件模式更改】菜单命令，打开图16-19所示"条件模式更改"对话框，在"源模式"栏中指定一个或多个模式，并指定需要的目标模式，以便在动作播放的过程中进行转换。

图16-19

16.1.6 复位与替换动作

若对Photoshop CC中的默认动作进行了较大的改动而导致某些动作效果不能实现，可执行"复位动作"命令使动作恢复修改前的状态。单击"动作"面板右上角的▤按钮，在弹出的下拉菜单中选择【复位动作】命令，即可复位动作。

在"动作"面板中选择需要替换的动作，单击面板右上角的▤按钮，在弹出的下拉菜单中选择【替换动作】命令，打开"载入"对话框，选择新的动作，单击 载入(L) 按钮，即可替换为新的动作。替换动作后，"动作"面板中原有的动作将不复存在，并更新为替换后的动作。

16.1.7 重排、复制与删除动作

有时只需要对动作进行很细微的编辑，就能使动作符合需要。对动作常用的简单操作有重排、复制与删除等，其操作方法如下。

● 重排方法：在"动作"面板中可直接将动作或命令拖曳到同一动作或者另一动作的新位置。图16-20所示为将"黑白"动作移动到"填充"命令上方。

图16-20

● 复制方法：选择需要复制的动作或命令，按住【Alt】键不放并将其拖曳到新位置，或将其拖曳到"动作"面板底部的⊞按钮上；或者选择需要复制的动作和命令，单击"动作"面板右上角的▦按钮，在弹出的下拉菜单中选择【复制】命令。

● 删除方法：选择需要删除的动作或命令，将其拖曳到"动作"面板底部的🗑按钮上；或者选择需要删除的动作和命令，单击"动作"面板右上角的▦按钮，在弹出的下拉菜单中选择【删除】命令；若在弹出的下拉菜单中选择【清除全部动作】命令，则将删除所有动作。

16.1.8　存储与载入动作组

为了保证Photoshop中的动作能够正常使用，设计人员可对其进行存储和载入操作，以备不时之需。

1. 存储动作组

若卸载或重新安装Photoshop，将无法使用用户自己创建的动作和动作组。用户可以将动作组保存为单独的文件，以备以后使用。在"动作"面板中选择需要存储的动作组，单击右上角的▦按钮，在弹出的下拉菜单中选择【存储动作】命令，打开"另存为"对话框，设置存放动作文件的目标文件夹、动作名称等，然后单击 保存(S) 按钮，如图16-21所示。

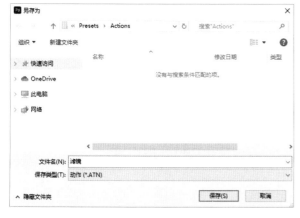

图16-21

2. 载入动作组

单击"动作"面板右上角的▦按钮，在弹出的下拉菜单中选择【载入动作】命令，打开"载入"对话框，选择需要加载的动作文件，然后单击 载入(L) 按钮，如图16-22所示。

图16-22

16.2　批处理

除了使用动作可快速对图像进行处理外，Photoshop CC还提供了一些自动处理图像的功能，如"批处理"命令和快捷批处理程序，使设计人员可以轻松地处理多个图像。

16.2.1　批处理图像

在"动作"面板中，一次只能对一个图像执行动作；如果想对多个图像同时应用某动作，设计人员可通过"批处理"命令完成。打开需要批处理的所有图像文件或将所有文件移动到相同的文件夹中，选择【文件】/【自动】/【批处理】菜单命令，打开"批处理"对话框，如图16-23所示。

图16-23

● 组：用于设置批处理效果的动作组。
● 动作：用于设置批处理效果的动作。
● 源：在"源"下拉列表框中可以指定要处理的文件。

如选择"文件夹"选项，并单击 选择(C)... 按钮，可在打开的对话框中选择一个文件夹，批处理该文件夹中的所有图像文件。

● 覆盖动作中的"打开"命令：勾选"覆盖动作中的'打开'命令"复选框，批处理时将忽略动作中记录的"打开"命令。

● 包含所有子文件夹：勾选"包含所有子文件夹"复选框，可将批处理应用到所选文件夹包含的子文件夹中。

● 禁止显示文件打开选项对话框：勾选"禁止显示文件打开选项对话框"复选框，批处理时将不会打开文件选项的对话框。

● 禁止颜色配置文件警告：勾选"禁止颜色配置文件警告"复选框，关闭颜色方案信息的显示。

● 目标：在"目标"下拉列表框中可选择完成批处理后文件的保存位置。选择"无"选项，将不保存文件，文件将保持打开状态；选择"存储并关闭"选项，可将文件保存在原文件夹中，覆盖原文件；选择"文件夹"选项，并单击 选择(H)... 按钮，可指定保存文件的文件夹。

● 覆盖动作中的"存储为"命令：勾选"覆盖动作中的'存储为'命令"复选框，动作中的"存储为"命令将会引用批处理文件的，而不是动作中自定的文件名和位置。

● 文件命名：在"目标"下拉列表框中选择"文件夹"选项后，可在"文件命名"栏中设置文件的命名规范，以及兼容性。

实战　为图像统一添加边框

知识要点	"批处理"命令
配套资源	素材文件\第16章\图像 效果文件\第16章\添加边框

扫码看视频

操作步骤

1 打开"动作"面板，单击右上角的■按钮，在弹出的下拉菜单中选择【画框】命令，将"画框"动作组加载到"动作"面板中，如图16-24所示。

图16-24

2 选择【文件】/【自动】/【批处理】菜单命令，打开"批处理"对话框，在"组"下拉列表框中选择"画框"选项，在"动作"下拉列表框中选择"笔刷形画框"选项；在"源"下拉列表框中选择"文件夹"选项，单击 选择(C)... 按钮，打开"选取批处理文件夹"对话框，选择"图像"文件夹；在"目标"下拉列表框中选择"文件夹"选项，单击 选择(H)... 按钮，打开"选取目标文件夹"对话框，将处理后的图像存放到"添加边框"文件夹中；在"文件命名"栏下第一行文本框中输入"批处理图像"，在第二行右侧下拉列表框中选择"1位数序号"选项，在第三行右侧下拉列表框中选择"扩展名（小写）"选项，然后单击 确定 按钮，如图16-25所示。

图16-25

3 执行完命令后，将自动打开"另存为"对话框，在"保存类型"下拉列表框中选择"JPEG(*.JPG;*.JPEG;*.JPE)"选项，然后单击 保存(S) 按钮，将打开"JPEG选项"对话框，设置"品质"为"12"，然后单击 确定 按钮。

4 使用相同的方法保存剩下的图像，打开保存图像的文件夹，查看添加边框后图像的效果，如图16-26所示。

批处理图像1　　批处理图像2　　批处理图像3

图16-26

16.2.2　创建快捷批处理程序

快捷批处理程序是一款能够快速完成批处理的小程序，它能简化批处理的操作方式。选择【文件】/【自动】/【创建快捷批处理】菜单命令，打开图16-27所示"创建快捷批处理"对话框。其使用方法与"批处理"对话框的使用方法类似，选择动作后，在"将快捷批处理存储为"栏中单击按钮，打开"另存为"对话框，在其中设置快捷批处理的名称和保存位置。完成创建后，在创建的位置将会出现◆形状的可执行程序图标。此时，设计人员只需将图像或文件夹拖曳到该图标上，即可完成批处理。即使不启动Photoshop，也能使用快捷批处理程序处理图像。

图16-27

中不需要的空图层，减小图层文件的大小。

● 拼合所有蒙版：选择该命令，可以将各种类型的蒙版与其所蒙版的图层拼合。

● 拼合所有图层效果：选择该命令，可以将图层样式与其所在的图层拼合。

● 脚本事件管理器：选择该命令，可以将动作或脚本设置为自动运行，然后通过事件来触发Photoshop动作或脚本。

● 将文件载入堆栈：选择该命令，可以使用脚本将多个图像分别载入同一图像文件的不同图层中。

● 统计：选择该命令，可以使用"统计"脚本自动创建和渲染图形堆栈。

● 载入多个 DICOM 文件：选择该命令，可以载入多个 DICOM 文件，即医学数字成像和通信文件。

● 浏览：若要运行存储在其他位置的脚本，可选择该命令，在计算机上浏览脚本。

16.3 脚本

脚本的应用使Photoshop CC能通过置入外部脚本语句实现自动化。在Windows操作系统中，可以使用支持COM自动化的脚本语言（如VB Script）来控制多个应用程序，如Adobe Photoshop、Adobe Illustrator 和 Microsoft Office等。

脚本可以让设计人员在处理图像时变得更加多元化，通过脚本可完成逻辑判断、重命名等操作。选择【文件】/【脚本】菜单命令，在弹出的子菜单中可选择包含的所有脚本命令，如图16-28所示。

图16-28

● 图像处理器：选择该命令，可以利用图像处理器转换和处理多个文件。使用该命令可以先不创建动作，直接编辑图像。

● 删除所有空图层：选择该命令，可以删除打开图像

16.4 数据驱动图像

变量与数据组使用数据驱动图像，通过变量与数据组可快速、准确地生成图像的多个版本，它们常用于印刷项目或Web项目中。

16.4.1 定义变量与数据组

变量用来定义模板中将发生变化的元素，数据组则是指变量与其他相关数据的集合。它们之间是包含与被包含的关系。

1. 定义变量

变量的定义分为3种类型，分别是可见性变量、像素替换变量和文本替换变量。选择【图像】/【变量】/【定义】菜单命令，将打开图16-29所示"变量"对话框。

图16-29

● 图层：主要用于定义变量的图层。在定义过程中，"背景"图层不能定义为变量。

● 变量类型：主要用于设置需要定义的变量类型。"可见性"复选框表示可以显示或隐藏图层的内容；"像素替换"复选框表示可以用其他图像文件中的像素来替换图层中的像素。如果在"图层"下拉列表框中选择了文字图层，则"变量类型"栏中会显示"文本替换"复选框，表示可以替换文字图层中的文本字符串。

2．定义数据组

定义数据组常指定义变量的集合体。选择【图像】/【变量】/【数据组】菜单命令，将打开图16-30所示"变量"对话框。

● 转到上一个数据组：单击◀按钮，可以切换到前一个数据组。

● 转到下一个数据组：单击▶按钮，可以切换到后一个数据组。

● 基于当前数据组创建新数据组：单击 按钮，可以创建新数据组。

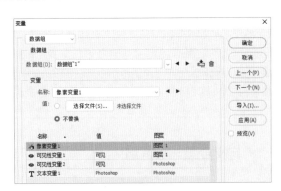

图16-30

● 删除此数据组：单击 按钮，可以删除选定的数据组。

● 变量："变量"栏主要包括可见性变量、像素变量、文本变量3种。在可见性变量中，若设置为"可见"，就会显示图层的内容，若设置为"不可见"，就不会显示图层的内容；在像素变量中，单击按钮，可选择需要替换的图像文件；在文本变量中，可以在"值"文本框中输入一个文本字符串。

16.4.2 预览和应用数据组

创建数据组合模板图像后，选择【图像】/【应用数据组】菜单命令，将打开图16-31所示"应用数据组"对话框，在其中选择需要的数据组，并勾选"预览"复选框，可在文档窗口中预览图像；单击 应用 按钮，即可将数据组的内容应用用于基本图形中，同时所有变量和数据组保持不变。

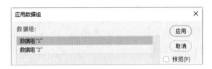

图16-31

16.4.3 导入与导出数据组

除了在Photoshop CC中创建数据组外，如果需要在其他文本编辑器或是电子表格中创建数据组，可以选择【文件】/【导入】/【变量数据组】菜单命令，将其导入Photoshop中。当定义变量涉及一个或多个数据组时，可通过选择【文件】/【导出】/【数据组作为文件】菜单命令，按批处理模式使数据组输出为PSD文件。

范例 创建多版本图像

知识要点 数据驱动图像

配套资源 素材文件\第16章\主图.psd、介绍.psd
效果文件\第16章\多版本图像.psd

扫码看视频

范例说明

使用"数据组"栏创建多版本图像时，首先需要创建作为模板的基本图像，并将图像中需要更改的部分分离为一个个单独的图层，然后在图像中定义变量，通过变量指定图像中需要更改的部分，最后导入数据组，用于替换模板中的图像。

操作步骤

1 打开"主图.psd"素材文件，按【Ctrl+J】组合键复制"背景"图层，如图16-32所示。

图16-32

2 选择【图像】/【变量】/【定义】菜单命令，打开"变量"对话框，在"变量类型"栏中勾选"可见性"复选框和"像素替换"复选框，其他参数保持默认不变，如图16-33所示。

图16-33

3 在"定义"下拉列表框中选择"数据组"选项，单击 按钮，创建新的数据组；单击 选择文件(S)... 按钮，在打开的对话框中选择需要添加的素材，这里选择"介绍.psd"素材文件，然后单击 确定 按钮，如图16-34所示。

图16-34

4 返回图像编辑区，选择【图像】/【应用数据组】菜单命令，打开"应用数据组"对话框，默认已选择"数据组'1'"选项，如图16-35所示。

图16-35

5 单击 应用 按钮，将添加的图像应用到图像编辑区中。在"图层"面板中可以看到"图层1"图层的图像已被替换，如图16-36所示。

图16-36

6 按【Ctrl+Shift+S】组合键保存文件，并设置"文件名"为"多版本图像"，完成本例的制作。

16.5 图像的印刷与打印

通常，设计好的作品还需从计算机中输出，如印刷输出或打印输出等，然后将输出后的作品作为小样进行审查。在Photoshop CC中输出图像文件之前，设计人员需要了解关于印刷流程、图像校对、色彩管理、打印设置、纸张等方面的相关知识。

16.5.1 印刷工艺流程

印刷是指通过印刷设备将图像快速、大量地输出到纸张等介质上。它是广告设计、包装设计或海报设计等作品的主要输出方式。如果有大量的或大型的文件需要输出，建议使用印刷输出，以降低成本。

印刷的流程较打印更为复杂：首先需将作品以电子文件的形式打样，以便了解设计作品的色彩、文字字体、位置是否正确；样品校对无误后需送到输出中心进行分色处理，得到分色胶片；然后根据分色胶片进行制版，将制作好的印版装到印刷机上，开始印刷。图16-37所示为常见印刷流程。

图16-37

16.5.2　图像印刷前的准备工作

为了便于图像的输出，设计人员还需要在图像印刷前进行必要的准备工作。

1．校正图像颜色模式

设计人员在设计过程中要考虑作品的用途和使用的输出设备，图像的颜色模式也会依据不同的输出路径而有所不同。如输入电视设备中播放的图像，必须经过NTSC颜色滤镜等颜色校正工具进行校正后，才能在电视中显示；如输入在网页中进行观看的图像，则可以选择RGB颜色模式；需要印刷的作品，必须使用CMYK颜色模式。

2．调整图像分辨率

调整图像分辨率一般用于需要印刷的图像。为了保证印刷出的图像清晰，编辑图像时应将图像的分辨率设置在300像素/英寸～350像素/英寸。

3．选择图像存储格式

在存储图像时，要根据要求选择合适的文件存储格式。若是用于印刷，则要将其存储为TIF格式，出片中心都以此格式出片；若是用于观看，则可将其存储为JPG格式。

4．准备图像的字体

当作品中运用了某种特殊字体时，设计人员需要准备好该字体的安装文件，然后在制作分色胶片时一并提供给输出中心。由于需要准备图像字体，因此一般情况下设计人员都不采用特殊的字体进行图像设计。

5．整理图像的相关文件

在提交文件给输出中心时，应将所有与设计有关的图片文件、字体文件及设计软件中使用的素材文件准备齐全，一并提交。

6．分彩校对

显示器型号不同或打印机在打印图像时造成的图像颜色有偏差，都将导致印刷后的图像色彩与在显示器中所看到的

颜色不一致。因此，图像的分彩校对是印前处理工作中不可缺少的一步。

分彩校对包括显示器色彩校对、打印机色彩校对和图像色彩校对。下面分别进行介绍。

● 显示器色彩校对：若同一个图像文件颜色在不同显示器或不同时间在显示器上的显示效果不一致，就需要对显示器进行色彩校对。一些显示器会自带色彩校对软件，若没有，设计人员可手动调节显示器色彩。

● 打印机色彩校对：在计算机显示屏上看到的颜色和用打印机打印到纸张上的颜色一般不会完全匹配，主要是因为计算机产生颜色的方式与打印机在纸上产生颜色的方式不同。若要使打印机输出的颜色与显示器上的颜色接近，设置好打印机的色彩管理参数和调整彩色打印机的偏色规则是一个重要途径。

● 图像色彩校对：图像色彩校对主要是指图像设计人员在制作过程中或制作完成后对图像的颜色进行校对。当设计人员指定某种颜色并进行某些操作后，颜色有可能发生变化，这时就需要检查图像的颜色和当时设置的CMYK颜色值是否相同，若有不同，可以通过"拾色器"对话框调整图像颜色。

7．分色和打样

在印刷之前，必须对图像进行分色和打样，二者也是印前处理的重要步骤。下面分别进行讲解。

● 分色：分色是指输出中心将原稿上的各种颜色分解为黄色、品红、青色、黑色4种原色颜色。在计算机印刷设计或平面设计软件中，分色工作就是将扫描图像或其他来源图像的色彩模式转换为CMYK模式。

● 打样：打样是指印刷厂在印刷前，必须将所交付印刷的作品交给出片中心进行出片。输出中心先将CMYK模式的图像进行青色、品红、黄色、黑色4种胶片分色，再进行打样，从而检验制版阶调与色调能否取得良好的再现，并将复制再现的误差及应达到的数据标准提供给制版部门作为修正或再次制版的依据；打样校正无误后，再交付印刷中心进行制版和印刷。

8．选择输出中心和印刷商

输出中心主要制作分色胶片，制作价格和质量不等，设计人员选择输出中心时应进行相应的调查。印刷商则根据分色胶片进行制版、印刷和装订。

16.5.3　陷印

在进行印刷时，有时纸张、油墨或印刷机的问题会导致图像色块边缘没有对齐而出现细缝，此时一般需采用陷印进行修正。通过设置陷印可以解决出现白边的问题。下面介绍

使用陷印功能打印图像的方法。

设置陷印前必须保证图像色彩模式为CMYK，然后选择【图像】/【陷印】菜单命令，打开图16-38所示"陷印"对话框，在其中设置宽度后，单击 确定 按钮。

需要注意的是，是否需要设置陷印值一般由印刷商决定。若需要设置陷印，设计人员只需要在将稿件交给印刷商前设置陷印值。

图16-38

16.5.4　打印机设置

打印机设置是打印图像的基本设置，它包括打印机、打印份数、版面等选项，它们都可在"Photoshop打印设置"对话框的"打印机设置"栏中进行设置。选择【文件】/【打印】菜单命令，打开图16-39所示"Photoshop打印设置"对话框，在其中即可展开和查看"打印机设置"栏。

图16-39

● 打印机：用于选择进行打印的打印机。

● 份数：用于设置打印的份数。

● 打印设置：单击 打印设置… 按钮，在打开的对话框中可设置打印纸张的尺寸以及打印质量等相关参数。需要注意的是，安装的打印机不同，其中的打印选项也就有所不同。图16-40所示为一款联想打印机的打印设置界面。

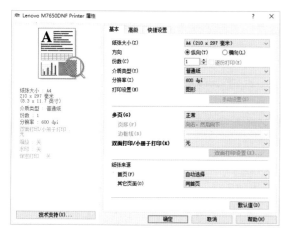

图16-40

● 版面：用于设置图像在纸张上被打印的方向。单击 按钮，可纵向打印图像；单击 按钮，可横向打印图像。

16.5.5　色彩管理

在"Photoshop打印设置"对话框中可以对打印图像的色彩进行设置。图16-41所示为"Photoshop打印设置"对话框中的"色彩管理"栏。

图16-41

● 颜色处理：用于设置是否使用色彩管理。如果使用色彩管理，则需要确定将其是应用于程序中还是打印设备中。

● 打印机配置文件：用于设置打印机和将要使用的纸张类型的配置文件。

● 正常打印/印刷校样：若选择"正常打印"选项，可进行普通打印；若选择"印刷校样"选项，则可打印印刷校样，从而模拟文件在印刷机上的输出效果。

● 渲染方法：用于指定颜色从图像色彩空间转换到打印机色彩空间的方式。

● 黑场补偿：勾选该复选框，可以通过模拟输出设备的全部动态范围来保留图像中的阴影细节。

16.5.6　位置和大小

在"Photoshop打印设置"对话框中展开"位置和大小"栏，在该栏中可以对打印位置和大小进行设置，如图16-42所示。

图16-42

● 居中：用于设置打印图像在纸张中的位置，默认在纸张中居中放置。取消勾选"居中"复选框后，可以在激活的"顶"和"左"数值框中设置具体的图像位置。

● 顶：用于设置从图像上沿到纸张顶端的距离。

- **左**：用于设置从图像左边到纸张左端的距离。
- **缩放**：用于设置图像在纸张中的缩放比例。
- **高度/宽度**：用于设置图像的尺寸。
- **缩放以适合介质**：勾选"缩放以适合介质"复选框，将自动缩放图像到适合纸张的可打印区域。
- **单位**：用于设置"顶"和"左"数值框的单位。

16.5.7　打印标记

在"Photoshop 打印设置"对话框中，设计人员可以通过"打印标记"设置是否指定页面标记。"打印标记"栏如图16-43所示。

图16-43

- **角裁剪标志**：勾选"角裁剪标志"复选框，将在图像4个角的位置上打印出图像的裁剪标志。
- **中心裁剪标志**：勾选"中心裁剪标志"复选框，将在图像4条边线的中心位置打印出裁剪标志。
- **套准标记**：勾选"套准标记"复选框，将在图像的4个角上打印出对齐的标志符号，以用于图像中分色和双色调的对齐。
- **说明**：勾选"说明"复选框，将打印在"文件简介"对话框中输入的文字。
- **标签**：勾选"标签"复选框，将打印出文件名称和通道名称。

16.5.8　背景、边界和出血

在Photoshop CC中设置图像的输出背景、图像边界和出血边等都在"Photoshop打印设置"对话框的"函数"栏中进行。"函数"栏如图16-44所示。

图16-44

1. 设置输出背景

在对Photoshop CC中的图像文件进行打印时，设计人员可以根据需要设置输出背景。展开"函数"栏，在其中单击 背景(K)... 按钮，在打开的"拾色器（打印背景色）"对话框中即可设置输出背景颜色，如图16-45所示。

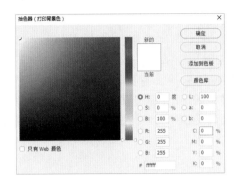

图16-45

2. 设置图像边界

边界是指图像边缘的黑色边框线。若需为图像打印边界，对图像边界进行设置即可。其方法是：在打开的"Photoshop打印设置"对话框中展开"函数"栏，在其中单击 边界(B)... 按钮，打开"边界"对话框，在"宽度"数值框中输入所需数值，单击 确定 按钮，保存设置并关闭对话框，如图16-46所示。

图16-46

> **技巧**
>
> 在"函数"栏中，勾选"药膜朝下"复选框，药膜将朝下进行打印，以保障打印效果；勾选"负片"复选框，将按照图像的负片效果进行打印，也就是反相的效果。

3. 设置出血边

图像文件在打印或印刷输出后，为了规范所有图像所在纸张的尺寸，一般还要进行裁切处理。裁切点就是打印和印刷工作中规定的出血线处，出血线以外的区域就是要裁切掉的区域。印刷时裁边，最多只能裁到出血线。打印和印刷时，出血一般设置为3毫米，不能过大，也不能过小。设置出血边的方法是：选择【文件】/【打印】菜单命令，打开"Photoshop打印设置"对话框，展开"函数"栏，在其中单击 出血... 按钮，打开"出血"对话框，在"宽度"数值框中输入所需数值，单击 确定 按钮，保存设置并关闭对话框，如图16-47所示。

图16-47

16.5.9 特殊打印

默认情况下，打印图像是打印全图像。若打印图像时有特殊的要求，如只需要打印其中某个图层，那么一般的打印方法就无法做到，此时需针对此类特殊要求进行特殊打印。

1. 指定图层打印

若待打印的图像文件中有多个图层，那么默认情况下会把所有可见图层都打印到一张打印纸上。若只需要打印图像文件中某个具体图层，则可将要打印的图层设置为可见图层，然后隐藏其他图层，再进行打印。

2. 指定选区打印

如果要打印图像文件中的部分图像，可先使用工具箱中的工具为其创建选区，然后选择【文件】/【打印】菜单命令，在打开的对话框中展开"位置和大小"栏，勾选"打印选定区域"复选框。

3. 多图像打印

多图像打印是指将多幅图像同时打印到一张纸上。打印前，可将要打印的图像移动到一个图像窗口中，再进行打印。其方法是：选择【文件】/【自动】/【联系表Ⅱ】菜单命令，在"联系表Ⅱ"对话框中打开图像，根据设置自动创建出联系表，然后选择【文件】/【打印】菜单命令，在"Photoshop打印设置"对话框中进行相关设置。多图像打印方式一般在打印小样或与客户定稿时使用。

16.6 综合实训：打印个人名片

个人名片中最主要的内容是名片持有者的姓名、职业、工作单位、联络方式、邮箱地址等。这些信息能够将名片持有者的简明介绍和公司信息展示清楚，并以名片为媒介向外传播。

16.6.1 实训要求

本例将制作一张个人名片，需要添加人物照片和个人简介，并结合装饰性图案进行版式设计，使其最终效果简约、大气。设计人员输入文字时，可应用预设动作制作文字的特殊效果；设计完名片后，可尝试将其打印出来。尺寸要求为1050像素×600像素。

16.6.2 实训思路

（1）本例个人名片的文案应简洁、直观，文案内容主要包含姓名、电话、地址等，字体应大方、醒目。

（2）个人名片的制作目的是便于展示、宣传自我，以及在社交场合中交流信息使用。

（3）色彩在个人名片中可传递个人风格。本例个人名片的色彩应简约，配色不宜过多，适当增加饱和度，以增强视觉吸引力，如选用橙色表达个性和活泼，并搭配黑色塑造个人严谨的工作态度。

（4）结合本章所学的自动化处理与输出图像相关知识，对文字进行调整及创意版式设计，然后添加人物照片。

本例完成后的参考效果如图16-48所示。

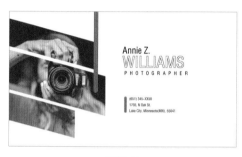

图16-48

16.6.3 制作要点

知识要点：　"动作"面板、"打印"命令

配套资源：　素材文件\第16章\人物.jpg、介绍.txt
效果文件\第16章\个人名片.psd、打印名片.psd

扫码看视频

完成本例主要包括设计装饰元素、添加文字和打印输出3个部分，主要操作步骤如下。

1 新建"大小"为"1050像素×600像素"、"分辨率"为"300像素/英寸"、"颜色模式"为"CMYK"、"名称"为"个人名片"的图像文件。

2 选择"钢笔工具" ✐ 和"圆角矩形工具" ▢ 绘制装饰形状。

3 使用"横排文字工具" 输入"介绍.txt"素材文件中的文字，设置字体和颜色，调整其大小和位置，效果如图16-49所示。

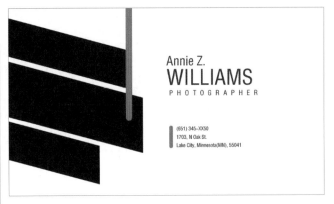

图16-49

4 打开"动作"面板，单击右上角的███按钮，在弹出的下拉菜单中选择【文字效果】命令，载入"文字效果"动作组，为"WILLIAMS"文字图层应用"细轮廓线（文字）"动作，如图16-50所示。

图16-50

5 置入"人物.jpg"素材文件，在左侧黑色形状上创建剪贴蒙版，如图16-51所示。

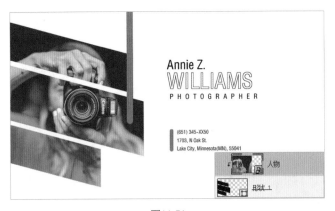

图16-51

6 盖印图层，新建"大小"为"29.7厘米×21厘米"、"分辨率"为"300像素/英寸"、"颜色模式"为"CMYK"、"名称"为"打印名片"的图像文件，将盖印后的图层拖入新建的图像文件中，复制图层并按照图16-52所示方式排列。

图16-52

7 选择【文件】/【打印】菜单命令，打开"Photoshop打印设置"对话框，在"打印机设置"栏中选择需要连接的打印机，设置"份数"为"1"，单击█按钮设置为横向版面，如图16-53所示。

图16-53

8 单击 打印设置... 按钮，打开相应的文档属性对话框，单击右下角的 高级(V)... 按钮，打开相应的高级选项对话框，在"纸张规格"下拉列表框中选择"A4"选项，在"Images"下拉列表框中选择"JPG-Minimum Compression"选项，如图16-54所示。单击 确定 按钮返回"文档属性"对话框，再单击 确定 按钮返回"Photoshop打印设置"对话框。

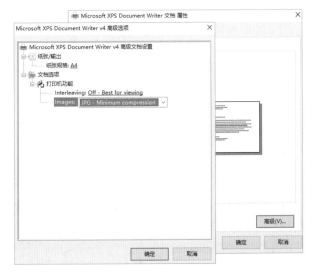

图16-54

9 展开"函数"栏，在其中单击 出血... 按钮，打开
"出血"对话框，设置"宽度"为"2"毫米，然后单击 确定 按钮返回"Photoshop 打印设置"对话框，在该对话框左侧预览打印图像，确认无误后单击 打印(P) 按钮进行

输出。

10 按【Ctrl+S】组合键，分别保存"个人名片"和"打印名片"图像文件。

巩固练习

1. 录制"下雪"动作

本练习将打开"冬雪"图像，通过"动作"面板录制"下雪"动作，参考效果如图16-55所示。

图16-55

> 配套资源
> 素材文件\第16章\巩固练习\冬雪.jpg
> 效果文件\第16章\巩固练习\冬雪.psd、下雪.atn

2. 打印"下雪"图像

本练习将使用Photoshop的图像印刷和打印输出功能对"下雪"图像进行打印操作。"Photoshop打印设置"对话框中的参数设置如图16-56所示。

图16-56

> 配套资源
> 素材文件\第16章\巩固练习\下雪.jpg

第16章 自动化处理与输出图像

311

第17章 平面设计实战案例

17.1 "古茗茶舍"茶叶包装设计

俗话说："人要衣装，佛要金装。"产品更需要有一身"好包装"，才能在市场中脱颖而出。"古茗茶舍"准备推广一款乌龙茶，现需为其设计一款包装，要求该包装在充分考虑防氧化、防潮、防高温、防阳光直射等因素的前提下，兼具美观性与实用性。茶叶的内包装已经在生产中投入使用，因此不需要重新制作；现只需制作外部展示包装，该包装需要展示出企业名称、产品信息等。

17.1.1 行业知识

包装是指在流通过程中保护产品、方便储运、促进销售，按一定技术方法采用的容器、材料及辅助物等的总体名称。下面分别介绍包装的功能、材料和设计要点。

1. 包装的功能

在实际生活中，人们真正需要的不是包装本身，而是包装的功能。包装的功能贯穿了产品从生产到售出的整个过程，其主要包括保护功能、便利功能、宣传功能和美化功能。

● 保护功能：保护功能是包装最基本的功能。每件产品都要经过多次流通才能进入商场或其他销售场所，最终到达用户手中。在这个流通的过程中，产品需要经过运输、存储、销售等多个环节，在这些环节中还会存在撞击、潮湿、暴晒、滋生细菌等威胁。而包装在整个流通过程中能够起到防止震动/挤压或撞击、干湿与冷热变化、外界对产品的污染、光照或辐射、酸碱侵蚀等作用。图17-1所示产品的外包装是硬纸盒，其中间区域为饼干放置区，在保护饼干免受破坏的同时，还便于携带、放置。

● 便利功能：便利功能是包装在运输、搬运、销售和使用过程中便于操作的功能总称。包装的便利功能体现在多个方面，如根据产品的不同特征，包装时可以通过不同的方式实现便利，如易拉罐的拉环、糖果包装的锯齿、纸袋包装的手提袋等。图17-2所示包装将坚果与酸奶分开存放，用户可以根据个人需求添加坚果，更具便利性。

料，宣传寿司食材天然；外包装覆盖了一层玻璃纸，更加卫生和便于携带，还能更好地宣传企业。

图17-1

图17-2

● 宣传功能：包装的另一主要目的是传达产品信息、宣传品牌及促进产品销售。包装是产品最直接的广告，优秀的包装不仅能使用户熟悉产品，还能增强用户对产品品牌的识别度与好感度。造型独特、材料新颖、印刷精美的包装可以吸引用户的关注，加快产品信息的传递。图17-3所示为一款寿司包装，该包装的内包装采用纯天然的叶子作为包装材

图17-3

● 美化功能：不同的包装能迎合不同用户的审美，满足用户的感官体验和心理需求，从而更容易被用户接受。在进行包装设计时，设计人员要善于运用色彩、图像等视觉元素，通过元素的组合、加工和创新来塑造包装的个性、品位和气质，从而充分体现包装的"美"。图17-4所示Freshmax

水果包装以手绘的形式设计了一个吃水果的嘴巴形象，搭配颇具设计感的英文标志，给用户留下可爱、美味的品牌形象。

图17-4

2. 包装的材料

材料是包装的物质基础，是实现包装使用价值的客观条件。常用的包装材料有塑料、纸张、木材、纺织品、玻璃、金属、陶瓷、复合材料、纳米材料、阻隔材料、抗静电材料等，其中纸张、塑料、金属、陶瓷及玻璃最为常见。

● 纸张：纸张是最传统和常见的包装材料。常用的纸张包装材料有蜂窝纸、纸袋纸、干燥剂包装纸、牛皮纸、蜂窝纸板、工业纸板、蜂窝纸芯等。

● 塑料：塑料是日常生活中较常见的包装材料。常用的塑料包装材料有聚丙烯（CPP）、聚乙烯（PE）、维尼纶（PVA）、复合袋、共挤袋等。

● 金属：金属是一种比较传统的包装材料，它被广泛应用于工业产品包装、运输包装和销售包装中。其种类主要有钢材、铝材、金属箔。随着现代金属容器成型技术和金属镀层技术的发展，绿色金属包装材料的开发与应用逐渐成为发展潮流。

● 陶瓷：陶瓷包装材料常与其他包装材料联合使用。常用的陶瓷包装材料有粗陶器、精陶器、瓷器、炻器。

● 玻璃：玻璃包装材料是指用于制造玻璃容器，满足产品包装要求所使用的材料。常用的玻璃包装材料有普通瓶罐玻璃（主要是成分是钠、钙、硅酸盐）、特种玻璃（石英玻璃、微晶玻璃、钠化玻璃）。

3. 包装的设计要点

在进行包装设计时，需要注意以下两点。

● 能准确传达产品信息。包装必须真实、准确地传达产品的信息。这里的"准确"并不是指简单地描述产品内容，而是要做到包装与产品相契合。如农夫果园饮品，以不同的水果、蔬菜作为包装效果，将饮品的原材料和口味直观地体现出来。

● 具有独特的视觉感受。一款优秀的包装所传达的信息要被用户所接受，一个重要的前提就是包装效果要具备较强的冲击力。只有独特、鲜明而富有创造性的包装才能给用户留下深刻的印象，从而更有效地传达产品信息。

17.1.2 案例分析

根据案例背景，下面从整体构思、图形构思、色彩构思、文字构思几个方面来进行案例分析。

1. 整体构思

茶叶包装对防潮、防高温、防阳光直射等方面的要求很高，又由于内包装不需要设计与制作，为了避免茶叶被损坏，设计人员可将"古茗茶舍"茶叶的外部包装分为纸盒包装和纸袋包装两个部分。

● 纸盒包装：纸盒包装用于承装茶叶，它是内包装的外部包装，起着保护产品的作用。设计时可采用插口封底的纸盒形式，以使包装更具密封性和牢固性，然后通过黏合封口式盒盖使纸盒变得牢固。

● 纸袋包装：纸盒包装虽然便于承装茶叶，但不便于携带。因此，设计人员可用牛皮纸制作纸袋包装，以方便人们对茶叶的携带。

其展开图如图17-5所示。

2. 图形构思

为了体现茶叶的古典韵味，设计人员可采用手绘插画的方式绘制山脉、祥云、荷花、凉亭、大雁等具有古典气息的图形，营造宁静、深幽的氛围，充满历史悠久、古味悠长的韵味。

3. 色彩构思

"古茗茶舍"的品牌色为蓝绿色，为了与企业的整体形象呼应，设计茶叶包装时可继续使用蓝绿色作为主色；同时，为了丰富颜色，可使用邻近色将金色和蓝色作为辅助色，使整个包装颜色对比强烈，更具美观性。点缀色主要起美化的作用，使整个包装颜色过渡自然，可使用深黄色、浅灰色和白色等，增强包装的古韵感，常用颜色如图17-6所示。

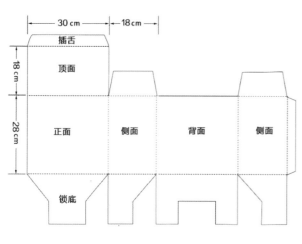

纸盒包装平面图尺寸

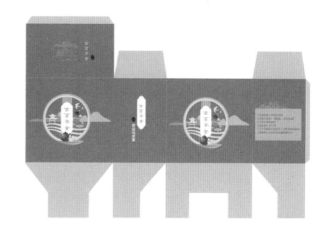

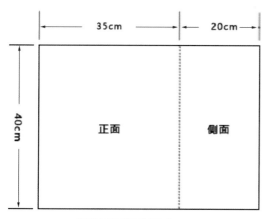

纸袋包装平面图尺寸

图17-5

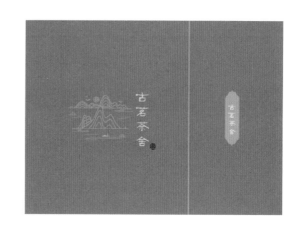

主色　#007f7e

辅助色　#eee4b9　#73c5c5

点缀色　#40a77d　#99633d　#e8340d　#ee7003　#ffffff

图17-6

4. 文字构思

文字是整个包装不可或缺的部分。为了宣传品牌，包装正面可突出显示"古茗茶舍"4个字。该文字沿用企业的名称和字体，以便于用户识别。

包装侧面可设计产品介绍，内容包括产品名称、净重、产地、保质期、生产日期及产品批号、承制商等，以方便用户了解产品。

参考效果如图17-7所示。

图17-7

知识要点 绘制插画、平面图、立面图

 配套资源 素材文件\第17章\包装插画素材.psd、
茶叶包装样机.psd、平面图素材.psd
效果文件\第17章\包装插画.psd、
包装平面图.psd、茶叶包装立体
效果.psd

 扫码看视频

17.1.3　设计包装插画

　　在设计"古茗茶舍"包装前，需要先绘制包装中可能用到的插画，以便后期绘制平面结构图。其具体操作如下。

1 新建"名称""宽度""高度""分辨率""颜色模式"分别为"包装插画""1200""800""72 像素/英寸""RGB颜色"的图像文件，单击 **创建** 按钮。

2 新建图层，选择"钢笔工具" ，绘制山脉形状，按【Ctrl+Enter】组合键将路径转换为选区，然后设置"前景色"为"#73c5c5"，按【Alt+Delete】组合键填充前景色，如图17-8所示。

图17-8

3 新建图层，使用相同的方法绘制颜色为"#42a3a2"的山脉，效果如图17-9所示。

图17-9

4 选择"椭圆工具" ，在图像的中间绘制560像素×560像素的圆形，取消填充，设置"描边"为"#73c5c5，16点"。

5 选择"椭圆工具" ，在图像的中间绘制530像素×530像素的圆形，取消填充，设置"描边"为"#eee4b9，20点"，效果如图17-10所示。

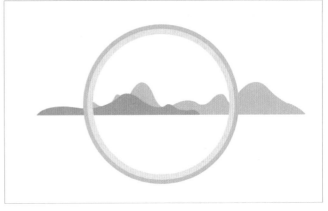

图17-10

6 选择"直线工具" ，在图像的中间绘制16条"颜色"为"#eee4b9"、"大小"为"4像素×500像素"的竖线，如图17-11所示。

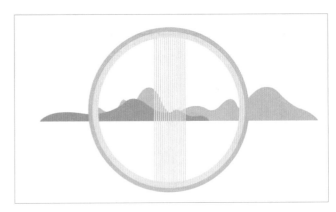

图17-11

7 新建图层，选择"钢笔工具" ，绘制小鸟形状，并填充为"#eee4b9"颜色，完成后复制两个小鸟形状，并进行缩小操作，效果如图17-12所示。

图17-12

8 选择"椭圆工具" ，在小鸟的下面绘制55像素×55像素的圆形，设置"渐变填充颜色"为"#e71f10 ~

#ef7d00"，效果如图17-13所示。

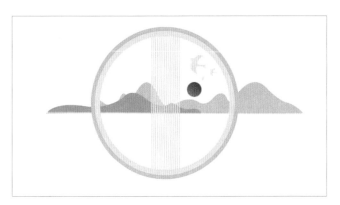

图17-13

9 新建图层，选择"钢笔工具" ✐，绘制亭子形状，并填充为"#eee4b9"颜色，完成后复制亭子形状，并进行缩小操作，然后将该图层移动到山脉的下方，效果如图17-14所示。

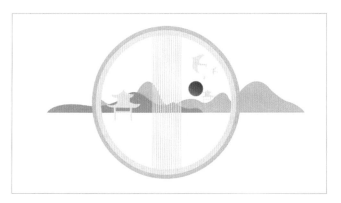

图17-14

10 新建图层，使用"钢笔工具" ✐绘制荷花形状，并填充为"#369291"颜色，效果如图17-15所示。

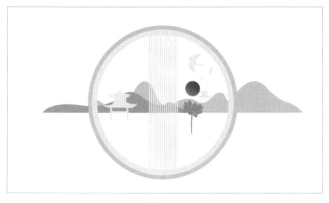

图17-15

11 新建图层，使用"钢笔工具" ✐绘制荷叶、荷花等形状，然后分别填充为"#73c5c5""#369291"

颜色，效果如图17-16所示。

图17-16

12 新建图层，使用"钢笔工具" ✐绘制波浪形状，然后填充为"#eee4b9"颜色，效果如图17-17所示。

图17-17

13 新建图层，使用"钢笔工具" ✐绘制其他波浪形状，然后填充为"#eee4b9"颜色，效果如图17-18所示。

图17-18

14 新建图层，使用"钢笔工具" ✐绘制中间的云纹边框形状，然后填充为"#ffffff"颜色，效果如图17-19所示。

图17-19

15 选择【编辑】/【描边】菜单命令，打开"描边"对话框，设置"宽度"为"1像素"，"颜色"为"#eee4b9"，单击 确定 按钮，完成描边操作，如图17-20所示。

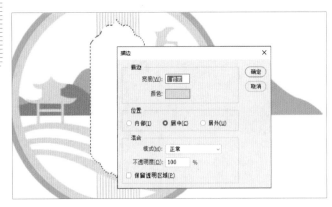

图17-20

16 选择"直排文字工具" **T.**，在云纹边框中输入"古茗茶舍"文字，并设置"字体"为"方正古隶简体"，"颜色"为"#429c9c"，"大小"为"70"，调整位置和间距，效果如图17-21所示。

图17-21

17 打开"包装插画素材.psd"素材文件，将其中的茶壶和茶叶拖曳到文字下方，调整大小和位置，效果如图17-22所示。

图17-22

18 隐藏背景图层，按【Ctrl+Alt+Shift+E】组合键盖印图层，便于后期在包装中使用，然后保存文件。

17.1.4　设计包装平面图

完成插画的绘制后，即可绘制纸盒平面结构图和纸袋平面结构图。其具体操作如下。

1 新建"名称""大小"分别为"包装平面图""200厘米×100厘米"的图像文件。

2 制作纸盒平面图。使用"钢笔工具" **⌀.**、"直线工具" **✓.**、"矩形工具" **▢**绘制纸盒的展开效果，其各个部分的具体尺寸如图17-23所示。

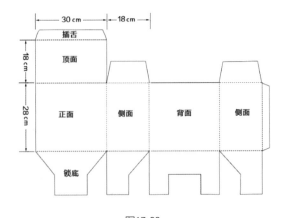

图17-23

3 使用"钢笔工具" **⌀.**和"矩形工具" **▢**按照尺寸绘制形状，并设置"填充颜色"为"#c5c4c4""#007f7e"，然后删除尺寸标注和文字等内容，效果如图17-24所示。

图17-24

4　打开"包装插画.psd"文件，将盖印后的图像拖曳到平面图中，调整大小和位置，然后打开"平面图素材.psd"素材文件，将其中的矢量素材拖曳到平面图中调整大小和位置，效果如图17-25所示。

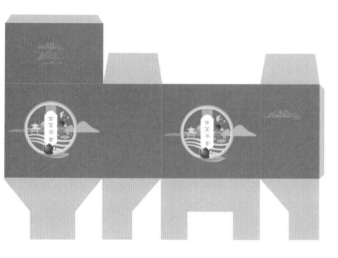

图17-25

5　新建图层，选择"钢笔工具"，绘制中间的云纹边框形状，然后填充为"#ffffff"颜色。选择"直排文字工具"，在云纹边框中和包装平面图顶部输入"古茗茶舍"文字，并设置"字体"为"方正古隶简体"，"颜色"为"#429c9c"和"#eee4b9"，调整大小、位置和间距，效果如图17-26所示。

6　选择"矩形工具"，在图像的右侧绘制445像素×300像素的矩形，设置"填充颜色"为"#e2e5c9"，然后设置"不透明度"为"60%"。

7　使用"横排文字工具"和"直排文字工具"在矩形中输入文字，并设置"字体"为"方正准黑简体"，"颜色"为"#007f7e"和"#fdfefc"，调整大小和位置，如图17-27所示。

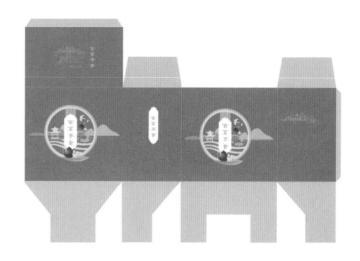

图17-26

图17-27

8　在打开的"平面图素材.psd"素材文件中将印章素材拖曳到图像中，调整大小和位置，完成纸盒平面图的制作，如图17-28所示。

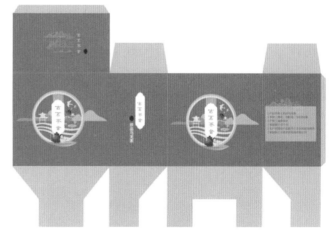

图17-28

9　制作纸袋平面图。使用"矩形工具"绘制外包装的基础形状，其尺寸如图17-29所示。

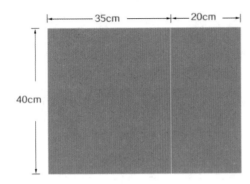

图17-29

10 在打开的"平面图素材.psd"素材文件中将山脉
和印章素材拖曳到图像中，调整大小和位置。
选择"直排文字工具" **IT**，在山脉纹理的旁边输入"古茗
茶舍"文字，并设置"字体"为"方正古隶简体"，"颜色"
为"#eee4b9"，调整大小、位置和间距，效果如图17-30所示。

图17-30

11 新建图层，选择"钢笔工具" ，在中间绘制
云纹边框形状，然后填充为"#ffffff"颜色，并设
置"不透明度"为"40%"。

12 选择"直排文字工具" **IT**，在云纹边框中输入
"古茗茶舍"文字，并设置"颜色"为"#ffffff"，
效果如图17-31所示。

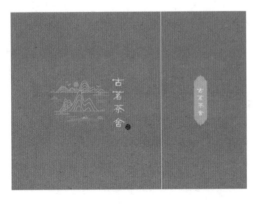

图17-31

13 完成后新建两个组，将纸盒平面图和纸袋平面
图分别拖曳到组中以方便编辑。完成后，按
【Ctrl+S】组合键保存平面图。

17.1.5　设计包装立体图

完成茶叶包装平面图的绘制后，便可将平面图应用到立
体素材中制作包装立体图了。其具体操作如下。

1 打开"茶叶包装样机.psd"素材文件，如图17-32所示。
双击纸盒正面所在图层的缩览图。

图17-32

2 打开编辑页面，打开"包装平面图.psd"，盖印整个效
果，使用"矩形选框工具" 框选纸盒正面，然后使
用"移动工具" 将框选区域内容移动到编辑页面中，调
整图像的大小与位置，如图17-33所示。

3 按【Ctrl+T】组合键使其呈变形状态，在其上单击鼠
标右键，在弹出的快捷菜单中选择【斜切】命令，拖
曳4个端点让图像的整体效果与编辑界面中的矩形重合，如
图17-34所示。

图17-33　　　　　　图17-34

4 完成后保存图像。返回后可发现样机已经发生变化，
如图17-35所示。

图17-35

5 使用相同的方法，为纸盒其他面和纸袋添加贴图。为了显示纸盒和纸袋的轮廓，设计人员可设置纸盒、纸袋的"图层的混合模式"为"正片叠底"，效果如图17-36所示。

图17-36

6 在"图层"面板中单击"创建新的填充或调整图层"按钮 ⊘.，在弹出的下拉菜单中选择【色阶】命令，打开"色阶"属性面板，设置色阶值分别为"28""1.12""215"，效果如图17-37所示。

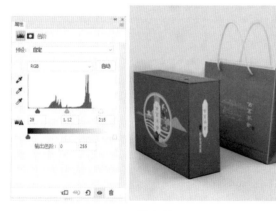

图17-37

7 按【Ctrl+Alt+Shift+E】组合键盖印图层，选择【图像】/【调整】/【替换颜色】菜单命令，打开"替换颜色"对话框，吸取背景颜色，设置"颜色容差"为"31"，然后调整"色相""饱和度""明度"分别为"+71""-60""90"，

单击 确定 按钮，如图17-38所示。

图17-38

8 返回图像编辑区，按【Ctrl+S】组合键保存文件，并设置"文件名"为"茶叶包装立体效果"，如图17-39所示。

图17-39

17.2 "古茗茶舍"宣传册设计

宣传册不仅展示了产品信息，还展示了企业的文化和理念。因此，宣传册的设计并不是信息的简单堆砌，而是需要体现出企业的形象与风格。下面将为"古茗茶舍"制作宣传册，该宣传册主要是向用户展示"古茗茶舍"的产品品质、文化等，以此树立品牌形象。

17.2.1　行业知识

在进行宣传册设计前，需要先了解宣传册的特点和常见形式，并掌握宣传册的设计要点。

1. 宣传册的特点

宣传册主要用于介绍企业产品、文化和经营理念或用于社会公益宣传，如今也被广泛应用于商业活动中。总的来说，宣传册主要具有以下3个特点。

（1）内容真实、详细

宣传册的内容以实物展示为主，通过在广告作品中塑造真实的艺术形象来吸引用户，使用户接受广告宣传的内容，达到宣传品牌或产品的目的。同时，宣传册具有长时间的广告效果，用户可反复观看。因此，设计人员需在宣传册中展示更加详细的信息，如详细展示产品的性能特点、使用方法以及不同角度的照片等信息，便于用户选择。图17-40所示宣传册展示了公司简介、产品特点及真实的产品图片，其宣传效果更加直观。

图17-40

（2）针对性强

宣传册的内容完全由企业提供，企业可有针对性地对宣传册的内容进行定制，如企业可着重介绍产品信息或重点展现品牌形象。宣传册的传播方式也非常灵活和具有针对性，如通过邮寄、分发、赠送等方式送达用户。

（3）印刷精美

近年来，随着印刷技术的进步，宣传册的印刷效果也更加精美。除了采用彩色印刷外，还会使用一些常见的印刷装饰工艺。图17-41所示宣传册采用了彩色印刷，并使用了覆膜工艺，使宣传册的色彩更加鲜艳、有光泽。

常用的印刷工艺主要有烫金、上光、覆膜、模切等，下面依次对它们进行介绍。

● 烫金：烫金是一种热压印刷工艺，它主要借助压力和温度将各种铝箔片印制到印刷品上，使印刷品呈现出强烈的金属效果。烫金工艺常用于宣传册的封面上，起着画龙点睛、突出广告主题的作用。

图17-41

● 上光：上光是在印刷品表面涂上（或喷、印）一层无色透明涂料，经流平、干燥、压光、固化等加工，在印刷品表面形成一种薄而匀的透明光亮层，起着增加印刷品表面平滑度的作用。

● 覆膜：覆膜又称"过胶"，它是通过热压将透明塑料薄膜覆贴到印刷品表面，起着增加光泽、防水和防污的作用。薄膜包括亮光膜、亚光膜等种类。

● 模切：模切工艺是用模切刀根据宣传册设计要求，在压力作用下将印刷品的边缘轧切成各种形状或在印刷品上增加各种特殊的艺术效果，使印刷品更具创意性。

2. 宣传册的常见形式

根据装订方式，宣传册可分为以下3种形式。

（1）折页式

在一些特定场景下，企业需要将宣传册发放给用户，若制作为整本宣传册将会极大地提高制作成本。而折页式宣传册更轻便、更容易携带，既有足够的空间展示详细的广告信息，同时又具有新颖别致、开本灵活、设计精巧的特点，常用于表现具有连续性内容或画幅较大的广告内容。根据折叠方式，可将折页式宣传册分为2折页、3折页、4折页及多折页。图17-42所示为3折页宣传册。

（2）订装式

相对于折页式宣传册，订装式宣传册显得更加正式，能有效提升企业形象。订装式是宣传册中较为普遍的一种形式，主要有骑马钉和胶订两种订装方式。

● 骑马钉：骑马钉是用书钉沿着宣传册的中缝钉装，将宣传册页面一分为二的装订形式。这是一种高效、实惠、快捷的装订方式，适合装订页数较少的宣传册，如图17-43所示。需要注意的是，用骑马钉装订的宣传册页数需要是4的倍数。

图17-42

图17-43

● 胶订：胶订是一种用胶粘剂将宣传册粘合在一起制成书芯的装订形式。胶订相较于骑马钉来说更加美观，而且装订牢固，平整度很好，因此深受企业的喜爱，适用于页数较多或纸张较厚的宣传册装订，如图17-44所示。

图17-44

（3）封套式

封套式是一种十分灵活的宣传册形式。封套式宣传册由多幅单页宣传卡加封套集成册，适用于单幅能独立构成一个内容的宣传广告，并具有能够经常抽出来、补充进去或更换使用的功能，如图17-45所示。

图17-45

3. 宣传册的设计要点

要想设计出符合企业需求的宣传册，设计人员需掌握宣传册的以下4个设计要点。

（1）目的明确

明确宣传册目的是设计人员设计宣传册的必要前提，以便准确表达广告宣传的核心内容。如宣传册的目的是传达品牌、提升品牌知名度和用户对品牌的好感度，宣传册的内容就应立足于企业需求，围绕企业文化、理念、服务等进行设计，使宣传册延续和贴合品牌的风格与气质，并且在凸显企业文化的同时彰显企业精神；如宣传册的目的是活动或产品促销宣传，则在宣传册内页需主要表现产品的特征、优势、功能，并展示产品实物图片。

（2）结构清晰

一个优秀的宣传册必须重点突出宣传册的核心内容，并且结构清晰、简洁明了，让用户一眼就能了解宣传册的信息。

（3）设计精美

精美的设计可使用户对宣传册产生兴趣，吸引用户阅读宣传册，达到广告宣传的目的。而设计精美的宣传册则需要设计人员重点把握以下3点设计元素。

● 图片：宣传册中的图片除了要起到有效传达信息、美化画面的作用外，还要体现出企业形象和产品风格。因此，设计人员在设计宣传册时要重视图片的作用，如设计科技型企业宣传册时，可在图片中融入具有科技感的元素，突出科技型企业的企业形象。

● 文字：宣传册中的文字与图片一样，都可以传达信息和美化版面。要设计出精美的宣传册，文字的大小、字体的选择、字体的创意设计等都要与宣传册整体效果相协调。

● 色彩：宣传册中的色彩主要有制造气氛、烘托主题、强化版面、提高视觉冲击力的作用。设计人员在选择宣传册的色彩时要从这4个角度出发，如设计美食产品宣传册时选择明快、鲜艳的色彩，提高就餐者的食欲。

（4）考虑整体风格

整体性是宣传册的一个显著特征，尤其是页数较多的宣传册，封面设计和内页设计都要做到形式、内容、风格的连贯性和整体性。

17.2.2 案例分析

在制作"古茗茶舍"宣传册前，需要根据宣传册要求明确设计方案、文案和风格等内容。

1. 设计方案

本宣传册主要用于宣传企业，设计人员可以根据该主题并结合"古茗茶舍"的相关背景信息，设计宣传册的封面、内页和封底。

● 封面：封面的展现以企业提供的茶叶种植场景图片为主要信息，以宣传册主题和主题介绍等辅助信息将宣传册主题形象生动、直观地展现给用户。

● 内页：根据企业背景和提供的素材内容，宣传册内页需展示企业的形象、茶文化、茶工具和产品介绍，以加深用户对"古茗茶舍"企业和产品的了解。内页的设计以茶叶场景和茶叶工具图片为装饰，蓝绿色块为底纹，与企业颜色相呼应。

● 封底：为了使宣传册的封面与封底相呼应，设计时可对茶的由来进行介绍，再添加联系方式、品牌名称等相关文案，以丰富宣传册内容。

2. 文案

根据主题方案分别从封面、内页、封底3个方面梳理文案。封面作为整个宣传册核心展示的部分，需要第一时间展现出宣传册的主题信息；内页文案可根据提供的素材从"企业文化""茶文化""茶工具""产品介绍"4个版块出发，在传达企业相关信息的情况下，宣传茶文化内容；封底文案主要展示企业的联系方式，以方便更多用户了解企业。

3. 风格

根据设计方案及文案内容，本例宣传册采用3折6面的形式进行显示。风格设计思路如下。

（1）整体风格

由于"古茗茶舍"是一家传统茶叶的生产企业，因此"古茗茶舍"宣传册的风格以简约、古典为主，更加符合企业形象。

（2）色彩风格

"古茗茶舍"品牌色为蓝绿色，设计宣传册时可继续沿用蓝绿色为主色调，背景色可采用大面积的白色，给用户一种干净、整洁的视觉感受，其余辅助色可在品牌色的基础上获取。

（3）排版风格

本例需制作3折页形式的宣传册，整个宣传册的尺寸大小为285毫米×210毫米，每折的大小为95毫米×210毫米。为了便于用户阅读宣传册，每折统一采用图文混排方式展现宣传册内容。其整个布局如图17-46所示。

图17-46

完成后的参考效果如图17-47所示。

图17-47

图17-47（续）

知识
要点
画笔工具、钢笔工具、矩形工具、
横排文字工具、颜色的调整

配套
资源
素材文件\第17章\"古茗茶舍"宣传
册素材.psd、"古茗茶舍"宣传册立
体素材.psd
效果文件\第17章\"古茗茶舍"宣传
册.psd、"古茗茶舍"宣传册立体
效果.psd

扫码看视频

17.2.3　设计宣传册正面

宣传册正面包含封面、底面和企业介绍3折内容，其具体操作如下。

1　新建"大小"为"285毫米×210毫米"、"名称"为"'古茗茶舍'宣传册"的图像文件。

2　使用"矩形选框工具" 在图像编辑区的左右两侧绘制95毫米×210毫米的矩形框，然后沿着矩形框添加

参考线，如图17-48所示。

图17-48

3　打开"'古茗茶舍'宣传册素材.psd"素材文件，将其中的晕染素材拖曳到新建的图像文件中，调整大小和位置，效果如图17-49所示。

图17-49

4　在打开的"'古茗茶舍'宣传册素材.psd"素材文件中，将其中的田园效果拖曳到"图层1"图层上方，在其上单击鼠标右键，在弹出的快捷菜单中选择【创建剪贴蒙版】命令，将田园效果置入晕染素材中，效果如图17-50所示。

5　单击"添加图层蒙版"按钮 ◻，设置"前景色"为"#000000"，选择"画笔工具" ✐，设置"画笔样式"为"柔边圆"，调整画笔大小并在图像的四周涂抹，使其呈现出渐变效果，如图17-51所示。

6　单击"创建新的填充或调整图层"按钮 ◕，在打开的下拉菜单中选择【色彩平衡】命令，打开"色彩平衡"属性面板，设置颜色分别为"−52""+29""+28"，设置完成后创建剪贴蒙版，使整个色调呈蓝绿色调显示，如图17-52所示。

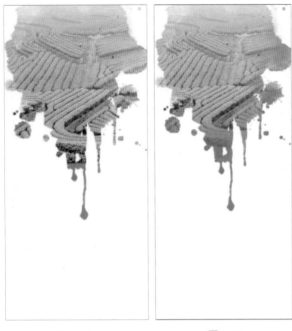

图17-50　　　　　　　图17-51

图17-53　　　　　　　图17-54

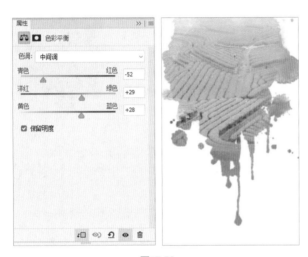

图17-52

7 在打开的"'古茗茶舍'宣传册素材.psd"素材文件中，将其中的印章、纹理拖曳到图像中调整大小和位置，如图17-53所示。

8 选择"横排文字工具" T，输入"茶""韵"文字，并设置"字体"为"方正-吕建德字体"，"颜色"为"#000000"，调整大小和位置，如图17-54所示。

9 使用"横排文字工具" T和"直排文字工具" IT输入文字，并设置"字体"为"方正兰亭黑简体"，设置"字体颜色"分别为"#235538""#277b62""#555858""#227e5f"，然后使用"矩形工具"在下方文字上绘制描边颜色为"#eee4b9"的矩形框，完成封面的制作，如图17-55所示。

10 选择"矩形工具"，在封面的左侧绘制95毫米×210毫米的矩形，并设置"填充颜色"为"#007f7e"。

11 在打开的"'古茗茶舍'宣传册素材.psd"素材文件中，将其中的传统名茶印章拖曳到图像顶部并调整大小和位置，如图17-56所示。

图17-55　　　　　　　图17-56

12 选择"直排文字工具" ，输入文字，并设置
"字体"为"方正兰亭黑简体""黑体"，完成后
调整文字大小和位置，如图17-57所示。

13 在打开的"'古茗茶舍'宣传册素材.psd"素材
文件中，将二维码素材添加到文字下方；使用
"横排文字工具" 输入文字，并设置字体为"方正兰亭黑
简体""Impact"，调整大小和位置，完成底面的制作，如
图17-58所示。

图17-59　　　　　　　　图17-60

图17-57　　　　　　图17-58

图17-61

14 选择"矩形工具" ，在封面的左侧绘制95毫
米×210毫米的矩形，并设置"填充颜色"为
"#007f7e"。在打开的"'古茗茶舍'宣传册素材.psd"素材
文件中，将其中的倒茶图片拖曳到新图像中并调整大小和
位置，然后创建剪贴蒙版，如图17-59所示。

15 单击"创建新的填充或调整图层"按钮 ，在
打开的下拉菜单中选择【可选颜色】命令，打
开"可选颜色"属性面板，在"颜色"下拉列表框中选择
"绿色"选项，然后设置颜色值分别为"+100%""-2%"
"-100%""-70%"，如图17-60所示。

16 在"颜色"下拉列表框中选择"蓝色"选项，
然后设置颜色值分别为"+93%""+53%"
"0%""0%"，并创建剪贴蒙版，效果如图17-61所示。

17 单击"创建新的填充或调整图层"按钮 ，在
打开的下拉菜单中选择【色彩平衡】命令，打
开"色彩平衡"属性面板，设置颜色分别为"-89""+39"
"+53"，使整个色调呈蓝绿色调显示创建剪贴蒙版，如图
17-62所示。

图17-62

第 17 章

平面设计实战案例

327

18 使用"横排文字工具" T.和"直排文字工具" IT. 输入文字，并设置"字体"为"方正仿宋_GBK""方正古隶简体"，然后为文字添加下画线，如图17-63所示。

图17-63

19 选择"直线工具" /.在"古茗茶舍_传统制茶"文字下方绘制直线，然后新建图层组，将所有图层移动到图层组中，并将图层组命名为"正面"，完成正面的制作，效果如图17-64所示。

图17-64

17.2.4 设计宣传册反面

宣传册反面包含茶文化、茶工具和产品介绍3个方面的内容，其具体操作如下。

1 隐藏"正面"图层组，新建图层，选择"矩形选框工具" □，在图像的顶部绘制6个不同大小的矩形，并填充为"#ebebeb"颜色，如图17-65所示。

2 在打开的"'古茗茶舍'宣传册素材.psd"素材文件中，将图17-66所示图片素材拖曳到矩形上方并调整大小和位置，然后为图片创建剪贴蒙版。

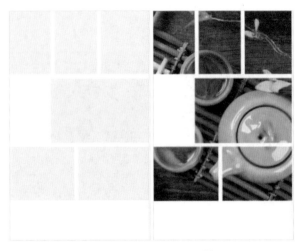

图17-65　　　　　　　图17-66

3 选择"矩形工具" □，在左侧空白区域绘制305像素×506像素的矩形，并设置"填充颜色"为"#007f7e"，如图17-67所示。

4 使用"横排文字工具" T.和"直排文字工具" IT输入文字，并设置"字体"分别为"方正古隶简体""方正粗雅宋简体""方正博雅宋_GBK"，然后为主要文字添加下画线，效果如图17-68所示。

图17-67　　　　　　　图17-68

5 新建图层，选择"矩形选框工具"，在中间区域沿着参考线绘制矩形，并填充为"#007f7e"颜色。

6 在打开的"'古茗茶舍'宣传册素材.psd"素材文件中，将图17-69所示图片素材拖曳到矩形上方并调整大小和位置。

图17-69

7 选择"横排文字工具"，输入"茶工具"文字，并设置"字体"为"方正粗黑宋简体"，然后调整字体大小和位置，并在文字前面绘制一条直线。选择"椭圆工具"，在左侧空白区域绘制348像素×348像素的圆形，设置"填充"为"#d7d7d7"，"描边"为"#f0eeec，28点"，效果如图17-70所示。

8 使用"移动工具"选择绘制的圆形，按住【Alt】键不放，向右或向下拖曳复制3个圆形，效果如图17-71所示。

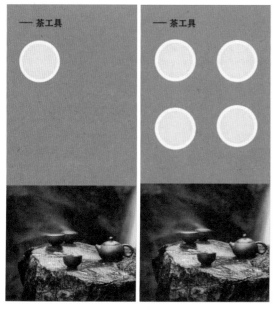

图17-70   图17-71

9 在打开的"'古茗茶舍'宣传册素材.psd"素材文件中，将图17-72所示图片素材拖曳到圆形的上方并调整大小和位置，然后创建剪贴蒙版。

10 选择"横排文字工具"，输入文字，并设置"字体"为"方正粗黑宋简体"，然后调整字体大小和位置，完成茶工具图的制作，如图17-73所示。

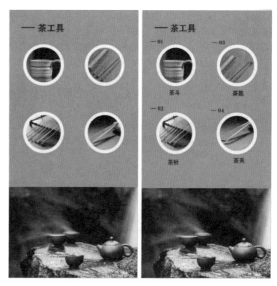

图17-72   图17-73

11 选择"矩形工具"，在右侧空白处绘制不同大小的矩形，并设置"填充颜色"分别为"#007f7e""#ebebeb""#000000"，如图17-74所示。

12 在打开的"'古茗茶舍'宣传册素材.psd"素材文件中，将图17-75所示图片素材拖曳到矩形的上方并调整大小和位置，然后创建剪贴蒙版。

图17-74   图17-75

13 选择"横排文字工具" ，输入文字，并设置"字体"为"方正粗黑宋简体"，然后调整字体大小和位置，完成茶产品介绍图的制作，如图17-76所示。

14 新建图层组，将所有图层移动到图层组中，并将图层组命名为"反面"，完成反面的制作。

图17-76

17.2.5 设计宣传册展示效果

完成宣传册平面图的制作后，即可将宣传册效果应用到场景中。其具体操作如下。

1 打开"'古茗茶舍'宣传册立体素材.psd"素材文件，如图17-77所示。双击内页2所在图层的缩览图。

图17-77

2 打开编辑页面，打开"'古茗茶舍'宣传册.psd"素材文件，分别对正面和反面进行盖印操作，隐藏正面图层。使用"矩形选框工具" 框选内页2，然后使用"移动工具" 将框选区域内容移动到编辑页面中，调整图像的大小与位置。

3 完成后保存图像，返回立体素材可发现内页2已经发生变化，效果如图17-78所示。

图17-78

4 使用相同的方法，为宣传册其他页面添加贴图，返回图像编辑区，按【Ctrl+S】组合键保存文件，并设置"文件名"为"宣传册立体效果"，效果如图17-79所示。

图17-79

17.3 "古茗茶舍"实体店招贴设计

"招贴"又名"海报"。按其字义解释，"招"是指招引注意，"贴"是指张贴，"招贴"即"为招引注意而进行张贴"。下面将为"古茗茶舍"的实体店制作500毫米×700毫米的新茶上新招贴，要求该招贴要具有吸引力，还要将产品的上新信息展现出来。

17.3.1 行业知识

在进行招贴设计前，需要先了解招贴的特点和分类，并掌握招贴的设计要点。

1. 招贴的特点

招贴的特点包括内容题材广泛、视觉冲击力强、富有创意等。

● 内容题材广泛。招贴可以大面积地连续张贴，不受张贴时间、场地的限制，使用范围广，内容题材广泛，具有强烈的感染力和说服力。

● 视觉冲击力强。芬兰设计师古斯蒂·瓦利斯认为，一幅好的招贴是一次视觉冲击。由于招贴大多数都是张贴在户外，因此招贴需要具有强烈的视觉冲击力，才能在短时间内吸引用户的注意力，从而迅速、准确、有效地传达信息。

● 富有创意。创意是招贴的灵魂，招贴历经多年的发展，其设计理论已经相对成熟。设计招贴时并不是简单地追求形式美感，而是采用既能准确传达主题，又能表达设计人员思想情感的艺术构想，深层次发掘招贴的内涵。因此，优秀的招贴大多数都具有较高的创意性，能在瞬间抓住用户的注意力，使用户产生心理上的共鸣与联想，从而提升作品内涵。

2. 招贴的分类

根据招贴主题和内容的不同，可以将招贴分为公益类、商业类、文化类3种。

● 公益类招贴：公益类招贴多以生命、健康等公益性题材为主题，如倡导珍爱生命、拒绝毒品、禁烟、禁酒、交通安全、卫生防疫等，以弘扬社会的新风尚及美德，如图17-80所示。

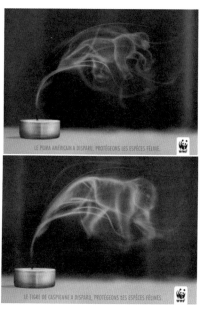

图17-80

● 商业类招贴：商业类招贴多以商品促销、树立品牌信息、宣传活动等为主题，如图17-81所示。

图17-81

● 文化类招贴：文化类招贴主要侧重于表现纯粹的艺术，设计人员根据招贴主题充分表达个人独特的想法，运用各种艺术手法和绘画语言，如常见的戏剧、音乐、电影、美术展览海报等都属于文化类招贴，如图17-82所示。

图17-82

3. 招贴的设计要点

招贴具备视觉设计的绝大多数基本要素，且招贴的设计表现技法比其他媒介更广、更全面，因此掌握招贴的设计要点非常重要。

● 信息传达准确。招贴主要用于传达信息，无论是公益类招贴、商业类招贴还是文化类招贴，设计时都要做到言之有物，保证信息能够被准确传递给用户。

● 主题明确，有针对性。不同的招贴主题会有不同的目标用户，因此招贴的主题必须明确，且有一定的意义，这样才会更具针对性，也才能达到招贴的目的。

● 内容精练。现代生活节奏加快，用户注视招贴的时间更为短暂。另外，招贴的空间也是有限的。这些决定了招贴的主体内容需精练简洁、一目了然，避免内容过于繁杂而分散用户的注意力、降低招贴效果。

17.3.2 案例分析

在制作"古茗茶舍"实体店招贴前，需要先根据招贴主题明确主题方案、文案和风格等内容，梳理该项目的设计思路。

1. 主题方案

本案例的主题是"新茶上市"，根据这一主题并结合"古茗茶舍"实体店和新茶产品的相关信息，设计主题方案。本案例围绕新茶介绍、茶叶文化等展开联想，从山水间的喝茶场景出发，展开招贴视觉效果的设计。

2. 文案

根据"新茶上市"的主题并结合"古茗茶舍"的设计要求，本案例可从"新茶上市""茶香四溢"方面梳理文案。构思文案时可从带古韵的诗词中将喝茶的悠然感体现出来，以下为本案例的文案示例。

新茶上市

烟花三月纷雨天，半坡芳茗正华鲜。处宁静淡泊，任声乐流淌。一捧香茗，一卷诗书。红袖添香的意境，不亦乐乎。

茶叶文化，味美鲜香

3. 风格

根据主题及文案，该招贴的风格设计思路如下。

（1）整体风格

由于该招贴主要用于实体店针对"新茶上新"而设计的张贴广告，因此设计时需要将上新内容放到招贴的中间重点体现，下方则为喝茶场景的展现。设计人员在设计喝茶场景时，可从山水间喝茶场景出发，飘远的茶香将新茶的味美和"茶香四溢"体现出来，让人产生悠然自得的感觉，使招贴更具吸引力。

（2）排版风格

本案例的排版风格采用中心式，画面中间为主要文案，主体明确，搭配水墨风格的背景，古韵感十足。整个排版布局如图17-83所示。

图17-83

完成后的参考效果如图17-84所示。

图17-84

17.3.3 招贴背景设计

"古茗茶舍"招贴主要针对的是实体店，设计人员在进行招贴背景设计时可直接采用在水墨山水间喝茶的场景作为招贴背景，以方便文字的编辑。其具体操作如下。

1 新建"大小"为"500毫米×700毫米"、"名称"为"'古茗茶舍'招贴"的图像文件。

2 设置"前景色"为"#e9e3e0"，按【Alt+Delete】组合键填充前景色，打开"招贴素材.psd"素材文件，将其中的水墨山脉、人物、小船等拖曳到新图像文件中并调整大小和位置，效果如图17-85所示。

图17-86　　　　　　　图17-87

5 将"招贴素材.psd"素材文件中的茶壶、茶杯拖曳到新图像文件中，调整大小和位置，效果如图17-88所示。

图17-88

6 新建图层，设置"前景色"为"#000000"，选择"画笔工具" ，设置"画笔样式"为"柔边圆"，调整画笔大小并在茶壶和茶杯下方绘制阴影效果，如图17-89所示。

图17-85

3 将"招贴素材.psd"素材文件中的光晕拖曳到新图像文件底部，调整大小和位置，如图17-86所示。

4 设置光晕的"图层的混合模式"为"滤色"，效果如图17-87所示。

图17-89

7 新建图层，使用"钢笔工具" ✐在图像中绘制茶香形状，将形状转换为选区，然后设置"前景色"为"#ffffff"，按【Alt+Delete】组合键填充前景色，效果如图17-90所示。

图17-90

8 单击"添加图层蒙版"按钮 ◻，添加图层蒙版，然后使用"画笔工具" ✐在茶香处涂抹，使茶香形成缓慢悠然的感觉，效果如图17-91所示。

图17-91

9 将"招贴素材.psd"素材文件中的树叶拖曳到新图像文件中，调整大小和位置，完成整个招贴背景的制作，效果如图17-92所示。

图17-92

17.3.4　招贴文字设计

完成背景的制作后，还需对文字进行设计，以方便用户查看招贴信息。其具体操作如下。

1 选择"横排文字工具" T，单独输入"新茶上市"文字，并设置"字体"为"汉仪舒同体简"，然后调整字体大小和位置，如图17-93所示。

图17-93

2 双击"茶"文字图层右侧的空白区域，打开"图层样式"对话框，勾选"描边"复选框，设置"大小"为"25"，"颜色"为"#ffffff"，单击 确定 按钮，如图17-94所示。

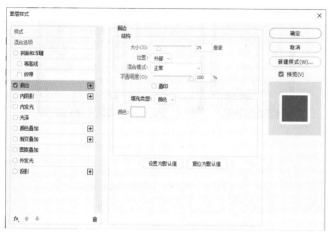

图17-94

3 选择"直排文字工具" ，输入文字，并设置"字体"为"方正粗倩简体"，然后调整字体大小和位置，如图17-95所示。

图17-95

4 将"招贴素材.psd"素材文件中的茶叶、印章等元素拖曳到文字下方，调整大小和位置，完成招贴的制作，效果如图17-96所示。

图17-96

17.4 "古茗茶舍"H5广告设计

H5广告凭借其丰富多样的形式、强大的互动性和良好的视听体验得到用户的快速认可，因此越来越多的行业选择使用H5广告来进行产品与品牌的宣传和推广，以提高用户关注度。下面将为"古茗茶舍"品牌制作H5广告。该广告的主要目的是宣传茶叶的优质、天然等特点，以此提升用户对企业和产品的好感度，促进其购买。

17.4.1 行业知识

在设计H5广告前，需要先了解与H5广告相关的行业知识，如H5广告的特点、类型、动效制作工具、风格等。

1. H5广告的特点

H5是HTML5的缩写，而HTML5是第5代超文本标记语言（Hyper Text Markup Language，HTML）的简称。浏览器可以通过解码HTML显示网页内容，使用户看到H5广告。大多数H5广告都具有跨平台性和本地存储性。

● 跨平台性：H5广告能兼容PC、Mac、iOS和Android等几乎所有的电子设备平台及系统，并可以轻松地将推广内容植入各种不同的开发、应用平台中，具有很好的跨平台性和兼容性。H5广告的这种特性不但可以降低开发与运营成本，还可以使产品和品牌获得更多展现机会。

● 本地存储性：H5广告具有本地存储性，用户只需要扫描二维码，就可以查看H5广告的内容。H5广告拥有较短的启动时间和较快的联网速度，而且无须下载，不占用存储空间，适合在手机等移动电子产品上观看。

2. H5广告的类型

经过近几年的发展，H5广告的潜力也被逐渐发掘出来。为了使H5广告获得更多关注，设计人员不断创新其内容设计思路等。H5广告按用途主要可分为以下4种类型。

● 活动运营型H5广告：活动运营型H5广告通过文字、画面和音乐等方式为用户营造活动场景，从而达到营销目的。活动运营型H5广告包括游戏、节日营销、测试题等多种形式。如今的活动运营型H5广告需要有更强的互动性、更高的质量、更具话题性的内容来促使用户分享与传播。图17-97所示为"苏宁易购618狂欢节"的活动运营型H5广告，该广告通过直白的话语和促销性的文字提升了整个广告的趣味性。

图17-97

● 品牌宣传型H5广告：品牌宣传型H5广告等同于品牌的小型官网，广告内容更倾向于塑造品牌形象，向用户传达品牌的精神与态度；在设计上需要运用符合品牌形象的视觉语言，让用户对品牌留下深刻印象。图17-98所示为"腾讯云"的品牌宣传型H5广告，该广告通过展现腾讯云品牌10年的发展历程来进行品牌宣传。

图17-98

● 产品推广型H5广告：产品推广型H5广告主要展现产品信息，如产品的功能、作用、类型等；在设计时，设计人员可在H5广告页面中运用交互技术来展示产品特性，吸引用户购买。图17-99所示为"洁柔"的H5广告，该广告以讲故事的方式，讲述了从小到大妈妈对自己的关爱，最后借用洁柔纸巾开口"说"出对妈妈的爱，设计别具创意。

图17-99

● 总结报告型H5广告：总结报告型H5广告主要以总结企业的产品、业绩、经验与教训等内容的形式来展示企业信息。这种H5广告页面就像是PPT，本身不具备互动性，但是为了视觉美观，设计人员在设计时也可以添加动态的切换展示效果，让整体页面更具动感。图17-100所示为有关租房的总结报告型H5广告。

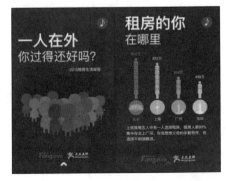

图17-100

3. H5广告动效制作工具

随着H5广告的快速发展，用户对H5广告的页面视觉效果也有了更高的需求。所以设计人员使用图像处理软件制作完H5广告页面后，还需要进行动效设计。H5广告的动效设计大多需要使用专业的H5广告制作工具来完成。这些工具的核心都是将H5广告的制作过程转换为添加并编辑模块的方式，绕过编程这一环节，降低了H5广告的制作门槛并节省了制作时间。根据使用的难易程度，可将常用的H5广告制作工具分为简单型和专业型两种类型。

● 简单型：简单型H5广告制作工具中有大量针对不同行业和场景的H5广告模板，设计人员只需简单地组织素材就可以制作出H5广告。这类制作工具的缺点在于功能不完善，制作出的广告效果也很简单，适合初学者使用。这类工具主要有人人秀、易企秀、MAKA、兔展等。

● 专业型：专业型H5广告制作工具除了有丰富的动态效果设定触发器设定功能外，还有许多强大的交互组件，可满足不同的场景需求，且功能更全面，但操作难度相对较大，设计人员需要经过一定的学习才能掌握。目前国内比较典型的专业型H5广告制作工具有iH5和意派360等，其中iH5的功能相对更为强大，与微信的兼容性较好。

4. H5广告的风格

认识了H5广告的类型后，设计人员还需要了解H5广告的常用风格。下面对H5广告的7种风格进行介绍。

● 简约风格：简约风格会给人舒适、简单的感觉，常用于传递品牌理念、活动文化和活动主题等。简约风格要求设计人员要具有敏锐的洞察力，能够准确把握品牌的色调，设计时多采用弱对比色调来进行展示，也可以通过恰当的留白或排版来形成简约的视觉效果。图17-101所示为简约风格的H5广告页面效果。

● 扁平化风格：扁平化风格一般由纯色图形组成，画面简洁、干净。扁平化风格的核心意义就是去除冗余、厚重和繁杂的装饰效果，体现简洁、清爽的特点。因此，设计人员在设计时可将主要信息作为突出点，通过形状、色彩、字体等的添加，使广告页面呈现出清晰明了的视觉层次，给用户带来较为规范、干净的视觉感受，更易于用户理解与传播。扁平化风格适用于旅游、游戏、电子商务、食品和儿童等的H5广告页面制作。图17-102所示为扁平化风格的H5广告页面效果。

图17-102

● 科技感风格：在这个科技飞速发展的时代，炫酷的科技效果备受年轻人的喜爱，因此科技感风格的H5广告页面能在短时间内吸引用户注意。科技感风格常用于互联网、汽车等领域的H5广告页面制作。图17-103所示为科技感风格的H5广告页面效果。

图17-101

图17-103

● 卡通风格：卡通风格在H5广告页面中使用较多，设计人员往往采用卡通的形式来表现主题内容，既轻松又有趣。这种风格不仅可以用于游戏场景，还可以用于矢量素材设计中。图17-104所示为卡通风格的H5广告页面效果。

图17-104

● 水墨风格：水墨风格具有浓郁的古典韵味，常用于武侠游戏宣传、房地产宣传或产品宣传等。

● 手绘风格：手绘风格是采用手绘的形式将设计融入H5广告页面中，以形成丰富、细腻、纯朴、自然的表现风格。这里的手绘对象可以是简单的线条，也可以是生活中的场景，还可以是简单的人物形象。与其他风格相比，手绘风格的H5广告更加贴近自然和反映生活。图17-105所示为手绘风格的H5广告页面效果。

● 混合风格：在H5广告的诸多风格中，有时候单一的风格并不能很好地体现出H5广告页面效果，此时可融合多种风格样式，使其形成别具一格的混合风格。混合风格的H5广告中有着丰富的素材，使其构成一种新的视觉效果，从而带给用户强烈的感染力。图17-106所示为混合风格的H5广告页面效果，该广告页面通过咖啡杯、农民、田地、咖啡豆等素材的简单组合形成混合风格。

图17-105　　　　　　　图17-106

17.4.2　案例分析

在设计H5广告前，设计人员可以先根据项目背景和项目要求明确主题方案、文案和风格等内容。

1．主题方案

为了体现茶叶的优质、天然等特征，本案例在设计时可以"品茶之旅"开头，依次对茶叶的相关信息进行介绍。将茶叶从生长到品尝的整个过程展现出来，整个效果可分为H5广告封面（首页）、H5广告内页、H5广告尾页3个部分。

● H5广告封面：封面1张，它主要起到引题的作用。在封面中可将企业名称、主题"品茶之旅"及"点击开始"按钮体现出来，以此引导用户继续浏览内页内容。

● H5广告内页：内页4张，内页可从茶叶的产地、生长环境、品质和茶香方面进行展现，让更多用户了解该茶叶，提升用户对该茶叶的好感度。

● H5广告尾页：尾页1张，它围绕广告主题和产品定位展现品牌形象，并为其添加二维码，以方便更多用户了解该品牌。

2．文案

根据主题方案，设计人员可以从H5广告的不同页面来梳理文案。文案不仅要展现广告主题，还要展现茶叶的特色以及珍贵之处，如文案"绵延千里的武夷山脉中段　海拔500余米　是古茗茶舍的产地"将茶叶产地清楚地展现在用户眼前。

3．风格

本案例H5广告的风格设计思路如下。

（1）整体风格

根据主题方案，本案例中需要展现茶叶的优质、天然等特征，以吸引更多用户购买。为了还原茶叶的整个制作过程，设计时可采用不同场景图片将茶叶的优质体现出来。在广告的后面，还可添加饮茶的场景，将茶叶的味美加以充分体现。在设计时，封面可采用水墨风格来增强其吸引力；其他页面可采用简约风格，简单、直接，更加便于内容展现。

（2）排版风格

由于本案例的H5广告为竖版形式，因此所有的页面均采用上下式的排版风格，将文案置于页面上方或下方，便于用户进行图文对照式的观看，并由此产生代入感。

本例完成后的参考效果如图17-107所示。

图17-107

17.4.3 制作"古茗茶舍"H5广告首页

下面以"茶韵"为主题制作"古茗茶舍"H5广告。从"品茶之旅"开始,以水墨风格开启H5广告制作。其具体操作如下。

1 新建"大小"为"640像素×1150像素"、"分辨率"为"72像素/英寸"、"名称"为"'古茗茶舍'H5广告首页"的图像文件。

2 设置"前景色"为"#edece7",按【Alt+Delete】组合键填充前景色。打开"H5广告首页素材.psd"素材文件,将其中的云、山脉、飞鸟素材拖曳到新图像文件中,调整大小和位置,如图17-108所示。

3 将太阳素材拖曳到新图像文件中,调整大小和位置,然后单击"添加图层蒙版"按钮 ▣,添加图层蒙版,使用"画笔工具" ✏ 在太阳的下方涂抹,使其形成太阳升起效果,如图17-109所示。

图17-108　　　　　　图17-109

4 将杯素材拖曳到新图像文件中,调整大小和位置。新建图层,选择"钢笔工具" ✏,绘制山脉形状,然

339

后将其转换为选区，并填充为"#cbe1d5"颜色，如图17-110所示。

5 单击"添加图层蒙版"按钮 ◻，添加图层蒙版，然后使用"画笔工具" ✐ 在山脉的下方涂抹，使其形成若隐若现的效果，如图17-111所示。

6 新建图层，设置前景色为"#7eada8"，选择"画笔工具" ✐，设置"画笔样式"为"柔边圆"，在山脉的顶部区域涂抹，使其形成水墨山脉效果，然后将其置入山脉图像中，并设置"不透明度"为"90%"，如图17-112所示。

7 使用相同的方法新建图层和绘制其他山脉效果，然后分别对山脉效果添加图层蒙版，效果如图17-113所示。

8 依次在山脉图层的上方新建图层，然后使用"画笔工具" ✐，在山脉的顶部区域涂抹，并创建剪贴蒙版，使其形成水墨山脉效果，如图17-114所示。

9 新建图层，选择"钢笔工具" ✐，绘制烟雾形状，然后将其转换为选区，并填充为"#cedfd6"颜色，效果如图17-115所示。

10 将右侧烟雾形状所在图层移动到山脉图层的下方，设置"不透明度"为"50%"，然后单击"添加图层蒙版"按钮 ◻ 为图层添加图层蒙版，使用"画笔工具" ✐ 在山脉交叉处涂抹，使场景与背景更加融合，效果如图17-116所示。

11 在左侧烟雾图层上新建图层，设置"前景色"为"#ffffff"，使用"画笔工具" ✐ 在烟雾上涂抹，使其形成炊烟袅袅的效果，如图17-117所示。

12 将"H5广告首页素材.psd"素材文件中的绿色山脉拖曳到新图像文件中，调整大小和位置，效果如图17-118所示。

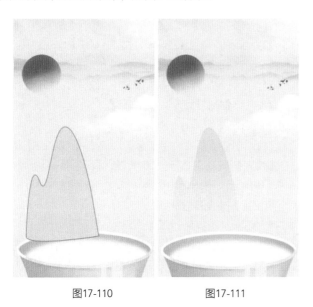

图17-110　　　　　　　图17-111

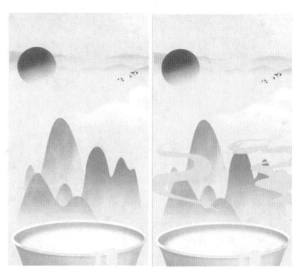

图17-114　　　　　　　图17-115

图17-112　　　　　　　图17-113

图17-116　　　　　　　图17-117

13 新建图层，选择"钢笔工具" ∅.，绘制湖泊形状，然后将其转换为选区，并填充为"#91a65f"颜色，如图17-119所示。

14 新建图层，选择"钢笔工具" ∅.，绘制茶水倾倒形状，然后将其转换为选区，并填充为"#cae0da"颜色，如图17-120所示。

15 新建图层，设置"前景色"为"#ffffff"，使用"画笔工具" ✐.在茶水倾倒形状上涂抹，使其形成缥缈的效果，如图17-121所示。

16 将茶壶素材拖曳到新图像文件中，调整大小和位置，如图17-122所示。

17 选择"横排文字工具" T.，单独输入"古茗茶舍"文字，设置"字体"为"汉仪舒同体简"，"文本颜色"为"#3a1301"，调整大小和位置，如图17-123所示。

图17-122 　　　　　　　图17-123

18 选择"古"文字图层，双击该图层右侧的空白区域，打开"图层样式"对话框，勾选"斜面和浮雕"复选框，设置"深度"为"168"，"大小"为"7"，"软化"为"3"，"不透明度%"分别为"61%"和"32%"，如图17-124所示。

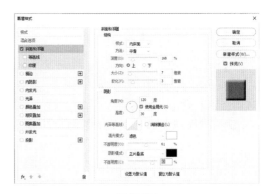

图17-124

19 勾选"投影"复选框，设置"颜色"为"#2c6b64"，"不透明度"为"50"，"距离"为"1"，"大小"为"3"，完成后单击 确定 按钮，如图17-125所示。

图17-118 　　　　　　　图17-119

图17-120 　　　　　　　图17-121

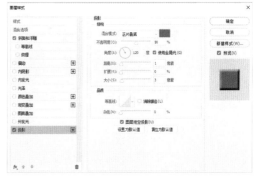

图17-125

20 在"古"文字图层上单击鼠标右键，在弹出的快捷菜单中选择【拷贝图层样式】命令，然后在其他文字图层上单击鼠标右键，在弹出的快捷菜单中选择【粘贴图层样式】命令，对其他文字粘贴样式。

21 选择"横排文字工具" T.、"直排文字工具" IT.，输入文字，并设置"字体"为"方正隶变简体"，"文字颜色"为"#640200"，然后调整字体大小和位置，效果如图17-126所示。

22 将印章素材拖曳到新图像文件中，调整大小和位置，效果如图17-127所示。

图17-126　　　　图17-127

23 选择"圆角矩形工具" □.，设置"填充"为"#6a9f9c"，"描边"为"fffefe，5点"，在图像的下方绘制345像素×80像素的圆角矩形，如图17-128所示。

24 选择"横排文字工具" T.，输入"点击开始"文字，并设置"字体"为"方正隶变简体"，"文本颜色"为"#ffffff"，然后调整字体大小和位置，如图17-129所示。

图17-128　　　　图17-129

25 单击"创建新的填充或调整图层"按钮 ●.，在弹出的下拉菜单中选择【色相/饱和度】命

令，打开"色相/饱和度"属性面板，设置颜色分别为"+9""+3""0"，如图17-130所示。

图17-130

26 单击"创建新的填充或调整图层"按钮 ●.，在弹出的下拉菜单中选择【亮度/对比度】命令，打开"亮度/对比度"属性面板，设置"亮度"为"−1"，"对比度"为"71"，如图17-131所示。设置完成后，按【Ctrl+S】组合键保存文件。

图17-131

17.4.4　制作"古茗茶舍"H5广告内页

下面将制作"古茗茶舍"H5广告内页，整个内页分为4个部分，分别对产地、生长环境、茶叶和茶香进行介绍。其具体操作如下。

1 新建"大小"为"640像素×1150像素"、"分辨率"为"72像素/英寸"、"名称"为"'古茗茶舍'H5广告内页"的图像文件。

2 设置"前景色"为"#edece7"，按【Alt+Delete】组合键填充前景色。

3 打开"H5广告内页素材.psd"素材文件，将产地素材图片拖曳到新图像文件中，调整大小和位置。选择"横排文字工具" T.，输入文字，设置"字体"为"方正品尚黑简体"，"文本颜色"为"#045135"，调整大小和位置，如图17-132所示。

4 将"古茗茶舍"文本的字体修改为"方正舒体简体"，然后在图像右下角添加"珍品"印章，如图17-133所示。

图17-132   图17-133

5 选择除背景外的所有图层，单击"创建新组"按钮 ▢，将所选图层添加到新组中，然后重命名为"内页1"。

6 打开"H5广告内页素材.psd"素材文件，将生长环境素材图片拖曳到新图像文件中，调整大小和位置。选择"横排文字工具" Ⅰ，输入文字，设置"字体"为"方正品尚黑简体"，"文本颜色"为"#ffffff"，调整大小和位置，将"生长环境"文本的字体修改为"汉仪尚巍手书"，如图17-134所示。然后在图像左上角添加"珍品"印章，如图17-135所示。

图17-134   图17-135

7 选择除背景和内页1以外的所有图层，单击"创建新组"按钮 ▢，将所选图层添加到新组中，然后重命名为"内页2"。

8 使用相同的方法，继续制作内页3和内页4，如图17-136所示。然后分别对内页创建新组，完成后按【Ctrl+S】组合键保存文件。

图17-136

17.4.5 制作"古茗茶舍"H5广告尾页

下面将制作"古茗茶舍"H5广告尾页，尾页中需要将企业信息、二维码等内容展现出来，以方便用户查看。其具体操作如下。

1 新建"大小"为"640像素×1150像素"、"分辨率"为"72像素/英寸"、"名称"为"'古茗茶舍'H5广告尾页"的图像文件。

2 打开"H5广告尾页素材.psd"素材文件，将其中的背景拖曳到新图像文件下方并调整大小和位置作为尾页背景，然后设置"不透明度"为"30%"。

3 使用"矩形工具" ▢ 绘制一个"440像素×590像素"的矩形，并设置"填充颜色"为"#c6c6c6"，打开"图层"面板，设置"不透明度"为"60%"，如图17-137所示。

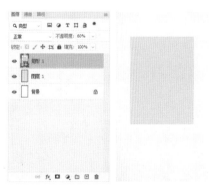

图17-137

4 使用"矩形工具"▭在矩形的上方绘制一个"400像素×550像素"的矩形，如图17-138所示。

5 使用"横排文字工具"▣输入文字"古""茗""茶""舍"，并设置"字体"为"汉仪中等线简"，"字号"为"95点"，"文本颜色"为"#020100"，效果如图17-139所示。

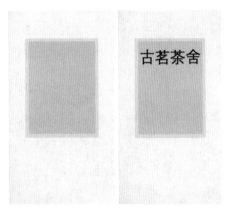

图17-138　　　　图17-139

6 在"图层"面板中双击"古"文字所在图层，打开"图层样式"对话框，勾选"描边"复选框，设置"大小"为"1"，"不透明度"为"89"，"颜色"为"#fbfbfb"，如图17-140所示。

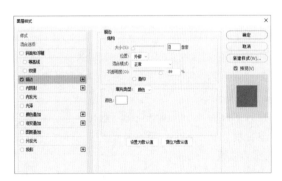

图17-140

7 勾选"渐变叠加"复选框，设置"渐变颜色"为"#ffffff ~ #085f37"，"角度"为"−1"，如图17-141所示。

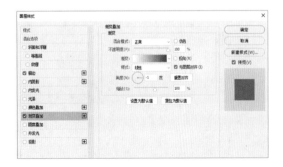

图17-141

8 勾选"投影"复选框，设置"投影颜色""不透明度""角度""距离""大小"分别为"#025a25""100""120""6""9"，单击 确定 按钮，如图17-142所示。

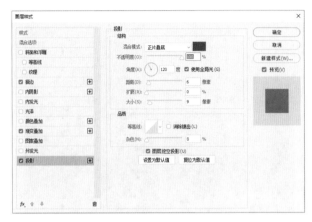

图17-142

9 选择"古"文字图层，单击鼠标右键，在弹出的快捷菜单中选择【拷贝图层样式】命令；选择"茗"文字图层，在其上单击鼠标右键，在弹出的快捷菜单中选择【粘贴图层样式】命令。

10 使用相同的方法，对"茶"和"舍"文字图层粘贴图层样式，完成后的效果如图17-143所示。

图17-143

11 使用"横排文字工具"▣输入文字，并设置"字体"为"方正品尚黑简体"，"文本颜色"为"#408164"和"#2f2e2e"，再调整文字大小和位置，效果如图17-144所示。

图17-144

12 选择"直线工具" /，在较小文字的上、下方各绘制一条直线，如图17-145所示。

图17-145

13 使用"横排文字工具" T,输入文字，并设置"字体"为"汉仪中等线简"，"文本颜色"为"#2f2e2e"，再调整文字大小和位置，并设置"不透明度"为"50"，效果如图17-146所示。

14 将"H5广告尾页素材.psd"素材文件中的茶叶素材拖曳到尾页中并调整大小和位置，效果如图17-147所示。设置完成后，按【Ctrl+S】组合键保存文件。

图17-146　　　　　图17-147

巩固练习

1. 制作宠物店宣传册

本练习将制作宠物店宣传册，要求该宣传册要分别对企业信息及企业提供的宠物食品、宠物医疗、宠物寄养等宠物店服务内容展现出来，以起到宣传企业的作用，参考效果如图17-148所示。

> **配套资源**
> 素材文件\第17章\巩固练习\宠物背面素材.psd、宠物正面素材.psd
> 效果文件\第17章\巩固练习\宠物店宣传册.psd

图17-148

2. 制作葡萄酒H5广告

本练习将使用提供的素材制作葡萄酒H5广告。该广告需将葡萄酒的品质、抢购时间、上新时间等展现出来，以使更多用户了解该葡萄酒，参考效果如图17-149所示。

> **配套资源**
> 素材文件\第17章\巩固练习\葡萄酒H5广告素材.psd
> 效果文件\第17章\巩固练习\葡萄酒H5广告

图17-149

技能提升

1. 设计工作的前期准备

制作一款优秀的设计作品不仅需要设计人员熟练掌握设计软件的使用，还需要在设计前做好相关的准备工作等。

（1）前期资料准备

在设计作品前，设计人员首先需要在对市场和产品调查的基础上，对获得的资料进行分析与研究，再通过对特定资料和一般资料的分析与研究，初步寻找产品与这些资料的连接点，并探索它们之间各种组合的可能性及组合效果，最后从资料中去伪存真、保留有价值的部分。

（2）设计提案

设计人员在收集大量第一手资料的基础上，对初步形成的各种方案进行选择、对立意进行考量，从新的思路中获得灵感。在这个阶段，设计人员还可适当多参阅、比较类似的构思，以便于调整创意与心态，使思维更为活跃。在经过以上阶段之后，创意将会逐步明朗化，甚至会在设计人员不注意的时候突然涌现，此时设计人员便可以制作设计草稿，并制定初步设计方案。

（3）设计定稿

从数张设计草图中选定一张作为最后方案，然后在计算机中制作设计定稿。针对不同的广告内容，设计人员可以选择使用不同的软件来制作，如选择如今运用较为广泛的Photoshop软件，就能制作出各种特殊图像效果，为画面增添丰富的色彩。

2. H5广告的优势

H5广告的优势主要体现在参与感强、活动方式多、传播力强和成本较低等。

● **参与感强**。H5广告具有很强的互动性，当用户进入H5广告页面后，能通过页面中各种元素的展现感受到设计人员想要传达的信息，同时动态的交互元素还能给用户留下更加深刻的印象。参与感较强的H5广告类型主要有交互性较强的H5小游戏、测试型H5广告、展示型H5广告等。

● **活动方式多**。H5广告页面常常可通过不同方式进行活动的展现，如投票、表单、红包等。设计人员可通过这些方式提升H5广告的宣传效果。

● **传播力强**。大多数H5广告页面都主要依托于用户的社交关系进行传播，用户的自发分享是H5广告作品传播的重要途径。具有极强的参与感与互动性的H5广告作品能引起用户的传播兴趣，进而使其在各种社交渠道中进行广泛传播，如朋友圈、微博等。

● **成本较低**。H5广告相对于平面设计、视频录制、动效等效果制作来说，具备制作成本低、传播成本低的特点。设计人员可直接套用模板或在网页编辑器中进行H5广告的制作，所以其制作难度也较低。此外，H5广告大多是在微信平台中依靠用户的朋友圈关系进行传播，宣传成本相对较低。